Moderne Astrophysik

trifft auf

Ingenieurwissenschaften

Zur Reformation der Physik

2. erweiterte Auflage

Moderne Astrophysik trifft auf Ingenieurwissenschaften

Zur Reformation der Physik

von

Mathias Hüfner

2. erweiterte Auflage

Die gefährlichste aller Weltanschauungen ist die Weltanschauung der Leute, welche die Welt nicht angeschaut haben.

\- Alexander von Humboldt -

In der DDR hat man von uns eine Weltanschauung verlangt, ohne dass wir die Welt anschauen durften. Heute dürfen wir uns die Welt anschauen, aber viele Menschen bleiben sehenden Auges blind.

Bibliographische Information der Deutschen Nationalbibliothek:
Die Deutsche Nationalbibliothek verzeichnet diese Publikation
in der Deutschen Nationalbibliographie; detaillierte bibliographische
Daten sind im Internet über htpps://www.dnb.de abrufbar.

Umschlaggestaltung: Mathias Hüfner
Herstellung und Verlag
BoD – Books on Demand, Norderstedt

ISBN   9783752628067

Inhaltsverzeichnis

Vorwort zur 2. Auflage

Ich wende mich an die Jugend. Es hilft nichts, wenn man unter der Fahne ‚*Fridays For Future*' gegen die Klimapolitik der Staaten demonstriert und keine wirkliche Alternative hat. Physik ist heute ein unbeliebtes Schulfach, doch bietet sie den Schlüssel für eine saubere Energiewirtschaft. Nur ist sie unter der Zensur einer vatikanisch gesteuerten Peer-Gruppe auf Abwege gekommen, und das findet merkwürdigerweise die Mehrzahl der etablierten Wissenschaftler richtig. Dabei entscheiden nicht Interessengruppen, ob Ideen fruchtbar sind oder nicht. Fruchtbare Ideen können unterdrückt werden, aber sie leben im Verborgenen weiter und brechen sich Bahn, wenn die Zeit dazu reif ist, nicht ohne dass sich die Unterdrücker heftig wehren. Beispielsweise hat sich das Automobil gegen den Widerstand der Pferdedroschken-Besitzer durchsetzen müssen. So wird sich die Jugend gegen überkomme Vorstellungen der Energiepolitik konstruktiv wehren müssen. Das vorliegende Buch soll dazu Denkanstöße liefern.

Physikalische Theorien sind Arbeitshypothesen, keine absoluten Wahrheiten und stellen heute geschlossene Systeme dar, die alle Naturerscheinungen aussondern, die nicht zu diesen Theorien passen und die als Entdeckungen preisen, was ihre Theorien vorherzusagen vorgeben, damit sich die Schöpfer in ihrer Genialität sonnen können. Für viele dieser Erscheinungen gibt es jedoch einfachere Erklärungen. Diesen Zustand gilt es zu überwinden und die Physik im Interesse der Gesamtgesellschaft zu reformieren. Wahre Wissenschaft ist kein statisches System von Theorien, sondern sie schaut stets dort hin, wo sich etwas nicht so verhält, wie es eine Theorie voraussagt, denn nur dort hat der Wissenschaftler die Chance, etwas Neues zu entdecken.

Nun gibt es eine neue Entdeckung. Atomkernumwandlungen laufen anders ab, als die Theoretiker vorausgesagt haben und damit bricht ihr

Weltbild zusammen. So ist es Zeit, diesen Umstand in einer neuen Auflage dieses Buches zu würdigen. Entsprechend heftig fallen nun die Reaktionen der etablierten Theoretiker aus.

Während die Technologie der Weltraumwissenschaften seit Mitte des vorigen Jahrhunderts von Erfolg zu Erfolg eilt, verharrt die Astrophysik in ihren Konzepten auf dem Standardmodell der Kosmologie, wie es von George Lemaître unter Verwendung Albert Einsteins Relativitätstheorie konzipiert und vom Papst Pius XII. 1951 zur wissenschaftlichen Grundlage des katholischen Glaubens erklärt wurde. Damit wurde eine Aussöhnung der Wissenschaft mit dem Glauben angestrebt und mehr oder weniger erfolgreich realisiert. Die auf dem christlichen Glauben basierende Wissenschaft beruht auf einem geschlossenen scholastischen Konzept, das kaum Platz für neue Erkenntnisse bietet. Dagegen ist die Enzyklika *laudato si'* von Papst Franziskus von 2015 ein echter Lichtblick für die Wissenschaft, wo er unter Punkt 79 formuliert: *»In diesem Universum, das aus offenen Systemen gebildet ist, die miteinander in Kommunikation treten, können wir unzählige Formen von Beziehung und Beteiligung entdecken.«*

Das vorliegende Buch entwickelt diesen Gedanken weiter. In der Zeit des Klimawandels, wo es um das tiefere Verständnis der Herkunft der Sonnenenergie und ihrer irdischen Nutzung geht, ist ein Verständnis des Kosmos als ein offenes System ein fruchtbarer Ansatz. Dieser Ansatz bietet überraschend einfache Einsichten in eine Physik, die wir glaubten, schon zu kennen. Sie beschreibt den Energiefluss in einer asymmetrischen Welt und wird von der nichtlinearen Thermodynamik wie auch vom Elektromagnetismus beherrscht. Inzwischen sind einer kleinen Gruppe kanadischer Wissenschaftler auf der Grundlage dieser Einsichten bei der Modellierung der Wirkungsweise der Sonne unter der Bezeichnung *SAFIRE-Experiment* ganz neuartige Fusionsexperimente gelungen, die in ihrer technischen Anwendung den Übergang zu einer sauberen Energiewirtschaft greifbar machen.

Jena im Jahr 2020

1 Warum dieses Buch?

Heute schreiben viele Leute Bücher oder lassen Bücher schreiben. Die meisten glauben, sie müssten ihr Leben der Welt mitteilen, als hätte nicht jeder genug mit seinem eigenen Leben zu tun. Davor will ich Sie, lieber Leser, bewahren. Nur ein paar Sätze zu meiner Person, um Sie zu überzeugen, dass ich weiß, wovon ich hier schreibe und dass ich mich ernsthaft um Wissen bemühe, denn Glauben wird uns vermittelt, doch um Wissen müssen wir uns selbst bemühen, und das Wissen beginnt dort, wo der Glaube aufhört. Der Weg zum Wissen führt über das Anschauen der Welt und das Hinterfragen von Gelerntem. Wissen ist nicht statisch. Neue Erkenntnisse aus der Raumfahrt müssen in unser Wissensgebäude integriert werden. Dabei bleiben Umbaumaßnahmen nicht aus. Das ist durchaus schmerzlich für diejenigen, die sich in den betroffenen Zimmern dieses Wissensgebäudes gemütlich eingerichtet haben. Diese wehren sich dann mit aller Kraft, und da bleiben Anfeindungen und Verleumdungen nicht aus.

In den Siebziger Jahren des letzten Jahrhunderts habe ich in Leipzig Physik studiert. Damals hatte ich zwei Verständnisprobleme. Das erste betraf die Relativitätstheorie und das zweite war die Dualität des Lichtes als Welle und Teilchen. Nach Beendigung meines Berufslebens als Ingenieur habe ich mich diesen beiden Fragen wieder zugewandt, nachdem ich mich der Fragezeichen erinnerte, die ich in meinen Lehrbüchern als Randglossen hinterlassen hatte, Fragen, die ich als Student nicht zu fragen wagte und die mich schließlich eine andere Richtung in der beruflichen Entwicklung einschlagen ließen. Es war ursprünglich nur das Anliegen, die Tage meines Rentnerdaseins mit einer sinnvollen Tätigkeit auszufüllen. Ich hatte damals keine Ahnung, wohin mich die Beantwortung dieser beiden Fragen führen würde. In dem letzten Jahrzehnt habe ich soviel über Physik gelernt, dass ich eine völlig neue Sicht auf dieses Fachgebiet bekommen habe. Ich muss das etwas erläutern. Als Physiker an einer Universität lebt man   unter dem Schutz der Protektion. Zeigt man Wohlverhalten, wird man in die Seilschaft aufgenommen und die Karriere ist gesichert. Sich aus dem Mainstream heraus zu bewegen, ist da ein nicht zu unterschätzendes Risiko. Als Ingenieur muss man sich dagegen am Markt bewähren. Der bequeme Weg ist durch Patente versperrt. Mit Seilschaft ist da nichts zu gewinnen. Ingenieure sind Freihandkletterer. Mit anderen Worten, für einen Ingenieur kann es keine alternativlose Lösung geben. Er muss sich stets neue Wege überlegen, um zum Ziel zu kommen. Sicher gibt es heutzutage auch in der Industrie Versuche des Protektionismus. Ein Beispiel ist die deutsche Autoindustrie mit ihrem Dieselskandal. Letztendlich scheitern solche Versuche aber am Markt. Meine Schlussfolgerung daraus war: Folge niemals der vorgegebenen Argumentation, sondern suche einen anderen Weg, um zur Lösung zu kommen. Wenn du dann zu dem gleichen Ergebnis kommst, ist die vorgegebene Lösung akzeptabel. Kommst du aber zu einem anderen Ergebnis, frage nach der Ursache. Im folgenden Buch werden wir uns mit den verschiedensten Aspekten beschäftigen, warum ingenieurmäßige Betrachtung der Physik zu anderen Ergebnissen kommt, als die sogenannte *Moderne Physik*, die glaubt, auf der reinen Vernunft, auf Mathematik aufgebaut zu sein. Wir werden Stück für Stück diese Illusion zerstören.

Physik scheint nicht nur die Grenzen unserer erkennbaren Welt überschritten zu haben, sondern auch unseren Verstand überfordert zu haben. Hier soll erklärt werden, warum Phantasie und Realität in der heutigen Physik so verquickt sind, welche Rolle dabei die Mathematik spielt und wie man das entwirren kann. Inzwischen ist die Menge des Stoffes auf meiner Website so angewachsen, dass ich einem interessierten Laien,- wenn ich so etwas nicht nur für das eigene Verständnis schreibe, wofür das Schreiben ja in erster Linie immer dient, - eine Richtschnur an die Hand geben muss. Eine solche Richtschnur zu finden, ist aber erst möglich, wenn man selbst weit genug über dem Stoff steht, um die wesentlichen Strukturen des Stoffes herausarbeiten zu können. Es geht also nicht um ein Lehrbuch im herkömmlichen Sinne, sondern eher um tragfähige physikalische Konzepte, die mit der menschlichen Erfahrung im Einklang stehen und ohne die es nicht geht, wenn man sich in unbekannte Welten begibt.

Physik ist die Basis der Naturwissenschaften und als solche ist ihre Grundlage die Beobachtung und das Experiment, aber die Interpretation der Ergebnisse hängt in erstaunlicher Weise von unserem Glauben ab. Das bedeutet aber, egal was wir messen, wenn wir einen anderen Glauben haben, erhalten wir eine andere Physik.

Welche ist dann die wahre Physik, die klassische oder die Moderne Physik?

Der eigene Glaube würde wie das eigene Land verteidigt werden, behauptet Hilton Ratcliffe [1.01]. Er lebt in Südafrika und hat nicht die friedliche Revolution in Ostdeutschland erlebt. Wenn nämlich der Glaube nicht mehr mit den realen Lebensumständen korrespondiert, nährt das den Zweifel. Nun haben die Lebensumstände der meisten Menschen in erster Linie so gut wie nichts mit der Modernen Physik zu tun, entsprechend schwach ist das Interesse der Öffentlichkeit an ihr. Höchstens an die TV-Serie *Star Trek* erinnern sich vielleicht noch einige. Dort konnte man in die fernen Welten des Kosmos eindringen und es begegneten den Weltraumreisenden Schwarze Löcher, Wurmlöcher und andere phantastische Abenteuer in fernen Galaxien, nur hat das alles ziemlich wenig mit Physik zu tun. Die verführerische Botschaft, die in dieser Serie steckt, ist, wir könnten unsere Erde verlassen und uns eine neue Erde suchen, wenn wir die bestehende zerstört haben. Wer sich in der Welt umsieht, stellt fest, dass wir global auf dem besten Wege dazu sind. Dass das Verlassen unserer Erde für uns Menschen eine Illusion bleibt, sollte schon jedem klar werden, auch wenn das Erreichen von Planeten in unserem Sonnensystem für Raumsonden inzwischen eine Realität ist. Solange die menschliche Zivilisation nicht in

der Lage ist die Umwelt auf der Erde zu schützen, wird sie nicht in der
Lage sein, eine lebensfähige Biosphäre in ein Raumschiff zu implemen-
tieren. Um das zu begreifen, ist eine Portion Physik durchaus nützlich.
Es gibt heute einige Leute, wie Ingenieure und Techniker, die sich an
der Modernen Physik zu reiben beginnen, weil sie sie als widersprüchlich empfinden, ohne die Ursachen für die Widersprüche exakt bestimmen zu können. Eine wissenschaftliche Lehre muss im Gegensatz zu
einer Religion widerspruchsfrei sein. Wenn da Widersprüche zur Realität auftreten, ist das ein Zeichen dafür, dass die beschreibende Theorie
falsch ist und man muss die ganze Sache von Grund auf neu überlegen.

Physik ist in erster Linie eine messende Wissenschaft. Was man
nicht messen kann, kann folglich für die Physik nicht von Interesse
sein. Der Aufbau des physikalischen Wissens ist dergestalt, dass er in
Mechanik, Elektrodynamik, Optik, Thermodynamik, Atomphysik, Kernphysik, usw. gegliedert ist. Diese Einteilung des Wissens wirkt wie die
Abgrenzung von Fürstentümern. In jedem gibt es einen Lehrstuhlinha-
ber, der über sein Wissensgebiet souverän wie ein Fürst herrscht. Es
gibt festgelegte Grenzen und die Fürsten stört es nicht, ob sich die Erkenntnisse in dem einen Gebiet mit denen eines anderen Gebietes ver-
tragen. Im Gegenteil, sie wachen streng darüber, dass ein Fremder diese Grenzen nicht überschreitet. Das trifft nicht immer zu. Da fällt mir
ein, dass es eine Schlacht zwischen einem Fürsten der Quantentheorie, Leonard Susskind, und dem dunklen Lord der Relativitätstheorie,
Stephen Hawking, um die Frage gab, ob denn die Information in einem
Schwarzen Loch erhalten bleibt oder nicht. Diese Schlacht ist als der
Krieg um das Schwarze Loch in die Geschichte eingegangen. Da diese
Frage lange nicht entschieden werden konnte, - wie auch, schließlich
kann das nur durch ein Experiment entschieden werden - haben sich
die Kontrahenten zwischenzeitlich darauf geeinigt, dass die Information
am Ereignishorizont hängen bleiben müsse, als wäre sie dort angeta-
ckert. Schließlich hat Hawking sich 2014 geschlagen gegeben, indem
er erklärte, dass es keinen Ereignishorizont gibt und somit auch keine
Schwarzen Löcher. So lächerlich der Gegenstand des Streites auch

sein mag, zeigt er doch, dass es zumindest einen Versuch gab, einen Missstand in der Physik zu beheben. Es gibt deren mittlerweile jedoch zu viele, dass man von der Krise der Modernen Physik sprechen kann. Selbst der bekannte Theoretiker Lee Smolin widmete diesem Thema ein ganzes Buch unter dem Titel "*Trouble with Physics*", nur blieb er nicht konsequent. Die Physik ist von Metaphysik[1] durchsetzt und kaum jemand kann mit Gewissheit sagen, was noch Physik ist und was schon Metaphysik ist. Also war mein Anliegen, diese Grenzen zu finden. Wie kann es dazu kommen?

Der Schlüssel liegt in der Mathematik und den Möglichkeiten ihrer Verallgemeinerung. Die Mathematik ist das wichtigste Werkzeug für die Physik, um innerhalb der Messgrenzen zu genauen quantitativen Aussagen zu kommen. Im letzten Jahrhundert hat eine Mathematisierung der Physik begonnen, wie sie vordem nicht existierte. Diese war jedoch nicht so segensreich, wie man sich das gewünscht hätte. Die Mathematiker haben sich der Physik bemächtigt, zweifelhafte Theorien wie Relativitätstheorie und Stringtheorie entwickelt und die experimentelle Physik wurde dazu degradiert, diese Theorien zu beweisen. „*If any experiment contradicts a beautiful idea, let us forget the experiments.*"[2] Dieser Satz ausgesprochen von Dirac oder Einstein - die Quellen widersprechen sich da – illustriert die Denkweise, die sich seit mehreren Generationen in den Kreisen der Theoretiker dieser Physik etabliert hat, nämlich die Überbewertung der Theorie über das Experiment.

Da sich niemand findet, die Bereinigung der Physik im Hauptamt zu erledigen, habe ich es mir als die Aufgabe meines Lebensabends vorgenommen, Scheitern inbegriffen, wohl wissend, dass ich mir unter

---

1   Der Begriff geht auf Aristoteles zurück und bedeutet das, was hinter der Physik, der Naturphilosophie folgt. Es handelt sich um die Dinge, die nicht mehr sinnlich erfassbar sind.

2   Wenn ein Experiment einer schönen Idee widerspricht, wollen wir das Experiment vergessen.

meinen Berufskollegen keine Freunde damit mache, stehe ich doch schon auf der internationalen Liste der dissidenten Wissenschaftler, die Hand an das offizielle Lehrgebäude legen.

Wenn hier auch hinduistisch-buddhistisches Gedankengut mit verarbeitet wird, hat das nichts mit Religiosität zu tun, Ich bin in einem Alter mit Religionen in Berührung gekommen, wo diese nicht mehr in meine Gefühlswelt einsinken konnten. Das ist lediglich dem Anspruch geschuldet, nicht innerhalb der Grenzen abendländischen Denkens gefangen zu bleiben.

Ich habe mir bei meinen Recherchen immer wieder die Frage gestellt: Wie kann es sein, dass so hochqualifizierte Akademiker so einen Schwachsinn wie die Moderne Physik verbreiten können? Wieso soll sich ein unbegrenztes Universum ausdehnen, wenn man nur bei etwas Begrenztem, wie einem Luftballon eine Ausdehnung feststellen kann?

Wie soll sich ein Volumen krümmen, wenn nur Oberflächen, also Phasengrenzen, zwischen zwei unterschiedlichen Zustände, wie zwischen fester Phase und flüssiger, zwischen fester und gasförmiger Phase, zwischen flüssiger und gasförmiger oder zwischen gasförmiger und leuchtender Phase Strukturen zeigen? Wie kann sich ein Nichts wellen? Wie kann Licht ein Teilchen sein? Dazu bräuchte es eine räumliche Begrenzung. Wieso soll ein Raum durch die Zeit eine vierte Dimension erhalten? Ist denn vergangene Zeit unabhängig von einer Wegstrecke, und hat Zeit eine Richtung? Das sind alles Fragen, die sich ein Mensch mit gesundem Verstand stellt. Die Physik ist krank! Aber worin liegt die Ursache für diese weltumspannende Krankheit, die die Physik des 20.Jahrhunderts befallen hat? *"Ich habe meine Physik nicht wiedererkannt, als die Mathematiker darüber hergefallen sind"*, soll Einstein gesagt haben. Ist die Mathematik daran schuld, dass die Physik krank geworden ist? Die Basis aller Mathematik ist die binäre Algebra, auch als Logik bekannt. Die Logik ist die Basis aller Computer auf unserem Planeten. Alle Wissenschaft und Technik funktioniert logisch, nur die Moderne Physik jenseits unserer sinnliche Wahrnehmung nicht? Man könnte eine Verschwörung dahinter vermuten. Es gibt Indizien:

1. Ich beziehe mich auf das 2007 erschienene Buch von Oven Gingerich *Gottes Universum* [1.02], der ein Anhänger des Kreationismus und ein Gegner der Darwinschen Lehre ist. Gingerich bekennt sich zu einem stabilen Glauben an einen persönlichen, allmächtigen Gott und findet, Wissenschaft und Religion seien nicht nur vereinbar, sondern sie ergänzten einander; und er meint auch, in der Art, wie Wissenschaftler ihre Sicht von Gott und Religion zum Ausdruck brächten, sei mehr Ausgewogenheit, Genauigkeit und Mäßigung vonnöten.

2. Anfang des 20. Jahrhunderts verbreitete sich der Atheismus mit seinen übermenschlichen Idolen in der Welt sehr stark. „Lenin mit uns" hatte ich auf Plakaten in der damaligen Sowjetunion auf Transparenten gefunden. Ich kannte vorher nur den Satz „Gott mit uns". Dazu musste eine Gegenbewegung geschaffen werden, denn das Wunder von der unbefleckten Empfängnis der Jungfrau Maria hatte damals schon ausgedient. Heute kann dieses Wunder obendrein von Frauenrechtlern als ein körperlicher Missbrauch angesehen werden. Die Theorie des Urknalls geht zurück auf George Lemaître, der sich auf Einsteins Theorien stützte. Diese Theorie wurde im November 1951 vom Papst Pius XII zum wissenschaftlichen Fundament des Glaubens erklärt und damit zur Doktrin aller katholischen Lehranstalten.

3. St. Hawking berichtet in seinem Buch "*Eine kurze Geschichte der Zeit*" über eine von den Jesuiten 1981 organisierte Konferenz über Kosmologie, wo er seine Vorstellung von einem Universum, das weder Grenzen, noch einen Anfang oder ein Ende hat, vorstellte. Am Ende der Konferenz seien die Teilnehmer der Tagung zu einer Audienz zum Papst Johannes II geladen

worden, der ihnen erklärte, dass es in Ordnung sei, die Evolution des Universums zu studieren, aber sie sollten nicht über
den Urknall nachforschen, das sei die Schöpfung Gottes. So
beginnt die laut Standardphysik die Welt 10^{-43} Sekunden nach
dem Urknall.

Nun gibt es bekanntlich die verschiedensten Vorstellungen von Gott
in der Welt, und die Menschen haben sich seit Jahrhunderten deswegen die Köpfe eingeschlagen. Mir scheint der Glaube kein gutes Fundament für die Wissenschaft zu sein. Denn der Glaube beginnt dort, wo
das Wissen aufhört. Wenn der Glaube die Wissenschaft umarmt, ist
das ihr Untergang. Aufgeklärte Menschen haben seit der Renaissance
im Abendland den Glauben zu Gunsten des Wissens im harten Ringen
mit der katholischen, aber auch reformierten Kirchen zurückgedrängt.
Wollen wir das alles aufs Spiel setzen, indem wir uns in unser Schicksal ergeben und uns von Logik und Mathematik fernhalten, nur weil
man uns Glauben machen will, wir verstünden davon nichts?

Meine Thesen:

1.   Die Wissenschaften wurden in der Vergangenheit in Grundla-
genwissenschaften und angewandte Wissenschaften eingeteilt.
Die Ingenieurwissenschaften, die zu den angewandten Wissenschaften zählen, entwickelten im Laufe des letzten Jahrhunderts
ihre eigenen Grundlagen. Seit der Herausbildung der Weltraumwissenschaften verlor die Theoretische Physik, die als Grundla-
genwissenschaft gilt, zunehmend an Bedeutung für die Gesellschaft. Sie brauchte neue Betätigungsfelder und so hat sie sich
in der zweiten Hälfte des vorigen Jahrhunderts als Stütze der Religion etabliert. Es gibt also zwei Wege für die Theoretische Physik, entweder sie reformiert sich und kehrt wieder zu naturwissenschaftlichen Grundsätzen zurück oder sie wird in der Bedeu-
tungslosigkeit verschwinden, weil sie zu einer Rechtfertigung
des Glaubens verkommt.

2.   Wissenschaft im Dienste der Weltanschauung hat mit Philosophie zu tun. Philosophie ist jedoch nicht frei von Religion und Religion ist wiederum ein gebrochenes Spiegelbild der Gesellschaft, in der sie entstand. So findet man in den Wurzeln der alten polytheistischen Religionen ein Stück Naturphilosophie. Das göttliche Prinzip der Dreifaltigkeit des Katholizismus, findet man bereits im Hinduismus. Aber dort verkörpern die Götter Masse, Bewegung und Energie und sind selbst Ausdruck der Natur um und in uns. Die Rückkopplung im kausalen Kreislauf der Natur, dieses ursprüngliche Prinzip, bereits im Sanskrit, der Sprache der indoeuropäischen Kultur formuliert, ist in der abendländischen Physik in Vergessenheit geraten. Die Ingenieurwissenschaften haben es wieder entdeckt. Diese uralte Naturphilosophie bildet aber das Fundament der Physik und der Ingenieurwissenschaften, nämlich die Lehre von der Bewegung der Materie in ihren Kreisläufen.

3.   Ein Zeichen der Rückschrittlichkeit einer Weltanschauung ist die Aufnahme von Mysterien und ihre Formulierung in einer Sprache, die die Masse der Menschen nicht mehr versteht, um die Sonderstellung der herrschenden Eliten hervorzuheben. Außerdem wird eine Alternativlosigkeit der vorgetragenen Ideen gepredigt. Damit soll die Sonderstellung dieser Gruppe zementiert werden. Im Mittelalter war das die lateinische Sprache und heute bedient man sich der Sprache der Mathematik. Aber mit Mathematik sind die Mysterien der Modernen Physik nicht erklärbar, da Mathematik auf Logik aufbaut. So wird heute die Mathematik missbraucht, wie einst die heilige Jungfrau.

4.   Die Vergangenheit eines Entwicklungsprozesses, ein-schließlich der des Kosmos, lässt sich nicht aus der Analyse eines gegenwärtigen Zustands bestimmen. Das ist die Erkenntnis aus der

Systemtheorie. Der Laplacesche Determinismus ist eine Illusion, das ist mindestens seit dem 2. Hauptsatz der Thermodynamik bekannt. Die Anfangsbedingungen der Entwicklung des Universums sind nicht erkennbar und Spekulationen darüber gehören nicht zu einer seriösen Wissenschaft. Sie sind Bestandteile des Glaubens.

5.   Anfang des 20. Jahrhunderts kam der christliche Glaube durch die Ausbreitung des Kommunismus und der Propagierung einer atheistischen wissenschaftlichen Weltanschauung in Gefahr. Die neuen Götter hießen Karl Marx, Friedrich Engels und Vladimir Il-jitsch Lenin. Es musste ein Gegengewicht gegen diese Bewegung gefunden werden. Obwohl Einsteins Bekanntheit anfangs Förderer in zionistischen Kreisen hatte, ist in diesem Kontext der Erfolg der Arbeiten von Albert Einstein zu sehen, dessen Ideen zur Basis von George Lemaîtres Urknallmodell wurde, das Papst Pius XII im November 1951 zur wissenschaftlichen Grundlage des Glaubens erklärte. Immanuel Velikovsky, der ebenfalls einen zionistischen Hintergrund hatte, wurde verdammt, weil er mit seinem Buch *Welten im Zusammenstoß* nicht ins Konzept einer katholischen Weltordnung passte. Selbst in kommunistischen Kreisen versuchte man die Popularität Einsteins nach anfänglicher Ressentiments später zu instrumentalisieren.

6.   Es gibt zwei Beschreibungen für Energie: Für die Wellen gilt $E = h \cdot v$ und für die Teilchen gilt $E = m \cdot c^2$. Lichtquanten haben keine Masse. Das bedeutet aber, die Teilchenbeschreibung für Licht ist nicht zutreffend, da Lichtquanten im Teilchenbild keine Energie haben können. Wirkungsquanten sind weder Teilchen noch Welle, sondern Wirkungen. Kein Mensch kommt auf die Idee, Hammerschläge als Teilchen zu bezeichnen, trotzdem enthält jeder Schlag ein Quantum Wirkung, das einen Nagel ein Stück tiefer in ein Brett schlägt.

7.   *"Daß die Elektrodynamik Maxwells — wie dieselbe gegenwärtig aufgefaßt zu werden pflegt — in ihrer Anwendung auf beweg-*

te Körper zu Asymmetrien führt, welche den Phänomenen nicht anzuhaften scheinen, ist bekannt.", so beginnt Albert Einsteins folgenschwerer Aufsatz *Zur Elektrodynamik bewegter Körper* von 1905. Niemand hat sich die Konsequenzen dieses Satzes überlegt. Obwohl dieser Satz offensichtlich darauf hindeutet, dass sich auch andere mit der Thematik der Symmetrisierung, wie zum Beispiel Hendrik A. Lorentz, beschäftigt hatten, enthält die Arbeit keine Literaturstellen. Symmetrisieren bedeutet hier, dass der Beobachter die Welt aus der Perspektive eines Lichtquants sehen müsse.. Er würde jedoch wegen der Rotverschiebung des Lichtes .zunehmend weniger sehen, denn das Lichtquant würde seine Augen nicht erreichen. Außerdem kann sich kein mit Masse beladener Beobachter mit Lichtgeschwindigkeit bewegen, wegen des Massenzuwachses mit zunehmender Geschwindigkeit

8. Die Allgemeine Relativitätstheorie behauptet, es gäbe eine Krümmung des Raumes, hervorgerufen durch die Gravitation. Der Raum ist ein mathematisches Konzept. Krümmungen können nur an Oberflächen beobachtet werden. Oberflächen werden durch Funktionen beschrieben. Oberflächen separieren Räume in Teilräume, indem sie einen Raum in Außen und Innen teilen, wenn die Oberflächen geschlossen sind. Handelt es sich um eine offene Fläche, wie beispielsweise eine Ebene, zerfällt der Raum in zwei Halbräume. Physische Kräfte wirken auf Massen und nur auf Massen, weil Massen von Kraftfeldern umgeben sind, wie bereits Newton festgestellt hat. Nur lassen sich Kräfte nicht von Massen separieren, wie das Leibniz im Gegensatz zu Newton in seiner Monadentheorie vertrat, deren metaphysischen Charakter aber bereits Ende des 18. Jahrhunderts Kant korrigierte.

9. Man kann die Fehlleistung der Physik des 20. Jahrhunderts nicht mit der geistigen Krankheit einiger Leute erklären. Raphael

Haumann [1.03] weist auf das Asperger-Syntrom hin, dass er bei Einstein diagnostizierte und auch bei Mathematikern häufig auftrete. Damit wäre die Gesellschaft der Verantwortung enthoben. Einstein wurde als ein Denkmal, vergleichbar mit Lenin installiert, um den christlichen Glauben zu retten und das geschieht nicht im wissenschaftlichen Widerstreit. Diese Installation als Denkmal wurde nur durch seine soziale Inkompetenz begünstigt. Seit dem ist viel des Verstandes in der Modernen Physik, wie die angebliche Entdeckung der beschleunigten Ausdehnung des Universums, die Entdeckung des ‚Gottesteilchens' des Herrn Higgs, die Schwarzen Löcher des Stephen Hawking oder die Entdeckung der Gravitationswellen auf dem Altar der Relativitätstheorie geopfert worden. Ebenso wie im Osten niemand über die Thesen des wissenschaftlichen Sozialismus diskutieren durfte, wird heute in der katholisch geprägten Öffentlichkeit jede Kritik gegen das katholische Urknall-Modell des Universums unterdrückt. Und alle diese Entdeckungen sollen die Richtigkeit der von Einstein gemachten Aussagen stützen. Der Unterschied ist, dass die demokratische Grundordnung der Bundesrepublik die Kritiker dieser Art von Wissenschaft noch vor Verfolgung schützt.

10. Diese drei Arbeiten von Einstein bewirkten den Dammbruch für eine beispiellose Überflutung der Physik mit Phantasien, die allen Regeln einer soliden Wissenschaft widersprechen. Mathematik und theoretische Physik wurde nicht mehr als Werkzeuge im Dialog mit der Natur, sondern zur Rechtfertigung des Glaubens eingesetzt. Heute wird dem Kunden aus der Physik geliefert, was gefällt. Der Kunde will unterhalten werden, da ist die Star-Trek-Story besser, als sich Gedanken darüber zu machen, ob die Mathematik richtig angewendet wurde.

11. Wenn ich Kritiken über die Relativitätstheorie oder die Quantenmechanik gelesen habe, kam die Kritik gewöhnlich von Fachfremden und war oft selbst kritikwürdig, wie beispielsweise die von Bill Gaede [1.04] oder Raphael Haumann, weil oft falsch

oder oberflächlich. Die konzeptuellen Fehler bleiben den meisten Menschen verborgen, obwohl sie banal und in ihrer Banalität vielleicht so unauffällig sind. Nur sehr wenige Insider wagen überhaupt eine Kritik an ihrem Fach und wenn sie es tun, bekommen sie gewaltige Schwierigkeiten bei der Ausübung ihres Berufes. Die akademischen Vertreter der Physik sind offensichtlich weder fähig noch willens, sich aus der Umarmung der Kirche zu lösen und eine Reform der Physik durchzuführen. Das haben sie in der Vergangenheit zur Genüge bewiesen. Eine Reform kann nur von außen erfolgen, am ehesten sehe ich die Ingenieurwissenschaften dazu in der Lage. Allerdings kann die Öffentlichkeit ihren Beitrag dazu leisten, indem sie logisch saubere Erklärungen von den Physikern fordert.

12.   Im Kosmos dominieren die elektromotorischen Kräfte gegenüber der Gravitation. Alle leuchtende Masse ist dort im Plasmazustand. Ebenso, wie die Ladungstrennung auf der Erde an Phasenübergängen funktioniert, erfolgt auch im Kosmos eine Ladungstrennung, was von den Mainstream-Physikern noch immer bestritten wird. Riesige Netzwerke von Birkelandströme über Milliarden von Lichtjahren verbinden Sterne und Galaxien und verursachen die Bewegung der kosmischen Objekte in Wirbeln. Die Betrachtung der Physik in geschlossenen Systemen gehört der Vergangenheit an. Will man den Kosmos verstehen, muss man ihn als offenes, von Masse und Energie durchflossenes System weit ab vom thermischen Gleichgewicht modellieren.

Wer sich zur Erkenntnis auf den Weg machen will, dem sei dieses Buch als Begleiter gegeben. Wie zu Luthers Zeiten kann ein Einzelner eine solche Reform nicht stemmen, dazu bedarf es der Kraft der gesamten Gesellschaft. Die Zeit scheint noch nicht reif dafür zu sein, aber um dem Leser die Augen zu öffnen für eine unvoreingenommene Sicht auf die Physik, so wie sie vor Einstein und Heisenberg gepflegt wurde und damit die Rätsel bei der Weltraumerkundung aufzulösen, kann das Buch einen Beitrag leisten. Wenn das gelingen sollte, hat es seinen Zweck erfüllt.

Mathias Hüfner

Jena im Jahr 501 nach Luthers Thesen

2 Etwas Philosophie gefällig

Nichtwissen um die Verbundenheit aller Dinge führt zu falschen Wahrnehmungen und falschem Handeln
- aus den vier edlen Wahrheiten des Buddhismus

Wenn man bei Google den Suchbegriff *Physik und Philosophie* eingibt, erhält man im Wesentlichen einen Namen, Werner Heisenberg, der im Zusammenhang mit der Quantenmechanik ein kleines Bändchen verfasste, in dem er das Kausalgesetz verwarf [2.01].

Im April 2012 führte Ross Andersen, der Herausgeber des Magazins *The Atlantik*, ein Interview mit dem theoretischen Physiker, Kosmologen und Bestsellerautor von *The Physics of Star Trek* Lawrence Krauss, das unter dem Titel *Hat die Physik Philosophie und Religion überflüssig gemacht?* in der Zeitschrift *The Atlantic* erschien. Krauss' Antwort auf diese Frage empörte Philosophen, denn er sagte: *»Die Philosophie war einmal ein Sachgebiet mit Inhalten«* und fügte später hinzu: *»Die Philosophie ist ein Fachgebiet, das mich leider an diesen alten Woody-Allen-Witz erinnert: 'Wer nichts kann, der lehrt, und wer nicht lehren kann, unterrichtet Sport.' Und das übelste Teilgebiet der Philosophie ist die Wissenschaftsphilosophie; die einzigen Leute, soweit ich das beurteilen kann, die Aufsätze von Wissenschaftsphilosophen lesen, sind andere Wissenschaftsphilosophen. Sie haben keinerlei Einfluss auf die Physik, und ich bezweifle, dass andere Philosophen sie lesen, denn sie sind ziemlich fachspezifisch. Zu verstehen, was sie rechtfertigt, fällt deshalb wirklich schwer. Und so würde ich sagen, dass diese Spannung auftritt, weil sich Philosophen bedroht fühlen – und sie haben jedes Recht dazu, denn die Wissenschaft macht Fortschritte und die Philosophie nicht.«* [2.02] Dieses Zitat charakterisiert die Situation:

Physiker und Philosophen verstehen sich nicht mehr.

Ist das so schlimm? - Ja!

In jeder Theorie gibt es Axiome, das sind Sätze, Grundaussagen, die nicht bewiesen werden können, die sich rein aus der Erfahrung der Menschen ableiten.Theologen würden sagen, sie leiten sich aus dem Glauben ab.

Wie stark der Einfluss des Glaubens auf die Naturwissenschaft ist, wird einem erst dann bewusst, wenn man mit anderen Kulturen in Berührung gekommen ist und sich mit ihnen vorurteilsfrei beschäftigt hat. Einen interessanten Beitrag dazu hat Hilton Ratcliffe mit seinem Buch mit dem eigenwilligen Titel *Stephen Hawking Smoked My Socks: How beliefs contaminate our opinions: an astrophysicist's perspective* geleistet. Diese Erfahrungssätze oder Axiome, die auf uraltes Wissen der Menschen zurückreichen und allgemeingültig sind, findet man in der Philosophie alter Kulturen.

Philosophie leitet sich von dem Griechischen Wort *philosophia* ab und bedeutet ‚Liebe zur Weisheit'. Sie war lange Zeit die Disziplin, die das Wissen zusammenhielt, da sie nicht auf ein spezielles Gebiet oder eine bestimmte Methodologie begrenzt war. Damit konnte sie als Orientierung für speziellere Fachgebiete dienen. In der Neuzeit spaltete die Philosophie sich in immer mehr Richtungen auf, sodass sie immer unübersichtlicher wurde. Trotzdem gibt es ein Kriterium, an dem sich Philosophien scheiden lassen. Es ist die Frage: Dominiert der Geist die Natur oder dominiert die Natur den Geist? Wenn der Geist die Natur dominiert, ist es dann mein Geist oder ein allgemeiner überirdischer Geist? Wird die Frage dahingehend beantwortet, dass die Natur den Geist dominiert, sind wir bei der Naturphilosophie, beim Realismus oder auch Materialismus. Realismus trennt aber nicht die Realität der Gedanken von der Realität der äußeren Welt, was letztendlich zu einem subjektiven Idealismus führt. Der Materialismus-Begriff wird gern vermieden, weil er ideologisch durch die abendländischen Idealisten, die dem Geist die Herrschaft über die Natur einräumen, belastet ist. Paul Marmet umschreibt ihn mit dem Begriff physikalischer Realismus [2.03]. Letztendlich kommen wir aber nicht um den Begriff der *Materie* herum, da es in der Physik als der Basis der Naturwissenschaft um die Bewegungsgesetze der Materie geht.

Die Physik hat in den letzten Jahrzehnten die Natur-Philosophie sträflich vernachlässigt. Die Folge war, dass sich konzeptionelle Irrtümer in der Physik etablierten. Der Begriff Natur leitet sich von dem griechischen Wort *physis* ab. Physik bedeutet daher schlicht Naturwissenschaft. Aristoteles teilte das Wissen in Physik und Metaphysik ein. Der tiefere Sinn war dabei das Entstehen und Wachsen, also das Belebte. Die Metaphysik war damals alles das, was in seinen Büchern auf den Seiten nach der Physik kam. Im Mittelalter trat dann ein Bedeutungswechsel ein. Man teilte die Welt in Natur und Übernatur ein. Das Übernatürliche war das Göttliche, das Übersinnliche und so erhielt die Metaphysik einen neuen Inhalt.

Needham hat herausgestellt, dass das abendländische Denken immer zwischen der Vorstellung, dass die Welt ein Automat wäre und der Theologie, nach der Gott über die Welt herrsche, schwankte. Er bezeichnete das als die eigentümliche europäische Schizophrenie [2.04].

Die deutsche Philosophie der Aufklärung brachte den leuchtenden Geist eines Immanuel Kant hervor. Wenn auch sein Werk *Die Kritik der reinen Vernunft* [2.05] etwas sperrig daher kommt, - er meinte wohl, dass das einen gelehrigeren Eindruck mache - hat er darin Grundlegendes festgestellt: Wir brauchen zum Denken Begriffe und diese Begriffe müssen unsere sinnliche Wahrnehmung in die Sprache abbilden. *»Begriffe ohne Anschauung sind leer, Anschauungen ohne Begriffe sind blind.«* Kant sieht die Sprache als Abbildung der Natur vermittels unserer Sinne im Geiste. Somit kann man ihn in die Gruppe der Naturphilosophen einordnen.

Sein schärfster Kritiker war Arthur Schopenhauer, der gerade das Licht der Welt erblickte, als Kant seine Kritik veröffentlichte. In seinem Hauptwerk *Die Welt als Wille und Vorstellung* [2.06] erhob Schopenhauer den Willen ins Metaphysische und er prägte den Begriff der Relativität, der die Austauschbarkeit von Beobachter und beobachtetem Objekt gewissermaßen als Spiegelbilder zum Inhalt hat. Er schöpfte aus der indischen Philosophie, die die materielle Welt mit göttlichen Symbolen belegt und für das individuelle Gebet weitere Götter zur Auswahl vorhält, ohne diese Philosophie in christliches Gedankengut adäquat zu übertragen. So kam ein subjektiver Idealismus heraus, der dem des Georges Berkeley nahe kommt, der aber in der indischen Philosophie nicht enthalten ist. Berkeleys Hauptanliegen mit seinem Werk *Prinzipien der menschlichen Erkenntnis* war die Widerlegung des Materiebegriffs, um dem Atheismus den Boden zu entziehen. Das erklärt auch den Erfolg und Einfluss Schopenhauers auf gläubige Gemüter wie auch auf Einstein zu Beginn des zwanzigsten Jahrhunderts. Ein Teil der Kritik an Kants Werk betraf die Antinomien seiner Logik und seinen naiven Umgang mit Mengen. Die exakte Prädikatenlogik und axiomatische Mengenlehre wurde erst hundert Jahre nach Kant begründet, worum sich Georg Cantor große Verdienste erwarb.

2.1 Die Materie

Vor einigen Jahren war ich auf einer Bildungsreise durch Rajasthan. Während bei uns in Deutschland im Hotel die Bibel in jedem Nachttisch liegt, fand ich dort eines der heiligen Bücher des Hinduismus, die Bhagavat Gita. Sicher hätte ich das Buch ohne größere Beachtung wieder weggelegt, wenn ich nicht auf dem rückseitigen Buchdeckel folgendes Zitat von Albert Einstein gefunden hätte: *„When I read the Bhagavat Gita and reflect about how God created this universe everythings seems so superfluous.“* (Übersetzung: Wenn ich die Bhagavad Gita lese und darüber nachdenke, wie Gott dieses Universum erschaffen hat, scheint alles so überflüssig zu sein.) Das weckte mein Interesse und mein Nachdenken führte schließlich zu diesem Buch.

Die Physik als Naturwissenschaft ist eine empirische Wissenschaft, die auf dem Messen beobachteter Naturerscheinungen basiert. Das bedeutet im Umkehrschluss, was ich **nicht** messen kann, kann nicht Gegenstand der Physik sein. Die Physik wird keine Antworten über Dinge geben können, die nicht messbar sind. Das sind sowohl bestimmte Fragen der Kosmologie als auch Fragen der Teilchenphysik, die außerhalb unseres Beobachtungs- und Messbereichs liegen.

Aber gerade dort ist heute das Feld der modernen Physik. Die Grenzen zur Metaphysik sind damit überschritten. *Meta* stammt aus dem Griechischen und bedeutet "hinter". Ursprünglich geht der Begriff auf Aristoteles zurück, dessen acht Bücher die Physik behandelten und der die philosophischen Fragen dahinter eingeordnet hatte, wie beispielsweise solche:

- Gibt es einen letzten Sinn, warum die Welt überhaupt existiert und dafür, dass sie gerade so eingerichtet ist, wie sie es ist?

- Gibt es Götter und wenn ja, was können wir über sie wissen?

- Was macht das Wesen des Menschen aus?

- Gibt es so etwas wie „Geistiges", insbesondere einen grundlegenden Unterschied zwischen Geist und Materie, und bestimmt der Geist über die Materie oder ist der Geist von der Materie abhängig?

Letztere Frage spaltet die Philosophen der westlichen Welt seit dieser Zeit in das Lager der Idealisten und in das Lager der Materialisten. Die hinduistische Philosophie sagt: Die Götter sind Materie! Man könnte diese These in einen westlichen Pantheismus transformieren, was wohl aber nicht gerechtfertigt ist, denn die indischen Götter werden als Symbole benutzt, da ihre Deutung mehrschichtig ist und für die private Anbetung andere Götter als für die Beschreibung der Welt benutzt werden.

Ein Schlüsselbegriff für die Physik ist die Materie. Dabei ist dieser Begriff, wie so viele in der heutigen Physik nicht klar definiert, was zu einer geistigen Verwirrung gesorgt hat. Physik ist die Lehre von den Bewegungen der Materie. Es besteht bei manchen Leuten eine sonderbare Gleichsetzung von Materie und Masse. Deshalb müssen wir genau klären, was wir darunter verstehen wollen.

Die materialistische Antwort ist: Materie ist die objektive Realität, die außerhalb und unabhängig von unserem Bewusstseins existiert und von unseren Sinnen und Messgeräten erfasst werden kann.

Ausgeschlossen von der Materie sind alle übersinnlichen Dinge, die unserer Phantasie entspringen.

Die Masse tritt uns makroskopisch als eine universelle Eigenschaft der Materie gegenüber. Mikroskopisch ist sie Ausdruck der Menge von Elementarteilchen. Der Unterschied zwischen Menge und Masse ist, dass Mengen gewöhnlich abzählbar sind, Massen aber nicht. Folglich sprechen wir auf der makroskopischen Ebene von der Masse von Teilchen oder kurz von der Masse und sollten ‚von Teilchen‘ dabei im Hinterkopf behalten. Massen werden mittels eines Massenäquivalents bestimmt. Eine weitere Eigenschaft der Materie ist ihr Energieinhalt und die daraus folgende Bewegung ihrer Teilchen. So nehmen wir die Masse ihrer Teilchen in ihren vier verschiedenen Qualitäten, fest, flüssig, gasförmig und leuchtend mit ihrer zunehmenden thermischen Bewegung, sowie ihren Phasenübergängen zwischen den verschiedenen Bewegungszuständen wahr. Während wir den festen Zustand als einen Körper mit einer klar umrissenen Form wahrnehmen, wird die Form in den anderen Zuständen von äußeren Bedingungen diktiert. Jedem Elementarteilchen ist eine Ladungsmenge aus positiver oder negativer Ladung zugeordnet., die wir über die Kräfte zwischen verschiedenen Masseteilchen wahrnehmen. Energie und Bewegung resultieren daraus. .Wir kommen in den nächsten Kapitel auf diese Begriffe zurück. Unsere uns umgebende real existierende Welt ist materiell, womit wir alles das vorhin Aufgezählte meinen und sie unterliegt einer kosmischen Ordnung. Dazu gehört die aufgezählte Masse, wie auch das sie umgebende Kraftfeld resultierend aus den Ladungen ihrer Teilchen, das wir in Form von Gravitationskraft oder elektromotorischer Kraft spüren, dass mittels Beschleunigung die Bewegung der Massen in ihren verschiedenen Zuständen verursacht. An dieser Stelle höre ich den Widerspruch des Lesers, da er etwas anderes gelernt hat, aber die Begründung für diese Aussage werde ich in den folgenden Kapiteln geben.

Materie gibt es nur als Singular, ebenso wie Universum (das Allumfassende). Damit ist gemeint, dass es keine verschiedenen Arten vom Materie gibt und auch keine zusätzlichen Paralleluniversen. Ich erwähne das, weil in den letzten Jahren andersartige Behauptungen durch die Fachliteratur geistern. Dunkle Materie, wenn sie nicht die drei ersten Aggregatzustände meint, und Paralleluniversum sind im Kantischen Sinne leere Begriffe, da sie keiner sinnlichen Wahrnehmung entspringen. Erstaunlicherweise findet man über diese Begriffe die sonderbarsten Vorstellungen in der Literatur des Abendlandes.

In der Neuzeit hat Tharun Chopra in seinem Buch *Die Heiligen Kühe* [2.07] die indische Philosophie den Europäern näher gebracht. In der indischen Philosophie, der Wurzel der indoeuropäischen Kultur hat die Materie in ihrer göttlichen Trinität den höchsten Stellenwert. Dort beschreibt das Sanatana Dharma die kosmische Ordnung. Dabei wurden die drei Hauptgötter Brahman, der Allumfassende; Vishnu zum Symbol von Strukturbildung von Masse und Leben und Shiva zum Symbol von Zerstörung der Struktur; sowie ihre ehelichen Göttinnen Saravati, Lakshmi und Parvati vereint zu Shakti zum Symbol kosmischer Energie. Die alten arischen Götter besaßen noch keine Tiere zur Fortbewegung. Nach der Rigveda hatten sie Luftfahrzeuge, die von schnellen Pferden gezogen wurden, die niemals ermüdeten. Dieses ältere Konzept der Götter betonte damit die Fähigkeit der Götter, sich ohne Einschränkung und mit hoher Geschwindigkeit im ganzen Universum fortbewegen zu können.

Das Bindeglied zwischen der Philosophie der alten Inder und der westlichen Welt liefert Pythagoras, dessen Ideen in die Epoche der Renaissance Eingang fanden. Pythagoras siedelte 530 v.Ch. von Griechenland nach Kroton/Kalabrien in Italien um und gründete dort eine Schule. Die Pythagoreer glaubten an Seelenwanderung ähnlich wie im Hinduismus und dem zu dieser Zeit entstandenen Buddhismus. Die mittelalterliche Kirche zur Zeit der Renaissance beschäftigte sich mit den Pythagoreern. Ein Beispiel dafür ist die Gartengestaltung der Villa Lante bei Viterbo in der Region Latium, die ich die Gelegenheit hatte selbst zu besuchen. Hier werden die vier Phasen der Materie symbolisiert. In moderner Form kann man das pythagoreische Prinzip so symbolisch als gleichseitiges Dreieck mit 10 Punkten zusammenfassen:

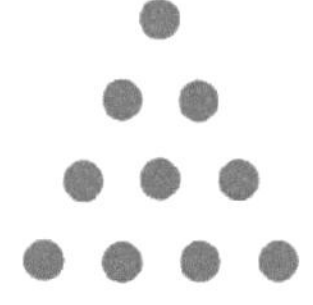

Die eine Materie mit

zwei Energieformen gebiert die Bewegung

in drei Dimensionen durch die

vier Phasen der Materie.

Die Summe dessen messen wir im dekadischen Zahlensystem

Die Pythagoreer entwickelten daraus eine Zahlenmystik, die sich über Aristoteles bis in die heutige Zeit als eine Mathematikgläubigkeit überliefert hat. Aus den alten Quellen schöpfte auch Baruch Spinoza, ein Philosoph des 17.Jahrhunderts. Während die Pythagoreer über die vier Phasen der Materie den Geist setzten und als ihr Symbol das Pentagramm wählten, sah Spinoza in der Natur den Geist selbst verwirklicht, möglicherweise durch die indische Vedanta-Philosophie[3] inspiriert und begründete damit den westlichen Pantheismus, den auch Einstein als seinen Glauben übernahm.

Die Einstein zugeschriebene Äquivalenz zwischen Energie auf der einen Seite und dem Produkt aus Masse und dem Quadrat der Lichtgeschwindigkeit auf der anderen Seite beschreibt die Materie in ihrer allgemeinsten Form. Für ihn hatte diese Formel bei seinen theoretischen

---

3   **Vedanta** ist eine der heute populärsten Richtungen der indischen Philosophie und heißt wörtlich übersetzt: „Ende des Veda" d. h. der als Offenbarung verstandenen frühindischen Textüberlieferung („Veda" → „Wissen").

Überlegungen zur Relativitätstheorie seltsamerweise nie eine zentrale Bedeutung, obwohl er von der *Bhagavad Gita* so beeindruckt war. Wir werden darauf später zurückkommen.

In der Vedanta-Philosophie sind die Götter Teil des Universums. Diese kosmische Ordnung ist unbegrenzt und ewig, symbolisiert durch das Lebensrad *Bhavacakra*. Folglich ist die Existenz der unbegrenzten und ewigen Materie keine Erfindung der Neuzeit, höchstens eine Wiederentdeckung. Selbst die Hirtenreligionen des Krishna, des Judentums und des Christentums sind in diesem Konzept eine Inkarnation des ewigen *Vishnu*, des Prinzips des Werdens, als Ausdruck der demokratischen Integrationskraft der hinduistischen Philosophie enthalten. Wie störend sind da die monotheistischen Ansprüche des Judentums, woraus sich dann das Christentum und der spätere Islam mit ihren gewaltsamen Missionierungen entwickelten, die den Gedanken der Demokratie bekämpften und als Vernichter anderer Kulturen einen zweifelhaften Ruhm in der Geschichte erwarben. Wir glaubten, die Demokratie hätten die Griechen erfunden, wie kurzsichtig von uns. Die alten polytheistischen Religionen spiegeln das soziale Bild einer Demokratie herrschender Schichten wider, die viel weiter zurück reichen.

Die Entstehungsgeschichte der Rigveda reicht in das zweite .vorchristliche Jahrtausend. Heute fassen wir ihre kosmische Idee in der Formel $E \approx m \cdot c^2$ zusammen. Das Zeichen $\approx$ bedeutet, dass die Energie einer Masse entspricht, wenn sie sich mit Lichtgeschwindigkeit bewegen würde, was aber nicht möglich ist. So stellt diese Formel eine nicht überschreitbare Energieschranke für ein Elementarteilchen dar. Da Materie und Götter in der Vedanta-Philosophie eine Einheit darstellen, sind die Götter dort real. Sie existieren außerhalb des menschlichen Geistes. Die Menschen leben dagegen in einem immerwährenden Kreislauf der Wiedergeburt in einer Traumwelt bis sie geläutert zu Brahman in die reale Welt aufsteigen dürfen, indem sie ihre Gestalt auflösen und ein Teil des Kosmos werden.

An diese Traumwelt knüpfte der subjektiven Idealismus abendländischer Prägung an, ohne dass das Wesen der indischen Philosophie übernommen worden wäre. Übrig blieb nur der Gedanke von der subjektiven, einer virtuellen Welt wie in einem Spiegel ohne real existierende Massen. So kam Arthur Schopenhauer zu seinem Konzept von der Relativität. Dieses Konzept verankerte Arthur Schopenhauer in seinem Hauptwerk *Die Welt als Wille und Vorstellung,* worin er jedem Objekt einen Willen zuordnete und die Relativität zwischen Objekt und Beobachter postulierte. Das brachte ihm Beachtung ein, da er hierin die missliebige *Kritik der reinen Vernunft* - sie wurde vom Vatikan auf die Liste der verbotenen Bücher gesetzt – seiner eigenen Kritik unterzog. Dieser philosophische Irrtum von der Relativität wurde von Albert Einstein übernommen, ohne dass er die Quelle angab. Einstein als ein Verehrer Schopenhauers fand dieses Konzept wesentlich anziehender, als das der Materie, ohne zu bedenken, dass die Massen von Beobachter und Objekt eben gewöhnlich verschieden sind und es ein großer Unterschied ist, ob sich der Prophet Einstein einem Berg nähert oder der Berg zum Propheten kommt. Wir werden sehen, dass das Konzept der Relativität genau auf eine Abbildung hinführt. Schopenhauers Idee von der Relativität zwischen Objekt und Beobachter stiftete in der Physik großes Unheil, als es Einstein übernahm. So verwischten sich die Grenzen zwischen Außenwelt und ihrer Abbildung im Geiste vermittels der sinnlichen Wahrnehmung.

Immanuel Kant hat in seiner *Kritik der reinen Vernunft,* (man könnte heute auch Kritik der reinen Mathematik sagen), zwei Arten von Begriffen eingeführt, solche die auf der Klassifizierung von sinnlichen Wahrnehmungen, *Phänomena,* beruhen und solchen, die keiner sinnlichen Wahrnehmung entsprechen, *Noumena* genannt, sondern der Phantasie entspringen. Heute sollte man den Begriff sinnliche Wahrnehmung besser durch den Begriff der ingenieurmäßigen Wahrnehmung ersetzen, da alles messtechnische Equipment auf Ingenieurskunst beruht, die sich keiner Spekulation hingibt.

Begriffe ohne Anschauungen sind leer, Anschauungen ohne Begriffe
sind   blind."
und
„So fängt denn alle menschliche Erkenntnis mit Anschauungen an,
geht von da zu Begriffen, und endigt mit Ideen."   - Immanuel Kant

Um das Innen des Geistes und das Außen der Welt auseinander halten zu können, brauchen wir Begriffe, die das geistige Innenleben von der Außenwelt trennen. Das ist durchaus schwierig, weil wir sowohl ein Bild von unserer Innenwelt haben, als auch die Außenwelt in unserem Geist abbilden. Es gibt sogenannte synonyme Begriffe, die das leisten können, wenn wir uns darauf verständigen könnten, wann wir den einen und wann den anderen Begriff verwenden. Ein Beispiel soll das illustrieren. In der Physik sollten wir im Zusammenhang mit der Masse konsequent den Begriff Volumen benutzen, während der Raumbegriff dem mathematischen Konzept vorbehalten sein sollte. Ein Volumen der Außenwelt hat grundsätzlich drei Dimensionen, während das Konzept des Raumes in seinen Dimensionen nicht beschränkt ist. Der metrische Raum, der mit einem Abstandsmaß und drei Dimensionen ausgestattet ist, ist prinzipiell nicht begrenzt, weil die Menge der rationalen Zahlen unbegrenzt ist. Diesen Raum verwenden wir in der Physik, um ein Volumen bewerten zu können. Ebenso müssen wir den Raum von einer Oberfläche unterscheiden. Während der Teilraum eine Menge von Raumpunkten, den Objekten des Raumes, darstellt, ist die Oberfläche die Grenze zu einem anderen Teilraum. Flächen werden durch Funktionen beschrieben. In der Physik verwenden wir den Begriff Oberfläche und grenzen damit unterschiedliche Stoffphasen ab. Dabei gehört die Oberfläche immer zu dem dichteren Medium. Es kann wiederum eine Menge von Funktionen zur Beschreibung der Oberfläche eines physikalischen Körpers nötig sein. Die Oberflächen bilden dann durch Faltung Strukturen.   Eine der wichtigsten Eigenschaften der Materie ist ihre strukturelle Gliederung. Es ist unbestreitbar, dass sich Geist und Materie in ihrer Struktur unterscheiden. Massen weisen eine räumliche

Struktur auf und Energien eine zeitliche Struktur auf. Diesen Strukturen entnimmt unser Geist Informationen und ordnet ihnen Begriffe zu. Es handelt sich dabei um einen Abbildungsprozess in bestimmte Symbolfolgen. Das ist das Gebiet der Informatik, deren Teilgebiet die Mathematik ist.

Kann der Geist auf die Materie zurückwirken? Wenn man Schopenhauer folgt, ist diese Frage berechtigt. Diese Frage ist vergleichbar mit der Frage: Ist das Abbild oder das abgebildete Objekt die Realität? Relativisten scheitern an dieser Frage. Nein, der Geist kann nur über unserer Hände Arbeit auf die Materie einwirken. Wer vorgibt, mit seinem Geist auf die Materie einwirken zu können, den nennen wir einen Magier oder Illusionisten. Denn er ist in der Lage, unsere Wahrnehmung zu täuschen. Aber nicht nur unsere Wahrnehmung kann man täuschen, auch, und das ist viel häufiger der Fall, unser Geist unterliegt schwer auszuräumenden Täuschungen und Irrtümern.

2.2 Die Phasen der Materie

Die klassische Physik richtet sich an den Phasen der Materie aus. Jede dieser Phasen hat einen bestimmten inneren dissipierten Energieinhalt und wird durch eine äußere Energie in einem Gleichgewichtszustand gehalten. Die innere Energie beruht auf dem Kraftfeld, welches die Ladungen der einzelnen Atome unter einander aufbauen. Sie bewirken ihren inneren Zusammenhalt und das kollektive Verhalten einer Menge von Atomen in einem Volumen. So haben wir die Mechanik zur Beschreibung der Bewegung von Festkörpern, die Hydrodynamik für die Beschreibung der Bewegung von Flüssigkeiten, die Aerodynamik für die Bewegung von Festkörpern in Gasen, die Thermodynamik für die Bewegung der Atome und die Elektrodynamik für die Bewegung von Ladungen. Zu Beginn des 20. Jahrhunderts hatte man auf der Grundlage dieser Erkenntnisse ein elektrodynamisches Weltbild entworfen[2.08]. Für das kollektive Verhalten von Atomen hatte man den Begriff ‚Äther‘ eingeführt. Gleichzeitig herrschte eine große Konfusion, da man sich den Äther nicht als Kraftfeld, sondern als einen Stoff vorstellte, der sich wie ein Wind bewegen sollte. Um diesen Äther entwickelte sich ein Streit, der mit dem Experiment von Michelson und Morley entschieden werden sollte. Infolge des Einflusses der ersten Solvay-Konferenz (1911) unter dem Thema „Die Theorie der Strahlung und der Quanten" wurden die Ergebnisse, die durch die Störung des Erdfeldes nicht den Erwartungen entsprachen zu Gunsten der Relativitätstheorie unterdrückt. Obwohl Dayton Miller 1933 ohne den Einfluss des Erdfeldes ein positives Ergebnis erhielt, hatte sich die neue Theorie bereits soweit etabliert, dass an Umkehr nicht mehr gedacht wurde. Die von Max Planck, Werner Heisenberg und Max Born entwickelte Quantenmechanik musste nun, um das kollektive Verhalten der Atome indirekt wieder einzuführen, und obwohl Quanten als Teilchen verstanden wurden, den einzelnen Elementarteilchen auch Welleneigenschaften zuschreiben, obwohl das völlig unlogisch ist. So wurde die Logik geopfert und das bezeichnen wir heute als moderne Physik. Dabei wäre es vorteilhafter gewesen, Quanten als durch den Äther übertragene Impulse zu verstehen, die erst an den Phasengrenzen ihre Wirkung entfalten, wie man das beispielsweise an einem Tsunami beobachtet.

Dieses ungleiche Paar von Betrachtungsweisen aus Relativitätstheorie und Quantentheorie, die vergeblich zu einer Quantengravitation vereinigt werden sollten, bestimmte für die zweite Hälfte des 20. Jahrhundert das Denken der Physiker. Dabei übersahen sie völlig die Bedeutung der Thermodynamik und die strukturbildenden Vorgänge an den Phasenübergängen, die überall in der Natur zu beobachten sind. Lediglich die Halbleiterphysik profitierte von der Betrachtung von Phasenübergängen. Dieser Übergang ist stets mit einem Sprung der inneren Ordnung verbunden. Ausdruck dessen sind die sichtbaren Oberflächenstrukturen, die sich an den Phasengrenzen ausbilden. Der modische Schwerpunkt der Physik liegt jedoch auf Symmetriebetrachtungen in geschlossenen Systemen. Technisch geht es stets um die Zerstörung einer Ordnung, um die daraus freiwerdende thermische Energie im

Carnot-Prozess zu nutzen. Auf dieser Grundlage beruht der Fortschritt in der industriellen Revolution seit Mitte des 19. Jahrhunderts. Die intensive Nutzung der fossilen Energieträgern hat uns nun an den Rand der Zerstörung unseres Planeten gebracht und wir sind gezwungen, uns nach sauberen Energiequellen umzusehen. Die Vernachlässigung der Thermodynamik im letzten Jahrhundert hat die Physik von ihrer Hauptaufgabe abgehalten, uns neue saubere Energieträger zu erschließen.

Natürliche Prozesse laufen nicht in geschlossenen Systemen ab, sondern stehen mehr oder minder im Energie- und Stoffaustausch mit ihrer Umgebung. So ist der   2. Hauptsatz der Wärmelehre streng genommen eine unzulässige Idealisierung mit seiner Aussage, dass die Entropie immer wächst.   Wir werden uns in diesem Buch schrittweise von liebgewonnenen Vorstellungen lösen und die Thermodynamik in offenen Systemen in den Mittelpunkt unserer Überlegungen stellen. In einem offenen System haben wir die Möglichkeit, die Entropie abzuführen. Mittels offener Systeme kann man erklären, warum feste Kristalle aus einer wässrigen Lösung herauskristallisieren, warum Wolken entstehen, warum eine Kerze brennt, warum an Doppelschichten Ladungen getrennt werden und wie die Sonne funktioniert. Nur mittels eines offenen Systems lässt sich die Frage nach der Energiegewinnung bei gleichzeitiger Erhöhung der inneren Ordnung, wie es die Fusion von einfachen Elementen zu komplexeren Elementen darstellt, beantworten. All dies hat seinen Ursprung an den Phasengrenzen der Materie, denn Phasengrenzen haben einen Potenzialunterschied der inneren Energie und damit eine Asymmetrie, die die Voraussetzung für eine sanfte Bewegung bietet, um eine Ordnung aufzubauen.

2.3 Irrtümliche philosophische Konzepte der heutigen Physik

Bei der indischen Philosophie muss man ganz klar zwischen hinduistischer und muslimischer Philosophie unterscheiden. Die muslimischen Einflüsse auf die indische Philosophie begannen mit der Ausbreitung der Mogulherrscher in Nordindien zu Beginn des 16.Jahrhunderts unter Din Muhammad Babur. Sie verboten alle menschlichen Symbole, vernichteten einen Großteil der hinduistischen Kultur und erhoben die Symmetrie zu ihrem Ideal, was in den Gartenanlagen, als Nachbildungen des Paradieses und in dem Mausoleum der Mumtaz Mahal in Agra, dem Taj Mahal, in Vollendung zum Ausdruck kam, was Großmogul Shah Jahan ab 1631 in 17-jähriger Bauzeit als Symbol seiner Liebe errichten lies. Er soll noch 72 Jungfrauen in seinem Harem gehabt haben, für die sich heute junge Muslime als Terroristen in die Luft sprengen.

Eingang in das deutsche Bewusstsein fand die indischen Philosophie erst im 19. Jahrhundert und damit ist der Name Schopenhauer eng verbunden, während die Wiederentdeckung der griechischen Philosophen in die Zeit der Renaissance fiel. So steht unsere heutige Philosophie vielleicht viel stärker unter dem Einfluss der Griechen, wie Empedokles, Sokrates, Platon und Aristoteles und mit ihr die klassische Physik. Die Moderne Physik baut auf der Kritik Schopenhauers an Kant auf. Die Schwachstelle der Kantischen *Kritik der Reinen Vernunft* betraf seine Vorstellungen von den Mengen. Eine logisch geschlossene Mengenlehre kam erst in der ersten Hälfte des 20. Jahrhunderts auf und die Anfänge der Modernen Physik fallen in eine Periode der Grundlagenkrise der Mathematik.

Physik als eine messende Wissenschaft, kommt nicht ohne Mathematik aus. Aristoteles behandelt seine Philosophie der Mathematik in den Büchern XIII und XIV der *Metaphysik*. Er kritisiert hier und vielerorts den Platonismus, weshalb er heute vielen als einer der ersten Vertreter des Materialismus gilt. Mathematik hat ursächlich nichts mit Physik zu tun, sie ist ein Teilgebiet der Informatik. Physiker benutzen vorwiegend Mathematik zur informellen Beschreibung physikalischer Vorgänge. Die Beschreibung ist aber nicht Teil der Natur, sondern Teil der Sprache und damit ein geistiges Produkt. Mit anderen Worten, wir widerspiegeln die objektive Realität der Materie mittels Symbolen in unserem Bewusstsein oder subjektiven Geist, ähnlich einem Film. Dafür stehen uns eine Reihe von Verschlüsselungsmöglichkeiten zur Verfügung. Das ist das Gebiet der Informatik, was sich in den letzten 60 Jahren sprunghaft entwickelt hat und nur ungenügenden Eingang in die Physik fand.

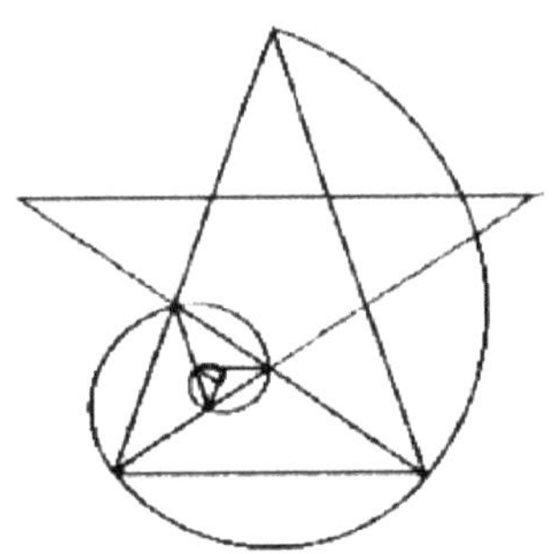

Abbildung 2.1: Fibonacci-Spirale und Pentagramm

Die Physik des 20. Jahrhunderts hat Albert Einstein, wie kein anderer geprägt. Er wird als der Genius des Jahrhunderts gefeiert. War er das wirklich? Es wurden schon viele Denkmäler des letzten Jahrhunderts wieder demontiert.

„Wenn wir an etwas arbeiten, dann steigen wir vom hohen logischen Ross herunter und schnüffeln am Boden mit der Nase herum. Danach verwischen wir unsere Spuren wieder, um die Gottähnlichkeit zu erhöhen."   *- Albert Einstein*

Dabei hat er zwei seiner grundlegenden Ideen von Schopenhauer, dessen Verehrer er war, entliehen - Symmetrie und Relativität. So ist es nicht verwunderlich, dass sich zwei grundlegende Irrtümer in die philosophischen Grundlagen der Naturphilosophie ein-geschlichen haben.

Einen weitere Irrtum brachte die Mathematik selbst in die Physik. Diese fundamentalen Irrtümer zusammen prägten die Entwicklung der Modernen Physik. Sie wurde begünstigt durch eine zunehmende Spezialisierung und eine fehlende übergeordnete ordnende Disziplin, die die Natur-Philosophie einstmals war.

2.2.1 Die Natur sei symmetrisch und relativ

Den Gedanken der Symmetrie und der Relativität brachte Einstein mit seiner Arbeit *Zur Elektrodynamik bewegter Körper* [2.09] von 1906 in die Physik. Insbesondere sei die Symmetrie im Kosmos vorherrschend, da sie Ausdruck der göttlichen Ordnung sei. Sie ist die Vorstellung der göttlichen Ordnung im Islam. Symmetrie bedeutet Gleichgewicht, Stillstand und Tod. Leben basiert auf Selbstähnlichkeit, dem dynamischen Gleichgewicht und der Selbstorganisation. Ich habe noch den Ausspruch eines islamistischen Fundamentalisten im Kopf: "*Ihr liebt das Leben, wir lieben den Tod*". [2.10] Seit Einsteins Arbeit von 1906 versuchen Theoretiker physikalische Vorgänge zu symmetrisieren und begründen das mit Ästhetik. Das ist höchst verwunderlich, da in der abendländischen Kunst der Goldene Schnitt und die Fibonacci-Folge seit der Renaissance als das Maß der Schönheit gilt [2.11][2.12] und die Symmetrie in der Bildenden Kunst als langweilig verpönt ist. Den Goldenen Schnitt kann man auf die Pythagoreer zurückführen, da man ihn aus ihrem Pentagramm ableiten kann. Jede Gerade des Pentagramms wird durch eine andere dieser Geraden im Verhältnis einer irrationalen Zahl 1,6180... geschnitten.

> In meiner Jugend war ich Mitglied in der Altenburger Lindenau-Malschule, wo ich die Bildkomposition gelernt habe. Doch dann habe ich mich für die Physik entschieden, weil ich damals glaubte, sie sei ideologisch nicht so belastet, wie die Bildende Kunst. Diesen Irrtum habe ich ziemlich spät erst erkannt.

Wir hatten oben festgestellt, dass die Materie sowohl eine zeitliche als auch eine räumliche Struktur besitzt. Strukturen können chaotisch, selbstähnlich und symmetrisch sein, wobei in dieser Reihenfolge eine immer strengere Ordnung in allen Dimensionen erforderlich ist. So gibt es nur eine Punkt-Symmetrie und das ist die Kugelsymmetrie. Alle anderen Symmetrien beziehen sich auf Oberflächen entlang einer Geraden. Stellt man diese Strukturfolge mit dem indischen Rad des Lebens in Beziehung, folgt auf die Symmetrie das Chaos, was auch der zweite Hauptsatz der klassischen Thermodynamik aussagt. Eine weniger strenge Ordnung erfordert die Selbstähnlichkeit, und ohne jede Ordnung kommt das Chaos daher. So sind Theorien zur Symmetrie und Supersymmetrie ziemlich speziell und dürften kaum nützliche zu verallgemeinernde Ergebnisse liefern.

Anders verhält es sich mit Ähnlichkeit und der Selbstähnlichkeit, die man an den Grenzschichten zweier physikalischer Phasen findet. Da haben die von Mandelbrot erfundenen Fraktale [2.13] mit ihren gebrochenen Dimensionen bei der Nachbildung von natürlichen Strukturen beachtliche Erfolge gezeigt. Eine der bevorzugten Methoden in der Forschung ist die Klassifizierung ähnlicher Objekte. Wir kennen das von allen Naturwissenschaften. Um Begriffe bilden zu können, benötigen wir die Klassifizierung. Das mathematische Konzept dazu ist die Mengenlehre. Eine Menge (oder Klasse) besteht aus untereinander ähnlichen Objekten. Der Biologe spricht von der Klasse der Wirbeltiere. Der Chemiker spricht von der Menge der chemischen Elemente. Der Physiker spricht dagegen von der Masse, ohne diese Masse näher zu spezifizieren. Für ihn ist lediglich wichtig, in welchem energetischen Zustand sich die Masse befindet. Auf jeder Ebene wiederholt sich das Spiel. Wir haben Objekte und fassen diese zu Mengen zusammen. Symmetrien sind ganz spezielle Ähnlichkeiten, die auf Oberflächen beschränkt sind. Die einfachste Symmetrie ist die Kugelsymmetrie. Eine zweite Form ist die Spiegelsymmetrie entlang einer Symmetrieachse auf einer Oberfläche. Kristallbildung ist die Bildung von symmetrische Formen aus einer flüssigen Lösung heraus. Eine dritte Form ist die Rotationssymmetrie um einen Mittelpunkt. Letztere Symmetrie beobachtet man in der Biologie. Aber beim genauen Hinsehen stellt man fest, dass diese Symmetrien in der Natur gewöhnlich gestört sind. Irgendein Detail bricht die Symmetrie. Wäre das nicht der Fall, könnte man natürliche Objekte nicht unterscheiden. Man spricht deshalb besser von Selbstähnlichkeit.

Aus der Symmetrie folgerte Einstein die Austauschbarkeit zwischen Objekt und Beobachter. Schopenhauer und Einstein glaubten, man könne Beobachter und beobachtetes Objekt einfach austauschen. Einstein erfand den Begriff des Inertialsystems (Trägheitssytem) dafür und erklärte das so: Es sei physikalisch egal, ob sich der Zug bewege und der Bahnsteig ruhe oder der Zug ruhe und der Bahnsteig sich bewege. Vom Standpunkt der Energiebilanz kann man dem nicht zustimmen.

Der Begriff des Inertialsystems täuscht einen physikalischen Bezug nur vor.

2.2.2 Mathematik sei kein Konzept, sondern objektive Realität

Eine unter Mathematikern verbreitete Position, vertreten auch durch Kurt Gödel, einem Freund Einsteins, ist, dass mathematische Objekte (Zahlen und geometrische Figuren) und Gesetze keine Konzepte seien, die im Kopf des Mathematikers entstünden, sondern es wird ihnen eine vom menschlichen Denken unabhängige Existenz zugesprochen. Mathematik würde folglich nicht erfunden, sondern entdeckt. Durch diese Auffassung würde dem objektiven, also interpersonellen Charakter der Mathematik entsprochen. Daraus wird dann abgeleitet, dass man ein erfundenes mathematisches Objekt in der Natur finden müsse.

So bedeutend Gödels mathematische Leistungen sind, so abwegig ist seine Philosophie. In seinem Spätwerk unternahm Gödel 1941 eine Rekonstruktion des ontologischen Gottesbeweises mit Mitteln der Modallogik. Im Unterschied zur zweiwertigen Aussagelogik ist die Modallogik eine vierwertige Logik, die neben wahr und falsch noch die Werte möglich und notwendig verwendet [2.14].

Das Anliegen Gödels bestand im Nachweis, dass ein ontologischer Gottesbeweis auf eine Art und Weise geführt werden könne, die modernen logischen Maßstäben gerecht würde. Eine Version dieses Beweises soll mittlerweile durch maschinenunterstützte Verfahren auf Korrektheit überprüft worden sein. Der einzige Beweis für eine Existenz außerhalb unseres Bewusstseins ist die kollektive sinnliche Erfahrung. Man wiederholt daher nur, dass man erfahren hat, dass dieses Ding existiert. Weiterhin setzt die Definition des vollkommenen Wesens nach Kant dessen Existenz bereits voraus. Der **ontologische** Beweis ist daher schlicht ein Zirkelschluss oder eine Tautologie, ganz gleich, welche Logik man verwendet.

Mathematik ist eine Sprache und keine Naturerscheinung. Als solche wird sie nicht entdeckt, sondern durch Definitionen und Symbole interpersonell entwickelt. Die Gegenstände der Mathematik sind die Zahlen und die Zahlensysteme samt den dazugehörigen Operationen. Das Zählen ist aber eine menschliche Tätigkeit. Wir finden in der Natur keine Zahlen, sondern Mengen von real existierenden Gegenständen, denen wir Labels in Form von Symbole oder Worten anheften. Dabei sind verschiedene Zahlensysteme gebräuchlich. Das geläufigste Zahlensystem ist das Dezimalsystem, aber auch das Sexagesimalsystem ist bei der Kreiseinteilung noch gebräuchlich. Durch die Entwicklung der Computer hat sich das Binärsystem überall durchgesetzt, ohne dass uns das richtig bewusst geworden ist. Das Binärsystem beruht auf den zwei Schaltzuständen *Strom fließt* und *Strom fließt nicht*, denen wir die Labels *wahr* und *falsch* oder 0 und 1 anheften können. Ohne dass man da etwas noch beweisen müsste, kann sich jeder davon überzeugen, dass der Laptop oder das Smartphone heute die schwierigsten mathematischen Operationen durchführen können. Das Zauberwort heißt hier *Algorithmus*. Ein Algorithmus ist eine Berechnungsvorschrift, eine Reihe sprachlicher Anweisungen, wie der Computer die Operationen durchführen muss. Während man in der Anfangszeit der Computer diesen Algorithmus in eine binäre Zahlenfolge übersetzen musste, gibt es heute entsprechende Übersetzungsalgorithmen, die diese Arbeit dem Menschen abnehmen. Allerdings wird <u>eine</u> Arbeit dem Menschen nicht abgenommen, das ist das streng logische Denken. Heute gibt es eine weit verbreitete Angst vor künstlicher Intelligenz der Computer. Diese Intelligenz setzt in jedem Fall Algorithmen voraus, die sich ein intelligenter Mensch mal ausgedacht hat. Ein Computer duldet keine logische Inkonsequenz, das merkt man spätestens, wenn man selbst einen geschriebenen Algorithmus auf einer realen Maschine zum Laufen bringen will. Heute lernt man zwar, das Drücken von Tasten, den Umgang mit der Maus und das Wischen über den Bildschirm und nennt das Informatik, aber vor der Mathematik dahinter besteht eine eigentümliche

Scheu bei den meisten Menschen, woraus dann schließlich die Angst resultiert. Das lässt natürlich viel Raum für Mythen.

Nichts ist logischer aufgebaut als die Mathematik. Die Basis bildet die zweiwertige Algebra. Darauf gründen sich die Zahlensysteme, auch unser Zahlensystem auf der Basis 10, und die Grundrechenarten. Alle höheren Rechenarten lassen sich mittels Algorithmen auf Grundrechenarten zurückführen und diese wiederum auf die zwei Werte *wahr* und *falsch*. Was logisch falsch ist, wird auch in einem dekadischen Zahlensystem nicht richtig. Fehler sind in einem dekadischen Zahlensystem nur leichter zu verstecken. Das ist für die meisten Menschen unerträglich, weil die Maschine keine Sympathien für menschliche Schwächen hat. Wenn man auf Mathematik setzt, kann man sich nicht herausreden, dass etwas Unlogisches erst auf einer höheren Ebene zu verstehen sei, man also eine höhere Qualifikation benötigen würde. Die Logik der Menschen wird gewöhnlich durch Hormone im Gehirn gestört. Es ist offensichtlich so, dass das hormonellen System das ältere ist und es funktioniert schneller als das logische System. Dieses steuert die Gefühle, auch die religiösen. Logik kann man nicht konditionieren, wohl aber Gefühle. Die Tatsache, dass man mathematische Konzepte beliebig verallgemeinern kann, die Natur aber in der Wahl der Wiederholungen begrenzt ist, öffnet der Metaphysik eine Tür. Diese Begrenzung ist der Rahmen für die deduktive Logik, die Karl Popper der induktiven Logik gegenüber stellt [2.15].

2.4 Deduktive und induktive Logik in der Forschung

Logische Inkonsequenzen neben Fehlinterpretationen sind die häufigsten Fehler in der Forschungsarbeit. Dazu kommen induktive Schlüsse. Karl Popper hat sich auch mit der Frage der induktiven Schlüsse beschäftigt und wollte diese Schlüsse möglichst vermeiden. Um Erkenntnisse zu gewinnen, sind sie aber gewöhnlich unumgänglich. Wir haben oben schon erwähnt, dass Logik etwas mit einem algebraischen System auf der Basis von 2 zu tun hat. Man nennt dieses System auch Boolesche Algebra, benannt nach George Boole, da sie auf dessen Logikkalkül von 1847 zurückgeht [2.16].

2.4.1. Was ist Wahrheit?

Zuerst müssen wir die Frage beantworten, Was ist Wahrheit? Wahrheit ist die Bewertung einer Aussage mit dem Wert *wahr*. Das ist nichts anderes, als wenn ich einer Variablen einen beliebigen Zahlenwert zuordne, nur dass ich für die Bewertung in diesem Fall die natürlichen Zahlen zur Verfügung habe, während die zweiwertige Logik nur die Werte *wahr* und *falsch* kennt. Weil Wahrheit eine Bewertung ist, ist sie so umstritten. Die Bewertung von Aussagen ist interessenbedingt. Wer auf der Suche nach der Wahrheit ist, sollte das stets im Hinterkopf behalten. Je stärker die Interessenlage, desto geringer ist die Wahrscheinlichkeit, dass eine umstrittene Aussage wahr ist.

Die Philosophen unterscheiden allein 8 Theorien zu ihrer Bewertung. Am ursprünglichsten ist die Korrespondenz-Theorie, die auf Aristoteles zurückgeht, nach der es eine Übereinstimmung zwischen Denken und Wirklichkeit geben muss. Der Marxismus bringt die Idee der Abbildung zwischen Denken und Wirklichkeit hinzu. Im nächsten Schritt muss die logische Struktur des Satzes mit der Struktur des von ihm abgebildeten Sachverhalts übereinstimmen. In der Korrespondenztheorie muss schließlich die Widerspruchsfreiheit einer abgeleiteten Aussage zu dem System akzeptierter Aussagen bestehen. Habermas dagegen plädiert für einen Konsensus, der in einem Diskurs in einer idealen Sprechsituation herbeigeführt wird. Da es keine idealen Sprechsituationen geben kann, wird die Wahrheit bei ihm den Machtinteressen untergeordnet. So beansprucht Papst Pius X. in seiner Enzyklika *Pascendi Dominici gregis* für sich eine katholische Wahrheit [2.17].

Für die Naturwissenschaften und technischen Wissenschaften als empirische Wissenschaften ist die Praxis (z. B. das Experiment) als praktischer Beweis das primäre und hinreichende Kriterium der Wahrheit. Beide Wissenschaften haben wie die Wahrheit selbst objektiven Charakter und sind nicht verhandelbar. Soweit die Theorie. Je aufwendiger aber ein Experiment wird, desto schwieriger wird es psychologisch, das Scheitern eines Experimentes als Wahrheit anzuerkennen und desto schwieriger wird es, unabhängige Richter in dieser Frage zu finden. In dieser Situation befinden sich heutige Forscher. Man kann heute keine Physik ohne die Hilfe der Ingenieurwissenschaften mehr betreiben. Hier bildet sich ein Interessenkonflikt zwischen Ingenieuren und Physikern heraus. Das Ziel der Ingenieure ist es, etwas für die Gesellschaft verwertbares heraus zu bekommen, während die Physiker sich mit einer Idee zufrieden geben, die möglichst schlecht widerlegt werden kann. Damit kommen wir zum Grundproblem der Erkenntnislogik.

2.4.2 Das Grundproblem der Erkenntnislogik

Jede empirische Wissenschaft benutzt den induktiven Schluss, indem eine spezielle Beobachtung verallgemeinert wird. Wenn man beispielsweise genügend oft beobachtet hat, dass die Sonne mittags im Süden steht, dann schließt man daraus, dass sie das immer tut. Begibt man sich jedoch auf die Reise Richtung Süden, wird man feststellen, dass diese Aussage plötzlich nicht mehr stimmt. Südlich des Äquators steht die Sonne mittags im Norden. Wenn man jedoch von der Allgemeinheit deduktiv auf einen speziellen Fakt schließt, bleibt einem die Überraschung erspart, dass die Aussage falsch werden kann.

Karl Popper, der sich sehr intensiv mit der Logik der Forschung auseinander gesetzt hat, versucht nun das Grundproblem der Erkenntnislogik, das Hume und Kant bereits beschäftigte, zu umgehen, indem er induktive Schlüsse vermeiden will, was ihm letztlich nicht gelingen kann.

- Das ist das Problem der Induktion: Spezielle Sätze werden verallgemeinert. Ein solcher Schluss kann sich als falsch erweisen. Man kann das Induktionsproblem auch als die Frage nach der Geltung der allgemeinen Erfahrungssätze, der empirisch-wissenschaftlichen Hypothesen und Theorie-Systeme, formulieren.(Popper) Man muss sich fragen, wann der Induktionssatz zulässig ist und wann nicht. Ein sehr durchsichtiges Beispiel für einen falschen Induktionsschluss gibt das folgende Beispiel:

Keine Katze hat zwei Schwänze. Eine Katze hat einen Schwanz mehr als keine Katze. Induktionsschluss: Katzen haben drei Schwänze. In diesem Beispiel enthält der erste Satz eine Negation. Der zweite Satz kombiniert diese Negation mit einer positiven Aussage. Das ist offensichtlich bei der Induktion nicht zulässig.

Ein anderes Beispiel für eine Induktion ist folgendes: Wir haben einen Satz Messwerte und nähern die Messwerte durch ein Polynom an. Das Polynom können wir entweder aus dem Kurvenverlauf erraten oder nach der Methode der Statistischen Versuchsplanung, einer in der Technik weit verbreiteten Methode, konstruieren. Dann können wir innerhalb des gemessenen Intervalls ziemlich sicher wahre Voraussagen über die zu erwarteten Werte in diesem Intervall treffen. Aber je weiter wir uns von dem untersuchten Messbereich entfernen, desto unzuverlässiger wird der aus dem Polynom berechnete Wert sein. Physikalische Gesetze ohne Gültigkeitsangaben haben diese Unsicherheit. Es handelt sich dann um Wahrscheinlichkeitsaussagen, die den meisten Leuten nicht einmal bewusst sind. Die Induktionsproblematik scheint unüberwindlich.

- Daraus resultiert das Problem der Abgrenzung: Aus den beiden Beispielen wird sofort ersichtlich, dass man den Gültigkeitsbereich induktiver Aussagen gegenüber dem Bereich ihrer Falschaussage abgrenzen muss. Beide Beispiele haben aber völlig verschiedene Abgrenzungskriterien. Daraus kann man entnehmen, dass die induktive Methode des Schließens kein allgemeingültiges Kriterium der Abgrenzung zwischen ihrer Zulässigkeit und ihrer Unzulässigkeit besitzen wird. Noch allgemeiner formuliert, es gibt für die empirische Wissenschaft kein allgemein-gültiges Kriterium der Abgrenzung gegenüber der Mathematik oder etwa metaphysischen Systemen, solchen der Phantasie. Popper lehnte deshalb die Induktionslogik generell ab. Es sagt: »*Das induktionslogische Abgrenzungskriterium· führt also nicht zu einer Abgrenzung, sondern zu einer Gleichsetzung der naturwissenschaftlichen und metaphysischen Theoriesysteme, nicht zu einer Ausschaltung, sondern zu einem Einbruch der Metaphysik in die empirische Wissenschaft.*« Ist dann eine Verallgemeinerung nicht mehr zulässig? Das wäre fatal. Aber die Gefahr des Fehlschlusses bleibt bestehen.

- Wenn wir diese Überlegung logisch schärfer fassen, so können wir zwei Forderungen unterscheiden, die wir an das *empirische* Theoriensystem stellen müssen: Es muss eine widerspruchsfreie, *mögliche* Welt darstellen und muss einem Abgrenzungskriterium genügen, darf also nicht metaphysisch sein (es muss eine mögliche *Erfahrungswelt* darstellen). Dieses Abgrenzungskriterium ist zwar a priori bekannt, da es der Erfahrung entspringt und damit der sinnlichen Wahrnehmung, aber nicht allgemein.

Das macht die Sache so problematisch. Eine Hypothese kann nach ihrer Aufstellung meist gar nicht falsifiziert werden, weil die Kenntnisse dazu nicht ausreichen. Popper stellte deshalb zwei methodische Regeln auf, nach denen die Überprüfung der wissenschaftlichen Sätze er folgen muss.

1. Das Spiel Wissenschaft hat grundsätzlich kein Ende: wer eines Tages beschließt, die wissenschaftlichen Sätze nicht weiter zu überprüfen, sondern sie etwa als endgültig verifiziert betrachtet, der tritt aus dem Spiel der Wissenschaft aus. (wie die Unterstützer der Standardmodelle, der Teilchenphysik und der Kosmologie)

2. Einmal aufgestellte und bewährte Hypothesen dürfen nicht
   ohne Grund fallengelassen werden; als Gründe gelten dabei
   unter anderem: Ersatz durch andere, besser nachprüfbare Hypothesen; Falsifikation der Folgerungen.

Neben den beiden Regeln von Popper gibt es noch einige Sympto-
me, die auf eine pathologische Wissenschaft bzw. Metaphysik hinweisen. Diese wurden von Irving Langmuir 1953 in Knolls Atomic Power
Laboratory (KAPL) in einem Vortrag zusammengestellt und geben Ori-
entierungshilfe [2.18].

- Der maximal beobachtbare Effekt wird durch eine Ursache von
  kaum beobachtbarer Intensität hervorgerufen; die Größe des
  Effektes ist im Allgemeinen von der Größe der Ursache unabhängig.

- Der Effekt hat eine Größenordnung, die an der Grenze der
  Beobachtbarkeit liegt; es sind wegen der geringen statistischen
  Signifikanz der Resultate sehr viele Messungen notwendig.

- Es wird ein Anspruch auf sehr hohe experimentelle Genauigkeit
  erhoben.

- Phantastische Theorien, die oft der Erfahrung widersprechen,
  werden aufgestellt.

- Kritik wird mit Hilfsannahmen erwidert. Beispiel für eine Hilfsannahme: Max Planck begründete mit der Hilfsannahme, dass die
  physikalische Wirkung nur in Vielfachen eines Wirkungsquantums auftreten könne, die Quantenphysik.

- Das Verhältnis von Anhängern zu Kritikern steigt zunächst an,
  um dann graduell wieder gegen null zu gehen.

Die beiden letzteren Kriterien sind nicht mehr gültig. Das peer-review-
System, was die Qualität von wissenschaftlichen Veröffentlichungen sichern soll, wird vom Mainstream des Fachs getragen und ist somit

nicht unparteiisch. Auf Kritiken wird nicht mehr reagiert und Anhänger werden gegenüber Kritikern begünstigt.

2.5 Die 4 Basis-Axiome für die Physik

Will man eine theoretische Grundlage einer Wissenschaft schaffen, benötigt man eine Reihe von Grundbegriffen mit ihrer genauen Definition und eine Reihe von wahren Sätzen, die widerspruchsfrei gelten. Diese Sätze lassen sich nicht aus der Fachdisziplin ableiten. Sie sind allgemeingültig und sollten daher aus der Philosophie abgeleitet werden. Das ist leichter gesagt als getan. Wir haben gesehen, dass das Symmetrie-Prinzip nicht dazu gehört. Es müssen Prinzipien sein, die alt genug sind und sich in vielen Philosophien wiederholen.

Die Erhaltung der Materie: Die indischen Götter repräsentieren die Materie, wie wir oben schon festgestellt haben, aber bezüglich des Beginns kann keine Philosophie eine gültige Aussage machen. Diese Natur-Götter werden als unsterblich angesehen. Daraus folgt, dass die Materie zeitlich nicht begrenzt ist. Materie kann weder entstehen noch vergehen. Sie wandelt sich in einem steten Kreislauf von Entstehen und Vergehen der Erscheinungsform um, wofür die Symbole Vishnu und Shiva stehen, die gleichzeitig Symbole für die **Einheit der Gegensätze** sind und Quelle der Kräfte, die das Rad des Schicksals, das Dharmachakra, drehen. Man findet dieses Grundprinzip auch im Yin und Yang der alten chinesischen Philosophie.

Die Erscheinungsform der Materie ist dabei ein für die Physik weitgehend unbekanntes Terrain, weil die Form nicht messbar ist. Einen Ansatz bietet Mandelbrots fraktale Geometrie der Natur [2.19] mit dem Übergang von den euklidischen ganzzahligen Dimensionen zu den gebrochenen Hausdorf-Dimensionen.

Das **Kausalprinzip** von Ursache und Wirkung, von Werden und Vergehen wird in der indischen Philosophie deshalb nicht auf einen absoluten Anfang fokussiert, wie in der abendländischen Philosophie, obwohl solche Gedanken dieser Philosophie nicht fremd sind. Während in der abendländischen Welt mit dem Kausalbegriff stets Kausalketten mit Anfang und Ende gemeint sind, ist in der fernöstlichen Philosophie der Gedanke der Rekursion vorherrschend. Hier ist er im Prinzip der Wiedergeburt enthalten, wo das vorangegangene Leben sich auf das nachfolgende Leben auswirkt. Das Kausalprinzip ist für die Mathematik fundamental. Daraus folgt unmittelbar der Begriff der Funktion und der Gleichung, woraus sich die unabhängige Variable als Ursache und die abhängige Variable als Wirkung ergeben. In den Ingenieurwissenschaften findet man die Prinzipien der Steuerung und Regelung, der Fremd- und Selbstorganisation, wobei die Selbstorganisation stets das Element der Rückkopplung beinhaltet. Während wir Fremdorganisation genau beschreiben können, ist die Selbstorganisation noch nicht klar zu fassen. Rückkopplung wird mittels gekoppelter Differentialgleichungen beschrieben, wie wir später sehen werden.

Die Symmetrie wurde zu Beginn des letzten Jahrhunderts zu einem beherrschenden Grundprinzip in der Physik. Der Islam mit seinem Verbot einer bildlichen Darstellung von Lebensformen hat die Symmetrie zum Schönheitskriterium erkoren. Das abendländische Schönheitskriterium ist der Goldene Schnitt. In der bildenden Kunst gilt Symmetrie als langweilig. Aber Schönheitssymbole haben nichts mit Physik zu tun. Anstelle der auf Oberflächen beschränkten Symmetrie tritt die **Selbstähnlichkeit** auf verschiedenen Skalen, Selbstähnlichkeit beinhaltet auch die Symmetrie als eine Spiegelähnlichkeit. Ähnlichkeit und Gegensatz unterscheiden sich dadurch, dass Ähnlichkeit sich auf Strukturen bezieht und die Einheit der Gegensätze durch ihre Kraftwirkung ein labiles Gleichgewicht erzeugen, labil in der Weise, dass es sich in eine bestimmte Richtung ständig ausbalanciert. Diese Axiome werden unter Abschnitt *3.3 Wissen und Glaube* noch einmal ausführlicher behandelt.

2.6 Raum und Zeit

Einstein hat versucht, Raum und Zeit eine physikalische Bedeutung zu geben. Dabei hat er den Unterschied von Volumen und Raum übersehen und ebenso den Unterschied von getaktetem Energiefluss und Zeit. Während Raum und Zeit mathematische Konzepte sind, haben wir es bei Volumen und Energiefluss mit real existierenden Dingen zu tun. Einsteins Denken war gefangen in der Vorstellung von der Austauschbarkeit von Beobachter und beobachtetem Gegenstand, von der Identität von Abbild und Objekt. Nichts anderes bedeutet seine Relativität. Sowohl Heisenberg als auch Einstein haben in die Physik den Beobachter mit einbezogen, was eine revolutionäre Tat war. Sie haben aber beide die Abbildungsgesetze zwischen geistigem Abbild und objektiver Realität vergessen.

Was ist ein Raum? Interessant ist, was Kant in seiner *Kritik der reinen Vernunft* zum Raum sagt: *„Der Raum stellt gar keine Eigenschaft irgendwelcher Dinge an sich, oder sie in ihrem Verhältnis aufeinander vor. Er ist nur die subjektive Bedingung der Sinnlichkeit unter der uns äußere Anschauung möglich ist. Wir können demnach nur aus dem Standpunkt des Menschen vom Raum reden.“* Hier fehlt der deutliche Bezug zur interpersonellen Objektivität. Der Fotoapparat war noch nicht erfunden, aber die Beziehung zwischen Mensch und Umwelt wird schon angedeutet. Alle Körper um uns herum haben ein Volumen, sie besitzen eine Ausdehnung in jede Richtung, sie haben eine Masse und üben Kräfte aufeinander aus, die Bewegungen verursachen. Masse und Kraft sowie das Verhältnis von Masse und Volumen, die Dichte, sind physikalische Begriffe. Was ist dann aber ein Raum? Stellen Sie sich aufrecht hin. Dann können Sie feststellen was sich vor Ihnen und hinter Ihnen befindet. Sie können angeben, was sich rechts von Ihnen und was sich links von Ihnen befindet. Auch können Sie sagen, was sich über Ihnen und unter Ihnen befindet. Damit schaffen Sie in Ihrem Kopf eine Ordnung über Ihre Umwelt. Dabei haben Sie sicher schon bemerkt, dass Sie mit den 6 Relationen drei unabhängige Richtungen mit jeweils entgegen-gesetzter Orientierung beschrieben haben. Das war ein Prozess, der sich in Ihrem Bewusstsein abgespielt hat und der keine Wirkung oder Bewegung in Ihrer Umwelt ausgelöst hat also, wie Kant feststellte, subjektive Sinnlichkeit war. Der Raum hat also nichts mit Physik, sondern mit der Reflexion der Außenwelt mit unserer Vorstellung zu tun. Das wusste aber bereits schon Euklid. Deshalb ist der Raum ein mathematischer Begriff, im Gegensatz zum Begriff des Volumens, das von Masse und Kräften erfüllt ist.

Um den **Raumbegriff** zu verstehen, müssen wir einige Grundbegriffe aus der Mathematik bemühen, die ich nicht voraussetzen kann. Als erstes haben wir die Begriffe *Element* und *Menge*. Wir unterscheiden Elementsymbole von Mengensymbolen durch kleine und große Buchstaben. Irgendwelche Objekte, wie Zahlen, Buchstaben, Symbole, Bilder, oder Dinge des täglichen Lebens bezeichnen wir als Elemente, die man unter mindestens einer bestimmten gemeinsamen Eigenschaft zu einer Menge zusammenfassen kann. Nehmen wir beispielsweise die Menge der rationalen Zahlen, dann können wir diese Menge als einen Zahlenstrahl darstellen.

Wenn die Elemente der Menge selbst Mengen sind und zwischen ihnen geordnete Beziehungen bestehen, nennen wir eine solche Gesamtmenge *System*. Der Systembegriff begegnete uns in diesem Buch schon mehrmals und wird uns in der Folge noch öfter begegnen. Ein geschlossenes System besteht aus einer Menge Insassen und einer Menge Grenzer, die die Insassen nicht heraus lassen wollen. Andererseits gibt es auch offene Systeme, wo es Grenzübergänge gibt oder überhaupt keine Grenzen. Die Grenze einer Menge bezeichnet man auch als ihren Rand.

Beispielsweise ist eine Punktmenge ein System, da ein Punkt Elemente mehrerer Mengen enthält. Wir sind es gewohnt, dass Punkte $p_i(x,y,z)$ als Elemente der unendlichen Punktmenge P durch drei reelle

Zahlen als Koordinaten dargestellt werden. Wir nennen dieses offene System **Raum**, wenn gewährleistet ist, dass die drei Untermengen, genannt Breite X, Höhe Y und Tiefe Z von einander unabhängig sind. Das bedeutet, dass die jeweiligen Schnittmengen, die man untereinander bilden kann, leer sind. Sie enthalten keine Elemente. Wer zu Mengenoperationen weitere Informationen braucht, dem sei die *Einführung in mathematische Methoden der Kybernetik* von Wilhelm Kämmerer empfohlen [2.20]. Es ist leicht einzusehen, dass eine solche Raumdefinition sehr allgemein ist. Beispielsweise ist ein Farbraum durch drei Grundfarben Rot, Grün und Blau gegeben. Jeder Punkt in dem Farbraum symbolisiert dann eine bestimmte Farbe. Dieser Raum hat aber keine Länge definiert. Der Euklidische Raum hat ein Abstandsmaß, dass aus dem verallgemeinerten Satz des Pythagoras folgt. Die Menge der Raumpunkte des Euklidischen Raumes wird durch $R^3 = \{X,Y,Z\}$ charakterisiert. Im folgenden wollen wir unter Raum, wenn nicht extra erwähnt, immer den Euklidischen Raum verstehen. Wir sehen also, dass der Raum im Gegensatz zum Volumen ein geistiges Konzept ist. Ein Volumen ist mit einem euklidischen Teilraum beschreibbar. Andere Raumkonzepte zu verwenden, verstößt gegen das Realitätsprinzip und sind nutzlos zur Beschreibung der Natur.

Ein **Raum** wird in der Physik benötigt, um zwischen dem Beobachter und den ihn umgebenden Objekten eine ordnende Beziehung herzustellen. Er schafft für den Beobachter Ordnung, indem er dem real existierenden **Volumen** einer Masse zugeordnet wird, um Entfernungen und Größen untereinander zu bestimmen. Er bildet einen Orientierungsrahmen. Der Raumbegriff, wie er heute in der Mathematik gebraucht wird, ist eine Ordnungsrelation zwischen realen Objekten und ein Maß. Allerdings ist diese Ordnungsrelation wesentlich komplizierter, als solche Relationen wie *oben*, *rechts* oder *vorn*. Für einen metrischen Raum benötigt man erst einmal voneinander unabhängige numerische Merkmal-Mengen zur Beschreibung, in unserem Fall für die Vorzugsrichtungen Höhe aus oben und unten, Länge aus vorn und hinten und Breite aus rechts und links. Die Richtungsorientierung liefert das Vorzeichen. Beispielsweise wird die Richtung nach oben durch den Einheitsvektor **z** ersetzt. Dann ist die Richtung nach unten durch -**z** gekennzeichnet. Die Einheitsvektoren **x** und **y** stehen für die übrigen beiden Vorzugsrichtungspaare. Der Raumpunkt {0,0,0} ist immer der Punkt, von dem aus die Beobachtung erfolgt.

Damit die Merkmal-Mengen voneinander unabhängig sind, müssen diese Merkmale paarweise aufeinander senkrecht stehen. Nur dann kann man nämlich ein Merkmal ändern, ohne dass irgendein anderes Merkmal von dieser Änderung betroffen ist. Das drückt man durch das Skalarprodukt der Einheitsvektoren folgendermaßen aus:

$$\mathbf{xy} + \mathbf{yz} + \mathbf{xz} = 0 \qquad\qquad (2.01)$$

Gleichung (2.01) ist nur erfüllt, wenn das Skalarprodukt der Einheitsvektoren einzeln Null ist. Das ist es aber nur dann, wenn der Kosinus des Winkels, den die jeweiligen Vektoren einschließen, Null ist. Das trifft genau dann zu, wenn es ein rechter Winkel ist. Das reicht aber noch nicht ganz aus. Bildet man in dem rechtwinkligen Rahmen dieser Merkmale ein Dreieck, müssen diese Dreiecke alle eine Winkelsumme von 180° haben. **Für krummlinige Koordinaten, wie beispielsweise auf einer gekrümmten Oberfläche, ist die Unabhängigkeit nicht mehr gegeben, da eine Oberfläche durch eine Funktion im Raum beschrieben wird.** Das ist ein übersehener Umstand mit schwerwiegenden Folgen für die Physik wie wir später noch sehen werden.

Da wir auch quantitative Aussagen über die Abstände unserer Objekte im Raum benötigen, um etwas messen zu können, müssen wir eine Einheit für den Abstand zweier Punkte vereinbaren. Seit der französischen Revolution benutzt man dafür das Meter in den meisten Staaten der Welt. Diese Einheit muss gegenüber Drehungen des Koordinatensystems, dass den Raum aufspannt, invariant sein. Damit das gewährleistet ist, benutzt man zur Bestimmung des Abstandes mittels

Vorzugsrichtungen den Satz des Pythagoras und man nennt dieses Maß dann eine Metrik. Das Abstandsmaß für den Raum ist dann über die Vorzugsrichtungen und ihre Werte, die Koordinaten, ausgedrückt:

$$\Delta s = \sqrt{x^2 + y^2 + z^2} \qquad (2.02)$$

Man bezeichnet Räume, die ein solches Abstandsmaß besitzen, als metrische Räume im Gegensatz zu topologischen Räumen, für die es kein Abstandsmaß gibt. Bei topologischen Räumen gilt nur noch die allgemeinere Forderung nach der funktionellen Unabhängigkeit der den Raum aufspannenden Merkmale. Relationale Datenbanken sind nach diesem Prinzip aufgebaut. Bewegt sich ein Punkt in eine beliebige Richtung außer in eine Vorzugsrichtung, verwendet man dann immer eine Linearkombination mehrerer Vorzugsrichtungen, um diese Richtung zu beschreiben. Die Anzahl der Vorzugsrichtungen nennt man auch die Dimension des Raumes. Unser Beobachtungsraum hat also 3 Dimensionen oder 3 Freiheitsgrade der Bewegung. Der Beobachter befindet sich immer im Ursprung dieses durch die Merkmale aufgespannten Rahmens. Im deutschen Sprachgebrauch hat sich der Begriff Koordinatensystem eingebürgert. Die Tatsache, dass der Zahlenstrahl der rationalen Zahlen dicht und unendlich ist, erlaubt dem Raum keine Ausdehnung. Unendlich ist jedoch kein Zahlensymbol, mit dem man rechnen kann. Wenn man heute von der immer schnelleren Ausdehnung des Raumes, den man mit dem Weltall gleichsetzt, spricht, ist das mathematischer Unsinn, auch wenn man dafür 2011 einen Nobelpreis ausgelobt hat [2.21], was ein Gutachten-System nicht verhindert hat.

Man kann aber auch anders vorgehen, um Räume darzustellen, zum Beispiel indem man mit einem Abstand und zwei von einander unabhängigen Winkeln einen Raum aufspannt. Spätestens jetzt müssten Sie davon überzeugt sein, dass der Raumbegriff etwas mit Ordnung zu tun hat und nicht mit Physik. Also auch hier hätte Einstein mal Kant befragen sollen, anstatt Schopenhauer [2.22], der im Objekt der Anschauung Raum und Zeit liegen sah. Deshalb versuchte Einstein dem Raum eine physikalische Bedeutung zuzuweisen, statt die Relation zwischen Anschauung und physikalischer Realität des Volumens der Masse herzustellen.

Wo bleibt dann aber die Physik? Physikalisch haben wir Massenpunkte (Atome) zwischen denen Abstände bestehen, je nachdem wie viel Kraft zwischen ihnen für ihren Zusammenhalt sorgt. Diese Massen mit ihren Kräften und Abständen füllen ein Volumen aus. Das verbirgt sich dahinter, wenn man Massenpunkten Raumpunkte zuordnet. Diese Zuordnung bezeichnet man als Relation. Der Unterschied zwischen Raum und Volumen ist der, dass ein Volumen eine Masse mit Energieinhalt besitzt, ein Raum dagegen ist ein mentales Maß für ein Volumen, weshalb das Volumen das physikalische Äquivalent zum mathematischen Raum ist. Diesen Unterschied müssen wir im Hinterkopf behalten, wenn wir Aussagen der theoretischen Physik bewerten wollen.

Massen können sich infolge Energiezufuhr in ihrem Volumen ausdehnen. Ein Raum stellt eine Beziehung zwischen unserer Anschauung und den Massen der Außenwelt her, er bringt uns eine Ordnung in die Außenwelt, weshalb man diese Beziehung zwischen Volumen und Raum als Ordnungsrelation bezeichnen kann.

Was ist Zeit? Für Einstein war Zeit das, was Uhren anzeigen. Eine analoge Uhr ist eine Maschine, die eine potentielle Energie über einen Taktgeber in eine Drehbewegung zweier Zeiger überträgt und die Winkel dienen als Zeitmaß. Die Menschen vor der Erfindung der Uhr mussten dann wohl ohne Zeit leben? Sicher nicht. Wie sollten sie dann den genauen Zeitpunkt der Aussaat bestimmen? Gehen wir doch ganz pragmatisch vor. Schauen wir doch einfach in die Vergangenheit! Den Zeitbegriff kannten die Menschen bereits bevor Uhren, wie wir sie kennen, erfunden wurden. Wenn wir von Zeit sprechen, meinen wir eine Zeitspanne, da es keinen absoluten Nullpunkt der Zeit gibt, sondern dieser Nullpunkt, wie der des Raumes eine Sache der Vereinbarung ist. Ein Ereignis wird von zwei verschiedenen Beobachtern nie zur exakt gleichen Zeit beobachtet werden können, ebenso wie zwei verschiedene Beobachter nicht exakt den gleichen Beobachtungsort wählen können.

Der Taktgeber für die Zeit ist das Resultat aus der Bewegung der Erde um sich selbst und um die Sonne und der damit verbundene Energiefluss von der Sonne, der alles Leben auf der Erde synchronisiert. Mit der Erdrotation und dem Lauf um die Sonne haben die Menschen ihr Leben in Beziehung gesetzt und Aussaat, Ernte und sogar Entfernungen bestimmt. Mehr noch, der Energiefluss der Sonne auf die Erde synchronisiert jegliches Leben auf unserem Planeten. Noch heute findet man auf alten Postsäulen Entfernungsangaben in Stunden. Es wurden auch Sonnenuhren, Wasseruhren, Sanduhren, und Kerzen zur Zeitmessung verwendet. Des Nachts bei klarem Himmel waren die Bewegungen der Gestirne und die Phasen des Mondes für die Zeitmessung von Bedeutung. Mit der zunehmenden Industrialisierung wurde das Leben der Menschen hektischer. Die Zeit musste in immer kleinere Einheiten geteilt werden. Für kleine Zeitdifferenzen brauchte man genauere Uhren. Erst die Einführung der mechanischen Uhren mit Pendel brachte einen Fortschritt in der Zeitmessung. Das Prinzip der Uhr ist in der Regel ein getakteter Energiefluss. Ein Gewicht wird auf ein höheres Potential gebracht, das sich wieder nach unten bewegt und mittels Pendel und Anker wird diese Bewegung gehemmt, wobei ein Takt erzeugt wird, der ein Räderwerk antreibt. Auch hier ist der Antrieb der Energiefluss, erzeugt durch ein Gewicht oder eine Feder. Selbst unsere Digitaluhren brauchen einen Energiefluss in Form des elektrischen Stromes einer Batterie. Alle diese Uhren synchronisieren wir mit der Bewegung unserer Erde um die Sonne und ihrer Rotation. Genaugenommen haben wir für jeden Meridian auf der Erde eine Ortszeit. Von diesen leiten wir Zeitzonen ab.

Der alte Gedanke, Entfernungsangaben mittels der Zeit zu bestimmen, wurden bei der Definition des Meters wieder aufgenommen. Wenn sich ein Objekt über eine Zeitdauer gleichmäßig bewegt, legt es immer eine bestimmte Strecke zurück. Das Verhältnis von Strecke und Zeitdauer ist bekanntlich die Geschwindigkeit der Bewegung. So wurde das Meter auf der Grundlage der konstanten Vakuum-Lichtgeschwindigkeit im Verhältnis zur Frequenz der roten Cäsium-Linie auf der Erde festgelegt. Zeit hat mit Physik nur soviel zu tun, als dass sie eine Beziehung zwischen einem Beobachter und zwei Beobachtungen einer getakteten Bewegung herstellt. Die beiden Beobachtungen markieren dabei den Anfang und das Ende der beobachteten Bewegung, gleichgültig ob die Bewegung danach anhält oder nicht. Daraus ergibt sich ein Abstand. Hat man erst einmal einen Abstand, kann man den in Beziehung zu anderen Bewegungen und Abständen setzen. Auf dieser Grundlage erfolgen physikalische Messungen und man kann Ordnung in die Welt bringen. Zeit erweist sich also als eine auf der Beobachtung von Energieflüssen basierende Ordnungsrelation. Die Beobachtung ist vorerst ein subjektiver Prozess. Die Objektivität der Zeit wird durch die gesellschaftliche Vereinbarung über die Art des Taktgebers hergestellt und über den Anfang der Zählung der Takte. Bei der Wahl des Taktgebers wird darauf geachtet, dass störende physikalische Einflüsse auf den Takt möglichst ausgeschlossen werden. So beschreiben Einstein und Kant zwei verschiedene Aspekte der Zeit, ohne dass Einstein jemals Kant beachtet hätte.

Zeit beruht auf der Zählung der Zyklen getakteter Energieflüsse. Dabei wird eine Beziehung von gezählten Zyklen zum Umlauf des Planeten Erde um die Sonne und zur Erdrotation hergestellt. In diesem Sinne erhalten wir eine weitere Ordnungsrelation.

Es können so beliebige Zeitmaße vereinbart werden, was aber keine Relativität im Sinne Einsteins bedeutet. Während Einstein die Relativität zwischen Objekt und Beobachter behauptet, ist die Relativität der Zeit eine Relativität zwischen mehreren Beobachtern bezüglich des gleichen Objektes.

In den Weiten des Kosmos findet man genügend stabile zyklische Bewegungen, die dieser Forderung genügen würden, sollten je Menschen in die Verlegenheit kommen, unser irdisches Paradies verlassen zu müssen, was energietechnisch ein Problem wäre.

Es ist für normal begabte Menschen kaum vorstellbar, dass Akademiker ernsthaft über die Symmetrie der Zeit nachgedacht haben und damit das Kausalgesetz außer Kraft setzen wollten, weil sie die Dynamik und die Thermodynamik nicht unter eine gemeinsame Theorie brachten. Selbst von imaginärer Zeit wird gesprochen, die keinerlei existenzielle Bedeutung hat. Während die Bewegungsgleichungen der Mechanik für die Zeit symmetrisch waren, funktionierte das bei der Thermodynamik wegen des zweiten Hauptsatzes nicht. Das führte zu einer Mystifizierung der Zeit und es dauert sehr lange bis man anerkannte, dass Zeit nur eine Richtung hat. Es ist mitunter erschütternd, was akademische Bildung anrichten kann.

> *I gloomily came to the ironic conclusion that if you take a highly intelligent person and give them the best possible, elite education, then you will most likely wind up with an academic who is completely impervious to reality.*   *- Halton Arp*

> *Übersetzung: Ich kam düsteren Gemüts zu der ironischen Schlussfolgerung, dass, wenn Sie eine hochintelligente Person nehmen und ihm die bestmögliche, elitäre Ausbildung geben, dann werden Sie höchstwahrscheinlich einen Akademiker erhalten, der der Realität völlig unzugänglich ist.*

2.7 Ist die Einsteinsche Raumzeit wirklich vierdimensional?

Keine wissenschaftliche Arbeit des 20. Jahrhunderts hat die Denkweise der Physiker so beeinflusst wie die Arbeit unter dem harmlosen Titel:

Zur Elektrodynamik bewegter Körper. "*Es gibt wohl nur drei Männer, die in vier Dimensionen denken können*", titelten damals die Zeitungen. Einer von diesen drei Männern war Hermann Minkowski, der ab 1896 am Polytechnikum in Zürich auch Einstein zu seinen Schülern zählen durfte. Die Idee zur Verallgemeinerung des Raumbegriffes kam ihm aber erst 2 Jahre nach Einsteins denkwürdiger Arbeit von 1905. So ist die Spezielle Relativitätstheorie noch ohne den verallgemeinerten Raumbegriff entstanden. Minkowski stützt sich auf die Arbeit Bernhard Riemanns von 1854 [2.23], wo Riemann ein Abstandsmaß der Gestalt

$$x_1^2 + x_2^2 + x_3^2 + x_1 x_2 + x_1 x_3 + x_2 x_3 = ds^2 \qquad (2.03)$$

einführte, ohne sich darüber Rechenschaft zu geben, was das bedeutet. Er leitete daraus ein Krümmungsmaß ab, ohne zu bemerken, dass er sich damit auf einer Fläche bewegte und so nannte er diese Krümmung fälschlicherweise Raumkrümmung. Das ändert sich auch nicht, wenn man die x_i noch mit irgendwelchen Koeffizienten multipliziert. Für den Raum gilt wie bei Gleichung (2.01), dass

$$x_1 x_2 + x_1 x_3 + x_2 x_3 = 0 \qquad (2.04)$$

denn, um einen Raum aufzuspannen, müssen die Komponenten x_1, x_2, x_3 voneinander unabhängig sein, was bedeutet, dass ihre Skalarprodukte in (2.04) einzeln gleich Null sind. Damit geht das Riemannsche Abstandsmaß in das Euklidische Abstandsmaß des Anschauungsraumes über. Einstein hat seine Raumzeit erst bei seiner Allgemeinen Relativitätstheorie eingeführt. Um jedoch die Spezielle Relativitätstheorie beurteilen zu können, ohne uns in Einsteins eigenen Ausführungen zu verheddern, müssen wir den verallgemeinerten Raumbegriff erklären.

Wenn wir den Raum um eine Dimension erweitern wollen, können wir das formal tun, ohne auf die Realität der Anschauung Rücksicht nehmen zu müssen. Wir definieren einen Raum R^4 $\{x_1, x_2, x_3, x_4\}$. Damit diese Dimensionen voneinander unabhängig sind, muss die Summe aller paarweisen Linearkombinationen wieder Null ergeben.

$$x_1 x_2 + x_1 x_3 + x_1 x_4 + x_2 x_3 + x_2 x_4 + x_3 x_4 = 0 \qquad (2.05)$$

Die Gleichung (2.03) sagt uns, dass alle vier Vektoren x_i aufeinander senkrecht stehen, auch wenn da unsere Vorstellung versagt. Ersetzen wir x_4 oder einen beliebigen anderen Einheitsvektor durch die Zeit t, dann müsste die Zeit ein Vektor werden und senkrecht auf dem Weg stehen. Wenn aber die Zeit senkrecht auf dem Weg steht, gibt es keine Geschwindigkeit mehr, da die Vektordivision nicht definiert ist. Welcher Realität sollte das auch entsprechen?

Der Abstand in diesem Raum müsste dann folgendermaßen definiert werden:

$$x_1{}^2 + x_2{}^2 + x_3{}^2 + x_4{}^2 = ds^2 \qquad (2.06)$$

So wurde er allerdings nicht definiert, sondern wie in meinem alten Lehrbuch der Theoretischen Physik von Landau und Lifschitz [2.22], siehe Gleichung (2.07), was schon meinen Argwohn als Student erregte:

$$x_1{}^2 + x_2{}^2 + x_3{}^2 - c^2 t^2 = ds^2 \qquad (2.07)$$

Wenn man das graphisch darstellt, erhält man ohne Beschränkung der Allgemeinheit Abbildung 2.1, da ct nichts anderes als der Weg ist, den ein Lichtstrahl im R^3 von der Quelle zum Beobachter zurücklegt, oder jeder beliebige andere geradlinige Weg. In Abbildung 2.1 ist das nicht exakt dargestellt, weil sich sonst die Pfeile überlagern würden. ds ist also für den Beobachter Null. Mit so einer versteckten Null kann man die tollsten mathematischen Zaubertricks veranstalten. Mit anderen Worten, es gibt kein Abstandsmaß in der Einsteinschen Raumzeit. Das hatte mich als Student verwundert, aber ich hatte nicht den Mut gehabt, das zu kritisieren, weil ich nicht überschauen konnte, was der Zweck dieses Taschenspielertricks war. Ich glaubte einfach an die Autorität meiner Lehrer.

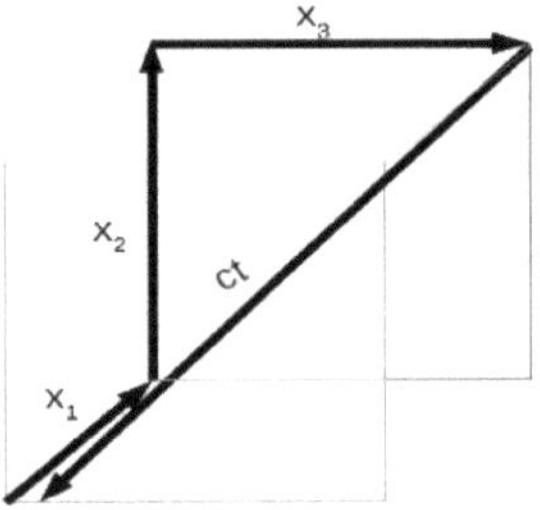

Abbildung 2.2: Zum Abstand in der Einsteinschen Raumzeit

Die Raumzeit ist nichts anderes als eine Mogelpackung, eine Illusion, da Zeit und Lichtgeschwindigkeit keine Richtung haben, also keine Vektoren sind und weil eine Geschwindigkeit ein Verhältnis zwischen Weg und Zeit ist, was gegen die Unabhängigkeitsforderung für die Raumdefinition verstößt. Ich brauche an der Pfeilspitze von x_3 eine Lichtquelle, wenn die Sache einen Sinn bekommen soll. Dann kann ich *ds* = 0 setzen, weil der Radius *ct* mit allen Beobachtungsrichtungen übereinstimmt und gleichzeitig mein Abstandsmaß ist. Siehe Abbildung 2.2.

Mit dieser einfachen Demonstration ist gezeigt worden, dass der Relativitätstheorie die mathematische Grundlage entzogen ist. Die Behauptung, die Relativitätstheorie sei eine Verallgemeinerung der klassischen Physik erweist sich damit als eine Fehlinterpretation. Verallgemeinerung bedeutet, das das neu hinzu genommene Element **alle** Eigenschaften der bereits vorhandenen Elemente erbt. Die Zeit müsste folglich auch eine Richtung unabhängig von allen Raumrichtungen bekommen. Aber das steht im Widerspruch zur Definition der Geschwindigkeit, und in der Mathematik gibt es die Division zweier Vektoren nicht. Egal, welche Schlussfolgerungen die Relativitätstheorie zieht, solange dieser Grundwiderspruch bestehen bleibt, sind alle Aussagen der Theorie anfechtbar.

Die Raumzeit ist entgegen der Behauptung nicht vierdimensional und das Abstandsmaß ist kein Maß, da Licht sich kugelförmig ausbreitet, weshalb ct jede Richtung annehmen kann..

Die Idee zur Raumzeit stammt von Hermann Minkowski [2.24]. Er glaubte 1907, dass er einen nicht-euklidischen Raum konstruieren könne, in dem die Relativitätstheorie formuliert werden könne. Was er nicht verstanden hatte, war, dass nichteuklidische Geometrie nur auf gekrümmten Oberflächen, die Funktionen sind, nicht aber auf Räume anwendbar ist. In metrischen Räumen gilt die Euklidische Geometrie. Deshalb wird der Kosmos immer als aufgeblasener Luftballon vorgeführt, als wären wir plattgedrückte Läuse. Das Volumen, das mit dem Raum zu vergleichen ist, ist aber der Inhalt des Luftballons, nicht seine Hülle. Das ist die Gedankenfalle, in die die meisten Leute hinein schlittern. Wir kommen auf diese Thema unter den Abschnitten *4.7 Die Entropie* und *6.1 Ein Rückblick* zurück. Doch die Welt der Relativisten beschreibt nicht unsere reale Welt.

> *»Die Welt ist meine Vorstellung:« – dies ist die Wahrheit, welche in Beziehung auf jedes lebende und erkennende Wesen gilt; wiewohl der Mensch allein sie in das reflektirte abstrakte Bewußtseyn bringen kann: und thut er dies wirklich; so ist die philosophische Besonnenheit bei ihm eingetreten. Es wird ihm dann deutlich und gewiss, daß er keine Sonne kennt und keine Erde; sondern immer nur ein Auge, das eine Sonne sieht, eine Hand, die eine Erde fühlt; daß die Welt, welche ihn umgiebt, nur als Vorstellung da ist, d.h. durchweg nur in Beziehung auf ein Anderes, das Vorstellende, welches er selbst ist.*
>
> *Arthur Schopenhauer*

Paul Marmet würde Schopenhauers Philosophie als mentalen Realismus im Gegensatz zum physikalischen Realismus bezeichnen. Materialisten nennen diese Philosophie *subjektiven Idealismus*, da auch hier das Primat der Materie nicht anerkannt wird. Es ist schlimm, dass falsche philosophische Konzepte und falsche Begriffswahl auf die Wissenschaft einwirken und sie in ihrer Entwicklung hemmen können. Nachdem wir nun die Beziehung zwischen Geist und Materie gerade gerückt haben, nämlich indem wir erkannt haben, dass unser Gehirn ein materielles Objekt ist, in dem wir die Welt widerspiegeln und sie mit Sprache und Symbolen beschreiben, wenden wir uns im nächsten Kapitel dem Beobachter zu und untersuchen den Abbildungsprozess.

Denken ist die schwerste Arbeit, die es gibt. Das ist wahrscheinlich auch der Grund, warum sich so wenig Leute damit beschäftigen. - Henry Ford

3 Der Beobachter

Beobachte dich stets aufmerksam in deinem Tun und halte hier nichts deiner Beachtung unwert.
                                                                  - Konfuzius

Das revolutionäre Element in der Physik im 20. Jahrhundert war die Einführung des Beobachters in die physikalischen Überlegungen durch Einstein und Heisenberg, oder wie es Iljya Prigogine (Илья́ Рома́нович Приго́жин) ausdrückte, die Entdeckung neuer Wege des Dialogs mit der Natur [3.01]. Aber bereits im vorigen Kapitel haben wir festgestellt, dass dieser Dialog noch voller Missverständnisse war. Das liegt aber eher am Beobachter und nicht an der Natur. Über den experimentellen Dialog schreibt Prigogine, indem er den Zeitgeist wiedergibt:

> *"Der experimentelle Dialog mit der Natur, den die moderne Physik entdeckte, beruht weniger auf passiver Beobachtung als vielmehr auf praktischer Tätigkeit. Es kommt darauf an, die physikalische Realität zu manipulieren, sie derart zu inszenieren, dass sie so eng wie möglich der theoretischen Beschreibung entspricht."*

Das bedeutet doch, dass ich mir eine Theorie ausdenke und die Experimente so inszeniere, dass sie meine Theorie bestätigen, ohne dass ich mir Rechenschaft darüber gebe, wie meine Manipulationen das Beobachtungsergebnis rückwirkend beeinflussen. Hier wird Wissenschaft als Rechtfertigung für Ideen einer Elite eingesetzt. Es gibt dann keine Möglichkeit mehr, etwas Neues zu entdecken. Die Theorie bildet ein geschlossenes System von Sätzen. Man nennt das Scholastik.

Das steht aber im direkten Gegensatz zu dem, was Karl Popper [2.12] über die Forschungslogik gesagt hat, nämlich dass ich mir ein Experiment ausdenken muss, dass meine Theorie widerlegen kann und wenn das Experiment scheitert, dann besteht eine gewisse Aussicht, dass meine Theorie richtig ist. Das liegt daran, dass induktive Schlüsse einer Abgrenzung bedürfen, die uns weitgehend unbekannt ist und sich uns erst durch weitere Forschung erschließen. Insofern ist das allgemeingültige Naturgesetz ohne wenn und aber eine Illusion. Das kann Wissenschaft zum Zwecke der Rechtfertigung einer Ideologie bzw. einer Religion nicht akzeptieren.

Folglich ist in diesem Dialog der Beobachter mit seinen Irrtümern und Voreingenommenheiten das Problem. Über Raum und Zeit haben wir bereits im letzten Kapitel gesprochen. Wir sind biologisch gesehen Augentiere, was bedeutet, das der visuelle Sinn bei uns gegenüber den anderen Sinnen viel stärker entwickelt ist, weshalb unser Wissen in erster Linie durch den optischen Sinn geprägt wird. Der Vorteil dieses Sinnes ist seine große Reichweite, der Nachteil ist, dass er deshalb sehr leicht zu täuschen ist. Die Hindus haben eigens dafür die Gottheit Maya erfunden, die Kraft der Täuschung. Um dieser Kraft zu entgehen, müssen wir uns mit dem Abbildungsprozess beschäftigen.

Wir müssen die physikalische Realität von der Verfälschung durch unsere Sinne trennen.

3.1 Der Abbildungsprozess

Der Abbildungsprozess im Auge des Betrachters ist der gleiche wie bei einer Kamera. Der Raum wird daher auf der Netzhaut des Auges als ein zweidimensionales Bild mit den entsprechenden perspektivischen Verzerrungen wahrgenommen. Außerdem hängt das wahrgenommene Bild vom Beobachtungsort des Betrachters ab. Eine Abbildung ist stets orts- und richtungsabhängig. Folglich kann man von einem Objekt völlig unterschiedliche Bilder bekommen, ohne dass man sie dem gleichen Objekt zuordnen könnte, wenn man nicht den Weg kennt, den der Beobachter genommen hat..

Um das zu illustrieren, nehmen wir ein einfaches Beispiel: Wir wollen ein Haus mittels eines Films aufnehmen. Zuerst suchen wir uns einen geeigneten Beobachtungsort, von wo wir einen guten Überblick über das Haus haben. Von da aus werden wir mit der Kamera einen Weg um das Haus herum gehen, um auch die Rückseite zu erfassen. Möglicherweise benötigen wir auch noch einen Flug mit der Kamera über das Haus. So werden wir alle Ansichten des Hauses erfassen können. Wenn auch viele Einzelbilder einander ähnlich sein werden, so erhalten wir doch wenigsten 9 deutlich unterschiedliche Bilder. Alle diese Bilder bezeichnet man mathematisch als projektive Transformationen und das Abbildungsverfahren auf den Film nennt man, wie kann es anders sein, perspektivische Abbildung.

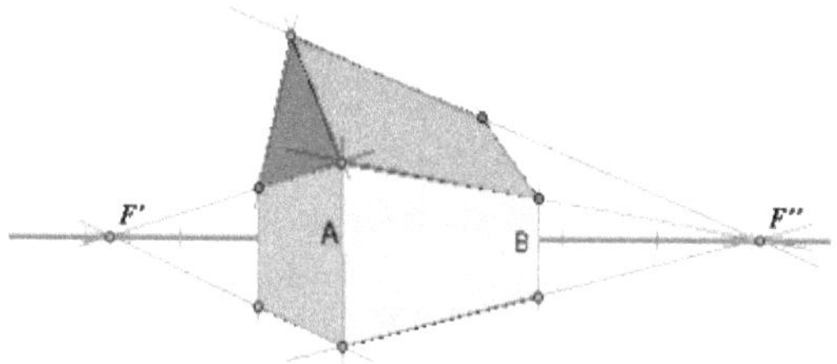

Abbildung 3.1: Projektive Transformation - Abbildungsprinzip einer Kamera

Unsere Kamera liefert etwa Bilder wie Abbildung 3.1. Man erhält ein solches Bild durch Zentralprojektion. Bei der Zentralprojektion schneiden sich die Projektionsstrahlen in einem Punkt, dem Projektionszentrum Z. Die Bildebene von Abbildung 3.1 sei gleich der xy-Ebene bei $z=0$ und das Projektionszentrum liege auf der negativen z-Achse im Punkt $Z = (0,0,-a)$. Es versteht sich von selbst, dass sich das Projektionszentrum während der Abbildung nicht ändern darf. Gegeben sei ein Punkt $P = (x,y,z)$ auf einer Hauskante im Raum. Gesucht sind auf der Bildebene die Koordinaten des projizierten Bildpunktes

$P' = (x',y',0)$. Dann ergibt sich aus dem Strahlensatz:

$$x' = \frac{x}{1+z/a} \qquad y' = \frac{y}{1+z/a} \qquad z' = 0 \qquad\qquad (3.01)$$

Solche Bilder sind uns seit der Kindheit vertraut. Wir betrachten die Hauskanten A und B und erkennen, dass die Kante A größer als die Kante B im Bild abgebildet ist. Nach einer Reihe von Bildern auf dem Film haben wir einen Standpunkt gegenüber der Hauskante B erreicht. Nun wird die Hauskante B größer als die Hauskante A abgebildet. Wenn wir uns als Kind noch darüber gewundert haben, heute denken wir darüber nicht mehr nach. Da dieser Widerspruch durch den Wechsel des Beobachtungsstandpunktes hervorgerufen wurde, wissen wir aber, dass uns unsere Beobachtung über den wahren Sachverhalt täuscht. Die Kanten A und B sind gleich lang. Lediglich die durch die Transformation verloren gegangene räumliche Tiefe führt dazu, dass man Fluchtpunkte F' und F'' auf dem Horizont für in der Realität parallele Linien benötigt, um die Tiefe anzudeuten, weil wir wissen, dass ein entfernteres Objekt in der Betrachtung stets kleiner erscheint als ein weniger entferntes. Unser Auge ist ebenso konstruiert wie die Kamera. Die Verzerrung liegt also buchstäblich im Auge des Betrachters und nicht in der Realität. Weil ein dreidimensionaler Raum in eine Ebene transformiert wird, entstehen auf der Abbildung Verzerrungen. Mathematisch sieht man das daran, dass x' und y' jeweils Funktionen von der Koordinate z geworden sind. Damit trifft die Raumbeziehung (2.01) mit von Null verschiedenen Werten x', y' und z' hier nicht mehr zu. Es gilt lediglich noch das Skalarprodukt der Vektoren $\boldsymbol{x'}\cdot\boldsymbol{y'} = 0$ mit von Null verschiedenen Werten, da hier der Kosinus zwischen den beiden Vektoren $\boldsymbol{x'}$ und $\boldsymbol{y'}$ noch Null ist.

$$\boldsymbol{x'}\cdot\boldsymbol{y'} = 0 \qquad\qquad (3.02)$$

3.1.1 Wie beschreibt man den Standortwechsel mittels Mathematik?

Ein Ortswechsel eines Beobachters oder Gegenstandes heißt in der Mathematik eine euklidische Transformation. Aber mathematisch ist es gleichwertig, ob man den Beobachtungsort oder den beobachteten Gegenstand verschiebt oder dreht. Energetisch ist das aber nicht das gleiche. Zu einer physikalischen Transformation gehört immer die Berücksichtigung der Masse des Beobachters und des beobachteten Gegenstandes dazu. Wenn ich aber den Gegenstand verschiebe oder mich auf einen anderen Beobachtungsort bewege, habe ich physikalisch eine Arbeit verrichtet, nur bleibt diese Arbeit bei der mathematischen Transformation unberücksichtigt. Wenn man im Anschauungsraum, den man auch den Euklidischen Raum R^3 nennt, einen Gegenstand bewegt, hat das keinen Einfluss auf seine Gestalt. Lediglich das Koordinatensystem wird relativ zum beobachteten Objekt verschoben oder gedreht. Damit ändern sich die Ortskoordinaten im Raum. Anders ist das bei projektiven Abbildungen oder projektiven Transformationen. Dort verändert sich die Form dergestalt, dass nur noch die Linearität erhalten bleibt. Die Winkel und Streckenlängen verändern sich. Siehe Abbildung 3.1.

3.1.2. Das Geheimnis der Lorentztransformation

Nun wollen wir eine Transformation untersuchen, die als *Lorentztransformation* bekannt geworden ist und die Einstein zu seiner Relativitätstheorie animiert hat. Diese Transformation sieht folgendermaßen aus:

$$t' = \frac{t-\left(v/c^2\right)\cdot x}{\sqrt{1-v^2/c^2}} \quad x' = \frac{x-v\cdot t}{\sqrt{1-v^2/c^2}} \qquad (3.03)$$
$$y' = y \quad z' = z$$

Wenn wir diese Transformation mit unseren Gleichungen (3.01) vergleichen, fällt sofort die Ähnlichkeit auf. Wir haben aber nun eine abhängige Variable mehr, die Zeit t'. Bei Gleichung (3.01) handelt es sich um die Funktionen $x' = f(x,z)$ bzw. $y' = f(y,z)$. Bei den Gleichungen in (3.03) handelt es sich um die beiden Funktionen $t' = f(x,t)$ bzw. $x' = f(x,t)$, und c bleiben konstant wie a in (3.01). Funktionen mit zwei abhängigen Variablen beschreiben Flächen, die auf eine Gerade abgebildet werden. Dieser Umstand unterscheidet diese Gleichungen von euklidischen Transformationen, bei denen es keine funktionelle Verknüpfungen zwischen den Koordinaten gibt, die zu projektiven Verzerrungen führen, die nur noch die Kolinearität erhalten. Die erste Abbildungsfunktion bewirkt eine beobachtete Verkürzung der Zeit für den bewegten Gegenstand in Bewegungsrichtung gegenüber dem ruhenden Beobachter. Die zweite Abbildung bewirkt eine beobachtete Verkürzung von Gegenständen in der Bewegungsrichtung infolge der funktionellen Verknüpfung der Werte von x und t gegenüber dem ruhenden Beobachter. Die Bedeutung des Projektionszentrums a aus den Gleichungen (3.01) übernimmt bei den Gleichungen (3.03) das Quadrat der Lichtgeschwindigkeit, weshalb Einstein die Konstanz der Lichtgeschwindigkeit im Vakuum gefordert hat. Diese Verkürzungen sind genau die gleichen, die ein Beobachter bei sich entfernenden Gegenständen infolge der Perspektive beobachtet. Der Unterschied ist nur der, dass die perspektivische optische Täuschung infolge unserer zwei Augen als räumliche Tiefe erkannt wird. Das ist Gegenstand der Stereometrie. Dagegen haben wir mit der Wirkung der Gleichungen (3.03) keine praktischen Erfahrungen. Wir müssten auch hier zwei Beobachtungsorte wählen, um objektive Aussagen zu bekommen. Wir sehen daraus, dass die Lorentztransformation zu den projektiven Transformationen gehört.

Es ist höchst unwahrscheinlich, dass ein realer Beobachter diese *Lorentz-Perspektive* jemals erleben wird, da kosmische Objekte unter normalen Bedingungen ein Promille der Lichtgeschwindigkeit kaum überschreiten können, es sei denn, sie würden ionisiert und in elektromagnetischen Feldern beschleunigt, was die Struktur des Beobachter auflösen würde. Wir halten fest:

Beobachtungen unterliegen optischen Täuschungen,
wenn die beobachteten Gegenstände weit entfernt sind.

3.2 Was passiert mit der Beobachtung?

Beobachtung ist eine Relation zwischen Beobachter und beobachtetem Objekt. Wenn ich mit der Kamera um das Haus herum gehe und Aufnahmen mache, erhalte ich eine Vielzahl von Bildern des Hauses. Als gesunder Mensch wird man die einzelnen Bilder nicht in die Erinnerung des Langzeitgedächtnisses abspeichern. Damit wäre unser Gehirn überfordert. Deshalb vergleichen wir die Beobachtungen und untersuchen sie auf gemeinsame Merkmale und fassen sie zusammen. Biologen suchen in der Natur nach Lebensformen, vergleichen diese Formen und ordnen sie in Klassen, in eine Systematik, die sie mit Begriffen versehen. Chemiker interessieren sich für Stoffklassen. Da spielen oft auch Gerüche und Farben eine Rolle. Physiker interessieren sich dafür, was man messen kann und klassifizieren nach Maßeinheiten. In jedem Fall dient die Klassifizierung beobachteter Objekte der Begriffsbildung. Der Begriff *Klasse* ist ein Synonym für den mathematischen Begriff *Menge*. Ebenso, wie man Mengen wieder zu einer neuen Menge zusammenfassen kann, lassen sich Begriffe wieder zu neuen abstrakteren Begriffen zusammenfassen.

Zu jedem Objekt oder jeder Lebenssituation haben wir eine Menge von Bildern und anderen Sinneseindrücken. Dazu lernen wir Begriffe. Das passiert beim Erlernen der Muttersprache. Später erscheint uns das so selbstverständlich, dass wir darüber nicht mehr nachdenken. Wir sind es gewohnt, im landläufigen Sinne von sichtbaren Dingen mit Form von Objekten zu sprechen. Die Objekte der Physik sind dagegen quantitativ bestimmbare Eigenschaften der Materie. Welche Eigenschaften das sind, ist durch das physikalische Maßsystem gegeben, worauf wir in Abschnitt *3.7 Modellierung, Versuchsplanung und Messung* zurück kommen werden. Diese Eigenschaften sind nicht allein mit dem Sehsinn erfassbar, weshalb die Form für die Physik keine Rolle spielt, zumal sie kein quantitatives Messverfahren zur Bestimmung der Form kennt.

Ein wissenschaftlicher Begriff repräsentiert immer eine Menge von Objekten oder sinnlichen Erfahrungen mit eindeutigen Merkmalen. Ein physikalischer Grundbegriff wird darüber hinaus durch seine Maßeinheit repräsentiert. Wenn ich von Grundbegriffen spreche, dann gibt es auch noch weitere Begriffe, die aus Grundbegriffen zusammen-gesetzt sind, In der Tat kann man auf einer höheren Abstraktionsstufe aus den Grundbegriffen einer Wissenschaftsdisziplin höhere Begriffe bilden. Materie ist zum Beispiel ein solcher abstrakter Begriff, bestehend aus den Begriffen Energie, Masse und Geschwindigkeit oder Energie, Wirkung und Frequenz. Ein wissenschaftlicher Begriff besteht also immer aus einer Reihe eindeutig beobachteter Merkmale und Unter-begriffe. Der große Philosoph der Aufklärung , Immanuel Kant sprach von *Phänomina* im Unterschied zu *Noumena* und meinte damit einen Begriff wie *Gott*, zu dem es keine sinnliche Erfahrung gibt. In die Physik sind eine Reihe von Begriffen aufgenommen worden, zu denen es keine sinnliche Erfahrung gibt, wie *Schwarze Löcher* als mathematische Singularitäten, *Dunkle Energie*, *Dunkle Materie*, oder *Antimaterie* und *Quarks*, um nur einige zu nennen. Diese Begriffe kann man dann mit beliebigen Merkmalen ausstatten. Gewöhnlich ändern sich bei solchen Begriffen die Merkmale entsprechend den Bedürfnissen, so wie die Bedeutung des Jokers bei dem Kartenspiel Rommé. Ein typisches Beispiel ist der Begriff des Schwarzen Lochs. Es war ursprünglich eine mathematische Singularität in den Gleichungen der Allgemeinen Relativitätstheorie, eine Gravitationsanomalie, die alle Materie verschluckt, einschließlich des Lichtes. Heute will man ein Schwarzes Loch im hellsten Teil einer Galaxie, dem Teil, der Plasmajets ausspuckt, gefunden haben, weil man glaubt, dass einer mathematischen Idee ein reales physikalisches Objekt entsprechen müsse. Es müsse nur entdeckt werden.

Während die wissenschaftliche Vorgehensweise der Begriffsbildung immer von der Klassifizierung der Phänomene ausgeht, treffen wir heute immer wieder die pseudowissenschaftliche Methode an, die einen Begriff erfindet und dafür Phänomene in der realen Welt sucht. Genau diese Vorgehensweise hat Immanuel Kant in seinem Hauptwerk *Die Kritik der reinen Vernunft* [3.02] schon 1781 kritisiert, wofür er von der katholischen Kirche auf den Index der verbotenen Bücher gesetzt wurde. Kant wies nach, dass wir von den Dingen nur insofern etwas wissen, als sie sich über die sinnliche Wahrnehmung in unserem Geiste reflektieren. Das *Ding an sich* sei nur über seine Erscheinung näherungsweise erkennbar. Heute sprechen wir von Modellen oder Konzepten über die realen Dinge. Nehmen wir ein uns vertrautes Beispiel. Jeder hat eine Vorstellung von einem Haus. Diese Vorstellung ist bei jedem Menschen möglicherweise völlig anders, da es sehr verschiedene Häuser gibt. Es werden auch in Zukunft Häuser von Architekten entworfen und von Baufirmen gebaut, von denen niemand von uns gegenwärtig eine Vorstellung haben kann. Trotzdem gibt es zu dem Begriff *Haus* ein geistiges Modell, dass alle Menschen ausgehend von ihren wesentlichen Bedürfnissen, die sie an ein Haus stellen, als solches akzeptieren. Über Modellierung werden wir unter Abschnitt 3.7 *Modellbildung, Versuchsplanung und Messung* noch sprechen.

3.3 Wissen und Glaube

Als Kind habe ich gelernt, den Anweisungen meiner Eltern und Lehrer Folge zu leisten, weil ich erfahren habe, dass sie mich zu meinem Nutzen unterweisen. Ich glaubte an ihre Autorität. Mit dem Eintritt in das Erwachsenenalter änderte sich das. Ich bemerkte, dass ich mich nicht mehr auf den Rat meiner Eltern unbedingt verlassen konnte. Der Glaube an sie und ihre Autorität schwand. Ich hatte meine eigenen Erfahrungen gesammelt.

Der Glaube baut auf Unterweisung, das Wissen auf Erfahrung. Wissen hat nach Kant aber dort seine klaren Grenzen, wo sinnliche Wahrnehmung aufhört. Ich möchte diese sinnliche Wahrnehmung um die messtechnische Wahrnehmung erweitern. Man kann nichts über Dinge wissen, die sinnlich bzw. messtechnisch nicht erfassbar sind, auch wenn es immer wieder Leute gibt, die sich anmaßen, über solche Dinge Auskunft geben zu können. Solche Dinge seien leer, meint Kant. Sie dienen als Projektionsflächen unserer Phantasien, Ängste oder Wünsche und so füllen wir sie mit unseren Vorstellungen. Beispiele dafür sind

Götter, Dantes Hölle, der Urknall, Schwarze Löcher, feuerspeiende Drachen und andere Kuriositäten. Wissen als sinnliche Erfahrung wird als eine gerechtfertigte Meinung im gesellschaftlichen Kontext über einen Gegenstand bestimmt, wozu Fakten und Regeln und Theorien gehören. Es gibt aber keine Garantie, dass diese Meinung unveränderlich wahr bleibt. In der Wissenschaft gab es schon zahllose Fälle, wo eine Meinung durch eine neue ersetzt werden musste, weil sie falsifiziert werden konnte. Wahrheit ist nicht absolut, wie wir im Abschnitt *2.3.1 Was ist Wahrheit* gelernt haben, sondern eine Bewertung. Fakten dagegen sind immer wahr, da sie keiner induktiven Logik entspringen, sondern aus der unmittelbaren Wahrnehmung kommen. Treten Wahrnehmungen in Widerspruch zu Meinungen, ist es eher ratsam, die Meinung zu korrigieren, als zu versuchen, die Fakten kraft der gegebenen Autorität zu leugnen. Eine wissenschaftliche Meinung ist deshalb noch kein Wissen. Wissen kann erst in der gesellschaftlichen Entwicklung entstehen. Dazu bedarf es aber des Zweifels. Der Zweifel steht jedoch im Widerspruch zum Glauben, der auf der Autorität des Vermittlers basiert. So sind auch die folgenden Erörterungen und Zweifel des Autors noch kein Wissen, solange sie keine gesellschaftlichen Anerkennung gefunden haben. Selbst wenn sie auf Wissen aufbauen, bleiben sie im Stadium der Hypothesen. Sie bieten lediglich eine Alternative zu heute verbreiteten Hypothesen über beobachtete Phänomene, zu denen es angeblich keine Alternativen gäbe.

Ist der Wahrheitsgehalt von Meinungen unbekannt oder umstritten, spricht man von individuellem Glauben. Dieser Glaube wie im Beispiel von meinen Eltern muss nicht religiös motiviert sein, aber er baut auf Autorität auf. Autoritäten sind Wissenschaftler und für viele Menschen auch Priester. Religiöser Glaube umfasst stets größere Menschengruppen. In christlichen Kreisen kann man gegenwärtig die Meinung finden, dass die Physik dafür gesorgt habe, dass das seit der Renaissance gewachsene Vertrauen in den Verstand (die Wissenschaft) wieder gesunken sei. Nicht nur Christen hätten mit den Zumutungen ihres Glaubens zu kämpfen. Auch Atheisten hätten ein Problem, die Ratio absolut zu setzen, das funktioniere nicht mehr. -- Gibt es denn eine relative Mathematik? Unsere in Computer implementierte Logik bewertet mit zwei Werten. Es gibt auch mehrwertige Logiken. Diese sind aber in unsere digitale Welt nicht integriert. In den Grenzgebieten der Physik wären sie vielleicht nützlich. Die uns vertraute Mathematik bewertet auch, aber mit zehn Werten. Den meisten Menschen ist gar nicht bewusst, dass Logik die algebraische Basis aller Mathematik ist. Wenn ein physikalisches Modell unlogisch ist, enthält es einen mathematischen Fehler. Niemand kann sich dann herausreden, dass man dieses Modell nur nicht verstehe. Dann muss daran weiter gearbeitet werden, bis es verständlich ist. Von unverständlichen Dingen wenden sich die Menschen ab, und sie suchen nach einfacheren Erklärungen. Die Wissenschaft erleidet dadurch nur einen Autoritätsverlust, weil sie nicht auf der Höhe der Zeit ist. Die Bevorzugung einfacherer Lösungen geht auf Wilhelm von Ockham 1341 zurück. In seiner bekanntesten Formulierung stammt *Ockhams Rasiermesser* von dem Philosophen Johannes Clauberg. Er schrieb 1654: *"Entia non sunt multiplicanda sine necessitate]" (deutsch: „Wesenheiten dürfen nicht ohne Notwendigkeit vermehrt werden.")*[3.03]

Dass Beobachtungsergebnisse verschieden ausfallen können, liegt zum einen an einem oft übersehenem Aspekt, nämlich dem Beobachtungsort, der Beobachtungsmethode, der Vorbildung und zum anderen an der Geisteshaltung, dem Bewusstsein. Diese Aspekte beeinflussen das Beobachtungsergebnis und dieser Einfluss muss bei der Auswertung berücksichtigt werden.

> *Das Bewußtsein ist also von vornherein schon ein gesellschaftliches Produkt und bleibt es, solange überhaupt Menschen existieren.*
> - Aus: Die deutsche Ideologie

Besonders gut kann man den Einfluss einer Geisteshaltung auf die Abbildung bei den alten Ägyptern studieren. Wohl kein Volk des Altertums hat seine Lebensweise und Glaubenswelt besser auf haltbarem

Material dokumentiert. Die alten Ägypter kannten die Gesetze der Perspektive noch nicht, aber sie hatten eine klare Vorstellung von Raum und Oberfläche. Das beweisen ihre Darstellungen. Während die altägyptische Plastik die Räumlichkeit einer Figur klar erfasst, ist die Abbildung auf der Oberfläche für unsere heutige Sehgewohnheit etwas merkwürdig. Alles, sowohl Mensch als auch Tier in der Bewegung wird im Profil dargestellt, während merkwürdigerweise nur die Augen frontal dem Betrachter zugewandt sind. Dieser Widerspruch erklärt sich aus der Funktion des Bildes. Hier handelt es sich um eine erzählende Darstellung der abgebildeten Personen. Während die Bewegung nur in der Fläche dargestellt werden kann, wenden die Augen sich dem Betrachter zu, da sie ihm etwas mitteilen wollen. Wir sehen, dass die Bilder der alten Ägypter von großer Symbolkraft sind, die schließlich in den Hieroglyphen ihren Höhepunkt fanden, weshalb diese Interpretation durchaus wahrscheinlich ist. Der Beobachter übersetzt seine Beobachtung der realen Welt in ein Modell - eine Folge von Szenen, Worten und Symbolen - das nur einen Teil der Wirklichkeit wiedergeben kann. Das ist der Teil, den er für wesentlich hält. Diese Fähigkeit ist dem Menschen angeboren und scheint deshalb nicht erwähnenswert. Sie ist aber für die Datengewinnung einer Beobachtung fundamental.

Beobachtung ist also nicht nur Abbildung, sondern auch Filterung und Klassifizierung.

Es wird nur das vom Beobachter heraus gefiltert und klassifiziert, was er versteht und was er für wesentlich hält. Weil der Beobachter nur das bewusst beobachtet, was er auch versteht, ist die Beobachtung nicht nur eine Funktion der Wahrnehmung sondern auch des Wissens des Beobachters. Da das Wissen nicht allein auf der Erfahrung eines Beobachters beruht, sondern die gesellschaftliche Erfahrung mit einschließt, ist das Wissen viel umfangreicher und die Beobachtung kann in diesen Erfahrungsschatz eingeordnet werden. Aber auch sein Glaube fließt mit ein. Erst die Aussagen über diese Erfahrungen und ihre gesellschaftlich widerspruchsfreie Bewertung über logische Folgerungsschritte führt zu Wissen. Ist diese Bewertung gesellschaftlich noch widersprüchlich, spricht man von Glaubenssätzen. Insofern gibt es einigermaßen zuverlässige Kriterien, an denen man Wissen von Glauben unterscheiden kann. Dazu bedient sich der Beobachter der Logik seines Verstandes. Allerdings gibt es in jeder Wissensdisziplin Grundannahmen, die man nicht auf einfachere Aussagen zurück-führen kann, und daher in der speziellen Disziplin nicht begründbar sind. Deshalb ist es Ziel jeder Wissensdisziplin, die Grundannahmen auf ein Minimum zu reduzieren.

Diesen Grundannahmen nahm sich in der Vergangenheit eine übergeordnete Disziplin an. Das war die Philosophie. Sie galt über die Jahrhunderte als die Universalwissenschaft, und sie war mehr oder weniger auch mit der Religion verknüpft, weshalb man nicht nur die Philosophie einer Religion betrachten darf. Religionen sind Spiegelbilder der Gesellschaften, die sie hervorgebracht haben. Insofern bergen sie uralte Erfahrungen dieser Menschen. Man sollte aber ihre Aussagen nicht unbedingt wörtlich nehmen, da sie auch immer den Machtinteressen ihrer Vertreter dienten.

Mit fortschreitender Verselbständigung der Einzelwissenschaften in der Neuzeit ist es immer problematischer geworden, eine Universalwissenschaft betreiben zu wollen. Die Theoretische Physik beansprucht seit Heisenberg für sich sogar eine eigene Philosophie mit eigener Logik, deren Konsequenzen noch zu betrachten sind.

Je mehr man sich an die Grenzen des Wissens begibt, desto mehr muss man mit unbewiesenen Annahmen arbeiten. Aber desto öfter sollten diese Annahmen angezweifelt und hinterfragt werden. Das ist unbequem, weshalb man sich nur zu gern auf Autoritäten verlässt. Keinesfalls sollten diese Annahmen jedoch gegen die vier aus der Philosophie abgeleiteten Grundprinzipien der Physik verstoßen.

Das erste Grundprinzip ist die Erhaltung der Materie

Das bedeutet, dass weder Masse im Universum aus dem Nichts geschaffen noch vernichtet werden kann, sondern dass die bewegte Masse einer Energie entspricht und umgekehrt. Gleichzeitig gibt es aber auch eine Geschwindigkeitsgrenze für die Bewegung von Massen, nämlich die Ausbreitungsgeschwindigkeit des Lichtes, was diese Äquivalenz nicht ausdrückt. Auch wenn wir noch nicht alle diese Prozesse verstehen, sollten wir uns von diesem uralten fundamentalen Grundsatz leiten lassen.

Wie wichtig die philosophische Grundhaltung für eine Naturwissenschaft ist, zeigt ein Aufsatz von Paul Marmet unter dem Titel *Absurditäten in der modernen Physik* [3.04], in dem es unter anderem um das Kausalgesetz und die Interpretation der Quantenmechanik geht. Dabei wurde das Kausalgesetz tatsächlich für den Mikrokosmos aufgehoben. Dabei wurde übersehen, dass der quantenmechanische Ansatz ein statistischer ist, der auf eine Datenverdichtung abzielt und nicht den funktionellen Zusammenhang von Ursache und Wirkung betrachtet. Das Kausalgesetz gilt aber objektiv und ist weder vom Betrachter abhängig noch im Mikrokosmos aufgehoben, wie Heisenberg in seinem Aufsatz *Quantenmechanik und Kantsche Philosophie* [3.05] behauptet. Wäre das Kausalgesetz im Mikrokosmos aufgehoben, müsste man eine Grenze finden, ab der das Kausalgesetz aufgehoben ist, So aber ist es die statistische Betrachtungsweise, die die Kausalität aufhebt. Diese Sichtweise kommt in dem Gedankenexperiment zum Ausdruck, dass als *Schrödingers Katze* [3.06] in die Physikgeschichte eingegangen ist. Der Hintergrund ist der radioaktive Zerfall von Atomen, dessen Ursache unbekannt ist und der in der Quantenmechanik mit einer Wellenfunktion beschrieben wird, die keine Ursache voraussetzt. Quantenmechanik ist eine Theorie, bei der eine Beschreibung der Mikrowelt auf der Grundlage reduzierter Informationen stattfindet. Hier ersetzt die statistische Beschreibung die kausale Beschreibung. Die Unkenntnis einer Wirkung bedeutet nicht, dass es keine gäbe. Das *Ding an sich* bleibt im Nebel.

Die westliche Kultur denkt Kausalität als einen fremdgesteuerten Prozess, mit einer äußeren Ursache. Die fernöstliche Kultur denkt dagegen Kausalität als einen autonomen Prozess, wo die Ursache im Inneren des Prozesses liegt und die Wirkung eine Rückkopplung erzeugt. Das kann man an religiösen Glaubensätzen festmachen. *"Der Herr soll mich leiten"*, oder *"so Gott helfe"*. In der fernöstlichen Kultur steht das Rad des Lebens im Mittelpunkt des religiösen Trachtens. Ursache künftigen Schicksals ist das Handeln in der Gegenwart. Das *Karma* bestimmt das Schicksal. Gute Taten verbessern das Karma, schlechte Taten verringern die Chancen im künftige Leben. Für sein Karma ist jeder Mensch selbst verantwortlich.

Das zweite Grundprinzip ist die Kausalität:
Es sagt, es gibt keine Wirkung ohne Ursache. Kausalität wird
meist linear gesehen. In autonomen Systemen ist sie zyklisch.

Viele physikalische Systeme sind autonom. Ein Beispiel ist die Ausbreitung des Lichtes. Naturwissenschaft und im engeren Sinne die Physik basiert auf Beobachtungen und Experimenten. Während die Beobachtung weitestgehend ohne Einflussnahme auf die Umwelt erfolgt, ist das Experiment die unmittelbare geplante Einflussnahme auf die Umwelt, um ein erwartetes Ereignis in Form einer Bewegung oder Veränderung des Zustandes eines Objektes zu beobachten. Jedem Experiment liegt eine kausale Verknüpfung zwischen Ursache und Wirkung zugrunde.

Der Experimentator ist während der Vorbereitung des Experimentes bemüht, die Ursachen für die Wirkung heraus zu präparieren, die er zu erzielen plant. Beim Experiment selbst werden vom Experimentator verursachte unabhängig variierende Merkmale gemessen und eine Hypothese über die Wirkung auf eine als abhängig vermutete Variable angestellt und diese Hypothese mit den Messwerten letzterer Variable verglichen. Bei der Wiederholung ein und derselben Messung beobachtet man, dass jedes Mal ein anderer Wert abgelesen wird. Man spricht von zufälligen Abweichungen vom Mittelwert.

Die mittlere zufällige Abweichung vom Mittelwert über eine Messreihe ist ein wichtiges Maß für die Zuverlässigkeit des Messverfahrens. Ohne das Kausalgesetz gäbe es keine Berechtigung, eine Hypothese über einen funktionellen Zusammenhang aufzustellen. Deshalb ist das Kausalgesetz über die Verknüpfung von Ursache und Wirkung für die naturwissenschaftliche Methode so grundlegend, dass ein Verstoß dagegen als unwissenschaftlich verworfen werden muss. Mathematisch bedeutet das Kausalgesetz eine Funktion zwischen einer unabhängigen Ursache und einer abhängigen Wirkung.

$$\textbf{Wirkung = f(Ursache) oder } y = f(x)$$

Wir betrachten die Bewegung als eine zeitabhängige Größe vom Weg, weshalb die Wirkung immer von der Ursache abhängt und nicht umgekehrt. Die Wirkung entfaltet sich aus der zeitlich vorangehenden Ursache, wobei manche Vorgänge mit Lichtgeschwindigkeit ablaufen können.

Die Physik als eine Naturwissenschaft beschäftigt sich nicht mit dem Geist des Beobachters, dafür sind Psychologie und Neurobiologie zuständig, sondern mit den Bewegungen der Materie und ihren Ursachen. Masse und Energie sind dabei die wichtigsten Daseinsformen der Materie. Abgeleitet vom Kausalgesetz besteht die Grundannahme der Physik darin, dass die Materie weder geschaffen noch vernichtet werden kann. Sie kann nur in die verschiedenen Daseinsformen überführt werden. Jede Änderung einer Daseinsform provoziert jedoch eine Gegenreaktion.

Ein drittes Grundprinzip ist die Einheit der Gegensätze.

Die Welt ist polarisiert. Sie basiert auf einem dynamischen Gleichgewicht. Sie ist dann in Harmonie. In der indischen Philosophie hat Gott Vishnu als Gegenspieler den Gott Shiva. Dieser Grundsatz lässt sich in vielen Kulturen nachweisen, beispielsweise bis auf das chinesische *Dào* zurück verfolgen. Dào mit seinem *Yin* und *Yang* bedeutet soviel wie der Weg, aber auch Methode und Prinzip. Dào bezeichnet in der daoistischen chinesischen Philosophie ein ewiges Wirkprinzip. Die

Grundidee dieser Philosophie ist, dass alles Dasein aus dem gesetzmäßigen Wandel der Grundkräfte Yin und Yang hervorgeht. Diese dynamischen Kräfte kompensieren sich mal mehr, mal weniger, und Ziel des menschlichen Handelns ist, sie in Harmonie, ins Gleichgewicht zu bringen. Diese Ideen reichen bis in das 10. Jhd. v. Chr. zurück und sind schon in den ältesten chinesischen philosophischen Schriften enthalten. *»Alle Dinge unter dem Himmel entstehen im Sein. Das Sein entsteht im Nichtsein.«* so meint Lao-tse - Aber das Nichtsein kann man nur im Sein erkennen. Oder wie sollte man ein Loch erkennen, wenn es keinen Rand hätte? Wie wollte man eine positive Ladung identifizieren, wenn es keine negative gäbe und sich dazwischen kein Kraftfeld aufbauen würde? Wie könnte man ein hohes Potential von einem niedrigen unterscheiden, wenn es keinen Weg des Energieflusses zwischen beiden gäbe? Auf Grund dieser Gegensätze ist alles in der Welt in Bewegung. Allerdings birgt dieser Grundsatz schon eine Reihe von Missverständnissen. Man könnte daraus die Symmetrie der Welt schließen. Symmetrie ist aber ein statisches Gleichgewicht, das dem Leben widerspricht. So gibt es zwar positive und negative Ladungen, diese sind aber auf unterschiedlich große Massen verteilt, weshalb man nicht von Symmetrie sondern nur von Ähnlichkeit sprechen kann. Ein anderer missgedeuteter Begriff ist der der *materialistischen Dialektik*, der für die Einheit der Gegensätze benutzt wurde. Der Begriff stammt aus dem Griechischen und bedeutet Kunst der Gesprächsführung und man sollte ihn auch nur in diesem Kontext verwenden. Die darauf aufbauende Gesellschaftstheorie ist praktisch gescheitert. Ebenso findet man in der Physik die Auffassung, dass *Paradoxa* also logische Widersprüche Ausdruck einer Dialektik wären.

Wie bereits erwähnt, hat Einstein die Symmetrie als einen weiteren Glaubensgrundsatz eingeführt. Das war aber nicht hilfreich und damit wird das wissenschaftliche Denken beschränkt.

Wir ersetzen die Symmetrie durch die Selbstähnlichkeit als ein viertes Grundprinzip der Natur.

Selbstähnlichkeit ist ein Prinzip der Wiederholung von Strukturen auf unterschiedlichen Skalen mit unerheblichen Abwandlungen. Wir werden später im Zusammenhang mit Strukturbildung das Prinzip der Selbstähnlichkeit besprechen.

Es gibt noch zwei unfruchtbare Glaubenssätze in der Physik:

- Der Glaube, zwei verschiedene Betrachtungsweisen der Physik, eine deterministische und eine statistische, zu einer vereinigen zu können und damit eine einheitliche Physik zu erlangen. Tatsächlich spaltet sich die heutige moderne Physik von der klassischen ab, ohne dem Traum von der Verschmelzung der zwei Abbilder der Natur in einer Theorie der Quantengravitation einen Schritt näher zu kommen.

- Der Glaube, dass man aus dem mathematischen Modell mehr Erkenntnisse herausholen könne, als man hineingesteckt hat. Das wäre ein geistiges Perpetuum Mobile. Mit den Expertensystemen der künstlichen Intelligenz stellte man sehr schnell fest, dass man damit keinen Erfolg hat. Ein Computer bleibt ein Geschwindigkeitstrottel. Er macht alles das ganz schnell falsch, was ihm nicht richtig vorgegeben wurde. Auch Computer müssen von der Umgebung lernen.

3.4 Betrachtungsaspekte

Was ist ein Betrachtungsaspekt? Es gibt viele Synonyme für Betrachtungsweise und für Aspekt. Ich wähle den Begriff Betrachtungsaspekt, weil er noch nicht verwendet wurde und ich seine Bedeutung hier festlegen kann. Unter einem Betrachtungsaspekt will ich die Art und Weise verstehen, wie und von welchem Standpunkt ich eine Erscheinung beobachten will. Es ist praktisch ein Vorurteil, dass ich mir über Ordnung oder Chaos in meinem Beobachtungsfeld bilde. Natürlich ist ein solcher Betrachtungsaspekt stets relativ, weil er vom Standpunkt des Beobachters und dessen gewählter Betrachtungsweise abhängt. Interessiere ich mich für die kausalen Zusammenhänge, ist das ein deterministischer Betrachtungsaspekt. Mein Beobachtungsziel ist die Beschreibung meiner Beobachtung in Form von Funktionen und Gleichungen. Es gibt noch einen anderen Beobachtungsaspekt, der eine nicht-deterministische Betrachtung beinhaltet. Diese Herangehensweise setzt voraus, dass es zu einer Ursache mehrere Folgeerscheinungen geben kann. Oft ist eine statistische Herangehens-weise die erste Wahl, um einen Überblick darüber zu erhalten, welche der Fragen man sich zuerst vornehmen soll. Eine statistische Betrachtungsweise ist eine Art der Datenverdichtung, die auf kausale Zusammenhänge keine Rücksicht nimmt. Die beiden Betrachtungsaspekte stehen in ambivalenter Wechselbeziehung zueinander, und es gibt darüber hinaus einige Aspekte der Datenverdichtung bei der nichtdeterministischen Betrachtung zu berücksichtigen.

3.4.1 Kausalität und Zufall

Beobachtet man eine Erscheinung, entsteht sofort die Frage nach deren Ursache. Kann die Frage jedoch nicht beantwortet werden, kommt für Gläubige gewöhnlich Gott ins Spiel. Für alles Nichtwissen mussten Götter praktisch als Joker herhalten. Der Joker für die Ungläubigen ist der Zufall. Während Gott in das Reich der Theologie führt und das Kausalgesetz dort durch Wunder aufgehoben wird, führt der Zufall zur Statistik, wo die Väter der Quantenmechanik ebenfalls meinten, dass das Kausalgesetz dort nicht mehr gelte, wie wir bereits oben besprochen haben. Statistische Methoden dienen aber nur zur Einschränkung der Anzahl von Einflussgrößen bei der mathematischen Modellierung von Naturerscheinungen, Einflussgrößen, die man nicht erfassen kann.

Dass Kausalität und Zufall kein Widerspruch sind, soll im Folgenden demonstriert werden. Wir Menschen denken in Kausalketten. Wir reihen kausale Stränge zeitlich hintereinander an, so wie wir einen Text schreiben.

Was passiert aber, wenn sich Kausalketten gegenseitig beeinflussen?

Um das zu untersuchen, brauchen wir ein Beispiel: Nehmen wir ein Spielbrett mit quadratischen Zellen! Auf dem Spielbrett verteilen wir willkürlich nur schwarze Spielsteine in beliebige Zellen als Anfangszustand. Nun brauchen wir noch ein paar Spielregeln. Spielregeln sind, Sie werden es ahnen, Kausalitäten. Wir spielen das Spiel des Lebens, wie es zuerst J. H. Conway [3.07] gespielt hat. Da es ein Spiel ist, sind wir völlig frei im Erfinden von Spielregeln. Folglich müssen sie nichts mit dem wahren Leben zu tun haben. Trotzdem werden Sie sehen, dass man aus dem Spiel eine Menge über Kausalität lernen kann. Wir können das Spiel mit den schwarzen Spielsteinen völlig allein spielen, ehe wir uns weitere Regeln auch für den Umgang zwischen weißen und schwarzen Steinen ausdenken.

Wir brauchen Regeln zum Hinzufügen und Entfernen von Steinen. Das Hinzufügen von Spielsteinen nennen wir die Geburt eines Individuums und das Entfernen den Tod eines Individuums. Jeder Spielstein hat eine Umwelt, das sind die acht Nachbarzellen um jede mit einem Spielstein belegte Zelle, Randzellen ausgeschlossen. Die Existenz jedes Individuums hängt kausal von seiner Umwelt ab. Daraus leiten sich Umweltregen für das Schicksal jedes Individuum ab.

In einer Generation werden die Umweltregeln auf alle Individuen des Spielfeldes von oben links nach rechts unten der Reihe nach angewendet. Das Spiel kann so viele Generationen fortgesetzt werden, bis ein Zustand erreicht ist, der ein Weiterspielen unmöglich macht oder eine periodische Stabilität erreicht wird, die darin besteht, dass zwei Zustände im Wechsel immer wieder entstehen.

Nun aber zu den einzelnen Regeln:

1. Wenn die Umgebung eines leeren Feldes drei Nachbarn hat, dann wird ein Individuum geboren, dh. ein Stein kann auf das entsprechende Feld abgelegt werden.

2. Wenn die Umgebung eines besetzten Feldes nur einen Nachbarstein aufweist, dann stirbt der Inhaber des besetzen Feldes an Einsamkeit. Dieser Stein muss vom Spielfeld entfernt werden.

3. Wenn die Umgebung eines besetzten Feldes zwei oder drei Nachbarsteine enthält, dann bleibt der Inhaber des besetzten Feldes am Leben. Dieser Stein verbleibt bis zur nächsten Generation auf dem Spielfeld.

4. Wenn die Umgebung des besetzten Feldes mehr als drei Nachbarsteine enthält, dann stirbt der Inhaber des besetzten Feldes an Überbevölkerung. Der Spielstein muss vom Feld entfernt werden.

Nun müssen wir noch eine Regel für die Randfelder aufstellen, da deren Umgebung nur 5 bzw. in den vier Ecken nur 3 Felder aufweist. Dafür hat man grundsätzlich drei Möglichkeiten: Die fehlenden Felder werden entweder als leer oder besetzt angesehen oder man denkt sich das Spielfeld als in sich geschlossen ohne Rand und betrachtet die Randfelder der jeweils gegenüber liegenden Seite. Das wird bei einem Eckfeld etwas kompliziert, weil zu jedem Eckfeld 2 Felder der gegen überliegenden Ecke betrachtet werden müssen und ein Diagonalfeld.

Das Spiel in der beschriebenen Weise zu spielen ist zweifellos mit der Zeit sehr ermüdend. Einfacher ist es, diese Aufgabe einem Computer zu übergeben, die Spielmatrix zu erweitern und sich die Anordnung der Spielsteine nach jeder Generation anzeigen zu lassen. Man wird erstaunt sein, wie vielfältig die Muster je nach Menge und Startanordnung der Spielsteine ausfallen werden.

Da gibt es Anordnungen, die nach einigen Generationen ausgestorben sind. Andere Anordnungen wandern von Generation zu Generation über das Spielfeld, wieder andere wachsen erst, bevor sie von der Spielfläche verschwinden. Besonders faszinierend sind die sich bewegenden und oszillierenden Objekte, weil sie an die Ausbreitung von elektromagnetischen Oszillationen erinnern.

Obwohl alle Spiel-Anordnungen auf 4 einfachen Regeln, also Kausalität beruhen, ist es nicht möglich, eine Vorhersage zu treffen, wie sich eine gegebene Anfangs-Anordnung verhalten wird.

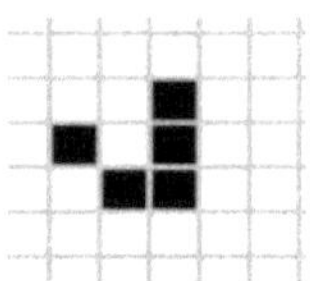

Abbildung 3.2: Spielmuster Gleiter Quelle: WIKIPEDIA

Man muss sie durchspielen, um es herauszufinden. Im Beispiel aus Abbildung 3.2 wirkt sie zyklisch. Hat man jedoch eine andere Anfangsbedingung, dann kann ein ganz anderes Verhalten herauskommen. Wir werden mit solchen Systemen in der Physik noch öfter konfrontiert.

Was ist hier passiert? Die 4 Regeln sind mit dem Spielfeld verknüpft und sie wirken nicht mehr unabhängig, sondern gekoppelt in Abhängigkeit vom Verhalten ihrer Nachbarschaft, und diese Nachbarschaft kennt zwei verschiedene Zustände, die wiederum von deren Nachbarschaft abhängen. Lässt man den Rand des Spielfeldes weg, hängt die Umgebung irgendwann einmal sogar von den Nachbarschaften der voraus gegangenen Generationen ab und es kommt zur Rückkopplung, bis die Abhängigkeiten untereinander so komplex werden, dass sie für den menschlichen Geist nicht mehr beherrschbar sind. Der Mensch ist von der Evolution nicht dafür vorgesehen, komplexe Situationen gegenseitiger Abhängigkeiten auf der Basis kausaler Verknüpfungen zu meistern. Er hilft sich damit, dass er solche Erscheinungen als zufällig ansieht.

Die Mathematik kennt nicht nur lineare Abhängigkeiten, sondern auch nichtlineare. Die Natur ist in den seltensten Fällen linear. Bestimmt man z.B. die Nullstellen eines nichtlinearen Polynoms, dann erhält man so viele Lösungen, wie es der Grad des Polynoms ist. Welche Lösung die Natur gerade auswählt, ist vom Standpunkt der Mathematik zufällig, da die Auswahlkriterien nichts mit der Mathematik zu tun haben, sondern mit der Umwelt in der der nichtlineare Prozess abläuft. Deshalb bietet sie für eine Ursache oft verschiedene Wirkungen an, die sich in unterschiedlicher Umgebung verschieden entfalten können. Das einfachste Beispiel dafür ist der Fall des Würfels.

Wir können in komplexen Systemen a priori nicht entscheiden, ob ein Ereignis zufällig oder kausal autonom begründet ist.

Ein Beispiel dafür sei die Kristallisation. Aus einer Flüssigkeit mit scheinbar chaotisch sich bewegenden Atomen und Molekülen kristallisiert ein regelmäßig aufgebauter Körper. Es findet hier ein *Synergieeffekt* statt, der ein ganz neues Licht auf unser Verständnis der Natur an Phasengrenzen wirft [3.08]. Der Begriff *Synergie* ist der Begriff für das Zusammenwirken verschiedener Kräfte bei Naturerscheinungen, die offensichtlich ein inneres autonomes Regelwerk besitzen, ohne dass es sich nach außen dem Beobachter sofort erschließt. Für Ingenieure sind Regler typische Bausteine der Automatisierung. Viele Systeme, die früher als chaotische Systeme angesehen wurden, erkennt man heute als wohl geordnet. Die dafür geeigneten Modellierungen sind noch Gegenstand der Forschung. Es bildet sich hier ein weiterer Betrachtungsaspekt heraus. Manche Leute sprechen sogar von einem notwendigen Paradigmenwechsel. Das würde aber bedeuten, die anderen Betrachtungsaspekte aus den Augen zu verlieren.

3.4.2. Determinismus kontra Statistik

Der strenge Determinismus ist die Veranschaulichung der erkenntnis- und wissenschaftstheoretischen Auffassung, nach der es im Sinne der Vorstellung eines geschlossenen mathematischen Weltgleichungssystems möglich wäre, unter der Kenntnis sämtlicher Naturgesetze und aller Anfangsbedingungen wie Lage, Position und Geschwindigkeit aller im Kosmos vorhandenen physikalischen Teilchen, jeden vergangenen und jeden zukünftigen Zustand zu berechnen und zu determinieren. Nach dieser Aussage wäre es theoretisch möglich, eine Weltformel aufzustellen. Man bezeichnet diesen Determinismus als **Laplaceschen Dämon** nach einem Zitat von Piere Simon Laplace von 1814.

> *„Wir müssen also den gegenwärtigen Zustand des Universums als Folge eines früheren Zustandes ansehen und als Ursache des Zustandes, der danach kommt. Eine Intelligenz, die in einem gegebenen Augenblick alle Kräfte kennt, mit denen die Welt begabt ist, und die gegenwärtige Lage der Gebilde, die sie zusammensetzen, und die überdies umfassend genug wäre, diese Kenntnisse der Analyse zu unterwerfen, würde in der gleichen Formel die Bewegungen der größten Himmelskörper und die des leichtesten Atoms einbegriffen. Nichts wäre für sie ungewiss, Zukunft und Vergangenheit lägen klar vor ihren Augen."*

Obwohl bereits Immanuel Kant dreißig Jahre vor Laplace auf die Unmöglichkeit eines vollständigen Wissens hinwies, spukt dieser Dämon immer noch durch die Köpfe theoretischer Physiker. Die Idee von einer Weltformel heute als eine *Theorie von Allem* genannt, geistert immer noch durch die Stuben der Gelehrten. Theoretische Physiker können sich nur schwer mit der Statistik anfreunden. "*Gott würfelt nicht!*" war ein treffender Ausspruch Einsteins, um diese Geisteshaltung zu charakterisieren. Aber unser Geist ist von der Komplexität der Welt überfordert, deshalb müssen wir eine Datenreduktion vornehmen und dazu dient die Statistik. Ein Grund für den Erfolg des Laplaceschen Dämons war im 19. Jahrhundert die verallgemeinerte Beschreibung dynamischer Systeme durch die Hamiltonfunktion. Diese ist nichts anderes als die Summe der potentiellen und der kinetischen Energie eines geschlossenen Systems, die nicht mehr durch Orte und Geschwindigkeiten der Bestandteile des dynamischen Systems, sondern durch sogenannte kanonische Variablen beschrieben werden: die Koordinaten und Impulse, die mit p und q bezeichnet werden. Diese Funktion wird als Hamiltonfunktion $H(p,q)$ dargestellt und soll das gesamte empirische Wissen über das System enthalten. Das tut sie aber nicht, sie enthält keine Wechselwirkungen, wie wir sie beim Spiel des Lebens modelliert haben. Man kann sich die Hamiltonfunktion als einen Film denken, dessen einzelne Bilder die p und q in jeweils einem bestimmten Augenblick darstellen, nur dass sich Physiker keine Zustandsbeschreibungen vorstellen können, dazu bedarf es einer Ingenieurausbildung. Der obige theoretische Ansatz erwies sich als einer der erfolgreichsten in der Geschichte der Physik. Diese kanonischen Gleichungen sind symmetrisch bezüglich Zeit und Geschwindigkeit. Nach diesem Modell kann man die Zukunft wie die Vergangenheit bestimmen, da die Elemente nicht miteinander wechselwirken. Im vorigen Abschnitt haben wir gerade erlebt, dass dieser Ansatz in der Praxis nicht funktioniert, weil er die Wechselwirkungen der sich bewegenden Teilchen nicht berücksichtigt und Wechselwirkungen gibt es wegen der Kraftfelder der Teilchen reichlich, sonst hätte man die Quantenmechanik nicht erfunden..

Theoretische Physiker finden Symmetrie schön. (Es gibt auch andere Schönheitsauffassungen - zB. Schönheit ist das Versprechen auf Funktion.) Wir hatten die verhängnisvolle Überbewertung der Symmetrie bereits im vorigen Kapitel diskutiert. Wegen der Hamiltonfunktion spielt die Symmetrie in der Theoretischen Physik eine so große Rolle. Nun hängt die zeitliche Änderung der Impulse von der Ableitung der Hamiltonfunktion nach den Koordinaten ab. Für freie Teilchen verschwindet die Ableitung und die Impulse werden zu Konstanten. In unserer Vorstellung erhalten wir ein einzelnes Bild aus dem Film. Das ist jedoch eine **sehr einschneidende Forderung für den mathematischen Ansatz**, deren Bedeutung oft genug unterschätzt wurde und die Anwendbarkeit dieses mathematischen Ansatzes auf lineare Systeme einschränkt. Das ist zum ersten Mal beim Dreikörperproblem in der Himmelsmechanik sichtbar geworden. Das Dreikörperproblem des Henri Poincaré besteht darin, eine Lösung für den Bahnverlauf dreier Himmelskörper unter dem Einfluss ihrer gegenseitigen Anziehung zu finden. Um quantitative Resultate zu erlangen, musste es im allgemeinen Fall bislang (durch Näherungen) numerisch gelöst werden.

Einen völlig anderen Ansatz bietet die **Statistik**.

Stellen Sie sich vor, Sie sitzen im SCOOM am einen Ende des Alexanderplatzes in Berlin und ihnen fällt ein, dass sie ein Paar neue Schuhe brauchen, die Sie möglicherweise bei Reno auf der gegenüberliegenden Seite bekommen könnten. Nichts einfacher als das. Sie überqueren den Alex auf einer Geraden. Aber gerade an diesem Tag ist Markt. Es sind eine Menge Buden aufgebaut und Massen von Leuten laufen dazwischen herum. Sie müssen um Reno zu erreichen auf Ihrem Weg ständig entweder Leuten ausweichen oder um Buden herumlaufen, wobei ein gewisser Abstand eingehalten wird. Da sie in der Tasche ein modernes Handy mit GPS-Funktion haben, wird ihr Weg aufgezeichnet und sie können ihn sich später ansehen. Dieser Weg ist keine Gerade, sondern eine Kurve, die mehr oder weniger an eine Wellenlinie erinnert. Wenn Sie den Ausgangspunkt wieder erreichen wollen, wird Ihr Weg mit Sicherheit dann nicht der gleiche sein, aber auch von welliger Form. Alle Leute werden die gleiche Beobachtung an sich machen können, wenn sie diesen Weg gehen, aber es wird keine zwei Wege geben, die identisch sind. Will man diesen Weg allgemein beschreiben, kann man getrost eine einfache Sinus-Welle nehmen, ohne einen allzu großen Fehler zu machen. Man schreibt diese Überlagerung als $|\psi\rangle$ mit ψ als **Wellenfunktion**. Dabei hat die Wellenfunktion selbst keine physikalische Bedeutung. Sie ist lediglich ein Symbol für die Unbestimmtheit des Aufenthaltsortes eines beliebigen Passanten.

Im Mikrokosmos der Atome trifft man ständig infolge der Wärmebewegung der Atome auf einen solchen Zustand wie ‚Markt auf dem Alexanderplatz‘. Infolge des Kraftfeldes um das Teilchen sind auch hier immer nur bestimmte Abstände der Passage möglich. Deshalb sind bei der Quantenmechanik die dynamischen Variablen der klassischen Mechanik ersetzt durch lineare Operatoren, die auf eine allgemeine Wellenfunktion wirken, und es wird angenommen, dass zwischen den Operatoren dieselben Beziehungen wirken wie in der klassischen Mechanik. Nun kann man fragen, wozu dieser ganze Aufwand? Wellen haben diskrete Resonanzen und diese sind für die Beschreibung der diskreten Energieniveaus im Atom nützlich. Die Mathematik dazu ist sehr anspruchsvoll und ist nicht Stoff am Gymnasium. Das ganze wird nämlich in den Bereich der komplexen Zahlen verlagert. Erst durch Quadrieren erhält man den Realteil der Wellenfunktion zurück. Diesem wird als Aufenthaltswahrscheinlichkeit eine physikalische Bedeutung zugewiesen. Das funktioniert sehr gut bei der Beschreibung der Elektronenbahnen. Allerdings würde ich die Quantenmechanik innerhalb des Atomkerns ablehnen, da dieser ein feste Struktur haben muss, die auf seine Hülle wirkt, um die festen Bindungseigenschaften der Elemente zu garantieren. Ein quantenmechanisches Modell des Atomkerns hat uns in Wahrheit nicht klüger gemacht.

Eine statistische Betrachtungsweise bei komplexen Vorgängen ist ganz legitim, wenn man es mit großen Mengen von Teilchen zu tun hat und eine Datenkompression vornehmen muss, um ein Systemverhalten zu beschreiben. Unsinnig wird die Sache jedoch, wenn man versucht, die statistische Beschreibung mit der deterministischen Beschreibung zu vereinigen, wie es die Versuche zur Schaffung einer Theorie der Quantengravitation darstellt. Physiker wurden zwar mindestens seit meinem Studium in den sechziger Jahren zum Lösen von mathematischen Gleichungen ausgebildet. Sie haben aber nicht gelernt, was ihre Gleichungen eigentlich beschreiben, sonst hätten sie gemerkt, dass ein solches Vorhaben zum Scheitern verurteilt ist. Einer der Irrwege war die Stringtheorie, die mit maximal zweidimensionalen Gebilden in neundimensionalen Räumen hantierte. Ein weiterer Irrweg ist der der Schleifenquantentheorie. Sie betrachtet Raum und Zeit auf Skalen der *Plancklänge* (10^{-20} fm) [3.09]. Das sind 20 Größenordnungen weniger als der Protonradius und jenseits jeder messtechnischen Wahrnehmung.

3.4.3 Die Unschärferelation

Werner Heisenberg [3.10] entdeckte, dass die Energieänderung in einem Zeitfenster immer größer als das Plancksche Wirkungsquantum pro Wellenlänge ist. Diese Entdeckung beruht auf der Fouriertransformation der Wellen, die mit einem Spektrografen aufgenommen wurden. Als Unschärferelation bezeichnet, wird diese Entdeckung als einer der grundlegendsten Aspekte der Kopenhagener Interpretation der Quantenmechanik angesehen. Die Unschärferelation sei nicht die Folge von technisch behebbaren Unzulänglichkeiten eines entsprechenden Messinstrumentes, sondern prinzipieller Natur. Das wurde als eine große wissenschaftliche Erkenntnis verkauft und als ein Naturgesetz angesehen.

$$\Delta E \cdot \Delta t \geq \frac{h}{2\pi} \qquad (3.04)$$

Formel (3.04) beschreibt diesen Umstand, wobei: ΔE die Auflösung in der Energie, Δt die Auflösung in der Zeit, $h = 6{,}6 \times 10^{-34}$ Js die Plancksche Konstante, die das Wirkungsquantum für die Energieemission eines Elektrons pro Wellenlänge im Atom ist. Setzen wir für $\Delta E \cdot \Delta t$ = ½ $\Delta p \cdot v \cdot \Delta t$ in Formel (3.04) ein, erhalten wir $\Delta p \cdot \Delta x > h/\pi$ oder auch

$$2m \cdot \Delta v \cdot \Delta x > \frac{h}{2\pi} \qquad (3.05)$$

Anders ausgedrückt, heißt das für die Quantenmechanik, dass man den Ort und den Impuls nicht gleichzeitig beliebig genau bestimmen kann. Das es sich hier um ein Naturgesetz handelt, ist eine unbewiesene Behauptung. Paul Marmet widerspricht [3.11]:

"Die Grenze, die von Heisenberg vorgeschlagen wurde, kann jetzt entweder als instrumentale Grenze eines Spektroskops interpretiert werden oder als eine mathematische Grenze wegen des Informationsverlustes bei der Anwendung der Fourier-Transformation ohne den Imaginärteil. Im Falle eines phasenempfindlichen Detektors gibt es keine grundsätzliche Grenze. Mit einem phasenempfindlichen Detektor hängt die Grenze der Auflösung nur von der Grenze ab, die der Rauschpegel verursacht. Es ist bedauerlich, dass Heisenberg nicht zwischen dem Informationsverlust verursacht durch ein schlechtes Instrument und einem physikalischen Grundprinzip unterscheiden konnte".

Jeder Fotograf kennt das Phänomen, dass die Schärfe einer Aufnahme von dem Verhältnis der Öffnungszeit des Objektives zur Bewegungsgeschwindigkeit des aufgenommen Gegenstandes und der

Brennweite des Objektives abhängt. Unschärfe ist eine Eigenschaft der Aufnahmetechnik des Beobachters und entsteht durch unzureichendes technisches Equipment bei der Beobachtung. Sie ist kein Naturgesetz. Wir werden auf die Konsequenzen der Heisenbergschen Behauptung unter Kapitel *5 Der Mikrokosmos* im Zusammenhang mit einer Teilcheneigenschaft zurückkommen.

Dass in Formel (3.05) die Masse enthalten ist, lässt den Schluss zu, dass man auch Wirkungsquanten mit beliebig anderen Massen definieren kann. Mit einem Wirkungsquantum mit einer anderen Masse werden wir uns in Abschnitt *3.4.5 Plancks Wirkungsquantum und der Domino-Day beschäftigen.* Aber zuvor wollen wir die Frage nach den allgemeinen Grenzen der Beobachtbarkeit stellen.

3.4.4 Grenzen der Beobachtbarkeit

Beobachtung im Allgemeinen beginnt mit unseren Sinnesleistungen, hätten Ingenieure nicht durch entsprechendes technisches Equipment unsere Sinnesleistung gehörig aufgewertet. Für alle unsere Sinne haben wir Geräte zur Verfügung, die es gestatten, unsere Sinnesleistungen zu verstärken und zu transformieren. Wir müssen deshalb fragen, wo sind die Auflösungsgrenzen der eingesetzten Geräte? Grundsätzlich wird die Grenze durch das Signal/Rauschverhältnis, wenn es sich um Wellen handelt, oder die optische Auflösung bestimmt. Das Signal/Rauschverhältnis kann durch das Verhältnis von Amplitude des Nutzsignals zur Standardabweichung des Rauschsignals definiert werden. Unter optischer Auflösung versteht man den Abstand, den zwei Strukturen im Okular eines Mikroskops oder Teleskops mindestens haben müssen, um nach der optischen Abbildung noch als getrennte Bildstrukturen wahrgenommen zu werden.

Nehmen wir erst einmal das Auflösungsvermögen, um zwei unbewegte Objekte mit einem Fernrohr von einander getrennt wahrzunehmen. Durch die Angabe eines Winkelabstandes oder durch die Angabe des Abstandes gerade noch trennbarer Strukturen lässt es sich quantifizieren. Beispielsweise ist die Auflösung optischer Instrumente durch die Beugung des Lichtes begrenzt. Sowohl für Fernrohr als auch Mikroskop liegt die Grenze bei etwa einer halben Wellenlänge des beobachteten Lichts. Bei großen Eintrittspupillen von optischen Systemen wird die Auflösung meist noch nicht durch Beugung, sondern von Öffnungsfehlern der Optik begrenzt. Diese können durch Veränderung der Blende verringert werden, so dass sich bei einer kritischen Blende ein optimales Auflösungsvermögen ergibt. Bei erdgebundenen Teleskopen begrenzen Luftturbulenzen meistens das Auflösungsvermögen auf etwa eine Bogensekunde 1". Man nimmt diese Luftturbulenzen als Funkeln der Sterne wahr. Das Hubble-Weltraumteleskop erreicht wegen des Wegfalls der störenden Atmosphäre eine Auflösung von etwa 0,05" bei sichtbaren Wellenlängen, es sammelt dafür aber weniger Licht als Teleskope auf der Erdoberfläche ein. Seit den siebziger Jahren des letzten Jahrhunderts kann man statt eines lang belichteten Einzelbildes durch die Überlagerung von vielen kurz belichteten Bildern (Speckle-Interferometrie) den Einfluss der Luftturbulenzen ausschalten. Das geht aber nur bei relativ hellen Objekten.

Eine räumliche Auflösung liefert die Stereometrie auf der Grundlage der Dreiecks-Berechnung. Hat man eine Basisstrecke und misst man von jedem Endpunkt dieser Strecke den Winkel zwischen Basisstrecke und dem beobachteten Objekt, kann man seine Entfernung bestimmen. So funktioniert auch unser räumliches Sehen. Beobachtet man einen Stern über das Jahr, so scheint er am Himmel eine kleine Ellipse zu vollführen. Nun ist das aber nicht die Bewegung des Sterns, sondern die Ursache ist die Bewegung des Beobachters mit der er über das Jahr mit der Erde um die Sonne wandert. Diese scheinbare Wanderung des Sterns von nur einem Bruchteil einer Bogensekunde am Himmel nennt man Parallaxe und der erste, der damit die Entfernung eines Sterns bestimmt hat, war 1838 nach einem Jahr Beobachtung Friedrich W. Bessel in Königsberg. Auf der Grundlage dieser Beobachtung hat man das Entfernungsmaß Parsec definiert. Es ist die Entfernung, aus welcher der mittlere Erdbahnradius (= 1 AE, Astronomische Einheit), also der mittlere Abstand zwischen Sonne und Erde, unter einem Winkel von einer Bogensekunde erscheint und das entspricht etwa 3,26 Lichtjahren bzw. 206.000 Astronomischen Einheiten oder $30,9 \times 10^{15}$ Metern.

Sonnenradius	693×10^6 m	2,3 Lichtsekunden
Radius des Erdbahn	149×10^9 m	8,3 Lichtminuten
Radius des Sonnensystems	8×10^{12} m	7,4 Lichtstunden
Radius der Milchstraße	$4,7 \times 10^{20}$ m	50.000 Lichtjahre

Tabelle 3.1 Größenvergleiche im kosmischen Bereich

Wir sehen, dass wir relativ schnell an die messtechnischen Grenzen kommen, wenn wir die Entfernungen im Kosmos direkt messen wollen. Die Methode mittels Parallaxe ist die fundamentale ´Entfernungsbestimmung in der Astrophysik, jedoch ist die Genauigkeit der Parallaxen-Messungen mittels Teleskopen auf Winkel von 0.01" begrenzt, und so auf etwa 100 Parsec Entfernung, was 326 Tausend Lichtjahren entspricht. Zum Vergleich: Unsere Milchstraße hat einen Durchmesser von 100 Tausend Lichtjahren. Alle anderen Messverfahren beruhen auf indirekten Messungen. Diese gehen alle von Annahmen aus, deren Zuverlässigkeit nicht garantiert ist. Die nächste Galaxie, den Andromedanebel vermutet man in 2 bis 2,5 Millionen Lichtjahren Entfernung. Die Entfernungsangabe mittels spektraler Rotverschiebung ist ein solches indirektes Verfahren. Sie beruht auf der Korrelation von Rotverschiebung und absoluter Helligkeit. Dabei wird ausgenutzt, dass die absolute Helligkeit pulsierender Riesensterne, genannt Cepheiden, in festem Zusammenhang mit ihrer Pulsationsperiode steht. Diese Cepheiden sind in Nachbargalaxien noch deutlich zu erkennen. Fehler von etwa 10% und mehr sind durchaus real bei intergalaktischen Entfernungsbestimmungen, da die spektrale Rotverschiebung, wie wir noch sehen werden, abhängig von der Dichte des intergalaktischen Mediums ist und diese Dichte ist nicht konstant.

Wenn es darum geht, kleinste Strukturen zu beobachten, dann ist das Elektronenmikroskop das Gerät der Wahl. Es kann noch Strukturen von 0,1 nm auflösen. Im Vergleich dazu ist der Radius des Wasserstoffatoms noch eine halbe Größenordnung kleiner, weshalb Atome nicht direkt beobachtet werden können. Noch kleinere Strukturen kann das Mössbauer-Spektrometer auflösen, dass mit Gammastrahlen arbeitet und mit einem Elektronenmikroskop zu koppeln wäre. Tatsächlich bis auf den Bereich von Femtometern herunter zu kommen, ist sehr schwierig. Elektronen und Protonen liegen in dieser Größenordnung. Über die Messverfahren selbst und ihr Auflösungsvermögen findet man so gut wie keine öffentlich zugängliche Informationen.

Wellenlänge des grünen Lichts	550×10^{-9} m	550 000 000 fm
Bohrs Atomradius	53×10^{-12} m	53 000 fm
Elektronenradius	$2,81 \times 10^{-15}$ m	2,81 fm
Protonradius	$0,84 \times 10^{-15}$ m	0,84 fm

Tabelle 3.2 : Größenvergleiche im atomaren Bereich

Um eine Vorstellung von den Größenordnungen zu gewinnen, die für die Anwendung der Quantenmechanik typisch sind, führt die obige Tabelle die Abmessungen einiger atomarer Bestimmungsstücke auf. Diese Angaben sind für uns nicht vorstellbar, weshalb sie in unsere Vorstellungswelt vergrößert werden müssen. Um das in unsere Erfahrungswelt zu transformieren müssen wir obige Objekte etwa **Milliardenfach vergrößern**. Stellen wir uns vor, ein Proton sei so groß wie ein Stecknadelkopf mit 1,7 mm Durchmesser, dann würde im H-Atom das Elektron das Proton in einem Abstand von 32 m umkreisen. Das Elektron selbst wäre dann mit einem Durchmesser von 5,6 mm, so groß wie eine Erbse. Die Wellenlänge des sichtbaren Lichtes wäre dann mit 550 km vergleichbar mit der Entfernung von Hamburg nach Stuttgart. Die tatsächliche Größe eines Atoms ist jedoch recht variabel und hängt von der Art der Messung ab und kann über die Stoffklassen um eine Größenordnung wachsen.

3.4.5 Plancks Wirkungsquantum und der Domino-Day

Das Plancksche Wirkungsquantum wurde im Jahr 2000 einhundert Jahre alt und ist so eng mit der Quantenmechanik verbunden, dass man sich gar keinen Bezug zur Alltagswelt denken kann, weil die Spuren verwischt sind. Zuerst müssen wir den Begriff *Wirkungsquantum* erklären. Wenn wir einen Hammer benutzen, um einen Nagel in die Wand zu schlagen, erzeugen wir eine Wirkung auf den Nagel und die Wand. Aber der Nagel wird nicht beim ersten Schlag tief genug in die Wand eindringen. Wir werden weitere Schläge auf den Nagel ausführen müssen. Bei jedem Schlag wird also ein Energiequantum auf den Nagel übertragen, das den Nagel tiefer in die Wand eindringen lässt. Nun sind Hammerschläge nicht definiert. Da ist ein Schlagbohrhammer schon ein präziseres Werkzeug. Nun entdeckte Max Planck um 1900, dass das Verhältnis der Energie eines Photons zu seiner Frequenz immer konstant ist, wie bei einer Schlagbohrmaschine. Armin Uhlmann zitiert Max Planck in [3.12] wie folgt:

> *"... so findet man, dass das Abwandern der Energie in die Strahlung durch die Annahme verhindert werden kann, daß die Energie von vornherein gezwungen ist, in gewissen Quanten beieinander zu bleiben. Das war eine rein formale Annahme, und ich dachte mir eigentlich nicht viel dabei, sondern nur das, daß ich unter allen Umständen ... ein positives Resultat herbeiführen mußte."*

Damit erhielt er eine wichtige Energieformel, die keine Masse, sondern nur deren Wirkung auf eine andere Masse überträgt, aber die Portionierung durch ein Wirkungsquantum passte nicht in den Rahmen der damaligen klassischen Physik. Möglicherweise brauchte keiner von diesen Leuten bis heute mit einem Hammer umgehen. Sonst wäre Einstein und seinen Jüngern vielleicht aufgefallen, dass man Wirkungen nicht wie Teilchen zusammenkehren kann.

$$h = E / v \qquad\qquad (3.06)$$

Die Konstante **h** erhielt die Bezeichnung *Wirkungsquantum*. 1923 generalisierte Louis de Broglie das Plancksche Wirkungsquantum durch die Forderung, dass diese Konstante die Proportionalität zwischen dem Moment und der Quantenwellenlänge nicht nur des Photons, sondern jedes beliebigen Partikels darstellen soll. Dabei bleibt fraglich, ob **h** dann wirklich eine universelle Naturkonstante ist, da beispielsweise Protonen mit ihrer viel größeren Masse eine dementsprechend größere Wirkung erzielen können. Obwohl der Begriff fast ausschließlich im Zusammenhang mit den Mikrostrukturen verwendet wird, ist eine makroskopische Betrachtung durchaus möglich und bietet den Vorteil der Anschaulichkeit, was man von der Quantenmechanik nicht behaupten kann. Im folgenden wollen wir die Anschaulichkeit eines Wirkungsquantums bildhaft demonstrieren.

Einmal im Jahr wurde von dem Niederländischen Fernsehproduzenten Endemol zwischen 1998 und 2009 der Domino-Day im TV übertragen. Es wurden riesige Mengen von vielfarbigen Dominosteinen aufgestellt, die zu herrlichen Bildern arrangiert wurden, nur um sie mit einem einzige Impuls umzuwerfen. Ziel war es, einen Weltrekord im Umstoßen von Dominosteinen zu erreichen - nur mit einem einzigen Impuls. Wenn alles mit viel Liebe und Mühe aufgebaut war, konnte es losgehen.Wir saßen alle vor dem Fernseher und warteten auf den Start des Spektakels.

en Dominoeffekt aus, der, wenn alle Steine im richtigen Abstand hinter einander stehen, dazu führt, dass jeder Stein einen oder zwei nebeneinander stehende Nachfolger umwirft und so alle Steine nacheinander umfallen. Der Anstoß des ersten Steins ist der auslösende *Impuls*, der diese Kettenreaktion in Gang setzt. Dieser Impuls wird von

Stein zu Stein weitergegeben, solange noch Steine stehen. Nur ein Stein wird an einer Startposition umgestoßen und das löst d Durch das Umfallen der Steine kommen dann die vielfarbigen Bilder zum Vorschein, die zuerst nicht zu sehen waren. Uns interessieren aber nicht die Bilder, sondern die Physik, die dieses Schauspiel ermöglicht.

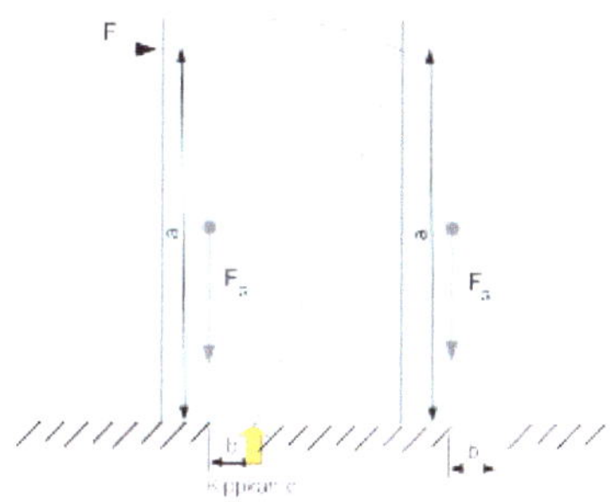

Abbildung 3.2: Das Kippmoment

Die Original-Domino-Steine sind 4,8 × 2,4 × 0,48 cm groß und sind 8 Gramm schwer. Vereinfacht betrachten wir nur zwei Dominosteine etwas näher. Wollte man genau rechnen, müsste man in Abhängigkeit des Abstandes der Steine den Einfluss mindestens eines dritten Steins und weiterer berücksichtigen, was die Sache unnötig komplizieren würde. Mehrkörperprobleme lassen sich nur näherungsweise berechnen, wie schon im obigen Abschnitt erwähnt wurde. Da es hier nur auf das Prinzip der Darstellung eines Wirkungsquants ankommt und nicht auf dessen genauen numerischen Wert, belassen wir es bei zwei Steinen. Damit ein Dominostein stehen kann, besitzt er ein Standmoment **MS**. Für das Umfallen ist das Kippmoment zuständig.

Das Kippmoment *MK* entsteht aus der Drehwirkung der Bewegungskraft **F** mit dem Hebelarm *a* um die Kippkante. Das Standmoment *MS* entsteht aus der Drehwirkung der Gewichtskraft *FG*, die im Schwerpunkt mit dem Hebelarm b angreift, ebenfalls um die Kippkante K. Damit ein Dominostein umfällt, ist eine Kraft F notwendig, die den Dominostein um einen Weg b aus der Senkrechten kippt. Entsprechend des Hebelgesetzes kann diese Kraft kleiner sein als die Schwerkraft, die auf den Körper wirkt und im Schwerpunkt angreift. Die angreifende Kraft mal der Höhe a ist das Kippmoment **MK**, eine Energie, der die Schwerkraft mal dem Abstand der Projektion des Schwerpunktes auf die Standfläche zur Kippkante entgegenwirkt. Diese Energie wird Standmoment **MS** genannt.

Ist das Kippmoment größer als das Standmoment, wird der Dominostein umfallen und die potentielle Energie, die sich aus der Höhenveränderung des Schwerpunktes zusätzlich zum Kippmoment ergibt, freisetzen, und diese Energie auf den nächsten Dominostein einwirken. So ist es möglich, dass ein Dominostein auch parallel zwei weitere Dominosteine umwerfen kann. Jeder Dominostein hat durch das Aufstellen potentielle Energie gespeichert und befindet sich zugleich in einem metastabilen Gleichgewicht – die Menge gespeicherter Energie kann durch Einwirkung einer kleineren Menge kinetische Energie freigesetzt werden. Dabei ist die Freisetzung der Energie nicht kontinuierlich, sondern jeder Stein liefert einen festen Energiebetrag, der sich aus der Schwerkraft eines Dominosteins und der Höhenänderung des Schwerpunktes beim Umfallen ergibt. Wir wollen den Energiebetrag, der frei wird, näherungsweise berechnen.(siehe Abbildung 3.3). Der Schwerpunkt beschreibt beim Fallen einen Kreisbogen um die Kippkante mit dem Radius

$$r = \sqrt{h^2 + b^2} \ .$$

Um einen Stein zu kippen, muss die Energie von $E = mg\left(\sqrt{\Delta h^2 + b^2} - \Delta h\right)$ aufgewendet werden. Da jedoch jeder Stein auf seinem Nachfolger zu liegen kommt, ist die Höhenänderung der Schwerpunktes nicht die Höhe h_G des Schwerpunktes von dem Dominostein sondern nur $\Delta h = h_G - x$. Um das x zu berechnen, ist ein wenig Trigonometrie notwendig.

$$x = h_G \cdot \sin(\alpha + \beta)$$

Die Höhenänderung Δh in Abbildung 3.3 ergibt sich dann zu:

$$\Delta h = h_G (1 - (\sin(\alpha) \cdot \cos(\beta) + \sin(\beta) \cdot \cos(\alpha)))$$

Die Winkel α und β müssen nun mit den Bestimmungsgrößen h_G, b und d ausgedrückt werden:

$$\sin(\alpha) = \frac{2b}{d+2b} \quad \cos(\beta) = \frac{h_G}{\sqrt{h_G{}^2+b^2}} \quad \sin(\beta) = \frac{b}{\sqrt{h_G{}^2+b^2}} \quad \cos(\alpha = \sqrt{1-\sin^2(\alpha)})$$

und man erhält:

$$\Delta h = h_G \left(1 - \left(\frac{2b}{d+2b} \cdot \frac{h_G}{\sqrt{h_G{}^2+b^2}} + \frac{b}{\sqrt{h_G{}^2+b^2}} \cdot \sqrt{1 - \frac{4b^2}{(d+2b)^2}} \right) \right)$$

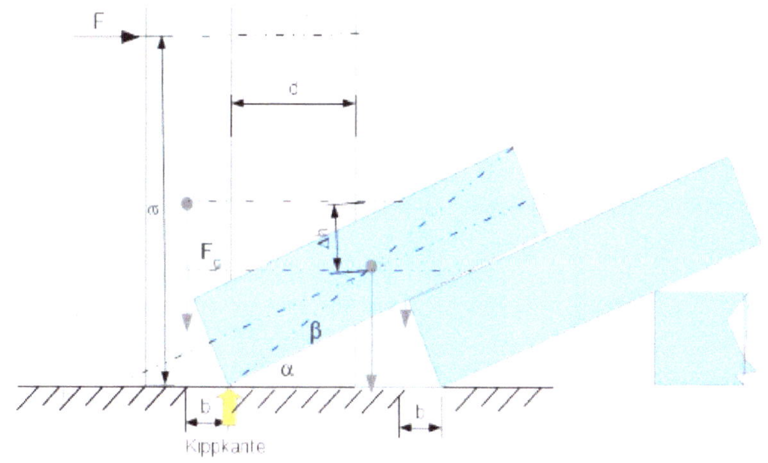

Abbildung 3.3: Zur Berechnung von Δh

$$\Delta h = h_G\left(1-\left(\frac{b}{\sqrt{h_G^2+b^2}}\cdot\left(2\frac{h_G}{d+2b}+\sqrt{1-4\left(\frac{b}{(d+2b)}\right)^2}\right)\right)\right)$$

Die Bewegungsenergie eines kippenden Dominosteines ist $E = mg\cdot\Delta h$. Das sind rund $1{,}36\times10^{-2}$ J, wenn man $\Delta h = 2{,}4 - 0{,}7 = 1{,}7$ cm annimmt.

Da die Bewegungsenergie eines umfallenden Dominosteins genügt, um mehrere andere Nachfolger umzuwerfen, braucht die Ereigniskette nicht linear bleiben, sondern kann sich in beliebig viele Ketten aufspalten und so zu einem Anwachsen von Ereignissen führen. Praktisch begrenzt wird die Ereigniskette allein durch die Anzahl aufgestellter Steine. Im Fall der Aufspaltung wird auch die Energie genau in Quantensprüngen anwachsen und in den Ketten weiter transportiert.

Fragen wir nun: Wie viele Steine fallen pro Sekunde in einer Kette um?

Damit ein Stein einen zweiten Stein umwerfen kann, muss seine rechte obere Kante den zweiten Stein treffen. Dazu muss sie die Höhendifferenz $\Delta h_2 = \frac{1}{2}g\cdot t^2$ zurücklegen mit $t^2 = 2\Delta h_2/g$. Δh_2 ist die Differenz der rechten Oberkante des Steins minus a *(Abb. 3.3)*: In Bestimmungsstücken der Dominosteine ausgedrückt ist das:

$$\Delta h_2 = 2l-\sqrt{4l-d^2} \quad \text{und} \quad t = \sqrt{2\Delta h_2/g} \qquad (3.07)$$

wobei l die Steinlänge ist und d der Abstand zwischen den Dominosteinen. Dann können wir die Anzahl der umgestoßenen Steine pro Sekunde berechnen. Aus obiger Formel erhalten wir für

$$d = \tfrac{1}{4}l \rightarrow t = 0{,}070s$$
$$d = \tfrac{1}{2}l \rightarrow t = 0{,}074s$$
$$d = \tfrac{3}{4}l \rightarrow t = 0{,}097s.$$

Diese Werte multiplizieren wir mit der oben berechneten Energie und erhalten für die drei Werte:

$$QD_1 = 0{,}95\times10^{-3}\,Js$$

$$QD_2 = 1{,}00 \times 10^{-3}\ Js$$

$$QD_3 = 1{,}32 \times 10^{-3}\ Js$$

als Wirkungsquanten für den Domino-Effekt.

Für die „Umfall-Frequenzen" $v_i = E/QD_i$ der Dominosteine erhalten wir 11; 13,6; und 14,3 Steine pro Sekunde je nach dem, wie eng die Steine gestellt werden. Wir sehen hier, dass bei der Betrachtung von vielen Objekten mit Wechselwirkung untereinander die Energie einfacher über ein Wirkungsquantum beschrieben werden kann, als wenn man die mechanischen Bestimmungsstücke mehrerer Körper in die Rechnung einbezieht. Auch hierdurch erhalten wir eine Reduktion der freien Variablen wie mittels Statistik. Wir sehen auch, dass hier die Impulsübertragung vom Abstand der Dominosteine abhängt.

Außerdem stellen wir fest, dass der Impuls im Kraftfeld der Gravitation weitergereicht wurde und dass dieses Kraftfeld einen entscheidenden Einfluss auf die Weiterleitung des Impulses ausübt. Das Wirkungsquantum erweist sich als eine spezielle Betrachtungsweise oder Beschreibungsart für komplexe physikalische Vorgänge und dass Wirkungsquanten keine physikalischen Naturkonstanten sind, sondern von den expliziten Bedingungen abhängen.

Es war Albert Einstein, der 1905 angeregt durch Max Plancks Strahlungsgesetz, in dem erstmalig Energiequanten auftraten, mit der Newtonschen Idee kam, dass Licht aus Teilchen bestünde, deren Energie $E = h \cdot v$ mit einem Impuls der Größe $p = k \cdot h\,/2\pi$, wäre, wobei k der Wellenvektor ist. Dessen Richtung ist die Fortbewegungsrichtung der Lichtwelle und sein Betrag ist $|k| = 2\pi/\lambda$, wobei λ die Wellenlänge des Lichtes ist. Wie wir aber vom Domino-Day gelernt haben, ist nur der Impuls weitergetragen worden, ohne dass sich die Teilchen von ihrem ursprünglichen Ort wirklich entfernt haben. Lichtquanten als Teilchen aufzufassen, ist daher ebenso wenig sinnvoll, als würde man Hammer-schläge als Teilchen auffassen. Ebenso wie es zur Übertragung von Hammerschlägen eines Mediums bedarf, bedarf es zur Übertragung von Licht eines Mediums, eines Kraftfeldes, dessen optische Dichte die Lichtgeschwindigkeit beeinflusst. Aber Licht breitet sich nach allen Richtungen aus, weshalb der Wellenvektor überflüssig ist.

Ob *Plancks Konstante* wirklich eine universelle Naturkonstante ist, kann anhand dieser Überlegungen bezweifelt werden. Pierre-Marie Ro-bitaille und Stephen Crothers haben dazu einen interessanten Artikel verfasst: *The Theory of Heat Radiation Revisited: A_Com-mentary on the Validity of Kirchhoff's Law of Thermal Emission and Max Planck's Claim of Universality,* in dem sie feststellen, dass Max Planck keinen Schwarzen Strahler verwendete.[3.13]

Wie wir hier gesehen haben, sind keine Teilchen, sondern nur die Impulse in einem vorhandenen Kraftfeld transportiert worden. Ein ande-res vertrautes System mit einem Wirkungsquantum ist das Wechsel-stromnetz. Anders als bei Gleichstrom, wo die Elektronen über große Strecken transportiert werden müssen, was zu erheblichen Leitungs-verlusten führt, schwingen hier die Elektronen mit 50 Hz. Die Energie messen wir in kWh, kein Mensch käme auf die Idee, die Elektronen zu zählen. Wenn man die Eingangsenergie einer Schlagbohrmaschine durch die Schlagfrequenz teilt, erhält man auch ein Wirkungsquantum, dass unabhängig von dem der Lichtquanten ist. Gleichung (3.06) hat eine viel allgemeinere Bedeutung, als Planck glaubte und der Zusam-menhang lässt keine Konstante erkennen, da weder die Energie noch die Frequenz Naturkonstanten sind und folglich auch der Quotient nicht konstant sein muss. Das wird uns im folgenden noch öfter pas-sieren, dass die Gleichungen nicht das aussagen, was in sie hinein in-terpretiert wird und dadurch Fehlschlüsse die Folge sind.

3.5 Vom Nichts zur Unendlichkeit

Anfang des 20. Jahrhunderts gab es einen Streit zwischen Albert Einstein und Dayton Miller über die Existenz eines Äthers als Übertragungsmedium des Lichtes, der zu Gunsten Einsteins beendet wurde. Einstein versuchte sich anschließend vergeblich an einer Feldtheorie, um das Nichts des ‚Raumes‘ auszufüllen. Heute sehen wir den interstellaren und intergalaktischen Kosmos nicht mehr als einen leeren Raum an. Das kosmische Hochvakuum enthält zwar nur einige Atome pro Kubikzentimeter, aber das ist schon wesentlich mehr als Leere und wenn es sich um ein Plasma handelt, ist das keinesfalls vernachlässigbar. Es ist ein optisches Medium mit physikalischen Eigenschaften, ein Masse erfülltes Volumen, bestehend aus Gas, Elektronen und Ionen veränderlicher Dichte und Konzentration seiner Bestandteile.

Eine andere Frage ist die nach der zeitlichen und räumlichen Begrenztheit des Kosmos. Wir können weder einen zeitlichen Beginn noch eine räumliche Grenze für das Volumen des kosmische Plasmas ausmachen. Dieses logische Dilemma der begrenzten Unendlichkeit brachte Albert Einstein auf die Idee von der Welt als einer Hyperkugelfläche. Aber eine solche Hyperkugel braucht einen Hyperraum, in dem sie eingebettet ist. Diese Idee, sauber mathematisch formuliert, würde dennoch mit einer praktischen Physik nicht korrelieren, weil Zeit und Raum über die Geschwindigkeit voneinander abhängig sind. Da Physik aber die Lehre von der bewegten Materie ist, sind Modelle, wie die Relativitätstheorie, mit von der Zeit unabhängigen Bewegungen absurd.

Die Unendlichkeit ist sinnlich nicht erfassbar. Deshalb scheitern wir an ihr. Selbst der Nobelpreisträger für Physik Brian Schmidt scheiterte am 15.09. 2015 im australischen Fernsehen an der Frage eines Kindes, weil er wie Stephen J. Crothers berichtete, die Unendlichkeit als einen mathematischen Wert auffasste [3.14]. Die Frage des Kindes lautete: *Wie kann etwas so unendlich Großes wie das Universum größer werden?* Einerseits sieht man den Kosmos als unendlich an, andererseits erhielt Brian Schmidt mit zwei weiteren Kollegen 2011 *"for the discovery of the accelerating expansion of the Universe through observations of distant supernovae"* den begehrten Nobelpreis. Folglich muss auch das Nobelpreiskomitee, das an der Königlich Schwedischen Akademie der Wissenschaften angesiedelt ist, sich nicht so richtig auskennen, obwohl Schweden mit Oskar Klein und Hannes Alfvén zwei hervorragende Plasma-Kosmologen hervorgebracht hat. Letzterer gewann 1970 den Nobelpreis für Physik. Heute wird ihr Kosmos-Modell als Pseudowissenschaft [3.15] diffamiert. Doch wenn man etwas bekämpft, gesteht man Furcht ein, Furcht vor der Wahrheit. Warum sich wer davor fürchtet, werden wir in Kapitel *6 Der Makrokosmos* erörtern.

3.5.1 Wie kann man das Dilemma mit der Unendlichkeit überwinden?

Die Systemtheorie hat darauf eine Antwort. Sie bietet ein offenes System mit eben solchen Teilsystemen mit Rückkopplung an. Der Begriff Systemtheorie tauchte 1949 bei Karl Küpfmüller [3.16] erstmals im Zusammenhang mit der Nachrichtentechnik auf. Der Gedanke ist, einen konkreten Sachverhalt als ein System gewissermaßen als eine Blackbox durch sein äußeres Verhalten vollständig durch wenige Systemcharakteristiken zu beschreiben, ohne etwas über die inneren Vorgänge zu wissen. Die von Küpfmüller eingeführte Methode hatte auf andere naturwissenschaftliche und technische Sachverhalte ein hohes Potential der Verallgemeinerung.

Die Unzulänglichkeit der Kenntnis eines Anfangspunktes in der Regelungstechnik und bei anderen technischen Anwendungen, sowie auch in der Kosmologie, weckte das Bedürfnis nach einer Theorie des Systemverhaltens bei beliebiger Vergangenheit und führte schließlich zu einer neuen theoretischen Konzeption der Systembeschreibung, zur Zustandsbeschreibung. Der für die klassische Physik schon immer fundamentale Begriff des Zustandes wurde ganz allgemein auch zum tragenden Begriff einer allgemeinen Systemkonzeption und einer modernen Systemtheorie [3.17].

In der Folge sollen die Ideen der Systemtheorie kurz skizziert und ihre Vorteile gegenüber dem Standardmodell der Kosmologie herausgestellt werden. Ausgehend von Hamiltons System der Bewegungsgleichungen, kann man die Impulse p und Orte q als Zustände des mechanischen Systems der Bewegung von Massenpunkten oder Sternen auffassen. So erhält man statt der Differenzialgleichungen für die Koordinaten und Impulse die einfache Form

$$\dot{z}_i = dz_i/dt = \partial H/\partial z_{l+i} = H_i(z_1, z_2 \ldots z_{2l})$$

Dadurch erhält man statt eines dynamischen Systems, ein System von statischen Zuständen zu bestimmten Zeitpunkten, was vergleichbar mit einem Filmclip ist. Dabei werden die q_i durch die z_i von *1* bis *l* durchnummeriert ersetzt und die p_i durch die z_i von *l+1* bis *2l*. Das *2l*-Tupel $z(z_1, z_2 \ldots z_{2l})$ bezeichnet dann den Zustand des Hamiltonsystems zum Zeitpunkt *t* und die Menge Z heißt dann Zustandsraum. Der Zustand $z(t)= z$ ist ein *2l*-Tupel von Variablen, aus denen nicht nur die räumliche Lage des mechanischen Systems zur Zeit *t* entnommen werden kann, sondern auch alle seine zukünftigen Positionen im Raum, falls es nicht zu Kollisionen kommt. Hierzu ist die Kenntnis der Vergangenheit des Systems nicht erforderlich. Sie wird, soweit sie in die Zukunft hineinspielt, durch den gegenwärtigen Zustand ausreichend berücksichtigt. Somit ist die Vergangenheit des Systems völlig uninteressant geworden, da sie sowieso nur in zeitinvarianten Systemen rekonstruiert werden kann. Das Standardmodell der Kosmologie basiert auf der Zeitumkehr. Es projiziert das Bild des Istzustands vermittels der spektralen Rotverschiebung, die unzulässigerweise als Fluchtgeschwindigkeit gedeutet wird, in die Vergangenheit. Hier haben wir die alte Idee des Laplaceschen Dämons im neuen Gewand. Das Standardmodell berücksichtigt nicht die natürliche Evolution der Sterne von ihrer Entstehung bis zu ihrem Tod. Als erster beschäftigte sich I. Prigogine 1972 [3.01] mit Evolutionssystemen, indem er die Thermodynamik auf offene Systeme jenseits vom thermodynamischen Gleichgewicht ausdehnte. Diese Systeme sind offen für Energie- und Massendurchfluss. Evolutionssysteme fern vom thermischen Gleichgewicht wie auch der Kosmos jedoch sind nicht zeitinvariant und offen für den Durchfluss von Materie, wie jeder am Spiel des Lebens von J.H. Conway selbst sehr leicht nachvollziehen kann. Ein Beispiel haben wir unter Abschnitt *3.4.1 Kausalität und Zufall* gegeben.

Zur Beschreibung des Kosmos benötigt man mehr Variablen als die p und q für die Bewegung aller Sterne, nämlich auch ihren Entwicklungszustand, beispielsweise anhand der Spektralklasse aus dem Hertzsprung-Russel-Diagramm, welches die Sternentwicklung abbildet. Auch hier stehen wir wieder vor dem Problem einer notwendigen Datenreduktion. Da Ort und Zeit in einem dynamischen System über die Geschwindigkeit wechselseitig voneinander abhängen, was zum Scheitern der Relativitätstheorie in einem Raumzeit-Kontinuum führt, kam ein weiterer Gedanke durch die Automatentheorie hinzu. Diese Theorie beschreibt zeit-diskrete Systeme, (Wie soll Zeit auch quantitativ in kosmischen Dimensionen gefasst werden?) bei denen Eingaben aus einer Menge X mit Ausgaben einer Menge Y beantwortet werden, wobei es sich nicht um reelle Zahlen, wie bei den p und q handeln muss. Hier wird anders als im Hamiltonsystem zwischen erzwungenen Variablen (den Eingaben x aus einer Menge X) den freien Variablen (den Zuständen z aus einer Menge Z) und den beobachtbaren Variablen (Ausgaben y aus einer Menge Y) unterschieden. Gleichzeitig werden zwei Funktionen definiert.

f: $\mathbf{Z} \times \mathbf{X} \to \mathbf{Z}$, *f(z,x) = z'* als Überführungsfunktion von einem Zustand zu einem anderen und

g: $\mathbf{Z} \times \mathbf{X} \to \mathbf{Y}$, *g(z,x) = y* als Ergebnisfunktion des dynamischen Systems
Die obigen Ausdrücke muss man folgendermaßen lesen: Aus der Menge aller Kombinationen der Elemente der Mengen der Zustände Z

und der Eingaben X, die auf die Menge Z der Zustände abgebildet werden, bilden wir eine Funktion *f* mit den unabhängigen Elementen *z* und *x*, auf die Elemente *z'* ab. Damit umgehen wir das Zeitproblem, was die Relativitätstheorie hat. Wir betrachten statische Zustände und keine Dynamik, die praktisch Moment-aufnahmen in der Geschichte der Objekte des Kosmos darstellen. Im Fall der Funktion *g* ist das das gegenwärtige Abbild des sichtbaren Kosmos.

Der Unterschied zu einem Hamiltonsystem besteht darin, dass das Hamiltonsystem abgeschlossen ist und dass es dort keine Ergebnisfunktion gibt. Die Zustände werden als beobachtbar angenommen, was im Kosmos nur auf einzelne Objekte zutrifft. Die vorgegebenen Orte *q* können als Eingaben *x* angesehen werden. Der Vorteil unserer Systemdefinition gegenüber dem Hamiltonsystem ist, dass hier keine Quellenfreiheit des Vektorfeldes gefordert wird, was das Auftauchen und Verschwinden von Massenpunkten ausdrücklich erlaubt. Das Spiel des Lebens kann also stattfinden. Sterne dürfen entstehen und vergehen. Die Frage, wie das System von einem Zustand zum anderen gelangt, kann individuell festgelegt werden. Es sind weder translatorische noch Rotationsbewegungen zwingend vorgeschrieben. Als ein gelungenes Beispiel für diesen Ansatz kann die von Antony Peratt [3.18] durchgeführte Simulation einer Galaxie angesehen werden. Wenn man die Ausgabe eines Systems zur Eingabe eines anderen Systems macht, lassen sich Systeme koppeln. Die Betrachtung von Teilsystemen erleichtert die Modellierung von natürlichen Vorgängen ganz wesentlich.

In der Verallgemeinerung dieses Ansatzes können auch Wechselwirkungen zweier und mehrerer Systeme definiert werden. Auch Netzwerke von Systemen sind prinzipiell beschreibbar. Die Systemtheorie ist eine noch junge Wissenschaft, gleichwohl hat sie disziplinübergreifend bereits Erfolge zu verzeichnen. Mittels relationaler Datenbanken können wir heute praktisch mehrdimensionale Zustandsräume behandeln. Ein Beispiel dafür ist das Sloan-Digital-Sky-Survey-Projekt, wo der beobachtbare Istzustand des Himmels dokumentiert wird. Es liefert die Menge Y des gegenwärtigen Systems Kosmos.

3.6 Der Dopplereffekt

Der **Doppler-Effekt** (selten **Doppler-Fizeau-Effekt**) ist die zeitliche Stauchung bzw. Dehnung eines Signals bei Veränderungen des Abstands zwischen Sender und Empfänger während der Dauer des Signals. Er wurde von Christian Doppler 1842 für das Licht vor-ausgesagt. Für die Schallwellen hat Christoph B. Ballot im Jahre 1845 diesen Effekt nachgewiesen. Er postierte dazu mehrere Trompeter sowohl auf einem fahrenden Eisenbahnzug als auch neben der Bahnstrecke. Im Vorbeifahren sollte jeweils einer von ihnen ein G blasen und die anderen die gehörte Tonhöhe bestimmen. Erst 1865 fand William Huggins die vorhergesagte spektroskopische Doppler-Verschiebung im Licht von Sternen. Er zeigte, dass Sirius sich stetig von uns entfernt.

3.6.1 Der Dopplereffekt bei der Schallausbreitung

Wir kennen den Dopplereffekt von einem an uns vorbeifahrenden Auto, dass sich mit einem höheren Ton uns nähert als es uns wieder verlässt. Der Fahrer im Auto bemerkt davon nichts. Er hört, solange er seine Geschwindigkeit nicht ändert, immer den Motor mit der gleichen Frequenz. Offensichtlich hängt der Dopplereffekt in seiner Erscheinung ganz vom Standpunkt des Beobachters zum Emittenten der Schwingung ab. Es hat also überhaupt nicht mit der Physik der Schwingungsquelle zu tun, sondern ist ausschließlich eine Funktion des Beobachtungsortes. Nehmen wir ein Zahlenbeispiel: Die Ausbreitungsgeschwindigkeit des Schalls in der Luft sei $c_0 = 340$ m/s bei Normaltemperatur. Die Schall-Energie berechnet sich aus

$$E = \oint J \cdot dS \qquad (3.08)$$

J ist die Schallstärke, die der Motor erzeugt. $J = p_{eff} \cdot v_{eff} \cdot cos\ \phi$. Das Umlaufintegral drückt aus, dass für die Energieberechnung über den gesamten Weg S integriert werden muss. Der Schalldruck p_{eff} ist der Druck, den der Beobachter auf seinen Ohren spürt und v_{peff} ist die am Straßenrand beobachtete Geschwindigkeit, dS ist der akustische Strahl, der den Beobachter trifft. Da der Motor nicht beschleunigt wird, ist die Schallstärke konstant und damit die Energieabstrahlung für das Gesamtsystem ebenfalls, weshalb wir die Energieverhältnisse hier nicht berücksichtigen müssen. Es muss sich also der effektive Schalldruck bei der effektiven Geschwindigkeitsänderung, die der Beobachter am Straßenrand feststellt, so verändern, dass die Energie konstant bleibt. In der Tat stellt man fest, dass tiefe Frequenzen bei gleicher Energie einen höheren Schalldruck haben und nicht nur mit den Ohren wahrgenommen werden.

Die Schallgeschwindigkeit berechnet sich zu $c = \lambda \cdot f$. Das Auto fahre mit einer Geschwindigkeit von 57,6 km/h, die der Fahrer des Autos an seinem Tachometer abliest. Das entspricht 16m/s. Der Fahrer sieht weiter auf seinem Drehzahlmesser 3000 Umdrehungen/min. Bei einem Viertaktmotor erfolgt bei jeder 2. Umdrehung eine Zündung, die der Beobachter am Straßenrand hören kann. Das sind dann also 1500/60 s = 25 Hz. Die Wellenlänge ist dann $\lambda = c/f$ = 340/25 m = 13,6 m. Nun steht ein Beobachter am Straßenrand, der das Auto auf sich zukommen sieht. Der hört infolge der Eigengeschwindigkeit der Schallquelle eine Frequenz, die sich ergibt aus $f = (c + v) / \lambda$ = (340 + 16) / 13,6 Hz = 26,2 Hz und wenn sich das Auto wieder entfernt, hört er eine Frequenz $f = (c - v) / \lambda$ = (340 - 16) / 13,6 Hz = 23,8 Hz. Der Motor selbst hat seine Umdrehung während der Vorbeifahrt am Beobachter jedoch nicht geändert. Das kann der Fahrer im Auto bestätigen. Also muss die Schallstärke J in Formel (3.08) für beide Beobachter die gleiche sein, da es sich um dasselbe Auto handelt, wie beim obigen Rechenbeispiel für die effektive Geschwindigkeit eingesetzt.

Der Dopplereffekt ist nicht der einzige Effekt, der seine Ursache in der Beziehung des Beobachter zu dem beobachteten Objekt hat und der folglich auf einer Sinnestäuschung beruht.

- Wir erinnern uns, dass der Beobachter am Straßenrand das Auto zuerst ziemlich klein wahrgenommen hat und es wurde bei Annäherung an den Beobachtungsstandpunkt immer größer, während es anschließend nach Verlassen des Beobachtungsstandpunktes scheinbar wieder kleiner wurde. Unsere Erfahrung hat uns aber gelehrt, dass es sich um keinen physikalischen Effekt handelt, der das Auto vielleicht aufbläst und wieder schrumpfen lässt, sondern dass das etwas mit dem geometrischen Gesetz der Perspektive zu tun hat.

- Ein weiteres Beispiel für die unterschiedliche Sichtweise zwischen ruhendem und bewegtem Beobachter ist die Spezielle Relativitätstheorie, die eine Verkürzung eines Gegenstands in Bewegungsrichtung bei hohen Geschwindigkeiten voraussagt und eine Zeitdilatation. Physikalisch können diese Effekte nicht erklärt werden. Es handelt sich einfach um Abbildungsgesetze, die dahinter stehen und in der als Abbildung identifizierten Lorentz-Transformation gefunden werden.

3.6.2 Der spektroskopische Dopplereffekt

Kommen wir nun zum Dopplereffekt des Lichtes. Der Dopplereffekt des Lichtes ist ein typisches Beispiel für einen induktiven Schluss.1865 wurde dann der spektroskopische Dopplereffekt von William Huggins gefunden. Der Schall breitet sich in Luft bei einer Temperatur von 20° C mit einer Geschwindigkeit von 343 m/s aus und beruht auf der vektoriellen Addition der Geschwindigkeiten von Schallquelle und Beobachter. Bei unserem Schallexperiment waren alle entscheidenden Messwerte bekannt. Beim Dopplereffekt des Lichtes ist das nicht der Fall. Wenn wir hier induktiv von der Schallausbreitung auf die Verhältnisse beim Licht schließen wollen, sollten wir die Umgebungsbedingungen auf das neue Medium übertragen. So müssen wir hier auch fordern, dass die

Geschwindigkeiten von Lichtquelle und Licht sich addieren, wie im obigen Beispiel, was es laut Relativitätstheorie wegen der geforderten Konstanz der Lichtgeschwindigkeit nicht geben dürfte. Anderenfalls könnten wir keinen Dopplereffekt wahrnehmen. Wir haben keinen Beobachter auf der Lichtquelle, der uns zuverlässig Frequenz und Geschwindigkeit übermitteln kann, wenn es sich um ein kosmisches Objekt handelt. Während wir beim Schall die Wellenlänge als Bindeglied zwischen den beiden Beobachtern hatten, müssen wir jetzt, weil wir die Wellenlänge beobachten, die Frequenz des Lichtes als konstant für beide Beobachter ansehen. Die Energieerhaltung für das geschlossene Gesamtsystem nach (3.08) verlangt, dass

$$E = h \cdot v = const. \tag{3.09}$$

mit der Lichtfrequenz v und dem Planckschen Wirkungsquantum h für Elektronen ist. Auch muss es ein Medium (Kraftfeld) geben, dass Licht mit einer Geschwindigkeit überträgt, die von den Stoffeigenschaften des Mediums abhängt, und die Geschwindigkeiten von Licht und Lichtquelle gegenüber dem Beobachter müssen vektoriell addiert werden können, wie bereits erwähnt. Diese Forderung widerspricht Einsteins Hypothese, dass die Lichtgeschwindigkeit über alle Bezugssysteme hinweg konstant sei. Dazu gibt es zwei schwerwiegende Einwände gegen seine Hypothese.

- Die Lichtgeschwindigkeit ist ebenso wie die Schallgeschwindigkeit eine Material-konstante $c^2 = 1/\varepsilon \cdot \mu$, wobei ε die elektrischen und μ die magnetischen Materialeigenschaften des kosmischen Plasmas beschreibt. Wenn sich im Kosmos vielleicht auch nur ein Atom pro cm^3 befindet, so wirkt es doch als eine Masse mit seinem umgebenden Feld und die Wahrscheinlichkeit, dass es sich neutral verhält, ist recht gering, da die netzförmige Struktur der leuchtenden Materie auf intensive Kraftfelder hindeutet. Einstein hat die Lichtgeschwindigkeit, die gesamte Optik ignorierend als konstant angesehen, was der Vektoraddition von Lichtgeschwindigkeit und Eigengeschwindigkeit des Beobachters widerspricht.

- Der Sagnac-Effekt, dessen technische Anwendung das Gyroskop ist, zeigt eindeutig, dass sich die Ausbreitungsgeschwindigkeit des Lichtes in Richtung der Fortbewegung der Lichtquelle mit ihrer Eigengeschwindigkeit wirklich vektoriell addieren. Wenn das nicht so wäre, gäbe es auch keinen Dopplereffekt. Wann sollte auch der Punkt erreicht sein, dass sich die normale Vektoraddition der Geschwindigkeiten von einem Bezugssystem zum anderen zu Einsteins Geschwindigkeitshypothese der Konstanz der Lichtgeschwindigkeit in allen Bezugssystemen wandelt?

Einsteins Forderung nach Konstanz der Lichtgeschwindigkeit kommt aus den Lorentz-Abbildungsgesetzen, die ein konstantes Projektionszentrum benötigen und sie ist nicht physikalisch begründet. Das ist eine seiner verwischten Spuren. Einsteins Zitate sind von großer Aufrichtigkeit und man sollte sie ernst nehmen, wenn man ihm nahe kommen will, um seine Theorien in ihrem Scheitern wirklich zu verstehen.

Zurück zum Dopplereffekt des Lichtes. Nach unserer Erfahrung kann die Blauverschiebung des Lichtes als eine Annäherung und die Rotverschiebung als eine Entfernung der Lichtquelle gedeutet werden. Die Verschiebung lässt sich besonders gut an den Spektrallinien der Lichtspektren der Sterne nachweisen. Die Abgrenzung dieses Satzes verlangt, danach zu fragen, bis zu welchen Geschwindigkeiten der Lichtquelle ist das möglich. Beim Schall haben wir das Phänomen der Überschallgeschwindigkeit für eine Schallquellen. Gibt es vielleicht eine Überlichtgeschwindigkeit für eine Lichtquelle? Lichtquellen haben Masse, da Massen prinzipiell die Lichtgeschwindigkeit nicht erreichen können, ist die Überlichtgeschwindigkeit einer Masse nicht möglich. Trotzdem wird in der Standardtheorie der Kosmologie eine Phase der Überlichtgeschwindigkeit angenommen, um die Ausdehnungen des sichtbaren Kosmos zu begründen. In Kapitel *7 Ausblick in eine Intergalaktische Welt* werden wir uns mit dem Thema der kosmischen Geschwindigkeiten beschäftigen.

3.7 Modellbildung, Versuchsplanung und Messung

Wenn wir den Begriff Modell hören, erinnern wir uns an Modelleisenbahn oder Flugzeugmodellbau oder auch andere Modelle, mit denen wir als Kinder gespielt haben und die uns in unseren Träumen in die reale Welt der Erwachsen geführt haben. Dabei waren diese Modelle unvollkommen und unsere Phantasie hat sie mit den gewünschten Eigenschaften ausgestattet. Genauso verhält es sich mit den Modellen in der Wissenschaft. Ein theoretisches Modell soll die wesentlichen Eigenschaften eines Naturvorgangs abbilden, ohne die Realität tatsächlich zu erreichen, wie schon Immanuel Kant festgestellt hat. Das bedeutet, dass das Modell Ähnlichkeit mit dem modellierten Naturvorgang besitzt, aber nicht mit ihm identisch ist. Je mehr Wissen über den Naturvorgang vorhanden ist, desto mehr kann man das Modell der Natur annähern. Die Art des Modells wird von meinem Betrachtungsaspekt bestimmt. Der legt die Methoden fest, die zur Modellbildung herangezogen werden. In der Vergangenheit war die wissenschaftliche Modellierung ein geheimnisvoller kreativer Prozess, dessen Ablauf im Verborgenen blieb. Heute wird selbst die wissenschaftliche Arbeit untersucht und es werden Algorithmen abgeleitet, wie den kausalen Zusammenhängen in der Natur nachspürt wird. Für die Aufspürung von kausalen Zusammenhängen soll hier ein Beispiel gegeben werden.

Im Allgemeinen beginnt die Modellierung mit der Erkennung eines Problems, eines Wissensdefizits. Durch induktive Analogieschlüsse aus vorhandenem Wissen führt das im zweiten Schritt zu einer wissenschaftlichen Vermutung, einer Hypothese. Im nächsten Schritt muss man eine Methode ausarbeiten, diese Vermutung zu widerlegen, wie Karl Popper fordert. Es ist aber die gängige Praxis, die Vermutung beweisen zu wollen. Dazu muss man Ursachen und Wirkungen identifizieren und funktionale Zusammenhänge bestimmen. Wenn ein Fakt zur Vermutung passt, scheint der Beweis erbracht. Es können aber mehrere Fakten zu einer Vermutung zu passen.

Beispielsweise wurde die kosmische Hintergrundstrahlung entdeckt und die wurde als Beweis für den Urknall angesehen. Allerdings strahlt jeder Körper entsprechend seiner Temperatur ein kontinuierliches Planckspektrum aus, dessen Maximum die Temperatur des Körpers kennzeichnet. Das ist mit dem Kosmos das gleiche wie mit der Sonne. Wie soll dann die Temperaturstrahlung des Kosmos den Urknall beweisen?

Dann müssen die Versuchsbedingungen festgelegt werden. Schließlich kann man mit der Planung des Experiments beginnen. Die Methode der statistischen Versuchsplanung trägt diesem Umstand Rechnung. Mit ihr ist es möglich, ein Modell ohne großes Anfangswissen über die Art des funktionellen Zusammenhangs mit einem vertretbaren experimentellen Aufwand systematisch zu verfeinern. Zwei Messpunkte liefern bereits einen linearen Zusammenhang und durch drei Punkte kann man eine Parabel legen. Man kann mehrere Parameter des Experiments gleichzeitig variieren. Gewöhnlich arbeitet man mit überbestimmten Polynomen, weshalb die Versuchsplanung als statistisch bezeichnet wird. Man kann jeden Kurvenverlauf in einem vorgegebenen Bereich durch ein Polynom annähern. Die Reihenentwicklungen aller mathematischer Grundfunktionen macht das möglich.

Alle unsere Computer beherrschen nur logische Funktionen und die Addition. Alle höheren Rechenarten laufen über *Algorithmen*, eine bestimmte Folge von logischen Grundbefehlen, die im Computer verdrahtet sind. So erhält man einen Gültigkeitsbereich für das Modell und eine Fehlerwahrscheinlichkeit für einen daraus abgeleiteten Zwischenwert. Die statistische Versuchsplanung wird als Methode von der Theoretischen Physik abgelehnt, weil sie keine Erkenntnisse über die gewonnenen Modellparameter liefern würde. Diese Parameter (Naturkonstanten) sind rein statistisch verifiziert. Aber wie will man sonst diese Parameter verifizieren. Newton stützte sich bei seinem Gesetz auf Keplers Daten. Er hat keine Gültigkeitsgrenzen bestimmt, die auch bei vielen anderen aufgestellten Naturgesetzen fehlen, weshalb fälschlicherweise angenommen wird, dass diese Gleichungen universelle Gültigkeit hätten. Eine Singularität beispielsweise ist in der Natur nicht beobachtet worden. Wie will man diese auch messen? Unsere Messsysteme können immer nur endliche Größen messen. Folglich können unsere Schlussfolgerungen sich auch nur in endlichen Bereichen bewegen. Ein Physiker kann daher nie von Unendlichkeit und Null sprechen, sondern nur von über alle Maßen groß oder klein. In Zukunft gibt es da vielleicht die Möglichkeit, die aktuellen Messgrenzen zu verschieben.

Nach der Datengewinnung mittels Messungen schließt sich die statistische Bearbeitung der Daten an. Es gibt eine große Zahl von Analyse- und Prüfverfahren, um die Messsignale von Störsignalen zu trennen. Zum Schluss eines solchen Modellierungsprozesses erfolgt die theoretische Auswertung, die gewährleisten soll, dass sich das Ergebnis widerspruchsfrei in das vorhandene Wissen einordnet. Das ist aber nicht immer der Fall. Dann war die Hypothese falsch und die Problemanalyse beginnt von vorn. Naturwissenschaftliche Modelle sind daher der Vervollkommnung und dem Wandel durch den Erkenntnisfortschritt unterworfen. Auch wenn Modelle mehr oder weniger falsch sind, können sie nützlich sein, falls sie einen Sachverhalt erklären können. So ist das Bohrsche Atommodell nützlich, da es die Spektrallinien erklären kann. Das Standardmodell der Teilchenphysik kann jedoch nicht den radioaktiven Zerfall einiger Isotope erklären, weshalb es unnütz ist. Eine extreme Position vertritt der Astrophysiker Mario Livio von der Johns-Hopkins-Universität in Baltimore und Autor des Buches *Ist Gott ein Mathematiker?,* mit seiner Behauptung:

Dazu bedarf es wahrlich Gottvertrauen. Es handelt sich um induktive Schlüsse. Als Ingenieur würde ich ohne Nachprüfung darauf nicht vertrauen wollen und diese Nachprüfung dürfte in einigen Fällen schwierig werden. Es gibt gewiss einige Gesetze von allgemeiner Gültigkeit, die wir bereits im Kapitel 2 *Etwas Philosophie gefällig* behandelt haben, bei allen anderen würde ich nur behaupten, dass wir die meisten Grenzen nicht kennen.

Das was wir für allgemeingültige Gesetze halten, gilt nur in den Grenzen unserer sinnlichen bzw. messtechnischen Wahrnehmung. Wenn wir auf Grund verbesserter Messtechniken alte Grenzen überschreiten, können wir unvermutet in Bereiche kommen, wo wir unsere Denkmodelle überprüfen müssen. Ein ganz konkreter Fall ist durch die Raumfahrttechnik seit Mitte des vorigen Jahrhunderts eingetreten. Wir haben damit den interplanetaren Blickwinkel eines Galilei verlassen und uns mit Voyager 1 zu einem interstellaren Blickwinkel aufgemacht.

Ein Modell, dessen Gültigkeit über einen bestimmten Bereich seine Brauchbarkeit nachgewiesen hat, führt darüber hinaus durchaus zu falschen Schlüssen, denn jedes Modell kann nur innerhalb der experimentellen Grenzen verifiziert werden. Mathematik folgt nicht der Natur, das leugnen Theoretiker oft. Ein Beispiel dafür ist die Formel für den Elektronenradius. Der Elektronenradius kann nach der Formel

$$r_e = \frac{e^2}{4\pi \cdot \epsilon_0 \cdot m_e \cdot c^2} \tag{3.10}$$

bestimmt werden

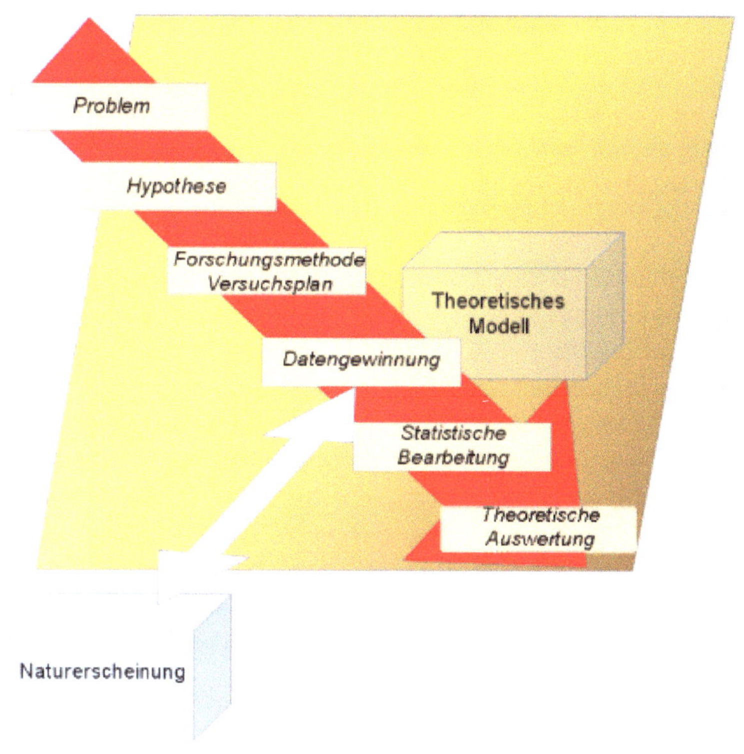

Abbildung 3.6 Entwicklungsprozess eines theoretischen Modells

Sie ist nicht auf der Basis der Versuchsplanung entstanden, sondern aus der Analogie bei geladenen makroskopischen Hohlkugeln und beschreibt eine geladene Hohlkugel mit der Verteilung der Elementarladung auf der Kugeloberfläche. Das Ergebnis lässt sich experimentell verifizieren. Wenn man dafür die Werte des Protons einsetzt, erhält man einen Wert, der um 3 Zehnerpotenzen kleiner ist als der experimentell bestimmte Wert. Das ergibt sich aus der um 3 Zehnerpotenzen größeren Masse. Offensichtlich ist das Proton von einer anderen Konstitution und hat eine höhere Ladung. Der experimentell bestimmte Protonradius ist nur knapp um einen Faktor 3 kleiner [5.04] als de Elektronenradius nach Formel (3.10)

Es ist also stets Vorsicht geboten, wenn man Schlüsse aus Formeln ziehen will, die in unbekanntes Terrain reichen. Physik als eine Naturwissenschaft zieht ihre Schlüsse aus der Beobachtung der Natur.

Im Umkehrschluss gilt auch, dass man kein Wissen aus nicht Beobachtbarem ziehen kann. Wer diese Grenze überschreitet, begibt sich in das Land der Phantasie. Das ist nicht weiter schlimm, solange man sich dessen bewusst bleibt und nicht versucht, aus Hypothesen immer weitere Schlüsse ziehen zu wollen. Der wissenschaftliche Modellierungsprozess bedingt, dass Theorie und Experiment sehr eng miteinander verzahnt sind. So sind es die Modelle, die unsere Vorstellung von der Welt an sich prägen. Aber unsere Vorstellung ist eben nicht identisch mit der Welt, anders als uns Schopenhauer einreden will. Auf dem Weg, die Welt besser zu erkennen, unterliegen wir daher mitunter den Irrungen von Täuschungen und Selbsttäuschungen, wovon Magier leben können.

Die Spezialisierung in den Naturwissenschaften im 20. Jahrhundert führte dazu, dass sich die theoretische Physik von der Experimentalphysik fast vollständig gelöst hat. Schaut man in die Lehrbücher der Theoretischen Physik, so erhält man den Eindruck, dass die Theoretische Physik ein Spezialgebiet der Mathematik sei. Deshalb ist die Methode der Modellbildung hier eine andere. Versuchsplanung, Datengewinnung und statistische Auswertung haben in theorielastigen Bereichen nur noch eine Alibi-Funktion. Paul Dirac soll das mal sehr treffend so formuliert haben: *If any* experiment *contradicts a beautiful idea,* let *us* forget *the experiment.*" (Übersetzung: *Wenn irgendein Experiment einer schönen Idee widerspricht, wollen wir das Experiment verges-*

sen.) [3.20] In einer anderen Quelle wird dieses Zitat Albert Einstein zugeschrieben.

Offensichtlich ist es nicht als Scherz sondern als Handlungsanleitung aufgefasst worden. Die Vertreter der theoretischen Modellbildung argumentieren: *„Bei der theoretischen Modellbildung werden die physikalischen Naturprozesse analysiert und mit Hilfe der naturwissenschaftlichen Gesetze mathematisch formuliert. Auf diese Weise sind die Modellstrukturen und, soweit möglich, die Modellparameter über den inneren Wirkungsmechanismus bestimmbar. Die mathematischen Modelle sind somit naturwissenschaftlich begründet."* Es wird angenommen, dass ein so entwickeltes Modell eine universelle Gültigkeit besäße. Die Modellparameter werden als Naturkonstanten interpretiert. Das ist zweifellos eine Mogelpackung, da sie die Beschreibung der Analysemethode schuldig bleiben.

Die Nachteile der theoretischen Modellbildung sind deshalb in der Unzuverlässigkeit bei ungenügenden Kenntnissen der Naturerscheinung und dem hohen Modellierungsaufwand bei komplexen Naturerscheinungen zu sehen.

Wir haben gesehen, welche Rolle die philosophische Grundhaltung und das Wissen des Beobachters für die Modellierung der Natur spielt.

Eine solche Modellierung ohne experimentelle Praxis führt schließlich dazu, dass man sich zunehmend auf Gebiete zurückzieht, die einer Beobachtung und einem Experiment vollständig entzogen sind, wie es im Buch *The Black Hole War* von Leonard Susskind eindrucksvoll beschrieben ist, wo die Frage diskutiert wird, ob die Information, wenn sie in ein Schwarzes Loch fällt, erhalten bleibt oder nicht. Diese Frage wird ohne die Frage nach dem Informationsträger gestellt. Man kann die Information ebenso wenig wie die Energie vom Träger separieren, wie wir im Abschnitt *6.4 Schwarze Löcher* sehen werden. Für Theoretiker der

Physik ist ein Schwarzes Loch so real wie der Bahnsteig neun dreiviertel in London King's Cross für Harry-Potter-Fans. Wir, die wir nicht mit Magie gesegnet sind, halten uns an messbare Dinge.

Die wichtigste Voraussetzung für die Modellbildung ist deshalb der Messprozess. In der Physik sollte man grundsätzlich nur über messbare Dinge reden. Die moderne Physik hält sich leider nicht mehr an diesen Grundsatz. Sie spricht von Schwarzen Löchern und dunkler Energie im Kosmos, von Quarks und von *Gravitonen* in der Teilchenphysik und anderen Phantasie-Gebilden, die niemals vermessen wurden. Das ist vergleichbar mit mittelalterlicher Geographie, die die Ozeane mit Fabelwesen gefüllt hat.

Wenn man etwas messen will, muss man Quantitäten miteinander vergleichen. Die klassische Mechanik kam im Wesentlichen mit drei zu messenden Eigenschaften aus. Das waren die Länge, die Masse und die Zeit und dafür benötigte man die entsprechenden Maßeinheiten, sprich Vergleichs- oder Referenzmaße, mit denen man alle vorkommenden Längen, Massen und Zeitintervalle vergleichen konnte. Es versteht sich von selbst, dass diese Referenzmaße unter der Aufsicht des Internationalen Komitees für Maß und Gewicht (*CIPM*) verbindlich festgelegt wurden. Es verbirgt sich dahinter weder ein naturwissenschaftliches Gesetz noch ein tieferes Geheimnis. Dass es sich um eine politische Festlegung handelt, wurde nur wieder vergessen, da diese Festlegungen schon seit 1875 gelten. Erinnern wir uns: unser metrisches Maßsystem verdanken wir der französischen Revolution. Vorher hatte jedes Königreich sein eigenes Maßsystem.

In Deutschland wurde es erst während der napoleonischen Fremdherrschaft eingeführt. Die Rechnung im metrischen System mit der Basis 10 ist auch erst so alt. Die Frage, warum eine Naturkonstante nun genau den Wert hat und keinen anderen, liegt wohl in erster Linie daran, dass wir Menschen mit den zehn Fingern rechnen. Hätten wir die Daumen weggelassen, hätten die Naturkonstanten einen anderen Wert auf der Basis 8. Wie man weiß, ist Mathematik Logik auf der Basis von Definitionen und Vereinbarung. Es ist im Prinzip völlig gleichgültig, wie die Vereinbarungen getroffen werden, entscheidend ist, dass diese Vereinbarungen für sehr lange Zeiten gelten und überall akzeptiert werden.

Es muss Sorge getragen werden, dass die festgelegten Einheitsmaße sich bei Gebrauch in den verschiedensten Situationen selbst nicht verändern, bzw. die zwangsläufigen Veränderungen gebührende Berücksichtigung finden. Da die Referenz-Maße physikalische Eigenschaften haben, sind sie durchaus Veränderungen unterworfen, insbesondere dann, wenn sie in ein anderes Schwerefeld kommen oder sie einer Beschleunigung ausgesetzt werden. Wir werden darauf noch zurück kommen.

Eine physikalische Messgröße besteht aus einem numerischen Wert und einer Maßeinheit bzw. einem dezimalen Vielfachen dieser Einheit. Insgesamt 4 Basiseinheiten genügen, um alle elektromechanischen Vorgänge zu messen. Fast auf der ganzen Welt gilt heute das MKSA-System (**M**eter, **K**ilogramm,**S**ekunde,**A**mpere) bis auf 3 Länder. Dass Maßeinheiten sich an politischen Grenzen ändern können, ist allgemein bekannt. Beispielsweise wird in den USA anstelle des Zentimeters das Zoll verwendet mit dem Umrechnungsfaktor 2,54. Dass aber auch physikalische Einflüsse unser Maßsystem beeinflussen können, wird oft übersehen. Es ist eine bekannte Tatsache, dass Energiezufuhr in Form von Wärme zur Ausdehnung von Körpern führt, weshalb man auf das Urmeter heute verzichtet und seit 1983 die Basiseinheit Meter wie folgt festgelegt hat: **1 Meter ist jene Strecke, die das Licht im Vakuum in 1/299.792.458 Sekunden zurücklegt.** Allerdings ist das Vakuum nicht definiert. Im physikalischen Sinne gibt es kein leeres Volumen.

Eine Pendeluhr wird bei Erwärmung langsamer, weil sich das Pendel verlängert. Sie wird auch durch das Gravitationsfeld beeinflusst. Das Verhältnis von Länge zu Zeitintervall bleibt aber konstant, weshalb man die Maßeinheit Meter über die Lichtgeschwindigkeit und das Zeitintervall Sekunde definiert hat. Die Sekunde beruht auf dem 9.192.631.770-fachen der Periodendauer der dem Übergang zwischen den beiden Hyperfeinstruktur-Niveaus des Grundzustandes von Atomen des Nuklids ^{133}Cs entsprechenden Strahlung. Das Ur-Kilogramm von 1884 ist für die Einheit der Masse weiterhin gültig.

3.8 Das Relativitätsprinzip

Wenn wir über den Beobachter sprechen, müssen wir schließlich auch über das Relativitätsprinzip sprechen. Heute wird dieses Grundprinzip der der Physik so formuliert:

Das Relativitätsprinzip ist die Voraussetzung, dass die Gleichungen, die die Gesetze der Physik beschreiben, in allen zulässigen Bezugssystemen die gleiche Form haben.

Ist das aber wahr? Relativität drückt aus, dass Beobachter untereinander und mit Dingen und Eigenschaften in Beziehung, in Relation stehen. Das bedeutet aber auch, dass es Dinge gibt, die keine Beziehungen zueinander haben. Wir haben bereits festgestellt, dass man auch Dinge oder Eigenschaften zusammenfasst, die keine Beziehungen untereinander haben, sonst könnte man die Relationen nicht erkennen, da unser Erkenntnissystem auf den Unterschied zwischen Dingen fixiert ist. Ein Beispiel dafür ist der mathematische Begriff des Raumes. Da die Dimensionen senkrecht aufeinander stehen, haben sie untereinander keine Beziehungen. Das bedeutet, dass man den Wert einer Dimension unabhängig vom Wert aller anderen Dimensionen ändern kann. Eine Relation zwischen zwei Dingen oder Eigenschaften ist ein geordnetes Paar.

Beispielsweise ist eine Funktion eine geordnete Relation zwischen einer Teilmenge x aus der Menge X und eine Teilmenge y aus Y. Jeder Messwert stellt eine Relation zwischen einer Zahl aus der Menge der reellen Zahlen und der Menge der physikalischen Einheiten dar. Was das Relativitätsprinzip jedoch erwähnenswert macht, ist die Frage: Wenn zwei Beobachter eine Erscheinung von unterschiedlichen Standpunkten beobachten, sehen sie dann das gleiche oder machen sie un-

126

terschiedliche Beobachtungen, oder anders formuliert ist die Beobachtung abhängig vom Standpunkt des Beobachters oder nicht? Da Relationen geordnete Paare sind, müssen wir also festlegen, ob der Beobachter oder die Erscheinung das Primat hat. Vernünftigerweise wird niemand bestreiten, dass eine physikalische Erscheinung unabhängig vom Beobachter ist, es sei denn, man argumentiert mit Schröders Katze, die je nach Verhalten des Beobachters tot oder lebendig sein soll. Eine der wichtigsten Relationen der Physik sind die der Bewegung und der Ruhe. Bewegung wird immer gegenüber einem Ruhepol gemessen, dessen Eigenschaft die Trägheit ist. Einstein bezeichnete das als Inertialsystem.

Dabei ist immer die größere Masse das ruhende System gegenüber dem kleineren bewegten System. Also ist die Sonne gegenüber der Erde das ruhende System, aber die Sonne bewegt sich im System Milchstraße. Die Milchstraße ist gegenüber dem Planetensystem samt der Sonne das ruhende System. Die Milchstraße wiederum ist Teil eines viel größeren Systems, dessen Bewegung wir noch nicht ergründet haben. Dass allerdings in all diesen Systemen die Lichtgeschwindigkeit eine absolute Konstante sein soll, ist eine falsche Annahme von Einstein, auf der er seine Relativitätstheorie aufgebaut hat. Die Bewegung der Himmelskörper ist wegen ihrer großen Masse vergleichsweise gering gegenüber der Lichtgeschwindigkeit,, trotzdem ist sie, wie die Optik zeigt, nicht vernachlässigbar, sonst gäbe es nämlich keinen optischen Dopplereffekt.

Wir können zusammenfassen und das Relativitätsprinzip neu formulieren:

Das Relativitätsprinzip legt entsprechend der größten zu betrachtenden Masse fest, was das ruhende Zentrum ist. Darauf sind die Gleichungen der Physik ausgerichtet.

In diesem Kapitel haben wir die Irrtümer und Missverständnisse des Dialogpartners Beobachter behandelt. Wenden wir uns nun dem anderen Dialogpartner zu, der Natur oder der Welt, wie es die Physiker bevorzugt ausdrücken. Ihre Signale richtig zu deuten, ist eine der vornehmsten Aufgaben der Wissenschaft. Dabei bilden wir die Natur in unserem Geiste mittels Sprache (Mathematik) ab. Abbildungsprozesse sind eindeutig, aber nicht umkehrbar eindeutig, wie uns die Erfahrung gelehrt hat. Wir begeben uns bei Abbildungen in das Reich der sogenannten virtuellen Realität. Dort Physik betreiben zu wollen, ist reine Magie, wie wir sie uns in Alices Wunderland vorgeführt wird. Welche Konsequenzen das für die Physik hat, werden in den folgenden Kapiteln diskutieren, doch vorerst wollen wir uns anschauen, was es mit der Materie der Welt auf sich hat. Der Materiebegriff wird derzeit sehr missverständlich benutzt, weshalb wir ihn strenger fassen müssen. Das wollen wir im nächsten Kapitel behandelt.

Abbildung 3.7: Grinsekatze aus Alice im Wiunderland - John Tenniel (1865)

4 Zur Begriffswelt der Physik

Wenn die Begriffe sich verwirren, ist die Welt in Unordnung.
- Konfuzius

Physik gilt als eine der schwer verständlichsten Naturwissenschaften. Das war nicht immer so. Es liegt an den zunehmenden Widersprüchen, die die Moderne Physik mit Relativität und Quantenmechanik geschaffen hat. Man entschuldigt sich, dass diese Disziplinen nur nicht genügend erklärt worden sind. Liegt das nur an der Erklärung? Was man verstanden hat, sollte man als Wissenschaftler auch erklären können.

Wir erinnern uns an Kants Einteilung der Begriffe in *phänomina* und *noumena.* Naturwissenschaften, wozu auch die Physik gehört, befassen sich mit sinnlich erfassbaren Phänomenen und versuchen sie zu erklären. Dagegen sind *noumena* reine geistige Erfindungen aus dem Reich der Phantasie. Die Bemühungen, den Glauben mit der Wissenschaft zu versöhnen, bewirkt, dass die Grenzen zwischen den beiden Begriffswelten verwischt werden.

Das Einfallstor für solche Verwischungen sind die Idealisierungen naturwissenschaftlicher Phänomene. Ein Beispiel ist der Massenpunkt. Jeder sieht ein Objekt an einem bestimmten Ort, dass ein bestimmtes Volumen ausfüllt und kann beim Anheben seine Schwere fühlen. Um die Bewegungsgesetze der Physik mathematisch formulieren zu können, wird das Phänomen ‚Volumen' in der Vorstellung zu Null reduziert und das Phänomen ‚Schwere' in einem Punkt, dem Schwerpunkt, vereinigt. Man nennt diese Abstraktion Massenpunkt, wissend, dass es in der Natur so etwas nicht gibt, da jede Masse ein Volumen, bestehend aus einer Masse von Punkten besitzt. Aber die Aussagen, die man über dieses Modell macht, sind für die klassischen Anwendungen der Mechanik fester Körper hinreichend genau. Aber schon bei Flüssigkeiten sind die Gleichungen nicht mehr brauchbar. In Flüssigkeiten haben die Atome ein mehr oder minder kollektives Verhalten, das man mittels Reynoldszahl kennzeichnet, und bei Gasen ist jedes Atom oder Molekül ein individueller Massenpunkt mit eigener Bewegung. Will man das Atom selbst studieren, betrachtet man den Kern als ruhend.

Die Bewegung eines Objektes wird durch eine Transformation beschrieben. Das Ergebnis einer winkelerhaltenden Transformation ist eine euklidische Transformation. Diese Transformation behält die Form bei, sie ist form-invariant. Berücksichtige ich die Geschwindigkeit, mit der die Transformation im Verhältnis zur Lichtgeschwindigkeit abläuft, habe ich es mit der Lorentztransformation zu tun. Die Lorentztransformation ist nicht form-invariant. Sie ist aber nicht für Massenpunkte geeignet, da sie die Massen bei der Transformation nicht berücksichtigt, da sie nur im Geiste abläuft. Wenn der Geist auf die Materie einwirkt, nennt man das für Gewöhnlich Zauberei. Es handelt sich in beiden Fällen also nicht um eine echte physikalische Transformation eines realen Objektes. Für eine echte physikalische Transformation ist eine zusätzliche energetische Betrachtung anzustellen. Sie kennen die Geschichte von der Bewegung von Prophet und Berg. *„Wenn der Prophet nicht zum Berg kommen kann, muss eben der Berg zum Propheten kommen."* Wenn ich die Masse von Prophet und Berg nicht beachte, nennen das Theoretiker Relativität. Ich glaube, jetzt fühlen Sie sich etwas veralbert. Dieses Gefühl ist an dieser Stelle völlig in Ordnung, wie sie in der Folge noch erkennen werden.

Weil die Physik mit Idealisierungen arbeitet, ist die Fehlerbetrachtung eine ganz wichtige Sache. Fehler beschreiben Abweichungen zwischen Theorie und Praxis. Wo man aber keine sinnliche bzw. messtechnischen Erfahrungen hat, kann man keine Fehler mehr erkennen. Die Ausdehnung von Naturgesetzen über die Erfahrungswelt hinaus ist ein Einfallstor für den Glauben. Insbesondere wenn es sich um Größenordnungen handelt, die über unsere Vorstellungskraft sowohl in die Makro- als auch in die Mikrowelt hinaus gehen. Dazu gehören solche grenzwertigen Fragen wie: Ist die Welt und das Sein endlich oder unendlich, gibt es einen Anfang oder nicht?

Darüber stritten schon zu Zeiten der Entstehung des Buddhismus die Priester und die Mönche. Die einen sagten, sie sei unendlich und die anderen, sie sei aus dem Nichts entstanden. Im Udāna VI,5 Teil des Pali Canon des Theravada Buddhismus heißt es: *"Fürwahr, an solche Fragen klammern sich einige Bettelmönche und Priester, und in diesen gehen sie unter, indem sie das Eintauchen ins Nirwana nicht erlangt haben."* Auch für die Naturwissenschaft sind diese Fragen bedeutungslos, weil sie mit wissenschaftlichen Mitteln nicht beantwortet werden können. Nur Scharlatane geben darauf eine Antwort und sie wissen genau, was eine Sekunde nach dem Urknall passiert ist. Wer denen glaubt, ist selbst daran schuld. Es ist zwar nicht so schlimm, wie der Glaube an die Versprechungen großer Gewinne bei dubiosen Geschäftemachern aber *"Der Urknall ist nur Marketing"*, sagt der Physiknobelpreisträger von 1998 Robert Laughlin über den Irrglauben an eine Weltformel [4.01].

1814 formulierte Pierre-Simon Laplace im Vorwort des Essai philosophique sur les probabilités [4.02] folgenden Satz, der für die Physiker späterer Generationen einerseits zur Richtschnur und andererseits zum Anlass des Anstoßes wurde:

> *„Wir müssen also den gegenwärtigen Zustand des Universums als Folge eines früheren Zustandes ansehen und als Ursache des Zustandes, der danach kommt. Eine Intelligenz, die in einem gegebenen Augenblick alle Kräfte kennt, mit denen die Welt begabt ist, und die gegenwärtige Lage der Gebilde, die sie zusammensetzen, und die überdies umfassend genug wäre, diese Kenntnisse der Analyse zu unterwerfen, würde in der gleichen Formel die Bewegungen der größten Himmelskörper und die des leichtesten Atoms einbegreifen. Nichts wäre für sie ungewiss, Zukunft und Vergangenheit lägen klar vor ihren Augen.“*

Diesen streng deterministischen Weltentwurf bezeichnet man mit dem Begriff *Laplacescher Dämon.* Er folgt der Idee, Gott habe das Universum mit seinen Gesetzen so geschaffen, wie ein Uhrmacher die perfekte Uhr bauen würde. Einmal erschaffen und in den richtigen Ausgangszustand gebracht, laufe das Universum unerbittlich nach dem Willen der göttlichen Vorsehung ab. Die Gegner dieser Auffassung, die angeregt durch den Nachweis von Henri Poincaré, dass schon drei Körper zu chaotischem Verhalten neigen, argumentieren folgendermaßen

„.... Aber selbst wenn die Naturgesetze keine Geheimnisse mehr vor uns hätten, so könnten wir die Anfangsbedingungen doch nur genähert bestimmen. Wenn uns dies erlaubt, die folgenden Zustände mit der gleichen Näherung anzugeben, so sagen wir, dass das Verhalten vorhergesagt wurde, dass es Gesetzmäßigkeiten folgt. Aber das ist nicht immer der Fall: Es kann vorkommen, dass kleine Unterschiede in den Anfangsbedingungen große im Ergebnis zur Folge haben , eine Vorhersage wird unmöglich, und wir haben ein zufälliges Phänomen. " [4.03]

Als jedoch Mitte des 20. Jahrhunderts Immanuel Velikovskys Buch *Welten im Zusammenstoß* [4.04] erschien, löste das einen weltweiten Skandal aus, den Velikovsky angeregt durch keinen geringeren als Albert Einstein in dem Buch *Sternengucker und Totengräber* [4.05] dokumentierte. Einstein beschäftigte sich in den letzten Monaten seines Lebens sehr intensiv mit Velikovskys Arbeiten, wie aus dem Briefwechsel der beiden hervorgeht [4.06]. Velikovskys Verdienst ist, dass er die elektrische Natur des Kosmos in den Mittelpunkt seiner Betrachtungen stellte. Allerdings schöpfte er seine Erkenntnisse nicht aus physikalischen Überlegungen sondern aus den Mythen alter Völker. So behauptete er, dass die Menschheit in vorgeschichtlicher Zeit Zeuge kosmischer Katastrophen gewesen wäre und diese Katastrophen keine zehntausend Jahre zurück lägen. Zweifellos hat es in der Geschichte der Menschheit immer wieder Katastrophen gegeben, aber irdische Katastrophen dürften bereits tief in das Bewusstsein eingewirkt haben, dass sie gespiegelt in der Phantasie der Menschen wie kosmische Katastrophen erschienen sein mochten, fehlte doch bei den alten Völkern eine klare Vorstellung von der Tiefe des kosmischen Raumes.

Angeregt durch den Laplaceschen Dämon träumen noch heute viele theoretische Physiker davon, die Weltformel, den sogenannten heiligen Gral der theoretischen Physik zu finden. Dazu suchen sie einen Weg, die Relativitätstheorie mit der Quantentheorie - ein deterministisches Bild mit einem statistischen Bild - zu einer Quantengravitationstheorie zu synthetisieren.

> *"Der heilige Gral der Modernen Physik ist die Theorie der 'Quantengravitation'. Es ist die Suche nach einer Sicht auf das Universum, die zwei scheinbar gegensätzlichen Säulen der modernen Wissenschaft: Einsteins Theorie der Allgemeinen Relativität, die von Phänomenen auf großen Skalen wie Planeten, dem Sonnensystem und Galaxien handelt und der Quantentheorie, die von der Welt des sehr Kleinen - den Molekülen, Atomen und Elektronen handelt"*
>
> aus: Die drei Wege zur Quantengravitation [4.07]

Die eigens dazu entwickelte Stringtheorie [4.07] ist schon gescheitert und der zweite Versuch, die Schleifenquantengravitation [4.08] wird auch scheitern. Dabei scheinen sich elektrische Kräfte nicht mit den gravitativen Kräften vereinigen zu lassen, aber es sind nicht die Kräfte das Problem, sondern die grundsätzlich verschiedenen Betrachtungsaspekte der beiden Theorien. Aber Lee Smolin sprach in seinem Buch [4.08] von drei Wegen. Den dritten Weg ließ er denjenigen offen, die nicht an Relativitätstheorie und Quantentheorie glauben. Diesen dritten Weg werden wir hier beschreiten, wobei wir uns streng an die aufgestellten philosophischen Grundsätze bei Beachtung dessen halten werden, was innerhalb und außerhalb unseres Bewusstseins existiert.

4.1 Die vier Phasen der Materie

Die Einteilung der Materie in vier Erscheinungsformen (*phásis* = Erscheinung) geht auf die griechischen Philosophen fünfhundert Jahre vor unserer Zeitrechnung zurück. Heraklit von Ephesos sah das sich stets wandelnde Feuer, durch innere Gegensätze angetrieben, als den

Urstoff an. Auch die fernöstlichen Denker dieser Zeit hatten ähnliche Vorstellungen entwickelt. Noch heute werden in der hinduistisch, buddhistischen Tradition Räucherwaren und die Verbrennung von Opferspenden benutzt, um mit den Göttern Kontakt aufzunehmen und den Gebeten Gehör zu verschaffen. Der Brauch, eine Kerze für jemand auf einem christlichen Altar anzuzünden, führt möglicherweise auf die gleichen Wurzeln zurück.

Der Begriff Phase für den physischen Zustand unterschiedlicher Bereiche der Materie wird in der Thermodynamik verwendet. Die klassische Physik verwendet den Begriff Aggregatzustand. Die hier gemachte begriffliche Trennung ist zwar physikalisch nicht gerechtfertigt, zeigt aber die unterschiedlichen Betrachtungsaspekte. Die Thermodynamik bedient sich der statistischen Betrachtungsweise, während die klassische Physik die kausal determinierte Betrachtungsweise bevorzugt.

> *„Diese Weltordnung, die selbige für alle Wesen, hat kein Gott und kein Mensch geschaffen, sondern sie war immerdar und ist und wird sein ewig lebendiges Feuer, nach Maßen erglimmend und nach Maßen erlöschend."*
> *- Heraklit*

Bei Heraklit aus Ephesos findet man schon die Einteilung des Urstoffes in vier verschiedenen Erscheinungsformen, die auch Pythagoras wenig später mit nach Italien brachte.

- Die Erde - heute bezeichnen wir damit den festen Aggregatzustand,

- das Wasser - heute verstehen wir unter dieser Kategorie alle Flüssigkeiten,

- die Luft - heute sehen wir darin den gasförmigen Aggregatzustand und

- das Feuer- heute bezeichnen wir leuchtende Gase als die vierte Phase, das Plasma, das zu 99% den Kosmos erfüllt.

"Prometheus hat das Feuer vom Himmel gestohlen und den Menschen gebracht. Dafür wurde er zur Strafe von Zeus an den Kaukasus geschmiedet und ein Adler hat täglich von seiner Leber gefressen", berichtet die Legende. Kam das Feuer von den Göttern? Es war den Menschen einmal heilig. Die heutigen Astrophysiker glauben an andere Götter. Für sie ist das Plasma bedeutungslos, weil es quasi neutral sei. Sie bedenken nicht, dass diese Quasineutralität nur von außen betrachtet für ein geschlossenes System gilt. Wir sind aber Teil des Kosmos und erleben ihn als ein offenes energiedurchflutetes System.

Aristoteles fügt als 5. Phase die "Quintessenz", den Äther noch dazu. Die Fünf-Elemente-Lehre findet man im Fernen Osten im Daoismus und Buddhismus verbreitet. Allerdings ist dort die Einteilung eine etwas andere: Erde, Holz ,Metall, Feuer und Wasser, sind diese fünf Elemente.

Ebenfalls zu der Zeit als Heraklit seine Vorstellung vom Urstoff entwickelte, sprach Leukipp erstmals über die Teilbarkeit der Stoffe und er vermutete, dass man die Unteilbarkeit nicht beliebig fortsetzen könne. Es müssen eine Grenze der Teilbarkeit für Stoffe geben. Diese Teilchen seien unteilbar, und im Altgriechischen bedeutet *atomos* unteilbar, also *Atom*. Jeder Gegenstand wird dann durch die Masse seiner unteilbaren Teilchen repräsentiert. Dabei ist es völlig irrelevant, welche Form der ursprüngliche Körper noch diese Teilchen haben. Wenn die Materie aber aus Teilchen verschiedener Arten besteht, muss es zwischen den Teilchen *Kräfte* geben, die den Zusammenhalt garantieren, damit diese Stoffe Körper bilden und ein Volumen im Raum einnehmen können. Die Frage ist daher, gehören die Kräfte zu der Masse der Teilchen oder bilden sie ein separates Kraftfeld und was sind die Ursache dieser Kräfte. Sind sie eventuell Teilchen oder Wirkungen? Es ist unbestritten, dass man Kräfte selbst nicht sehen kann. Sie sind nur an ihren Wirkungen erkennbar und messbar. Wie die Beziehung zwischen Masse und Kraftfeld ist, wollen wir in diesem Kapitel untersuchen.

Dieses Kraftfeld wurde noch zu Beginn des zwanzigsten Jahrhunderts als Äther bezeichnet und mittels interferometrischer Messungen nach Michelson und Morley gesucht und da das Ergebnis deutlich geringer als erwartet ausfiel, als nicht existent verworfen, um Einsteins Relativitätstheorie nicht zu gefährden. Dabei wurde nicht erkannt, dass dieser Versuch völlig ungeeignet war, diese Frage zu beantworten, sondern erst der Versuch von Signac brachte eine Teilantwort, nämlich dass sich die Geschwindigkeit von Lichtquelle und Licht wie gewöhnliche Geschwindigkeiten addieren bzw. subtrahieren. Einstein dagegen behauptete, dass die Lichtgeschwindigkeit in allen Inertialsystemen konstant sei. Darauf werden wir im Abschnitt *4.5 Das Rätsel Licht ...* näher eingehen.

Heute wird viel von *Dunkler Materie* geredet. Man könnte meinen, es seien die ersten drei Aggregatzustände der Materie gemeint, die in der Tat kein Licht aussenden. Jedoch ist hier eine Materieform gemeint, deren Art unbekannt sein soll. Es handelt sich dabei um einen im Sinne Kants leeren Begriff, der das Unverständnis bestimmter kosmischer Erscheinungen zum Ausdruck bringt.

Den Phasen der Materie ist in der Vergangenheit sehr wenig Beachtung geschenkt worden. Ich stelle sie an den Anfang meiner Weltbetrachtung, da alle unsere Informationen von Phasengrenzen kommen. Alle unsere Sinne sind auf die Erfassung des Unterschieds ausgelegt.

4.2 Die Kraft

„Die heutige Physik unterscheidet vier Arten von Grundkräften, die Gravitation und die elektrische Kraft als die äußeren Kräfte und die Kräfte im Inneren des Atomkerns, die sie in schwache und starke Kräfte einteilt. Jede der vier Grundkräfte der Natur kommt durch Austausch von Elementarteilchen in virtuellen Zuständen zustande. Es besteht die Vermutung, dass es sich hierbei nur um unterschiedliche Ausprägungen ein und derselben Kraft handelt — dies zu beweisen, ist bisher aber noch nicht gelungen. Zustande kommt die Kraftwirkung durch Austausch von Bosonen zwischen Fermio-

nen. Das heißt: Die Wirkung der Kraft besteht darin, dass

- *sie Fermionen zueinander hin zieht (so, als wären sie durch ein Gummiband miteinander verbunden)*

- *oder sie zueinander auf Abstand hält (so als wären sie durch eine Spiralfeder mit einander verbunden, die sich nicht beliebig weit zusammendrücken lässt)."* [4.09]

Was sagt uns die obige Erklärung? - Nichts! - Sie wirft nur neue Fragen auf.- Was sind Fermionen und was sind Bosonen? Doch diese Fragen wollen wir erst einmal zurückstellen. Wir wenden uns diesen im Kapitel *5 Der Mikrokosmos* zu.

Wir spüren Kräfte. Beispielsweise wenn wir zwei Magneten in den Händen halten, wenn wir aufstehen wollen, wenn wir einen Gegenstand bewegen wollen, wenn wir ein Stück Stoff reiben, kurz wenn wir eine Arbeit verrichten wollen. Wir erinnern uns: In der klassischen Physik versteht man unter Kraft eine Einwirkung, die einen festgehaltenen Körper verformen und einen beweglichen Körper beschleunigen kann. Die Beschleunigung ist eine Änderung der Geschwindigkeit des Körpers. Sie ist stets eine gerichtete Größe, da es keine Bewegung ohne Richtung gibt. Die Kraft erbt praktisch die Eigenschaft ‚Richtung‘ von der Beschleunigung. Man spricht dabei von Vektoren. Da eine Kraft **F** ein Vektor ist, hat sie stets eine Richtung und einen Wert, der in Einheiten Newton gemessen wird. Wenn die Rede von den Grundkräften ist, sollte man daher annehmen, dass man Kräfte nach ihren Grundrichtungen unterscheiden sollte und nicht nach den Orten, wo man sie gefunden hat.[4.10] Im dreidimensionalen Raum gibt es drei Basisrichtungen, mit deren Hilfe man alle anderen Richtungen aus ihren Linearkombinationen zusammensetzen kann. Folglich sollte es auch nur diese Einteilung geben. Andererseits kann man messtechnisch Kräfte nur nach ihrem Betrag unterscheiden. Es ergibt wenig Sinn, sie nach der Art des Auftretens außerhalb und innerhalb des Atomkerns zu unterscheiden. Sprachen wir bisher von der Aufwendung einer Kraft zur Bewegung von Körpern, so müssen wir das etwas präzisieren. Ein Körper wird durch sein Volumen und seine Masse beschrieben. Körper gleichen Volumens können aber unterschiedliche Massen enthalten. Folglich werden in der Physik Körper durch ihre Massen repräsentiert. Kräfte sind daher das Produkt aus Masse und Beschleunigung. Wenn ein Auto beschleunigt wird, ändert es seine Geschwindigkeit. Bremsen ist eine negative Geschwindigkeitsänderung. Da Geschwindigkeit das Verhältnis einer Ortsänderung innerhalb einer Zeitspanne ist, kann man die Kraft als

$$F = m \cdot dv/dt \quad \text{oder} \quad F = m\, d^2s/d^2t. \qquad (4.01)$$

schreiben. Man liest die Gleichung als Kraft ist das Produkt aus Masse und Geschwindigkeitsänderung in einem Zeitintervall. Letzteres wird auch als Beschleunigung bezeichnet. Die Erdanziehungskraft ist daher die Masse eines Körpers multipliziert mit der Erdbeschleunigung. Die Beschleunigung ist auch die zweite Ableitung des Weges nach der Zeit. (Ich bitte meine Leser um Entschuldigung, dass im Folgenden so viele Gleichungen folgen. Wenn Sie meinen Ausführungen glauben, dann können Sie die Gleichungen einfach überspringen. Falls Sie mir jedoch nicht glauben und das ist Ihr gutes Recht, werden Sie sich da durchkämpfen müssen. Das ist wie zu Zeiten der Reformation als die Bibel vom Lateinischen von Martin Luther ins Deutsche übertragen wurde. Hier beruht der Betrug auf der Unkenntnis der Sprache der Mathematik beim Publikum.) Das Produkt $m \cdot dv$ mit der Masse m wird als *Impulsänderung dp* bezeichnet. Ein Impuls erzeugt eine Wirkung auf eine andere Masse durch Kraftkopplung. Das folgt unmittelbar aus der Kausalität. Impulse bleiben daher erhalten. Formel (4.01) sagt uns, dass Kräfte immer mit Massen verbunden sind. Kräfte kann man nicht an einen Raum binden, wie das Einstein in seiner Allgemeinen Relativitätstheorie getan hat. Es ist unklar wie eine physische Kraft auf ein geistiges Konzept, wie den Raum, eine Kraft ausüben soll, die dann rückwirkend eine Veränderung in der Realität bewirken soll. Einstein war sich dessen bewusst, was er tat, als er die Allgemeine Relativitätstheorie veröffentlichte.. Er schrieb 1917 an Paul Ehrenfest: *»Ich habe schon wieder was verbrochen in der Gravitationstheorie, was mich ein wenig in Gefahr setzt, in einem Tollhaus interniert zu werden.«* aber er war sich der Konsequenzen zu diesem Zeitpunkt nicht bewusst, denn später äußerte er: *»Wenn ich die Folgen geahnt hätte, wäre ich Uhrmacher geworden.«* Denn diese Idee griff ein Kirchengelehrter, nämlich George Lemaître, auf und damit wurde aus dem vermeintlichen akademischen Scherz Ernst.

Ich erinnere: **Der Raum ist ein mathematisches Konzept. Das physikalische Pendant ist das Volumen.** Außerdem kann man in einem Raum mit vier Dimensionen, worin eine die Zeit sein soll, keine Geschwindigkeit haben, da Zeit t und Weg s sich in einem solchen Raum unabhängig voneinander ändern dürfen und folglich Geschwindigkeiten wie auch Beschleunigungen keinen Sinn ergeben. Nun müssen wir die Frage stellen: Wie unterscheiden wir die vier Arten von Grundkräften? Da die Kraft ein Vektor ist, kann man Kräfte nur nach Richtung und Betrag in Einheiten Newton unterscheiden. Messtechnisch können wir die Grundkräfte überhaupt nicht unterscheiden. Selbst St.Hawking gibt zu, dass es sich hier um eine willkürliche von Menschen gemachte Einteilung handelt.[4.11]

$$1\,\text{Newton} = 1\,\text{kg}\cdot\text{m/s}^2$$

**Es hat keinen Sinn, Kräfte nach Arten zu unterscheiden,
wenn sie messtechnisch nicht unterschieden werden können.
Man muss diesen Umstand gar nicht beweisen,
da er sich per Definition ergibt.**

4.3 Die Energiegleichungen und ihre Bedeutung für die Physik

Summiert man den Impuls über alle Geschwindigkeitsänderungen, erhält man die Energie, bestehend aus kinetischer und potentieller Energie. Das Integral erinnert an ein S, was bedeutet, dass man die Flächenstücke kleiner Geschwindigkeitsänderungen multipliziert mit den dazugehörigen Energiebeträgen aufsummiert.

$$E \ = \int p\,dv \ = m \int v\,dv \ = \frac{1}{2} \cdot m \cdot v^{\,2} + \qquad (4.02)$$

Der Energiefluss ist d i e Bewegungsform der Materie.
Den Anstoß dazu gibt der Impuls.

Sie ist schlechthin das, was unsere moderne Gesellschaft am Laufen hält. Im Alltagsleben begegnet uns Energie in den verschiedenen Erscheinungsformen, die sich aus der Masse als elektrische, chemische und Kern-Energie aber auch als mechanische (kinetisch und potenziell), magnetische und thermische Energie ableiten lässt. Ihr Charakteristikum ist ihre Wandelbarkeit von einer Form in die andere, je nach dem, welche Eigenschaften der Atomhülle oder des Kerns gerade angesprochen werden. Das drückt sich im Satz von der Energieerhaltung aus.

Zwischen Massen und Energie besteht die Einstein zugeschriebene Äquivalenz:

$$E => c^{2} \cdot m \ \ \text{für } m \to 0 \qquad (4.03)$$

obwohl ihr in den Konzepten seiner Relativitätstheorie überhaupt keine Bedeutung zukommt, da Relativitätstheorie nur ohne Masse funktioniert. In der Formel (4.03) sind Masse und Lichtgeschwindigkeit vertauscht, um die Bedeutung der Masse als *Träger der Energie* hervorzuheben, während die Geschwindigkeit als Proportionalitätsfaktor wirkt und die Lichtgeschwindigkeit eine obere Schranke für die Masse darstellt.

Tatsächlich wusste man schon ab 1880 im Rahmen der Elektrodynamik um die Proportionalität zwischen Energie und Masse. Einsteins Verdienst besteht in der Postulierung des Proportionalitätsfaktors c^2, dem Quadrat der Lichtgeschwindigkeit, dessen Konstanz aber bei genauem Hinsehen nicht haltbar ist, sonst würden die optischen Gesetze außer Kraft gesetzt werden, wie wir im Abschnitt *4.5 Das Rätsel Licht und seine Geschwindigkeit* diskutieren werden. Die Äquivalenz (4.03) sagt aus, dass die Energie-Masse-Beziehung erhalten bleibt. Energie und Masse sind zwei Eigenschaften der Materie, die ineinander überführbar zu sein scheinen, aber nicht verschwinden. Dabei ist dieser Überführungsprozess nach unseren Erfahrungen nicht symmetrisch. Die Kernphysik hat uns gelehrt, dass es wesentlich leichter ist, aus Masse Energie zu erhalten als umgekehrt. Betrachtet man die vier Aggregatzustände, so kann man feststellen, dass vom festen Zustand bis zum Plasmazustand der Energieinhalt der Materie wächst, obwohl die Massendichte abnimmt und folglich die Atome mehr Bewegungsenergie aufnehmen können. Ebenso wie die Kraft kann man Energie nicht sehen, weshalb manche Leute, selbst Physiker der Meinung sind, dass Energie nicht materiell wäre. Diese Vorstellung dürfte sich aber spätestens dann verflüchtigen, wenn man ein Opfer eines Blitzschlages sieht. Lichtenberg-Figuren auf der Haut, Verbrennungen höheren Grades, Herzflimmern und Herzstillstand sind nicht das Ergebnis eines ideellen Konzeptes, sondern materieller Gewalteinwirkung. Das ist aber die Folge von unsauberer Begriffsbildung. Noch immer findet man die Gleichsetzung der Bedeutung von Materie und Masse. Philosophen und Physiker verstehen sich nicht.

Für Verwirrung sorgen immer wieder die beiden Ausdrücke: $E = m \cdot c^2$ und $E = 1/2\, m \cdot v^2$. Welcher ist der richtige? Lassen wir bei dem zweiten Ausdruck v gegen c gehen, gibt es keinen ersichtlichen Grund, warum sich die Energie verdoppeln sollte. Nach den Regeln der Integralrechnung ist der Faktor 1/2 notwendig. Die Formel (4.03) wird erst verständlich, wenn man sie als ein Grenzpotential interpretiert. Da die Lichtgeschwindigkeit die höchste Geschwindigkeit ist, die wir kennen, stellt Formel (4.03) einen Grenzwert für das energetische Potential eines Elementarteilchens dar. Die kinetische Energie dagegen ist der nutzbare Energiefluss. Der Fluss bleibt solange aufrecht erhalten, bis sich die Energiepotentiale zwischen der Quelle und der Senke ausgeglichen haben. Kommt in dem System keine weitere Energie hinzu, dann fließt genau die Hälfte der Energie aus der Quelle ab und füllt die Senke. Das ist genau $E_{kin} = 1/2\ m \cdot v^2$.

Wir haben unter (3.06) bereits eine andere Energiegleichung kennengelernt. Diese Gleichung enthält eine Frequenz. Die Frequenz kann moduliert werden. Damit wird der Energiefluss zu einem Informationsträger. Man könnte sie als kinetische Information bezeichnen.

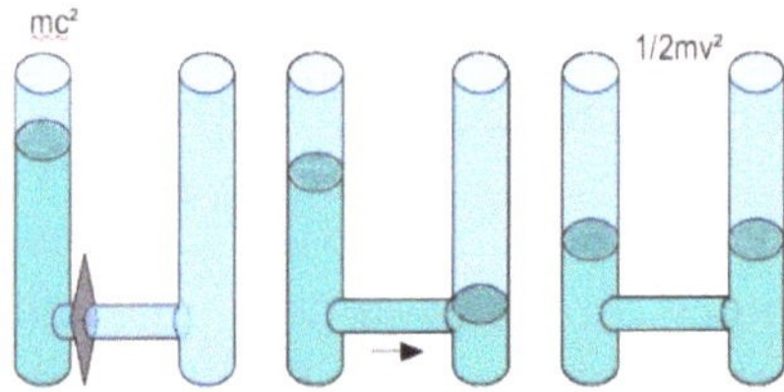

Abbildung 4.1: Der Energiefluss im geschlossenen System

Der Takt einer Uhr ist die einfachste Information. Jede Strahlung trägt Information. Diese Information macht sich der Spektroskopiker zu Nutze, aber auch der Funktechniker. Im Gegensatz dazu steht die Information, die man aus unbeweglichen Strukturen lesen kann, wie zum Beispiel einem Buch mit Illustrationen. Man könnte sie als potentielle Information in Analogie zur potentiellen Energie bezeichnen. Das ist dann die dritte Eigenschaft der Materie neben Masse und Energie. Physiker interessieren aber nur sehr einfache Modulationen. Aus der allereinfachsten leiten sie die Zeit ab.

Energie wie auch Information sind entsprechend Gleichungen (4.02) und (4.03) an Impulse oder Masse als Träger gebunden, je nachdem ob es sich um bewegte oder ruhende Energie oder Information handelt.

Eine Energieänderung ist in der Mechanik bei einer bestimmten Geschwindigkeit stets mit einer Impulsänderung verbunden. Man kann (4.02) auch in der Form

$$\Delta E = \mathbf{v} \cdot \Delta \mathbf{p} = \mathbf{p}/m \cdot \Delta \mathbf{p} \to E = (1/2 \cdot m)\, p \qquad (4.04)$$

schreiben.

In der Thermodynamik ist eine Energieänderung auf einem bestimmten Temperaturniveau stets mit einer Entropieänderung verbunden, da hier der Energieträger die *Entropie* zu sein scheint, früher als Wärme bezeichnet. Sie hat die Einheit Joule/Kelvin. Es ist der Teil der Energie, der technisch nicht mehr nutzbar ist. Das jedoch widerspricht der Vorstellung, dass die Entropie S identisch mit der Information sei, da Information eine Struktureigenschaft der Masse bzw. der Energie ist.

$$\Delta E = T \cdot \Delta S \qquad (4.05)$$

Der Begriff *Entropie* stammt aus dem Griechischen und bedeutet Unwandelbarkeit. Er hat in der Vergangenheit eine Reihe von Deutungen erfahren. Wir werden in Abschnitt *4.7 Die Entropie* darauf etwas näher eingehen. Im Alltag hat er die Bedeutung von Wärme. Da Wärme ein Ausdruck für die Beweglichkeit der Atome eines Stoffes ist, ist die Entropie in der Chemie ein Ausdruck für die Unordnung in einem Aggregatzustand. In der Informatik beschreibt die Entropie die Durchlässigkeit eines Nachrichtenkanals. Das hängt damit zusammen, dass die Modulation des Energieflusses die Information trägt. Dabei sind sowohl Amplituden- als auch Frequenzmodulation möglich. Wir erinnern uns: 1 Bit ist der Informationsgehalt, der in einer Auswahl aus zwei gleich wahrscheinlichen Möglichkeiten enthalten ist. Im Computer wird die Information durch das An- und Abschalten des elektrischen Stroms realisiert. Das ist eine elektrische Energieänderung im Sinne einer Amplitudenmodulation in ihrer stärksten Ausprägung. Eine elektrische Energieänderung ist bei einer bestimmten Spannung (einem Potentialunterschied) stets mit einer Ladungsänderung verbunden. Da hier die Ladungsänderung, in der Elektrotechnik als Strom bezeichnet, der Energieträger ist, gilt:

$$\Delta E = F \cdot \Delta Q \rightarrow W = U \cdot I \qquad (4.06)$$

wobei mit F die elektrische Feldintensität und mit Q die Ladung sowie mit U die Spannung und I die Stromstärke sind. Das ist das Gebiet der Elektrodynamik. Eine weitere Energieänderung ergibt sich aus der Gas-Kinematik, wo bei einem bestimmten Druck die Volumenänderung der Energieträger ist.

$$\Delta E = p \cdot \Delta V \qquad (4.07)$$

wobei hier p der Druck des Gases und V das Volumen ist. Druck und Impuls muss man auseinander halten. So kann man das fortsetzen für den chemischen Energietransport und für den Transport der Kernenergie.

Formel (4.03) besagt auch, dass Masse nicht aus dem Nichts entstehen kann und dass Energie nicht einfach verloren gehen kann. Andererseits soll sich die Masse eines Körpers verringern, wenn er Energie in Form von Strahlung abgibt. Ein Massendefekt -Dm bewirkt eine Energieänderung DE, die sich gewöhnlich in Form von thermischer oder anderer Strahlung bemerkbar macht.

Betrachten wir die Formeln (4.04) bis (4.07), so erkennen wir, dass sie alle ein bestimmtes Teilgebiet der Physik beschreiben. Um die Natur beschreiben zu können, muss man die Gesamtheit ihrer Bewegungen und ihre Wechselwirkungen studieren. Die zur Verfügung stehende Energie ergibt sich aus der Summe der durch die einzelnen Potentialunterschiede frei werdenden kinetischen Energien einer betrachteten Masse.

$$\Delta E = v_m \cdot \Delta p + T_m \cdot \Delta S + \Phi_m \cdot \Delta Q + p_m \cdot \Delta V + \ldots \qquad (4.08)$$

Wenn überhaupt eine Formel das Potential für eine Weltformel hat, dann ist es die Energieformel, die über alle Phasen ihre Gültigkeit in der spezifischen Form behält.

Wir sehen, dass die Energie, der Begriff ist, der alle Disziplinen der Physik miteinander verbindet und die Masse ihr Träger ist. Das macht Mut, auf dem eingeschlagenen Weg weiter zu gehen und die Bestandteile der Materie näher zu betrachten.

4.4 Die Masse

Die *Masse* scheint uns so vertraut, dass man darüber keine Worte zu verlieren braucht. Da die Materie eine Teilchenstruktur hat, ist die Masse eine quantitative Eigenschaft. In unserem Sprachgebrauch ist eine Masse eine nicht-abzählbare Menge von Dingen, Objekten oder Erscheinungen. Dabei ist die Masse im physikalischen Sinne etwas viel komplizierteres als es auf den ersten Blick scheinen mag. Wir kennen die Masse mit der Maßeinheit kg nur als Vergleich mit dem Urkilogramm, das in Paris aufbewahrt wird. Masse über die Energiegleichung erklären zu wollen, führt zu einem Zirkelschluss. Um die Masse zu verstehen, brauchen wir ein Massenspektrometer.

Wir haben aus der Massenspektroskopie die meisten Informationen über die Masse erhalten. Die Grundgleichung der Massenspektroskopie sagt, dass der Massenfluss dem Produkt von Ladung und magnetischer Feldstärke entspricht. Mit anderen Worten kann die Gravitationskraft von der elektromagnetischen Kraft, wie schon oben ausgeführt, nicht unterschieden werden, da Coulombs Kraftgleichung sich von Newtons Kraftgleichung in der Struktur ‚nur' durch einen Faktor von $2{,}3 \times 10^{39}$ unterscheidet. Von diesem Faktor kann man eine Vorstellung gewinnen, wenn man den Durchmesser eines Elementarteilchen mit der Länge eines kosmischen Superclusters voller Galaxien vergleicht.

Das entspricht gerade 39 Größenordnungen. Oder anders ausgedrückt, ein kg reine Protonen übten eine Kraft auf eine Elektronenwolke von 0,54 g aus, vergleichbar mit der Schwerkraft von 2 Milliarden Sonnenmassen. Die Milchstraße schätzt man auf 1,5 Billionen Sonnenmassen. Das wären immerhin vergleichbar mit der Schwerkraft von 1,3% der Milchstraße.

Die Masse ist als ein Vergleich mit einem Referenzkörper definiert, der im Erdfeld ruht. Massen unterscheiden wir bis jetzt nur durch Vergleich untereinander. Manch einem ist vielleicht noch die alte Balkenwaage mit ihren Gewichten in Erinnerung. Andererseits wird die Masse im Massenspektrometer durch die Ladungsmenge der an verschiedenen Stellen des Detektors auftreffenden Ionen gemessen.

Einstein postulierte, dass die träge Masse identisch mit der schweren Masse sei. Dieser Satz ist als das Äquivalenzprinzip bekannt geworden. Masse und Kraft sind zwei verschiedene Dinge, die Einstein hier vermischt. Trägheit und Schwere sind Kräfte. Nach Wikipedia wird das Äquivalenprinzip in zwei Formen aufgeführt: *Nach dem **schwachen** Äquivalenzprinzip bestimmt von allen Eigenschaften eines Körpers allein seine Masse (also das Maß seiner Trägheit), welche Schwerkraft in einem gegebenen homogenen Gravitationsfeld auf ihn wirkt. Seine weiteren Eigenschaften wie chemische Zusammensetzung, Größe, Form etc. haben keinen Einfluss. Nach dem **starken** Äquivalenzprinzip gilt, dass Gravitations- und Trägheitskräfte auf kleinen Abstands- und Zeitskalen in dem Sinn äquivalent sind, dass sie an ihren Wirkungen weder mit mechanischen noch irgendwelchen anderen Beobachtungen unterschieden werden können. Aus dem starken Äquivalenzprinzip folgt das schwache; ob das auch umgekehrt gilt, hängt möglicherweise von der genauen Formulierung ab und ist noch nicht abschließend geklärt.* Angesichts der Tatsache, dass die Masse stets auf einen Referenzkörper bezogen ist, ist die Unterscheidung zwischen träger und schwerer Masse irrelevant und das schwache Äquivalenzprinzip sagt nichts anderes, als dass eine ruhende Masse sich im Kraftfeld nicht verändert. Anders wird die Sache, wenn wir die Masse auf der Grundlage ihrer elektromotorischen Eigenschaften in der Bewegung betrachten. Das Äquivalenzprinzip gilt dann nicht mehr, wie wir sehen werden.

Die Trägheit der Masse spüren wir, wenn wir beispielsweise unser Auto senkrecht zur Gravitation in Bewegung setzen wollen. Dagegen wird die schwere Masse durch die gravitative Massenanziehung bestimmt. Der Unterschied ist hier, dass die schwere Masse im Feld ruht und die träge Masse eine zusätzliche Beschleunigung in eine bestimmte Richtung erfährt, dem ihre Trägheit entgegen wirkt. Nun hat jeder die Erfahrung gemacht, dass er sein Auto zwar wegschieben aber nicht hochheben kann. Das steht hier aber nicht zur Diskussion, da es sich um Kräfte handelt. Die Masse bleibt die gleiche. Der Unterschied besteht weiter darin, dass die träge Masse zu ihrer Bewegung einen Impuls benötigt, der sich entsprechend der Beziehung Aktion ist gleich Reaktion im Körper ausbreiten muss, während die Schwere der Masse an jedem Atom ständig angreift und auf die Unterlage wirkt, ohne dass daraus eine Bewegung erwachsen muss. Die Schwere wirkt dauernd, der Impuls wirkt nur eine befristete Zeit. Die schwere Masse speichert potentielle Energie. Wir wollen jetzt sehen, was passiert, wenn auf ein Potential ein Impuls einwirkt.

4.4.1 Die Masse aus makroskopischer Sicht

Ausgangspunkt ist das höchstmögliche Potential, das mit Gleichung (4.03) beschrieben wird. Ersetzen wir in der Äquivalenz (4.03) die Masse durch den Impuls geteilt durch die Geschwindigkeit, mit der er erfolgte, und wandeln diese Äquivalenz in eine Gleichung um, erhalten wir:

$$E = \frac{p}{v} \cdot c^2 \qquad\qquad (4.09)$$

Auch gilt für den Energiefluss: (Man schreibt ∂E statt dE, wenn man partielle Differentiation meint, also den Anstieg einer Fläche in der Richtung jeweils einer Variablen.)

$$\partial E \ = \ F \cdot \partial x \ = \ \frac{\partial x \cdot \partial p}{\partial t} \ = \ v \cdot \partial p \qquad (4.10)$$

Gleichungen (4.09) und (4.10) ergeben:

$$E \cdot \partial E \ = \ c^2 \cdot p \, \partial p \qquad (4.11)$$

Nun werden wir Gleichung (4.11) integrieren:

$$\int E \, \partial E \ = \ \int c^2 \cdot p \, \partial p \qquad (4.12)$$

Die Integration liefert:

$$E^2 \ = \ c^2 \cdot p^2 + E_0{}^2 \qquad (4.13)$$

wo $E_o{}^2$ die Integrationskonstante ist und als Ruheenergie bezeichnet wird. Die Ruheenergie muss demzufolge die schwere Masse enthalten. Der Faktor 1/2 tritt hier auf beiden Seiten von (4.13) auf und kann deshalb durch Multiplikation der Gleichung mit 2 entfernt werden. Gleichung (4.09) umgeformt ergibt auch:

$$c \cdot p \ = \ E \cdot \frac{v}{c} \qquad (4.14)$$

Gleichung (4.14) in (4.13) eingesetzt ergibt:

$$E^2 \ = \ E^2 \frac{v^2}{c^2} + E_0{}^2 \qquad (4.15)$$

Gleichung (4.15) nach E aufgelöst ergibt:

$$E \ = \ \frac{E_0}{\sqrt{1 - v^2/c^2}} \ = \ \gamma \, E_0 \qquad (4.16)$$

Da es sich um eine quadratische Gleichung handelt, gibt es sogar noch eine zweite Lösung, die den gleichen Wert nur mit einem negativen Vorzeichen hat. Das sagt, dass die aufgewendete Energie unter umgekehrten Vorzeichen auch zurück gegeben wird. Der Faktor

$$\gamma = \frac{1}{\sqrt{1-v^2/c^2}} \tag{4.17}$$

ist der gleiche, den wir von der Lorentztransformation (3.03) her kennen. Er wird als Lorentzfaktor bezeichnet. Er war 1890 durch Joseph Larmor eingeführt worden und ist dann nach dem Mathematiker und Physiker Hendrik Lorentz benannt worden. Die Masse-Energie-Beziehung $E_0 = m_0 \cdot c^2$ und $E = m \cdot c^2$ ersetzend, ergibt Gleichung (4.16):

$$m = \frac{m_0}{\sqrt{1-v^2/c^2}} = \gamma \cdot m_0 \tag{4.18}$$

Wie ist das Ergebnis zu deuten? Wir haben auf ein Potential einen Impuls gegeben und erhalten demzufolge die träge Masse m. Mit m_0 haben wir die ruhende Masse vor uns, bevor sie den Impuls erhalten hat. m ist die beschleunigte Masse. Das Gravitationspotential ist ja noch vorhanden. Eine bewegte Masse vergrößert sich scheinbar aus Sicht des ruhenden Beobachters mit zunehmender Geschwindigkeit. Masse ist aber eine nicht-abzählbare Menge von Teilchen. Entstehen dann Teilchen aus dem Nichts? Das ist doch Zauberei, der Eingang zur Metaphysik! Wenn sich die Masse bei der Beschleunigung nicht ändert, ist γ der Faktor, mit dem die Beschleunigung multipliziert werden muss, um die Widerstandskraft, die Trägheit des Ausbreitungsmediums für das Licht bei der Beschleunigung der Masse eines Teilchens gegenüber dem Ruhefall, entsprechend Formel (4.01) zu überwinden.

Da es sich um ein bewegte Masse handelt, muss es sich bei der virtuellen Massenzunahme um ihre Trägheit handeln, die eine Massenzunahme vortäuscht. Nehmen wir mal an, ein Beobachter könnte sich mit der gleichen Geschwindigkeit v in die gleiche Richtung wie unsere beobachtete Masse bewegen. Er würde seine Balkenwaage mit sich führen und keine Veränderung an der Masse feststellen, da sich die Anzahl der Elementarteilchen nicht geändert hat, was auch unser neu formuliertes Relativitätsprinzip aus Abschnitt *3.8* sagt. Um die Geschwindigkeit bzw. die Ruhe feststellen zu können, braucht es ein festes Bezugssystem. Physikalische Bezugssysteme sind immer an Masse und damit an ein Kraftfeld gebunden, weshalb *ruhend* immer auf die größere Masse bezogen ist, im Gegensatz zu Einstein, der zwar von einem Trägheitssystem spricht, es aber nicht mathematisch definiert. Die ruhende schwere Masse ist folglich nicht gleich der bewegten trägen Masse, sondern erscheint aus Sicht des ruhenden Systems um den Faktor γ größer, obwohl sie sich aus Sicht des bewegten Systems nicht verändert hat. Relativität ist folglich eine Sache der Betrachtung und nicht der Physik.

Das Äquivalenzprinzip nach Einstein geht davon aus, dass die ruhende Masse gleich der trägen Masse ist, was eine Binsenweisheit ist. Gleichung (4.18) zeigt jedoch, da die Wurzel mit zunehmender Geschwindigkeit *v* gegen Null geht, dass die scheinbare Zunahme der trägen Masse eines bewegten Partikels einen Widerstand darstellt, der eine direkte Konsequenz der Erhaltung von Masse und Energie ist, ohne dass ein Relativitätsprinzip oder die Konstanz der Lichtgeschwindigkeit gefordert wäre, wie es Albert Einstein in seiner Arbeit [4.12] aus dem Jahre 1905 behauptet. Die Masse in Gleichung (4.18) wird daher fälschlich als relativistische Masse bezeichnet. Sie sollte besser als träge Masse bezeichnet werden, da sie ja geschwindigkeitsabhängig ist, während die schwere Masse mit der Ruhemasse identisch ist Gleichung (4.17) nach der Geschwindigkeit *v* aufgelöst ergibt:

$$v = c\sqrt{1 - \left(\frac{E_0}{E}\right)^2} \qquad (4.19)$$

Gleichung (4.19) sagt uns, dass Masseteilchen im Unterschied zu Photonen die Lichtgeschwindigkeit nie erreichen können, da der rechte

Ausdruck nur für $E_0 = 0$ die Lichtgeschwindigkeit c liefert, was nur im Falle von $m_0 = 0$ möglich wäre. (siehe (4.03))

Entgegen Einsteins Postulat unterscheiden wir hier streng zwischen träger und schwerer Masse. Da wir gesehen haben, dass die Relativitätstheorie nicht die Wirklichkeit beschreibt, verwenden wir die Begriffe *„schwere Masse"* und *„Ruhemasse"* synonym, ebenso wie *„träge Masse"* und *„relativistische Masse"*.

Lediglich die Tatsache, dass die Ausbreitungsgeschwindigkeit des Lichtes endlich ist, begrenzt die kinetische Energie für eine gegebene Masse. Das wiederum führt dazu, dass die Zufuhr von Energie die Trägheit der Masse wachsen lässt, was ihre Geschwindigkeit weiter reduziert.

Wir wollen jetzt wissen, was der Grund für das angebliche Wachsen der Masse ist. Wir erinnern uns, dass außerhalb des Atoms von gravitativen und elektrischen Kräften gesprochen wird. Die Gesetze von Coulomb und Newton sind strukturell gleichartig. Das bringt uns auf die Idee, die Masse im Lichte der Elektrodynamik zu betrachten und gleichzeitig drängt sich die Frage auf: Wo liegen die Grenzen der Gültigkeit der Energiegleichung (4.03)?

4.4.2 Die elektrodynamische Masse eines Elektrons

Haben wir die träge Masse oben nach den Gesetzen der klassischen Mechanik abgeleitet, wollen wir sie nun aus den Gesetzen der Elektrodynamik ableiten. Dazu greifen wir auf Formel (4.20) zurück. Hier handelt es sich um die Bewegung von Elektronen außerhalb der Elektronenhülle. Wie wir wissen, bewegt sich das Elektron innerhalb der Elektronenhülle auf seiner Bahn ohne Anregung schwerelos, da es in diesem Zustand keine elektromagnetische Welle abstrahlt.

$$\Delta E = F \cdot \Delta Q \rightarrow W = U \cdot I \qquad\qquad (4.20)$$

Wir wollen die Masse eines Magnetfeldes bestimmen. Jedem leuchtet sofort ein, dass um ein Mühlrad anzutreiben, ein Wasserfluss benötigt wird, der die kinetische Energie für den Antrieb liefert und man die Durchflussmenge Wasser als Masse pro Zeiteinheit berechnen kann. Das gleiche muss auch für einen Elektromotor möglich sein, indem man den magnetischen Fluss bestimmt, der das Magnetfeld erzeugt. Dieser muss einer Masse pro Zeiteinheit entsprechen. Wir präzisieren die Aufgabe dahingehend, dass wir wissen möchten, wie viel an Masse ein Elektron zunimmt, wenn es sich mit einer bestimmten Geschwindigkeit bewegt. Jetzt wird es etwas anspruchsvoll. Aber ohne diese Rechnung werden Sie mir sicher nicht glauben, dass das Magnetfeld eine Masse hat, die mit zunehmender Geschwindigkeit der Elektronen zunimmt.

Wir stellen uns erst einmal einen Draht vor, der von einem Strom durchflossen wird und ein Magnetfeld ausbildet. Im folgenden werden wir die Überlegungen von Paul Marmet aus seinem Aufsatz *Der grundlegende Charakter der relativistischen Masse und der Magnetfelder* [4.13] darstellen:

Dabei ging er folgendermaßen vor:

- Zuerst hat er das Magnetfeld eines einzelnen bewegten Elektrons als Funktion seiner Geschwindigkeit berechnet.

- Im zweiten Schritt berechnet er die magnetische Energie, die das Elektron durch seine Bewegung induziert.

- Daraus hat er dann die Gesamtmasse des Magnetfeldes als Funktion der Geschwindigkeit bestimmt. Mit Hilfe von Gleichung (4.18) berechnet er die träge Masse des Elektrons und subtrahiert sie von der Gesamtmasse des Magnetfeldes. Damit ist unsere Aufgabe gelöst.

- Nun müssen wir noch überprüfen, wie er es tat, ob dieser Massenzuwachs mit dem Massenzuwachs der trägen Masse identisch ist. Dazu berechnen wir die träge Masse des Elektrons nach Gleichung(4.18) und subtrahieren den magnetischen Massenzuwachs von der Gesamtmasse des magnetischen Feldes. Wir erwarten, dass wir so die schwere Ruhemasse des Elektrons erhalten. Wenn das der Fall ist, haben wir gezeigt, dass der Massenzuwachs des Magnetfeldes genau gleich dem Massenzuwachs der trägen Masse im Falle ihrer Bewegung ist.

Wir wissen, dass der elektrische Strom I als eine Anzahl einzelner elektrischer Ladungen (e^-) definiert ist, die durch einen Punkt pro Sekunde fließen. Da die elektrische Ladung quantisiert ist, ist es im Falle eines einzelnen Elektrons unmöglich, eine winzige Veränderung der Ladung von einem einzelnen Elektron zu berechnen. Elektronen können keinen ununterbrochenen Fluss elektrischer Ladung erzeugen. Dieses liegt besonders auf der Hand, wenn die Anzahl der Elektronen nahe Eins ist. Um einen Strom von einem Ampere an einem Strommessgerät messen zu können, müssen durch das Strommessgerät $N_{(1\ \text{Ampere})} \cong 6.25{\times}10^{18}$ Elektronen pro Sekunde fließen. Der Elektronenstrom I wird als der Durchgang von einem Coulomb der elektrischer Ladung Q pro Sekunde definiert. Wir haben:

$$I = \frac{dQ}{dt} = \frac{d\left(N_e\right)}{dt} \tag{4.21}$$

Da die Elektronenladung quantisiert ist, entspricht die Ankunft von einem einzelnen neuen Elektron dem Aufkommen einer neuen Ladung dQ. Deshalb ist $dQ = d(Ne^-)$. Die Elektronengeschwindigkeit v ist definiert als die Distanz dx, die die elektrische Ladung entlang dem Draht pro Sekunde fließt. Die Geschwindigkeit des Elektronenstroms sei konstant. Gleichung (4.21) wird so:

$$I = \frac{d(N_e)}{dt} = \frac{d(N_e) \cdot v}{dx} \qquad (4.22)$$

Aus den Maxwellschen Gleichungen kann man die Skalarform der Biot-Savart-Gleichung ableiten. Diese Gleichung beschreibt die magnetische Flussdichte um den Leiter herum, was die Energieänderung aus (4.06) bezüglich der Geometrie genauer beschreibt:

$$dB = \frac{\mu_0 \cdot I}{4\pi^2} \cdot \sin(\theta)\, dx \qquad (4.23)$$

Das Einsetzen von Gleichung (4.22) in (4.23) ergibt:

$$dB = \frac{\mu_0 \cdot v}{4\pi^2} \cdot \sin(\theta)\, d(N_e) \qquad (4.24)$$

Wir sehen, dass entlang des Drahtes die Biot-Savart-Gleichung eine Zunahme des Magnetfeldes dB liefert, erzeugt in einem Abstand r, in Abhängigkeit von der Geschwindigkeit einer Elementarladung dQ, die entlang der Länge des Drahtes verteilt wird. Wenn wir das Magnetfeld berechnen, das durch eine einzelne (isotrope) elektrische Ladung erzeugt wird, existiert keine lineare Verteilung der Ladungen mehr. Deshalb muss Gleichung (4.15) geändert werden, um die Änderung der Geometrie der Elektronenquelle zu berücksichtigen.

Quantelung von Ladungen: Gleichung (4.24) gibt die Komponente des Magnetfelds B in Richtung q, erzeugt durch eine elektrische Ladung, die aus N Elektronen besteht, die entlang dem Draht verteilt werden. Zu Maxwells Zeiten war es noch unbekannt, dass die elektrische Ladung durch diskrete Elektronen bestimmt ist, was angesichts der Menge der Elektronen im Leiter auch nicht auffiel. Nun wollen wir aber die Anzahl der Elektronen gegen 1 gehen lassen. Gleichung (4.24) muss überprüft werden, ob sie wegen des Verschwindens der linearen Verteilung der elektrischen Ladung noch gültig ist.

Da wir jetzt das Magnetfeld für ein einzelnes Elektron betrachten, wird eine zusätzliche Anpassungen nötig. Im Falle eines einzelnen

Elektrons können wir keinen Richtungswinkel Q zwischen kontinuierlicher Ladungsverteilung und Magnetfeld bestimmen. Da die Achse der elektrischen Ladungsverteilung nicht mehr existiert, müssen wir eine neue Geometrie finden. Da wir jetzt ein isotropes elektrisches Feld um ein einzelnes Elektron haben, wollen wir annehmen, dass das Magnetfeld, das erzeugt wird, auch isotrop sei. Gleichung (4.24) wird:

$$dB_i = \frac{N \cdot \mu_0 \cdot e \cdot v}{4 \, \pi^2 \cdot r^2} d(N_e) \qquad (4.25)$$

Hier ist dB_i das berechnete Magnetfeld für eine einzelne isotrope elektrische Ladung ohne achsiale Ladungsverteilung. Man kann ein so schwaches Magnetfeld nicht messen, dennoch gibt es keinen Grund, an der Gültigkeit von (4.25) zu zweifeln.

Die induzierte magnetische Energie um ein einzelnes bewegtes Elektron

Von dem induzierten Magnetfeld wollen wir jetzt die *magnetische Energie* um ein einzelnes Elektron berechnen. Die magnetische Energiedichte u_m, die als die magnetische Energie U_m pro Volumeneinheit V definiert wird, wird durch das Verhältnis (4.26) gegeben:

$$u_m = \frac{U_m}{V} = \frac{B^2}{2 \mu_0} \qquad (4.26)$$

Da das Magnetfeld dB_i um ein einzelnes Elektron herum, wie in Gleichung (4.25) berechnet, das einzige Magnetfeld von Interesse ist, entfällt eine Integration und wir vereinfachen die Notation unten durch das Ersetzen des Magnetfelds dB_i in Gleichung (4.25) durch das einfache Symbol B. Hier wird still vorausgesetzt, dass das Elektron kein Dipolfeld hat, sondern ein Rotationsfeld wie der Leiter. Dass diese Voraussetzung erfüllt ist, hat Jan de Climont experimentell bewiesen [4.14]. Um das Magnetfeld um ein einzelnes Elektron *(N=1)*, von Gleichungen (4.25) und (4.26) zu erhalten, berechnen wir die magnetische Energie dU_m innerhalb eines Volumen *dV*. Dann gilt:

$$dU_m = K \cdot \frac{v^2}{r^4} dV \qquad (4.27)$$

mit

$$K = \frac{\mu_0 \cdot e^2}{2(4\pi)^2} \qquad (4.28)$$

Gleichung (4.27) liefert uns die magnetische Energie dU_m im Volumen *dV* um ein einzelnes Elektron.

Gesamtmasse der magnetischen Energie in einem einzelnen bewegten Elektron

Gleichung (4.27) liefert uns die Gesamtenergie des induzierten Magnetfeldes um ein bewegtes Elektron im Volumen *dV*. Wir wollen nun die Gesamtmasse *M* dieses Magnetfeldes, das das bewegte Elektron umgibt, unter Verwendung von (4.26) berechnen. Wir wissen, dass der Proportionalitätsfaktor zwischen Energie und Masse c^2 ist (aus $E = m \cdot c^2$). Da Gleichung (4.27) die Energie pro Volumeneinheit *dV* gibt, muss sie durch c^2 geteilt werden, um die Masse des Magnetfeldes zu erhalten. Wir erhalten die Massendichte zu:

$$dM = \frac{dU_m}{c^2} = K \frac{v^2}{c^2 \cdot r^4} dV = \frac{\mu_0 \cdot e^2 \cdot v^2}{2(4\pi)^2 \cdot c^2 \cdot r^4} dV \qquad (4.29)$$

Wir wollen die magnetische Gesamtenergie (und Masse) im unbegrenzten Volumen um ein einzelnes Elektron berechnen. Da die Integration von Gleichung (4.29) eine Singularität enthält, müssen wir die passenden Integrationsgrenzen für die magnetische Masse finden. In der elektromagnetischen Theorie dehnt sich das Magnetfeld um ein bewegtes Elektron (Gl.(4.26)) bis zur Unendlichkeit aus. Deshalb muss die Gesamtmasse des Magnetfelds, welches das Elektron umgibt, im gesamten dreidimensionalen Raum bis zur Unendlichkeit integriert werden. Wir haben oben festgestellt, dass die Verteilung der magnetischen Energie isotrop ist, da das Elektron eine sphärische Geometrie hat. Um die Gesamtmasse des Magnetfelds des bewegten Elektrons zu integrieren, wenden wir das Volumenintegral einer Kugel an, auf der wir eine variable radiale Dichte verwenden, die in Gleichung (4.29) berechnet wurde.

In Abbildung 4.2 sehen wir, dass das differentiale Flächenelement der Oberfläche einer Kugel im Abstand r, einem Rechteck mit einer Seitenlänge von $r \cdot d\theta$ entlang den Meridianen, multipliziert mit dem Element des Längengrads $d\varphi$ des Kreises $2\pi \cdot r \cdot sin(\theta)$ gleicht. Das Gesamtvolumen eines gewöhnlichen Bereichs wird durch das doppelte Integral gegeben:

$$V = 2\pi \int_0^\pi \sin(\theta)\, d\theta \int_{r_{min}}^{r_{max}} r^2\, dr \qquad (4.30)$$

In Gleichung (4.30) ist das Volumen eines Bereichs zwischen Radius Null und Radius r_{max}, wie erwartet: $V = 4\pi \cdot r^3/3$. Im Falle der magnetischen Energie, die sich bis in die Unendlichkeit ausdehnt, ist die obere Integrationsgrenze für die Radien in Gleichung (4.30) unendlich. Wir müssen dann berücksichtigen, dass die Dichte der magnetischen Masse variabel ist und sich mit $1/r^4$ verringert.

Um die Gesamtmasse der elektromagnetischen Energie innerhalb eines Volumens, das durch Gleichung (4.25) gegeben wird, zu berechnen, müssen wir die Dichteverteilung in Gleichung (4.29) mit dem Volumen in Gleichung (4.30) integrieren. Dieses doppelte Integral wird folgendermaßen integriert:

$$M = \frac{\mu_0 \cdot e^2 \cdot v^2}{2(4\pi)^2 \cdot c^2} \cdot 2\pi \int_0^\pi \sin(\theta)\, d\theta \int_{r_e}^\infty \frac{r^2}{r^4}\, dr \qquad (4.31)$$

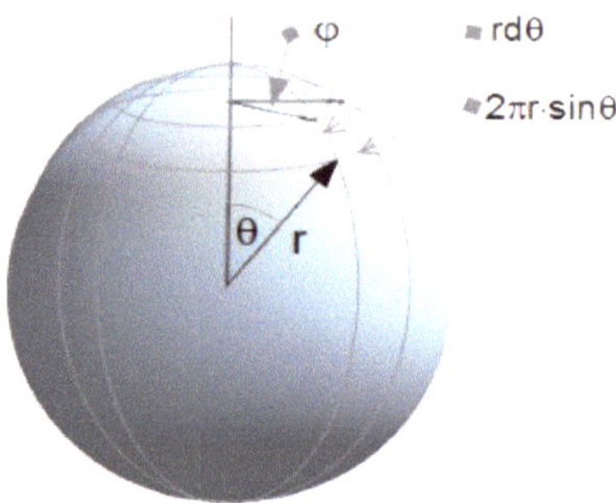

*Abbildung 4.2: veranschaulicht die Parameter, die in Gleichung (4.21)
verwendet werden.*

Gleichung (4.31) kann geschrieben werden:

$$M = \frac{\mu_0 \cdot e^2 \cdot v^2}{16\pi \cdot c^2} \cdot \int_0^\pi \sin(\theta)\, d\theta \int_{r_e}^\infty \frac{1}{r^2}\, dr \qquad (4.32)$$

Der $\sin(\theta)$ integriert liefert den $\cos(\theta)$. Durch Einsetzen der Integrationsgrenzen erhalten wir für das erste Integral 2. Die Gesamtmasse der magnetischen Energie in Gleichung (4.32) bleibt begrenzt, selbst wenn die obere Integrationsgrenze unendlich ist. Jedoch bemerken wir, dass Gleichung (4.32) eine unbegrenzte Masse (magnetische Energie) bei $r = 0$ liefert. Wir wissen, dass eine unbegrenzte Masse physikalisch unrealistisch ist. Es gibt offensichtlich eine physikalische Beschränkung, die berücksichtigt werden muss.

Magnetfelder können auf große Distanzen gut gemessen werden, aber eine Messung im Zentrum des Elektrons ist praktisch unmöglich. Bei $r = 0$ zeigt Gleichung (4.32) eine Polstelle, was eine unbegrenzte Energiemenge erfordern würde, ein Magnetfeld bis zur Mitte des Elektrons zu erzeugen. Deshalb gibt die Ruheenergie des Elektrons von 511 keV die Information darüber, wie nahe an das geometrische Zentrum des Elektrons sein Feld reichen kann. Infolgedessen ist, wegen der begrenzten Energie des Elektrons (511 keV), das Innere des Elektrons praktisch feldfrei. Es wird wegen des Umstands, dass die Elektronenenergie (511 keV) begrenzt ist, ein minimaler Radius erwartet, der der klassische Elektronenradius r_e genannt wird. Dort innerhalb des klassischen Elektronenradius r_e kann keine elektromagnetische Energie existieren, wie durch die Biot-Savart-Gleichung berechnet. Wir wollen die magnetische Energie vom allgemein bekannten klassischen Elektronenradius r_e bis unendlich integrieren, wo ein elektrisches Feld existieren kann. Von Gleichung (4.32) haben wir die magnetische Masse:

$$M_{r_e \to \infty} = \frac{\mu_0 \cdot e^2 \cdot v^2}{8\,\pi \cdot c^2} \cdot \int\limits_{r_e}^{\infty} \frac{1}{r^2}\, dr \qquad (4.33)$$

Nach Integration erhalten wir für die gesamte Masse des magnetischen Feldes eines Elektrons, das sich mit der Geschwindigkeit v bewegt:

$$M_{ges} = \frac{\mu_0 \cdot e^2 \cdot v^2}{8\,\pi \cdot c^2} \cdot \frac{1}{r_e} \qquad (4.34)$$

Die Zunahme der Elektronenmasse infolge ihrer Geschwindigkeit aus Sicht des ruhenden Beobachters

Wir möchten die magnetische Masse eines bewegten Elektrons, wie sie in Gleichung (4.33) gegeben ist, mit seiner trägen Masse vergleichen. Als wir oben das Prinzip von der Masse-Energie-Erhaltung anwendeten, haben wir gefunden, dass die träge Masse m_v eines bewegten Partikels durch die gleiche Beziehung wie in Einsteins Relativitätstheorie hier jedoch ohne Lorentztransformation gegeben wird. Die Masse eines bewegten Elektrons wird durch die Beziehung (4.18)

$$m_v = \gamma \cdot M_e \qquad (4.35)$$

gegeben. Von Gleichung (4.35) ist die Zunahme der Masse wegen der Geschwindigkeit:

$$\Delta m = M_e(\gamma - 1) \qquad (4.36)$$

In der Mathematik können wir zeigen, dass eine Reihenentwicklung von γ liefert:

$$\gamma = 1 + \frac{1}{2} \cdot \frac{v^2}{c^2} + \frac{3}{8} \cdot \frac{v^4}{c^4} + \frac{5}{16} \cdot \frac{v^6}{c^6} + \ldots \qquad (4.37)$$

Gleichungen (4.35), (4.36) und (4.37) ergeben:

$$\Delta m = M_e(\gamma - 1) = \frac{M_e}{2} \cdot \frac{v^2}{c^2} + \ldots \qquad (4.38)$$

In Gleichung (4.37) ist der Ausdruck zweite Ordnung $(v/c)^4$ extrem klein, wenn v viel kleiner als die Lichtgeschwindigkeit ist. Die Ionisationsenergie von Wasserstoff beträgt 13,6eV, was $9,6 \times 10^{-19}$ kg m²/s² entspricht. Durch die Elektronenmasse geteilt und die Wurzel gezogen, erhalten wir 1026,6km/s als Ablösegeschwindigkeit des Elektrons vom Proton. Daraus folgt $(v/c)^4 = 1,3 \times 10^{-10}$. Der Ausdruck $(v/c)^4$ und weitere Ausdrücke höherer Ordnung sind deshalb in Bezug zum ersten Ausdruck vernachlässigbar. Es kann gezeigt werden, dass diese Ausdrücke höherer Ordnung durch die Energie verursacht werden, die benötigt wird, um den Massenzuwachs wegen des vorhergehenden Ausdruckes $(v/c)^2$ zu beschleunigen.

Die magnetische Masse im Vergleich mit der trägen Masse

Wir wollen die oben in Gleichung (4.38) berechnete Zunahme der magnetischen Masse vergleichen mit dem Zuwachs der Elektronenmasse unter Verwendung von Formel (4.35). Tatsächlich prüfen wir, ob die träge Masse identisch ist mit der magnetischen Masse. Gleichungen (4.34) und (4.38) geben:

$$\frac{\mu_0 \cdot e^2 \cdot v^2}{8\pi \cdot c^2} \cdot \frac{1}{r_e} \;\Rightarrow\; \frac{M_e \cdot v^2}{2c^2} \qquad (4.39)$$

Wir bemerken in Gleichung (4.39), dass beide Phänomene (magnetische Energie und träge Energie) eine Zunahme der Masse erzeugen, die zu $(v/c)^2$ proportional ist. Das bedeutet, dass die magnetische Energie um einzelne Elektronen sich mit dem Quadrat der Elektronengeschwindigkeit erhöht, gerade wie die Zunahme der trägen Masse. Für die völlige Identität der magnetischen mit der trägen Masse müssen wir dann „nur" die Proportionalitätsfaktoren zwischen diesen zwei Phänomenen vergleichen. Eine Auflösung von Gleichung (4.39) nach M_e ergibt:

$$M_e = \frac{\mu_0 \cdot e^2}{4\pi \cdot r_e} \qquad (4.40)$$

Die Elektronenmasse ist mit $M_e = 9{,}109383 \times 10^{-31}$ kg angegeben. Die übrigen Konstanten sind mit höchster bekannter Genauigkeit:

- Die magnetische Feldkonstante des Vakuums ist $\mu_0 = 4\pi \times 10^{-7}$ N/A² . 1N = 1kgm/s²

- Die Elektronenladung ist: $e^- = 1{,}602176565 \times 10^{-19}$ As

- Der klassische Elektronenradius aus den Tabellen ist: r_e = 2,8179403×10^{-15} m

Wenn wir die Werte in Gleichung (4.40) einsetzen, ergibt das:

$$M_e = \frac{4\pi \cdot 10^{-7}\, N}{4\pi \cdot A^2} \cdot \frac{1,602176565^2 \times 10^{-38}\, A^2 s^2}{2,8179403 \times 10^{-15}\, m} \qquad (4.41)$$

und weiter:

$$M_e = \frac{1,602176565^2 \times 10^{-45}\, kg\, m\, A^2 s^2}{2,8179403 \times 10^{-15}\, m\, A^2 s^2} \qquad (4.42)$$

Die numerische Berechnung aus (4.42) ergibt genau 9,109383×10^{-31} kg.

Das zeigt, dass die magnetische Masse des bewegten Elektrons innerhalb der experimentellen Genauigkeit mit der Zunahme der trägen Masse für jede beliebige Geschwindigkeit des Teilchens identisch ist. Wir stellen fest, dass die beiden Zahlenwerte in Gleichung (4.39) physikalisch identisch sind. In beiden Fällen gibt es eine identische Zunahme der Trägheit infolge der Geschwindigkeit in Bezug auf die Elektronenmasse im Ruhezustand.

Die Zunahme der trägen Masse ist tatsächlich nichts anderes als der Widerstand des erzeugten Magnetfeldes gegen die Geschwindigkeit des Elektrons.

Die sogenannte „relativistische Zunahme der Masse" hat ihre reale Ursache in der Geschwindigkeit des Elektrons, das ein in seiner Stärke von der Geschwindigkeit abhängiges Magnetfeld induziert, wie es aus der Biot-Savart-Gleichung abgeleitet, ersichtlich wird. Je schneller sich das Elektron in einem Kraftfeld bewegt, desto größer wird dessen Widerstand, der sich als die magnetische ‚Masse' in den Gleichungen abbildet, weshalb die Prognose, dass bei nahezu Lichtgeschwindigkeit die Lorentzkraft verschwinden würde, offensichtlich falsch ist und damit die Elektrodynamik entgegen der Lehrmeinung doch Galilei-invariant ist, wenn die obigen Schlussfolgerungen berücksichtigt werden. Gleichzeitig sehen wir, dass auf der Ebene der Elementarteilchen die Grenzen zwischen Kraft und Masse sich auflösen, da die Masse per Definition nur ein Verhältnis von Teilchen ist. Eine weitere Schlussfolgerung ist, dass ein zunehmendes Magnetfeld die magnetische Permeabilität erhöht, wodurch sich die Lichtgeschwindigkeit verringert und es zu einer Rotverschiebung in den Spektrallinien der emittierten Strahlung kommt.

Eine Schlussfolgerung aus den Abschnitten *4.4.1* und *4.4.2* ist, dass das Kraftfeld <u>nicht</u> losgelöst von der Masse gesehen werden kann, sondern integraler Bestandteil der Masse ist.

Wir haben bisher die Bewegung eines freien Elektrons betrachtet und seinen ‚Massenzuwachs‘ berechnet. Wir wissen aber, dass Elektronen erst oberhalb der Ionisierungsenergie frei sind. Was passiert aber mit den Elektronen unterhalb der Ionisierungsenergie, wenn sie im Atom gebunden sind und das Atom als Ganzes beschleunigt wird? Dieser Frage wollen wir im nächsten Unterabschnitt nachgehen.

4.4.3 Das beschleunigte Wasserstoffatom

Im vorigen Abschnitt haben wir gesehen, wie ein freies Elektron an Masse scheinbar zunimmt, wenn es beschleunigt wird. Nun wenden wir uns der Frage zu, was passiert mit dem Atom, wenn es beschleunigt wird?

Da die Formel (4.18) für die träge Masse keiner Beschränkung unterworfen ist, muss sie folglich auch für das einzelne Atom zutreffen. Um uns die Sache nicht unnötig zu komplizieren, betrachten wir ein einfaches Wasserstoffatom bestehend aus einem Proton und einem Elektron und greifen auf das Bohrsche Atommodell zurück, da es für plausible Überlegungen einfach genug ist, obwohl es die bekannten Schwächen hat und durch das quantenmechanische Modell ersetzt wurde.

Das Bohrsche Modell ist ein statisches, was heißt, dass das Atom ruht. Bisher hat sich kaum jemand außer Paul Marmet Gedanken darüber gemacht, was mit dem Atom passieren würde, wenn man es aus einer „Atomkanone" im Vakuum abschießen würde. Die Verbindung zwischen Elektron und Proton ist schließlich keine starre Verbindung, sondern eine elastische infolge des herrschenden Feldes. Jedoch darf das H-Atom die Ablösegeschwindigkeit von 1026 km/s nicht überschreiten, damit es nicht ionisiert wird. Wir haben gesehen, dass die Masse des beschleunigten Elektrons zunimmt. Stellen wir uns das Atom wie ein rotierendes Rad vor, dessen Umfang durch die Elektronenbahn gebildet wird. Wenn die Masse des rotierenden Rades zunimmt, verringert sich wegen der Erhaltung des Drehimpulses seine Rotationsgeschwindigkeit. Unter Berücksichtigung der Coulombkraft wird der Radius der Elektronenbahn größer, wenn die Elektronengeschwindigkeit langsamer wird. Folglich wird der Bohr-Radius der Elektronenbahn größer, wenn sich das gesamte Atom schneller bewegt. Auch bei Energiezufuhr in Form von Wärme dehnt sich eine Masse aus. Das ist eine uns vertraute Tatsache. Maxwell und Boltzmann haben einen Zusammenhang zwischen Temperatur und Geschwindigkeit der Atome gefunden. Warum soll dann laut Einstein sich die Masse eindimensional zusammenziehen, wenn sie beschleunigt wird? Wir haben in Abschnitt *3.1 Der Abbildungsprozess* erklärt, dass es sich bei der Lorentztransformation in Wirklichkeit um eine projektive Abbildung handelt, einen virtuellen Effekt, den nur der ruhende Beobachter sieht.

Die Änderung des Bohr-Radius ist eine wahrscheinliche Ursache für die Ausdehnung der Masse, wenn Atome kinetische Energie erhalten. Folglich ist keine Raumrichtung bezüglich Ausdehnung bevorzugt, was im Gegensatz zu Einsteins Theorie steht, der eine eindimensionale Verkürzung annimmt.

Dieser Mechanismus wird im Detail in dem Aufsatz von Paul Marmet *Die natürliche physikalische Längen-Kontraktion infolge kinetischer Energie* [4.15] berechnet. Hier geben wir nur eine Zusammenfassung seiner Thesen:

Diese Zunahme des Bohr-Radius bewirkt auch eine Verschiebung in den Atomenergieniveaus und damit verschiebt sich die Wellenlänge der emittierten Strahlung in den roten Bereich. Infolgedessen läuft eine bewegte Atomuhr jetzt mit einer geringeren Taktrate. Selbst Pendeluhren laufen mit verlängertem Pendel langsamer. Ziemlich natürlich sehen wir, wie der Größenzuwachs des Radius der Elektronenbahn.

Einsteins Relativitätstheorie sagt zwar eine virtuelle (wie wir jetzt wissen) Längenkontraktion in Bewegungsrichtung voraus, erklärt aber nicht, wie eine Masse physikalisch kontrahieren kann oder warum dieses Phänomen nicht reversibel sei, wenn die Masse im bewegten Bezugssystem zurück zum ursprünglichen Bezugssystem beschleunigt wird. Einsteins Längenkontraktion bedeutete in der real existierenden Welt, dass der Elektronenradius in Bewegungsrichtung kleiner werden müsste. Jedoch zeigt die Quantenmechanik, dass solch eine Kontraktion des Elektronenradius die Atomenergie-Niveaus erhöhen sollten, was durch eine Blauverschiebung der Spektrallinien angezeigt würde. Die Konsequenz von Einsteins Vorhersagen widersprechen den beobachteten Tatsachen, die zeigen, dass bei hoher Geschwindigkeit die Atomenergieniveaus kleiner werden und Atomuhren langsamer laufen.

Wenn sich die Masse infolge der Energiezunahme bei einer Beschleunigung ausdehnt und die Dichte des beschleunigten Körpers abnimmt, trifft das natürlich auch auf unser Standardmeter zu und unsere Standardsekunde wird etwas länger im Vergleich zur Standardsekunde im ruhenden Bezugssystem.

Wir müssen uns vergegenwärtigen, dass eine physikalische Messgröße das Produkt aus der Anzahl von Maßeinheiten, multipliziert mit der Größe der entsprechenden Maßeinheit ist. Nun ist diese auf der Erde überall konstante Maßeinheit aber nicht mehr konstant, sobald wir die Erde verlassen, sondern in ihrer Größe selbst abhängig vom Bezugssystem, zu dem sie gehört. Das kommt daher, weil die Maßeinheit durch einen materiellen Körper repräsentiert wird, der den physikalischen Gesetzen seiner Umwelt unterliegt. Wir haben ein stationäres erdgebundenes und ein bewegtes Bezugssystem. Dann können wir eine Masse mittels zweier Indizes beschreiben, mittels m_s für stationär und m_v für bewegt. Außerdem stellt jedes der beiden Bezugssysteme [s] und [v] einen Beobachter mit seinen spezifischen Maßeinheiten dar, der sowohl die stationäre als auch die bewegte Masse beobachten kann. Das ergibt vier Möglichkeiten: $m_s[s]$ und $m_v[s]$ für den stationären Beobachter und $m_s[v]$ und $m_v[v]$ für den bewegten Beobachter. Es müssen dann Relationen zwischen diesen vier Massen gefunden werden, um für den jeweiligen Beobachter die richtigen Schlüsse ziehen zu können. Das macht die Sache etwas kompliziert, ist aber die einzige Möglichkeit, zu richtigen Aussagen zu kommen, wenn wir Physik in verschiedenen Bezugssystemen studieren wollen. Was für Massen, Längen und Zeiten gilt, gilt aber nicht für Ladungen und Geschwindigkeiten. Letztere bleiben beim Übergang von einem stationären in ein bewegtes Bezugssystem erhalten. Während der bewegte Beobachter in seinem lokalen System mit seinem lokalen Maßsystem keine Veränderungen infolge der Geschwindigkeit wahrnimmt, beobachtet der stationäre Beobachter durch die Energie-Änderungen im bewegten Bezugssystem einige Änderungen. Die absolute Zunahme der Größe des Bohr-Radius r_v als Funktion der Geschwindigkeit des Atoms für den stationären Beobachter s ist:

$$r_v[s] = \gamma \cdot r_s[s] \tag{4.43}$$

wobei γ durch Formel (4.17) gegeben ist.

Das hat natürlich auch Auswirkung auf die De-Broglie-Wellenlänge und damit auf die Energieniveaus im Atom, weshalb sich für den stationären Beobachter die ausgestrahlten Wellenlängen in Richtung zu längeren Wellenlängen verschieben.

Es mag überraschen, dass auch das Plancksche Wirkungsquantum beim Übergang von einem ruhenden zu einem bewegten Bezugssystem sich für den stationären Beobachter ändern muss, weil in ihm die Masse des Elektrons enthalten ist.

$$h[s]\cdot\gamma = h[v] \tag{4.44}$$

Während wir uns bisher mit der trägen Masse beschäftigt haben und sie mit ihrer Abhängigkeit von der Geschwindigkeit aus makroskopischer Sicht beginnend bis zum einzelnen Atom verfolgt haben, wobei wir entdeckt haben, dass sie wie Längen und Zeiten gegenüber physikalischen Transformationen nicht invariant ist, bleibt die Frage nach der schweren Masse und der Gravitationskraft noch offen. Wir werden diese Frage später beantworten, wenn wir uns mit den Eigenschaften des Atomkerns beschäftigen.

Materie hat neben der Energie und der Masse noch den dritten Mitspieler, das Licht oder allgemeiner die elektromagnetische Welle mit seiner Ausbreitungsgeschwindigkeit, die gleichzeitig einen Grenzwert für die Ausbreitung von Wirkungen darstellt, der nicht überschritten werden kann. Das sagt unser erstes Grundprinzip der Physik aus Abschnitt *3.2 Was passiert mit der Beobachtung?*

4.5 Das Rätsel Licht und seine Geschwindigkeit

Alles was wir bisher von den physikalischen Eigenschaften der Materie erkannt haben, beruht auf unseren sensorischen Fähigkeiten *fühlen* und *sehen*. Das schöne Wort *begreifen* kommt von unserem Tastsinn. Dieser ist in seiner Reichweite sehr kurz. Das Sehen ist dagegen ein Sinn mit langer Reichweite. Alles, was wir sehen und beobachten können, kommt vom Licht, genauer von der Wechselwirkung des Lichtes mit einem Phasenübergang der Massen. Trotzdem ist das Licht noch weitgehend rätselhaft, weil wir es im wahrsten Sinnen des Wortes nur schwer begreifen können.

Das Feuer, dieser vierte Aggregatzustand wärmte unsere Behausung und erhellte sie in der Dunkelheit. Die thermischen Eigenschaften des Lichtes waren von alters her bekannt. Dass Licht etwas mit Elektrizität zu tun hat, dämmerte uns dagegen erst, als Thomas A. Edison mit der Erfindung der elektrischen Glühlampe ab 1876 begann, unsere Häuser zu erhellen, nachdem es Werner von Siemens 1866 gelang, die Ladungstrennung mittels Generator großtechnisch zur Anwendung zu bringen. Bereits 1864 hatte James Clerk Maxwell die Gleichungen für die theoretische Grundlage der Optik und der Elektrotechnik formuliert. Das Elektron als Verursacher des Lichtes als Bestandteil der elektromagnetischen Strahlung wurde 1897 von Joseph John Thomson als Elementarteilchen erstmals nachgewiesen und 1907 von Robert Millican erstmals als die kleinste freie Ladungsmenge bestimmt. Offensichtlich hat hier die Gleichung (3.11) $E = h_e \cdot v$ ihre Berechtigung, weil h_e das Wirkungsquantum des Elektrons ist.

Das Licht, wie jede andere elektromagnetische Strahlungsenergie wird durch die Wirkung der Bewegung einer elektrischen Ladung erzeugt.

Aber da begann der Streit. Ist Licht ein Teilchen oder eine Welle? Die als **Korpuskulartheorie** bekannte Theorie ist eine vor allem Isaac Newton zugeschriebene physikalische Theorie, nach welcher das Licht aus kleinsten Teilchen oder Korpuskeln (Körperchen) bestünde. Die Korpuskulartheorie wurde im 19. Jahrhundert durch die Wellentheorie des Lichtes abgelöst. Jedoch werden dem Licht seit der Photonentheorie von Albert Einstein (1905) teilweise wieder auch Teilchen-Eigenschaften zugeschrieben. Einstein erhielt den Nobelpreis *»für seine Verdienste um die Theoretische Physik, besonders für die Entdeckung des Gesetzes des photoelektrischen Effekts«* 1921 zugesprochen. Seine Arbeit zum photoelektrischen Effekt enthält die Lichtquanten-Hypothese, die schon Newton vertrat, und gilt heute als Pionierarbeit der Quantentheorie. Vielleicht wäre Einstein vergessen worden, wenn nicht Max Planck, der als Begründer der Quantenmechanik gilt und zur damaligen Zeit Professor für Theoretische Physik und Mitglied der Preußischen Akademie der Wissenschaft war, nicht auf den jungen Einstein aufmerksam geworden wäre. Schon im März 1906 hielt Planck in Berlin einen Vortrag über Relativitätstheorie vor der Physikalischen Gesellschaft und stand in Briefkontakt mit Einstein, der zu dieser Zeit noch in Bern lebte.

Seit der Einführung der Quantenmechanik spricht man von dem unlogischen Doppelcharakter des Lichtes. Eine zentrale Frage für den Charakter des Lichtes ist auch: **Braucht Licht ein Ausbreitungsmedium und in welcher Richtung breitet sich Licht aus?** Wenn Licht eine Welle ist, dann muss es ein Übertragungsmedium geben und es breitet sich in alle Richtungen aus. Würde Licht aus Teilchen bestehen, könnte man die Teilchen einsammeln und Licht speichern. Nur hat man zu Gunsten der Relativitätstheorie das Übertragungsmedium verneint, jedoch die Speicherfähigkeit von Licht nicht nachweisen können. Außerdem haben Teilchen Masse und wir haben gesehen, dass die Masse mit der Geschwindigkeit zuzunehmen scheint und sie wird scheinbar riesengroß, wenn sie sich der Lichtgeschwindigkeit nähert, weil in den Gleichungen die hemmende Wirkung des Kraftfeldes dieses Ausbreitungsmediums nicht berücksichtigt ist. Niemand ist jedoch durch Licht je erschlagen worden. Folglich kann Licht nicht aus Masseteilchen bestehen. Die Gleichung (3.11) sagt zwar, dass die Energie durch Wirkungsquanten übertragen wird, sie sagt aber nicht, dass dabei Masse übertragen würde. Es werden lediglich Kräfte in Form von Impulsen übertragen. Nur muss es ein Medium geben, dass diese Kräfte übertragen kann. Jedoch können wir dieses Medium nicht mit unseren Sinnen erfassen, da wir weder elektrische noch magnetische Sinne haben. Aber wir können Magnetfelder messen und wo es Magnetfelder gibt, muss es auch senkrecht dazu elektrische Flüsse geben. Andererseits kann man mittels Laserresonatoren das Licht zwingen, sich nur in eine bestimmte Richtung auszubreiten. Rechtfertigt diese Eigenschaft allein schon, Licht als Teilchen anzusehen?

Der Energiefluss ist in der Materie an einen Träger gebunden, wie zum Beispiel die Masse im Gravitationsfeld. Licht ist ein Energiefluss und ist an die Masse als Träger gebunden. Nur bewegt sich hier nicht die sichtbare Masse, sondern das unsichtbare Kraftfeld um die Masse, das den Massenzusammenhalt garantiert. Das ist der Träger des Lichtes und die Übertragungsgeschwindigkeit hängt nach Friedrich Kohlrausch und Wilhelm Weber [4.16] von den elektromagnetischen Eigenschaften des Trägers ab.

Eine weitere spektakuläre Beziehung ist:

$$h \cdot v = m \cdot c^2 = m/\varepsilon_0 \cdot \mu_0 \qquad (4.45)$$

Der erste Teil der Gleichung wird auch als die Planck-Einstein-Relation bezeichnet. ε_0 ist die Dielektrizitätskonstante, die die Durchlässigkeit des Vakuums für elektrische Felder angibt, und μ_0 nennt man die Permeabilität des Vakuums. Die Permeabilität gibt die Durchlässigkeit des Vakuums für magnetische Felder an, wobei der Begriff *Vakuum* nicht klar definiert ist. Vakuum soll die Abwesenheit, die Leere von Materie sein [4.17]. Wenn das stimmen würde, würde Gleichung (4.45) auf der rechten Seite Null liefern. Es gäbe keine Energie im Vakuum. Ohne Energie gäbe es auch keine Kräfte im Weltall und die schöne Ordnung wäre dahin. Wir haben jedoch festgestellt, dass es keine Abwesenheit von Materie gibt, da Materie ist, was außerhalb unseres Bewusstseins existiert. Materie nimmt ein Volumen ein, gleichgültig, wie gering ihre Dichte ist. Mit keiner Maschine ist es uns je gelungen, ein Vakuum zu erzeugen, dass weniger Atome enthält als das, was 500 km über unseren Köpfen existiert. Folglich muss dort mehr Energie stecken, als wir in der Lage sind, mit Maschinenkraft umzusetzen. Selbst ein Atom pro Kubikmeter ist noch Materie, Masse und Bewegungsenergie. Der Begriff Leere geht auf unseren Gesichtssinn zurück, der nichts sieht, trotzdem können Kräfte wirken. Das Licht jedoch dringt durch diese optische *Leere*, wo es unsichtbar ist. Erst dort, wo es auf eine Phasengrenze trifft, wird seine Wirkung infolge einer Geschwindigkeitsänderung als optische Brechung oder Reflexion sichtbar. Es wirkt dort wie ein Tsunami, der auf Land trifft. Dort verringert sich die Geschwindigkeit des Tsunamis und die Folge ist das Auftürmen der verheerenden Wasserwand. Die Dielektrizitätskonstante und die Permeabilität sind in der Tat auch Materialkonstanten, die die Ausbreitungsgeschwindigkeit des Lichtes beeinflussen. Vergleicht man diese Materialkonstanten mit allen anderen Stoffen, so kommt Wasserstoff dem am nächsten, was mit den spektroskopischen Befunden über die Häufigkeit von Wasserstoff im Kosmos korrespondiert.

Das Licht wird in der Physik mit den Gesetzen der Optik beschrieben, auf die wir uns verlassen können, da wir damit die Geräte bauen, die unseren Sehsinn um viele Größenordnungen vergrößert haben. Gleichzeitig begeben wir uns mitten in die Theorie des Elektromagnetismus. Der Strahlenfluss S des Lichtes wird folglich durch das elektrische und magnetische Feld bestimmt und ist

$$S = E \times B \qquad\qquad (4.46)$$

Diese Gleichung sieht auf den ersten Blick recht einfach aus. Sie besteht aus drei Vektoren, die mit einem Kreuzprodukt verbunden sind und S steht senkrecht auf der Ebene, die die elektrische Feldstärke E und die magnetische Flussdichte B bilden. Also hat das Licht doch eine Richtung? Es ist die Richtung von seiner Quelle zum Beobachter. Der Beobachter kann aber überall sein. Also gilt die Gleichung (4.46) nicht für einen bestimmten Vektor S, sondern für eine Menge von Vektoren und E und B sind auch Mengen von Vektoren. Wenn man Mengen von gleichartigen Vektoren hat, nennt man das ein *Vektorfeld* und wenn diese Vektoren Funktionen von Variablen sind, beschreibt man diese Felder mit Methoden der **Differenzialgeometrie**, einer Betrachtung im Kleinen. Um Kraftfelder zu verstehen, sucht man sich Orte gleicher Feldstärke und verbindet sie mit Linien, ebenso wie man auf einer Landkarte das Geländeprofil mit Höhenlinien darstellt und untersucht von da aus die Umgebung. Friedrich Gauß hat herausgefunden, dass die elektrischen Feldlinien unter Anwesenheit einer Ladung divergieren, während die magnetischen Feldlinien nicht divergieren, Das Feld der magnetischen Flussdichte *B* ist quellenfrei; es gibt keine magnetischen Monopole. Davon abgeleitet gibt es den partiellen Vektoroperator *div* für Divergenz. div *B* = 0. Das elektrische Feld hat dagegen eine Quelle. Diese Tatsache kann man dann so ausdrücken, dass *div* *E* = ρ/ε_0 ist mit ρ als der Ladung. Dabei ist der Zusammenhang zwischen der magnetischen Feldstärke *H* und der magnetischen Flussdichte *B*

$$B/\mu_0 = H + M \qquad\qquad (4.47)$$

M ist die Magnetisierung. Das Induktionsgesetz sagt: Die Änderungen des magnetischen Feldes führen zu einem elektrischen Wirbelfeld. Das Wirbelfeld wir durch einen weiteren partiellen Operator *rot* beschrieben. *rot* *E* = $\partial B/\partial t$ und die Änderung des elektrischen Feldes führt zu einem magnetischen Wirbelfeld. *rot* *H* = $\partial D/\partial t$, wobei hier anstelle von *E* die elektrische Flussdichte *D* steht. Der Zusammenhang von *E* und *D* ist durch

$$E = (D - P) / \varepsilon_0 \qquad\qquad (4.48)$$

P steht für die Polarisation. Im Vakuum des Weltraums jedoch ist die Masse so verdünnt, dass man weder Magnetisierung noch Polarisation berücksichtigen muss. Auch der Verschiebestrom, der beim Induktionsgesetz sonst zu berücksichtigen ist, spielt bei der Lichtübertragung keine Rolle. Aus diesen Formeln ist der Zusammenhang des elektromagnetischen Charakters des Lichtes mit der allgemeinen Energieformel, die die Materie beschreibt, ersichtlich.

Wir haben oben den Begriff der Differenzialgeometrie eingeführt. Nun wollen wir uns mit der Wirkungsweise der Opera-

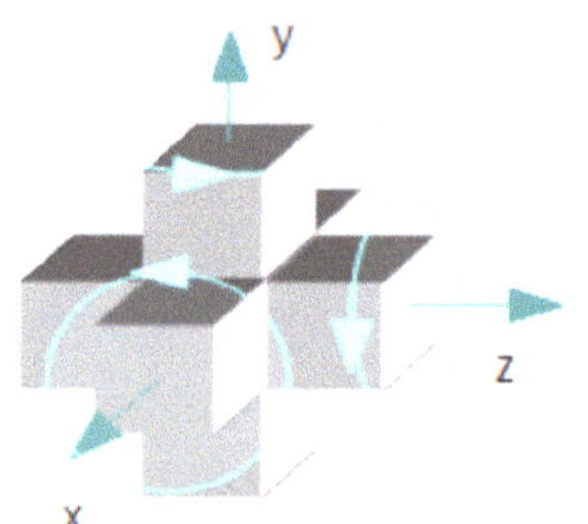

Abbildung 4.3 von Neumann Nachbarschaft im Raum

172

toren *div* und *rot* auf die Vektoren **E** und **B** beschäftigen. Diese vier Operatorgleichungen sind unter dem Namen ‚Maxwellsche Gleichungen' bekannt. Die Differenzialgeometrie betrachtet die Welt im Kleinen von einer Raumzelle aus und es ist naheliegend, dass sie sich dann für ihre Nachbarschaft interessiert. Wir haben eine solche Betrachtungsweise schon unter Abschnitt *3.4.1 Kausalität und Zufall* kennengelernt, wo wir das Conway-Spiel vorgestellt haben. Ein physikalisches Volumen im Gegensatz zu einem mathematischen Raum ist immer durch benachbarte Atome mit ihrem Kraftfeld gekennzeichnet. Elektromagnetische Felder sind auch materiell, da sie Träger von Energie sind. Ohne Beschränkung der Allgemeinheit können wir daher den Raum in benachbarte Zellen einteilen und die Wirkung einer Zelle mit bestimmten Eigenschaften auf ihre Nachbarschaft untersuchen, indem wir uns vorstellen, dass in jeder Raumzelle ein Atom für das nötige Feld sorgt. Wir werden uns hier, der Anschaulichkeit verpflichtet, auf eine sehr einfache Nachbarschaftsbeziehung stützen, die von-Neumann-Nachbarschaft. John von Neumann war einer der Pioniere der Computertechnik und ein exzellenter Mathematiker.

Um die Wirkungsweise der Maxwellschen Gleichungen sichtbar zu machen, bemühen wir das Prinzip des Conway-Spiels und übersetzten die Operatorgleichungen von Maxwell in Spielregeln.

- Die erste Spielregel ist die Divergenz. Elektrische Feldlinien divergieren voneinander unter Anwesenheit elektrischer Ladung Magnetische Feldlinien tun das nicht. Die Divergenz ist eine Regel, die die Entstehung eines Feldes beschreibt. Der Operator *div* kennzeichnet diese Regel.

- Die zweite Spielregel ist die Rotation. Die Rotation ist eine Regel, die durch Summieren von Feldvektoren eines Feldes in der Nachbarschaft einer Zelle entgegen dem Uhrzeigersinn einen neuen Feld-Vektor senkrecht zu den aufsummierten Vektoren generiert. Wir nennen den Operator, der diese Spielregel kennzeichnet *rot*.

Da nur Wirkung transportiert wird, entfällt der Verschiebestrom bei *rot **B***. Die Zeit wird in unserem Spiel durch einen Spielzug realisiert. Die Maxwell-Gleichungen lauten dann:

$$div\,\vec{E} = \rho/\epsilon_0 \qquad rot\,\vec{E} = -\frac{\partial \vec{B}}{\partial t}$$

$$div\,\vec{B} = 0 \qquad rot\,\vec{B} = a\left(\frac{\partial \vec{E}}{\partial t}\right) \qquad (4.49)$$

Wenn ein Lichtquant erzeugt wird, wissen wir, dass ein Elektron von einer energetisch höheren Bahn auf eine energetisch niedere Bahn springt. Dabei muss das Elektron aber in kurzer Zeit soviel Energie abgeben, wie die Energiedifferenz der beiden Bahnen beträgt. Das kann es nur dadurch, dass es zwischen den beiden Bahnen hin und her schwingt und dabei eine elektromagnetische Welle erzeugt, deren Energieinhalt genau der Energiedifferenz der beiden Elektronenbahnen entspricht.

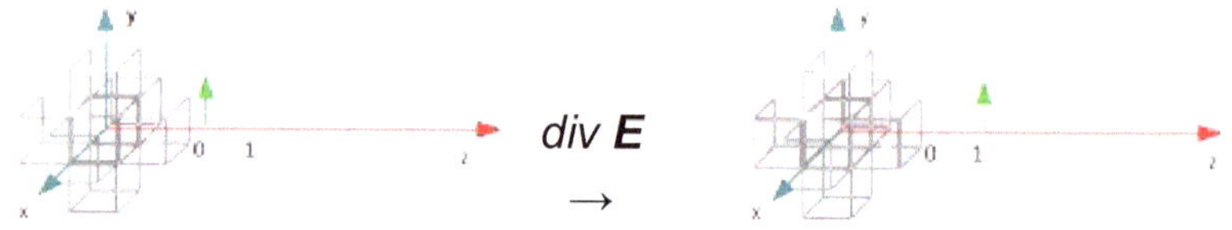

*Abbildung 4.4: Wirkung der Spielregel **div** E*
*Hier haben wir die Vorzugsrichtung +z gewählt. Da div **E** kein Vektor ist, ist jede Richtung gleichberechtigt. Die Ausbreitung ist kugelsymmetrisch entsprechend dem radialen E-Feld. Das sollte man immer im Hinterkopf behalten. Da Licht immer von allen Beobachtern so wahrgenommen wird, als käme es als Strahl direkt von der Quelle, ist für jeden Beobachter nur eine Richtung von Interesse.*

Wenn ein Elektron sich außerhalb einer Elektronenbahn um den Atomkern bewegt, macht sich das durch einen winzigen Stromfluss bemerkbar. Der Stromfluss erzeugt eine Lorentzkraft senkrecht zum Stromfluss, was die elektrischen Feldlinien verschiebt. Wir beschreiben das mit der Spielregel *div* an der Stelle $z = 0$.

Die Spielregel wirkt so, dass infolge der Quellkraft sich sämtliche vorhandenen Vektoren auf der z-Achse um eine Einheit $\pi/12$ nach rechts verschieben. Anschließend entsteht in unserem Spiel bei $z = 0$ ein neuer Vektor, dessen Betrag von Spielzug zu Spielzug eine Folge von 0; 0,23; 0,45; 0,65; 0,80; 0,92; 1,00 bis $\pi/4$ durchläuft. Nun müssen wir uns mit der Wirkungsweise der Spielregel **rot** beschäftigen. Dazu betrachten wir die **E**-Vektoren in den Nachbarzellen von Zelle(0,0,0) im Zentrum und addieren die Vektoren gegen den Uhrzeigersinn auf. Die Nachbarzellen (0,1,0) und (0,-1,0) enthalten nie Feldvektoren, weil sich die Welle nur in z-Richtung ausbreiten soll und das Erregungszentrum in der Zelle (0,0,0) liegt. Wir erhalten dann 6 verschiedene Fälle, wie die **E**- Vektoren um die Zelle (0,0,0) gerichtet sein können. Für die Addition gibt es eine Faustregel. Wenn die Finger der rechten Hand in den Umlaufsinn zeigen, dann gibt der Daumen die Richtung des neuen Vektors an. In Abbildung 4.5 wird die Orientierung des **B**-Vektors für die verschiedenen Fälle angezeigt. Im Falle eines homogenen Feldes erhalten wir *rot* **E** $= 0$, was die beiden Fälle der mittleren Zeile von Abbildung 4.5 anzeigen. In den anderen Fällen ist der Betrag des Vektors jeweils verschieden von Null.

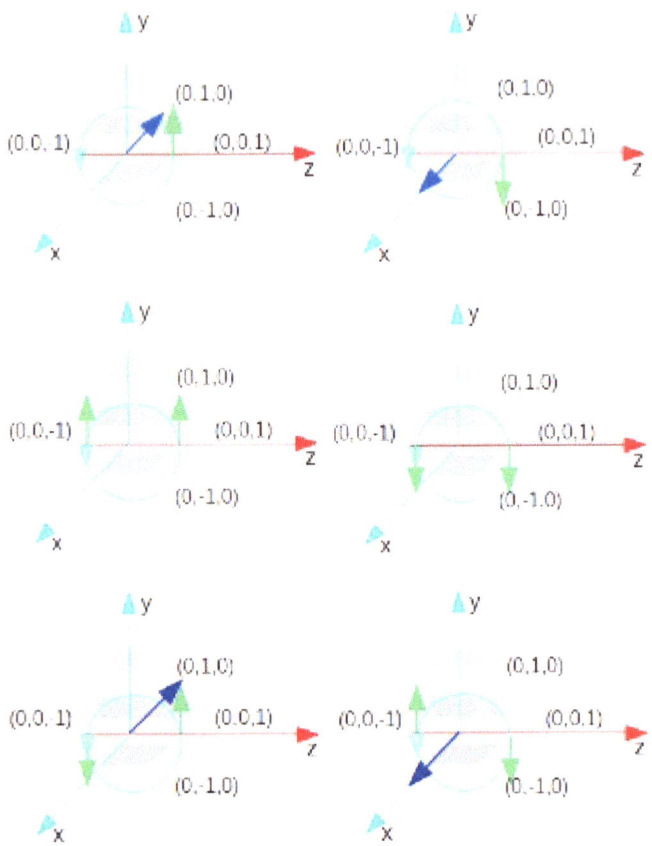

*Abbildung 4.5: Wirkung der Spielregel rot **E** wird durch den blauen Pfeil gekennzeichnet*

Der blaue Pfeil in Abbildung 4.5 zeigt jeweils das Ergebnis der Rotation an. Die Richtung des Ergebnisvektors ist die magnetische Feldstärke. Dieser Vektor steht senkrecht zur elektrischen Feldstärke. Unsere Regel lautet aber *rot **E** = -Δ**B***, (Der Operator Δ steht hier für ∂/∂t) weshalb die Orientierung des *B*-Vektors zur x-Richtung gespiegelt ist. Die Reihe der Beträge von Δ**E** ändere sich sinusförmig in Schritten von $\pi/12$.

Dann erhalten wir bei Anwendung der 2. Spielregel *rot E* = -Δ*B* = - ((0,-1,0) – (0,1,0)) für die Halbwelle folgende Beträge:

π/12	0	1	2	3	4	5	6	7	8	9	10	11	12
ΔE	0,00	0,26	0,50	0,71	0,87	0,97	1,00	0,97	0,87	0,71	0,50	0,26	0,00
-ΔB	-0,47	-0,25	-0,23	-0,18	-0,13	-0,07	0,00	0,07	0,13	0,18	0,23	0,25	0,47

Das Magnetfeld hat keine Quelle wie das elektrische Feld, weshalb *div* **B** = 0 ist und wir keine Spielregel erhalten. Nun müssen wir auf die obige Zeile -ΔB die 3. Spielregel *rot* **B** = a Δ**E** = a ((0,-1,0) – (0,1,0)) anwenden und wir erhalten folgende Werte:

π12	0	1	2	3	4	5	6	7	8	9	10	11	12
ΔE	0,00	0,07	0,13	0,19	0,23	0,26	0,27	0,26	0,23	0,19	0,13	0,07	0,00
aΔE	0,00	0,26	0,50	0,71	0,87	0,97	1,00	0,97	0,87	0,71	0,50	0,26	0,00

Die Konstante *a* ist in unserem Modell von der Größe der Zellen abhängig. Wir bestimmen *a* so, dass die Amplitude von Δ**E** maximal *1* wird. Dann erhalten wir *a = 3,732*. Das ist notwendig, damit die Amplitude der Welle konstant bleibt. In der Realität ist sie das Produkt aus der elektrischen Feldkonstanten ε für die elektrischen Eigenschaften und der magnetischen Feldkonstanten μ, welche die elektromagneti schen Eigenschaften des Mediums beschreiben.

$$a = \epsilon \cdot \mu = \frac{1}{c^2} \qquad (4.50)$$

Man kann die Zellengröße willkürlich verkleinern, zum Beispiel bis auf $5 \cdot 10^{-7}$ m in die Größenordnung der Wellenlänge des sichtbaren

Lichtes. Das ändert aber nichts an dem Prinzip und bedeutet auch nicht, dass unsere Umwelt diskret sei.

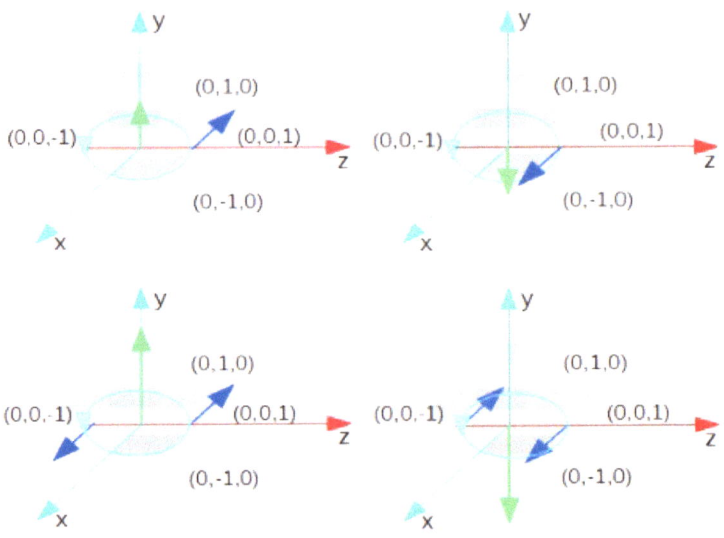

*Abbildung 4.6 : Wirkung der Spielregel rot **B** wird durch den grünen Vektor gekennzeichnet*

Die Übertragung eines Impulses haben wir bereits im Abschnitt *3.4.5 Plancks Wirkungsquantum und der Domino-Day.* besprochen. Aus den Maxwell-Gleichungen und der Weber-Kolrausch-Beziehung folgt der Zusammenhang der Lichtgeschwindigkeit mit dem elektromagnetischen Kraftfeld eines durchlässigen Massenzustandes. In dem Moment, wo die Welle auf ein Hindernis infolge einer Phasenänderung (Aufhebung der Durchlässigkeit) trifft, entsteht ein "Tsunami-Effekt" durch Stau des Energieflusses und diese Energie entlädt sich in Form eines Wirkungs-quants am Ort des Empfängers. Die Rest-Energie wird reflektiert. Wir haben hier ein Beispiel für autonome zyklische Kausalität.

Es bleibt in jedem Fall nur ein Normierungsfaktor. Nun brauchen wir noch die Orientierung der Vektoren E aus der Spielregel *rot* B = a· ΔE. Dann wollen wir die Regeln 1 bis 3 im Zusammenhang erleben:

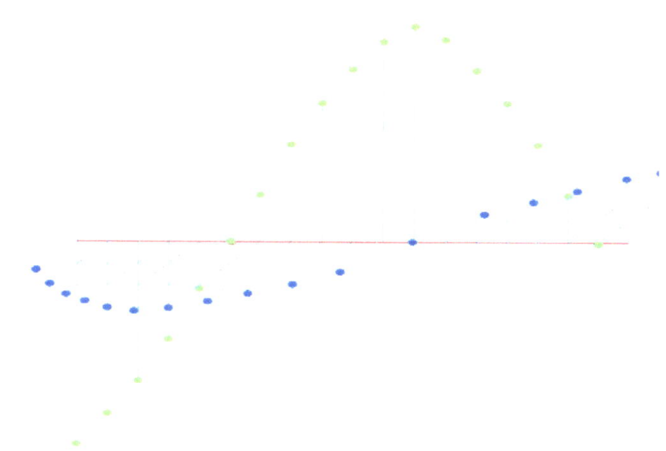

Abbildung 4.7: Modell einer elektromagnetischen Welle nach den obigen Spielregeln

Das Geheimnis der Ausbreitung der Welle liegt in der Kopplung der drei obigen Spielregeln!
Die Wirkung tritt an der Phasengrenze auf.

Wie grotesk mutet es da an, wenn jemand daher kommt und diese Gleichungen symmetrisieren will? Dann geht das Licht aus, weil es keine Ausbreitung mehr gibt. Asymmetrie ist die Ursache für Bewegung.

"Daß die Elektrodynamik Maxwells — wie dieselbe gegenwärtig aufgefaßt zu werden pflegt — in ihrer Anwendung auf bewegte Körper zu Asymmetrien führt, welche den Phänomenen nicht anzuhaften scheinen, ist bekannt."

179

so beginnt Albert Einsteins folgenschwerer Aufsatz *Zur Elektrodynamik bewegter Körper* [4.12]. In diesem Aufsatz benutzt er die Lorentztransformation, eine Art projektiver Transformation, die ihrem Charakter nach eine Abbildung ist, um die Spielregel *div E* zu eliminieren. Zudem forderte er, dass die Lichtgeschwindigkeit konstant sein muss. Diese Forderung widerspricht den Gesetzen der Optik, was seine Jünger als eine bewiesene Tatsache ansehen. Und was zum Teufel soll die Symmetrisierung, die die dynamische Funktion der Maxwellschen Gleichungen zerstört? Zudem wird der Ingenieur fragen: Wo bleibt der Verschiebestrom? Ströme sind an Potentialunterschiede und Ladungen gekoppelt und die wiederum an Massen. Doch Massen sind bei der Lorentztransformation nicht vorgesehen. Noch heute ignorieren deshalb Astronomen elektrische Ströme im Weltall. Hier wurde Ignoranz von der Gesellschaft für Genie gehalten und so nahm das Verhängnis in der Physik seinen Lauf, da Einsteins Vorbild Schule machen sollte. Der Zauberlehrling hatte einen Prozess in Gang gesetzt, der sich nicht mehr stoppen ließ. Aber er setzte mit seiner Allgemeinen Relativitätstheorie noch nach. Das werden wir im Kapitel *6 Der Makrokosmos* behandeln.

Es ist erstaunlich, wie wenig physikalisches Verständnis an den Hochschulen der Welt herrscht, dass heute immer noch diese Relativitätstheorien als physikalische Theorien gelehrt werden, obwohl sie mit Physik nichts zu tun haben, sondern mit der Anschauung. Selbst in Jena, wo Otto Schott, Ernst Abbe und Carl Zeiss im späten 19. Jahrhundert den Grundstein für die optische Industrie gelegt haben, durch deren Arbeiten wir heute in der Lage sind, die Tiefen des Weltalls zu erkunden, selbst da hat sich an der Universität ein Lehrstuhl etabliert, der die Relativitätstheorie lehrt.

4.6. Wechselwirkung des Lichtes mit Masse

Wenn die Formel $E = h \cdot v$ als richtig akzeptiert wird, kann man v als Frequenz einer Welle nicht im bekannten Sinne als endlose Bewegung gekoppelter Teilchen interpretieren, sondern muss sie als ein Paket von wenigen Oszillationen zwischen zwei gekoppelten Kraftfeldern, einem elektrischen und einem magnetischen, verstehen, die eine Wirkung an einer Phasengrenze hinterlassen. Dabei ist der Charakter dieser beiden Felder selbst durch die Maxwellschen Gleichungen beschrieben. Wenn wir an Wellen denken, haben wir gewöhnlich das Bild einer Oberflächenwelle vor Augen. Eine bessere Modellvorstellung ist die einer Tsunami-Welle. Diese wird auf hoher See überhaupt nicht wahrgenommen. Erst vor den Küsten, den Phasengrenzen zwischen Wasser und Land gibt sie die infolge einer unterseeischen Erschütterung freigesetzte Energie ab.

Wenn Licht auf Atome trifft,. kann es auf zwei Arten mit der Atomhülle wechselwirken.

- Die erste Art ist die **Thomson-Streuung,** eine Streuung an den Elektronen, ohne das ein Impuls an diese übertragen würde. Dabei wird das Licht in alle Richtungen hin zerstreut, was bewirkt, dass der Taghimmel blau erscheint.

- Die zweite Art ist der **Compton-Effekt**. Dieser wurde bisher nur an energiereicher Strahlung experimentell nachgewiesen. Hier wird ein Lichtimpuls an die Atomhülle übertragen und reemittiert. Das geht mit einem Energieverlust der einfallenden Strahlung einher, da ein Atom ein offenes System ist. Ein Elektron wird als Folge einer Impulsübertragung kurzzeitig beschleunigt. Die Beschleunigung einer elektrischen Ladung induziert nach Maxwell elektromagnetische Strahlung. Paul Marmet hat gezeigt, dass dieses Phänomen in der Vorwärtsrichtung einen sehr großen Wirkungsquerschnitt hat und dass die Energie, die durch Bremsstrahlung verloren geht, eine geringfügige Rotverschiebung des einfallenden Lichtes verursacht. Er zeigte ebenfalls, dass dieser Effekt an Hand der Strahlung nicht von dem bereits unter Abschnitt *3.6* besprochenen Dopplereffekt unterscheidbar ist [4.18].

Die verteilte Reststrahlung ist möglicherweise die kosmische Hintergrundstrahlung, die Kosmologen für den Beweis des Urknalls ansehen.

Wenn in einem Massefluss Licht absorbiert und reemittiert wird, sollte der kurze Moment zwischen Absorption und Reemission einen Einfluss auf die Lichtgeschwindigkeit haben. Bereits 1810 überprüfte François Arago experimentell die Möglichkeit des Einflusses der Bewegung eines Prismas auf die Brechung des Lichtes, was zu einem

veränderten Aberrationswinkel[4]) führen sollte. Nach der damals akzeptierten Korpuskulartheorie des Lichtes erwartete er eine Veränderung dieses Winkels in einer messbaren Größenordnung, da sich die Geschwindigkeit des einfallenden Sternenlichtes zu der Erdgeschwindigkeit auf ihrem Weg um die Sonne addiert. Es zeigten sich jedoch im Jahresverlauf keine messbaren Schwankungen des Ablenkwinkels infolge der Lichtbrechung. Arago erklärte dieses Ergebnis mit der These, dass Sternenlicht ein Gemisch aus verschiedenen Geschwindigkeiten sei, während das menschliche Auge daraus nur eine einzige wahrnehmen könne [4.19]. Fresnel (1818) erklärte das Ergebnis von Arago nun mit der Annahme, dass die Lichtgeschwindigkeit innerhalb lichtdurchlässiger Körper durch teilweise Mitführung des licht-leitenden Mediums, des Äthers modifiziert werde. Diese Mitführung entstünde dadurch, dass in den Körpern der Äther zusammengedrückt und deshalb etwas dichter sei, wobei genau dieser Überschuss an Ätherdichte – mit Ausnahme des Bereichs der normalen Dichte – von den Körpern mitgeführt werde. Der Fresnell'sche Mitführungskoeffizient Φ (wo v die Geschwindigkeit des Mediums und n die Brechzahl ist) ergibt sich mit:

$$\Phi = \left(1 - \frac{1}{n}\right)v \qquad (4.51)$$

---

4   Der Aberrationswinkel hängt von der momentanen Position der Erde auf ihrer Bahn um die Sonne ab. Er wechselt zweimal pro Jahr sein Vorzeichen und schwingt zwischen a_{max} und $(-a_{max})$ hin und her. Da die Geschwindigkeit der Erde v senkrecht zur Strahlrichtung steht, erhält man für $\tan(a_{max}) = v/c$

Die Brechzahl n ist das Verhältnis zwischen der Lichtgeschwindigkeit im Vakuum zur Geschwindigkeit im ruhenden Medium. Das lässt die Schlussfolgerung zu, dass die Geschwindigkeitsreduktion im Medium durch die Wechselwirkung des Lichtes mit der Atomhülle zustande kommt, während es sich zwischen den Atomen mit der Vakuumgeschwindigkeit fortbewegt. Nur während dieses kurzen Momentes zwischen Absorption und Reemission kann es überhaupt zu einer Beeinflussung der Lichtgeschwindigkeit durch strömende Atome kommen.

$$\Phi = \left(1 - \frac{c_M{}^2}{c^2}\right)v \tag{4.52}$$

Eine genaue Bestätigung des Mitführungskoeffizienten wurde durch das Fizeau-Experiment von Hippolyte Fizeau (1851) [4.20] ermöglicht. Er verwendete eine Interferometer-Anordnung, bei der die Lichtgeschwindigkeit im Wasser gemessen wurde. Der Aufbau von Fizeaus Versuchsanordnung besteht aus zwei Lichtwegen innerhalb von wassergefüllten Röhren. Durch die Röhren strömt das Wasser, und zwar so, dass der erste Lichtstrahl in Richtung des strömenden Wassers mit der Geschwindigkeit v, der zweite Lichtstrahl gegen das mit der Geschwindigkeit $-v$ strömende Wasser verläuft. Beim Zusammenführen der Strahlen im Interferometer ergibt sich ein von v abhängiger Gangunterschied, der durch eine Verschiebung des Interferenzmusters zu erkennen ist. Es wurde die Geschwindigkeit bei einem Gangunterschied für ungeradzahlige Vielfache von $\lambda/2$ gemessen, da hier die Minima der Interferenzlinien auftreten. Klassisch würde man vermuten, die Geschwindigkeit des Lichts im Medium sei:

$$c_M = \frac{c}{n} + v \qquad c_M = \frac{c}{n} - v \tag{4.53}$$

in Strömungsrichtung und dagegen

Gemessen wurden jedoch Geschwindigkeiten, die um den Faktor *(1-1/n²)* kleiner waren als die für den Gangunterschied $\lambda/2$ berechnete Geschwindigkeit. Das Ergebnis sagt also aus, das die Geschwindigkeitszunahme bzw. Abnahme der Lichtgeschwindigkeit im bewegten Medium nicht additiv ist, sondern es gilt:

$$c_M = \frac{c}{n} + v\cdot\left(1-1/n^2\right) \qquad c_M = \frac{c}{n} - v\cdot\left(1-1/n^2\right) \tag{4.54}$$

in Strömungsrichtung und dagegen

Das bedeutet, das für $n \rightarrow 1$ $\quad c_M = c$ wird, was als ein ruhender Äther interpretiert wurde. Es gab einen Streit zwischen den Vertretern eines ruhenden und eines mitbewegten Äthers. Wenn der Äther ruht, müsste man wie in einem offenen Wagen den Ätherwind spüren. Zu diesem Zweck nahmen Michelson und Morley 1896 ein erstes Experiment vor. Das Ergebnis lag an der Nachweisgrenze bei 4-8 km/s, (erwartet wurde die Geschwindigkeit der Erde um die Sonne von knapp 30 km/s, was nach Formel (4.54) aber nicht sein kann) und wurde deshalb zu Null erklärt. Insbesondere Dayton Miller war ein Vertreter der damaligen Äthertheorie und ein besonders ausdauernder und gründlicher Experimentator, der glaubte, dass der Mitführungskoeffizient in der Höhe zunahm, weshalb er seine Untersuchungen auf den Mount Wilson verlegte.

Mitführungskoeffizient bei	Geschwindigkeit Erde um die Sonne	Sonne in Galaxie	Galaxie
Luft auf Meereshöhe	17,4m/s	174m/s	583m/s
8000m über Meereshöhe	6,3m/s	63m/s	220m/s

Tabelle 4.1: Fresnelscher Mitführungskoeffizient für charakteristische kosmische Geschwindigkeiten

Um 1933 stellte Miller fest, dass die Erde mit einer Geschwindigkeit von 208 km/s in Richtung zum Scheitelpunkt in der südlichen Himmels-Hemisphäre, in Richtung zum Sternbild Schwertfisch, Magellansche

184

Wolke treibt, 7° vom Südpol der Sonnenbahn entfernt. [4.21]. Nach neueren Messungen ist die Drift des Sonnensystems innerhalb der Milchstraße etwa 225km/h. Um den Streit beurteilen zu können, zeigt die obige Tabelle den Fresnelschen Mitführungskoeffizienten (4.52) für eine irdische Versuchsanordnung bei einigen typischen kosmische Geschwindigkeiten.

Nimmt man einen Mitführungsmechanismus nach Fresnel an, bleibt die errechnete Strömungsgeschwindigkeit des Äthers mehr als eine Größenordnung unter den von Michelson und Morley angegebenen Werten. Außerdem müsste nach der Mitführungstheorie die Geschwindigkeitsänderung mit der Höhe abnehmen. Das zeigt, dass der von Miller entdeckte Mechanismus des Lichts nichts mit den bis dahin bekannten Eigenschaften des Lichts zu tun hat.

Robert Shankland (ein Student von Miller) hat im Auftrag von Einstein die Daten Millers einer statistischen Analyse unterziehen sollen. Diese soll nach James DeMeo nicht sehr sorgfältig erfolgt sein und nur Einsteins Vorurteil betreffs Temperatureinflüssen gefestigt haben. Heute findet man in allen Lehrbüchern nur das von Michelson und Morley durchgeführte Experiment von 1887. Die Annahme eines ruhenden Äthers scheint dem Ergebnis des Michelson-Morley-Experiments zu widersprechen, bei dem der Nachweis einer Bewegung der Erde relativ zu diesem Äther scheiterte.

Paul Marmet kommt auf Grund seiner Analyse zu dem Schluss, dass bei der Aufstellung der Michelson-Morley-Gleichungen während des letzten Jahrhunderts nicht berücksichtigt wurde, dass der Reflexionswinkel des Lichtes auf einem bewegten Spiegel eine Funktion der Geschwindigkeit des Spiegels ist. Das betrifft beide Strahlrichtungen. Wenn diese bisher übersehenen Phänomene berücksichtigt werden, heben sich die Hin- und Rückreflexionen gegenseitig auf und so zeigt Marmet, dass ein ungültiges Ergebnis des Michelson-Morley-Experiment die Folge eines absoluten Bezugssystems (nennt man es Äther, oder Feld) und der klassischen Physik sei [4.22]. Trotzdem hat Miller einen anisotropischen Effekt in Richtung der Bewegung des Sonnensystems gemessen. Eine Erklärung finden Sie unter Kapitel 7. *Der Ausblick in eine intergalaktische Welt.*

Dann hätte Miller mit seinem bewegten Äther besser zur Relativitätstheorie gepasst? Sicher nicht, denn seine Ergebnisse bestätigen nicht die von Einstein geforderte Konstanz der Lichtgeschwindigkeit unabhängig von der Bewegung des Äthers! Albert Einstein, in einem Brief zu Edwin E. Slosson, 8. Juli 1925:

„Meine Meinung über Millers Experimente ist die folgende. … Wenn das positive Ergebnis bestätigt wird, dann wird die spezielle Relativitätstheorie und mit ihr die allgemeine Relativitätstheorie in ihrer gegenwärtigen Form ungültig sein. Experimentum summus judex. Nur die Gleichwertigkeit der Trägheit und der Gravitation würde bleiben, jedoch würden sie zu einer erheblich anderen Theorie führen müssen."

Diese Aussage bezieht sich auf die Konstanz der Lichtgeschwindigkeit, die für die Lorentztransformation notwendig ist und in einem bewegten Äther nicht gegeben wäre.

Das angebliche Scheitern des Michelson-Morley-Experiments wird als notwendige Voraussetzung der Relativitätstheorie angesehen!

Einen Bericht über eine Widerlegung des Miller-Experiments gibt das Hammar-Experiment [4.23]. Es handelt sich um ein Experiment, in dem ein Teilstrahl durch eine Bleikammer läuft. Damit wollte man zeigen, dass der Mitnahmeeffekt nicht existiere. Es müsste aber nach obiger Tabelle eine um fast drei Größenordnungen größere Genauigkeit als Millers Experiment haben, um die Mitführung auszuschließen, was erst recht zu bezweifeln ist, da der Aufwand für die Ausmerzung der Störeinflüsse entsprechend höher als bei Miller sein müsste. All das zeigt, mit welcher Leidenschaft um diese Frage gerungen wurde.

Man kann sich das Scheitern des Michelson-Morley-Experiments am Erdboden leicht vorstellen, wenn man es in Gedanken auf einen fahrenden Zug überträgt und fragt, ob man die Geschwindigkeit des Zuges dadurch messen kann, dass man im fahrenden Zug jeweils eine Strecke in Fahrtrichtung und eine andere Strecke senkrecht zur Fahrtrichtung mit konstanter Geschwindigkeit hin und her läuft und anschließend die zurückgelegten Strecken vergleicht.

Wenn man jedoch die beiden Teile eines aufgespaltenen Lichtstrahls durch eine rotierende Apparatur so schickt, dass der eine Strahl mit der Drehrichtung reflektiert wird und der andere gegen die Drehrichtung, erhält man einen Gangunterschied, da infolge der Drehung der Apparatur die beiden umlaufenden Wege wegen der Überlagerung der Geschwindigkeiten unterschiedlich lang sind. Das gelang Sagnac erstmalig 1913. Heute wird der Sagnac-Effekt in optischen Gyroskopen technisch genutzt.

Der Unterschied zwischen beiden Experimenten besteht darin, dass im Michelson-Experiment die Lichtquelle bezüglich des Beobachters ruht und im Sagnac-Experiment nicht. Folglich beobachtet man im zweiten Fall eine Überlagerung der Lichtgeschwindigkeit mit der Geschwindigkeit der Lichtquelle. Das ist auch beim Dopplereffekt der Fall. Hier beobachtet man eine Verlängerung der Wellenlänge im Falle einer sich entfernenden Lichtquelle. Ein mitbewegter Beobachter kann diese Effekte nicht sehen.

Neuerdings leben die Experimente vom Michelson-Typ wieder auf: Am 11. Februar 2016 veröffentlichte das LIGO-Team [4.24] die Beobachtung von Gravitationswellen aus einem Schwarzen Loch. Das LIGO-Experiment verwendet zwei Observatorien, um Gravitationswellen aufzeichnen zu wollen. Beide stehen in einem Abstand von 3000 km in den USA. In den beiden Observatorien laufen Laserstrahlen in zwei Fabry-Pérot-Resonatoren rechtwinklig zueinander, die ein Michelson-Interferometer mit 4 km Armlänge bilden. Es wurde der experimentelle Beweis für die Existenz einer Gravitationswelle angekündigt: Spiegel von 40 kg Masse sollen in Bruchteilen einer Sekunde um 10^{-18} m verschoben worden sein, gemessen mit einem Michelson-Interferometer.

Wenn man diese Daten um den Faktor 10^{13} hoch skaliert, muss eine relative Genauigkeit von einer Haaresbreite (10 Mikron) in Bezug auf die Entfernung zum nächsten festen Stern (4 Lichtjahre) erreicht werden. Dies wäre eine Genauigkeit, die um einen Faktor von 1 Million besser wäre als die Genauigkeit eines Mössbauer-Spektrometers, was bisher eine Auflösung von 10^{-15} m erreicht hat. Die Synchronisation beider Observatorien soll die Störungen vom Nutzsignal getrennt haben. Betrachtet man die Auswertung der Messdaten und ihre Aufbereitung, wie das Walter Orlov [4.25] getan hat, kommt man zu dem Schluss, dass es sich bei den aus dem Rauschen herausgefilterten ‚Glitches‘ um Kippschwingungen in den Resonatoren handeln muss, wie sie bereits Heinrich Barkhausen 1907 [4.26] beschrieben hat. Wenn ein solcher Glitch in beiden Resonatoren zufällig fast gleichzeitig auftritt, wird die Koinzidenz von den LIGO-Experimentatoren als Signal einer Gravitationswelle, ausgelöst durch die Verschmelzung zweier Schwarzer Löcher interpretiert. Das ist eine fraglos zweifelhafte Interpretation, getrieben von dem Wunsch, überhaupt etwas vorweisen zu können. Wo soll da ein kausaler Zusammenhang zwischen den Glitches in einem Untergrundrauschen und irgendwelchen ausgedachten kosmischen Erscheinungen bestehen, deren Existenz überhaupt nicht nachgewiesen ist?

4.7 Die Entropie

Was ist Entropie? Dieser Grundbegriff der Physik ist allgemein weniger bekannt und er bereitet vom Verständnis her die meisten Schwierigkeiten. Wir hatten ihn kurz in Gleichung (4.5) vorgestellt. Er steht an der Nahtstellen zwischen makroskopischer und mikroskopischer Betrachtung der Physik. Seine makroskopische Seite wurde von Rudolf Clausius bereits 1865 aufgedeckt. Er führte den Begriff ein und gilt seit dem als der Entdecker des 2.Hauptsatzes der Wärmelehre, der besagt, dass in einem geschlossenen System Wärme nie von einem kälteren Körper auf einen wärmeren übergehen kann. Jeder kennt jedoch das Prinzip der Wärmepumpe. Hier handelt es sich aber um ein offenes System, dem Energie zugeführt werden muss. Wir ahnen, dass dieser 2. Hauptsatz der Wärmelehre mit seiner Einschränkung auf geschlossene Systeme unvollständig ist.

Zu Beginn des 18. Jahrhunderts wurde die Dampfmaschine erfunden, die einen Temperaturunterschied in mechanische Arbeit umwandelt. Physiker versuchten damals zu begreifen, welchen Prinzipien diese Maschinen gehorchen. Die Forscher stellten nämlich irritiert fest, dass sich nur ein paar Prozent der thermischen Energie in mechanische Energie umwandeln ließen. Der Rest ging irgendwie verloren – ohne dass sie den Grund verstanden. Im Unterschied zur bis dahin vorherrschenden Meinung erkannte Clausius, dass Wärme kein unveränderlicher Stoff ist, sondern nur eine Form von Energie darstellt, die sich in die bekannten anderen Formen (Bewegungsenergie usw.) umwandeln lässt. Robert Mayer postulierte darauf das Energieerhaltungsprinzip. Das Energieerhaltungsprinzip erklärt allerdings noch nicht die geläufige Tatsache, dass Energiewandlung nicht in beliebiger Richtung stattfindet: Warum beispielsweise zwei unterschiedlich warme Körper bei Kontakt ihre Temperaturen angleichen, jedoch nie Wärme von selbst vom kälteren auf den wärmeren Körper übergeht. Schon Carnot hatte diese Tatsache klar ausgesprochen, jedoch erst Clausius erkannte dahinter einen Energiefluss und nicht ein an einen Wärmestoff gebundenes Phänomen. (Siehe Abbildung 4.1)

Die Änderung der auf die Wärmeübergangstemperatur bezogenen Wärmemenge in einem thermodynamischen Prozess ist also ein Maß für die Umwandelbarkeit von Wärme in technische Arbeit und damit für

die Güte des Prozesses, wenn wir Gleichung (4.5) umstellen und unter
dem Energiefluss die Änderung der Wärmemenge verstehen.

Wir erhalten (dS = dQ / T) in Joule pro Grad.

Diesen „Äquivalenzwert der Verwandlung" nennt Clausius später
Entropie (aus dem Altgriechischen: *entrepein* = umwandeln und *tropé* =
Wandlungspotenzial). Die maximal verwendbare Energie in einem isolierten System ist stets kleiner als die tatsächlich vorhandene, innere
Energie. Obwohl die innere Energie des Systems bei der Umwandlung
in Nutzarbeit erhalten bleibt (1.Hauptsatz), wird sie entwertet, da auch
immer ein Teil in der Systemumgebung zerstreut, dissipiert wird. Somit
lässt sich der zweite Hauptsatz der Thermodynamik auch wie folgt formulieren: Eine Energiewandlung läuft niemals von alleine von einem
Zustand niedriger Güte zu einem Zustand hoher Güte; die Entropie
nimmt stets zu. Im Wärme-Kraft-Prozess muss durch Wärmezufuhr von
außen (Feuerung) das Prozessmedium Wasser energetisch „veredelt"
werden, indem Wasserdampf unter hohem Druck und Temperatur entsteht, bevor es im Zylinder der Dampfmaschine bzw. in der Turbine Arbeit zur Stromerzeugung leisten kann. Die Energie des abgearbeiteten
Dampfes ist wertlos und muss über den Kühler in die Umgebung abgegeben werden. Selbst unter idealen Bedingungen wäre die Produktion
von gestreuter Energie, wie der Abwärme, unvermeidbar.

Die mikroskopische Sicht auf die Entropie führte Ludwig Boltzmann
in der zweiten Hälfte des 19. Jahrhunderts ein, als klar wurde, dass
Wärme etwas mit der Bewegung der Atome und Moleküle zu tun hat.
Er konzentrierte sich auf das mikroskopische Verhalten eines Fluids,
also eines Gases oder einer Flüssigkeit. Die ungeordnete Bewegung
von Atomen oder Molekülen darin verstand er dabei als Wärme, was
für seine Definition entscheidend war.

potentielle Energie → kinetische Energie → Wärme

Wärme ist die chaotische Bewegung von Molekülen und Atomen. In
einem abgeschlossenen System mit festem Volumen und konstanter
Teilchenzahl legte Boltzmann fest, ist die Entropie proportional zum

Logarithmus der Anzahl von Mikrozuständen in dem System. Unter Mikrozuständen verstand er alle Möglichkeiten, wie sich die Moleküle oder Atome des eingesperrten Fluides anordnen können. Seine Formel definiert die Entropie somit als ein Maß für die „Anordnungsfreiheit" der Moleküle und Atome: Steigt die Zahl der einnehmbaren Mikrozustände, dann wächst die Entropie. Die Entropie eines Makrozustandes wird dabei durch die Wahrscheinlichkeiten der Mikrozustände berechnet. Der Proportionalitätsfaktor k wird heute als Boltzmannkonstante bezeichnet.

Mithilfe der Boltzmanns Definition lässt sich diese Seite des Begriffs verstehen – doch die Entropie hat noch einen weiteren Aspekt. Oft wird die Entropie als ein Maß für die Unordnung eines Systems bezeichnet, aber die Physik kennt kein Maß für die Unordnung, weshalb man dafür besser sagt:

„Die Entropie ist ein Maß für die Unkenntnis des Zustandes aller einzelnen Teilchen, welche die Information misst, um von einem bekannten Makrozustand auf den Mikrozustand des Systems schließen zu können."

Hier knüpfte Claude E. Shannon 1948 in seiner fundamentalen Arbeit *A Mathematical Theory of Communication*[4.27] an und prägte damit die moderne Informationstheorie, indem er in der Struktur eines Energieflusses die informationsübertragende Bedeutung erkannte. **Information** wird erst erfahrbar, wenn sie auf eine Phasengrenze in Form eines Detektors trifft. Susskind sprach mal von der Entropie als der versteckten Information [4.28]. Shannon machte Information messbar, indem er sie aus der Sphäre des persönlichen Interesses des Empfängers heraus löste. Der Grundgedanke der Informationstheorie besteht darin, die Erzeugung einer Information in einer Nachrichtenquelle als einen Zufallsprozess aufzufassen. Tatsächlich tritt Information nur in Verbindung mit einem energetischen oder materiellen Träger auf. Ähnlich wie die Unterscheidung von kinetischer und potentieller Energie unterscheidet man zwischen belebter und toter Information. Erstere ist an einen energetischen Träger gebunden und letztere an einen materiellen Träger. Die informelle Entropie wird in Bit gemessen. Diese wenigen Bemerkungen sollen hier genügen. Die fundamentale Bedeutung der Entropie wird erst im Laufe der weiteren Kapitel klar, wenn wir uns mit Energieflüssen durch offene Systeme beschäftigen. Der Informationsgehalt des Energieflusses ist Gegenstand von Kybernetik und Informationstheorie.

Hier wird deutlich, dass Zeit einen informellen Charakter hat, da sie an den getakteten Energiefluss in einem physikalischen System gebunden ist. In Bezug auf den Zeitbegriff interessieren wir uns nicht für diesen Energiefluss, sondern dafür, wie oft ist der Zyklus des Flusses im Vergleich mit einer anderen Bewegung durchlaufen worden. Beispielsweise entspricht eine einzelne Pendelbewegung einer Uhr dann genau einem Bit Information. Damit sich das Pendel aber ständig bewegt, benötigt es einen äußeren Anstoß, der durch einen äußeren Energiefluss garantiert wird. Damit wird Zeit entmystifiziert. Wir kommen in Abschnitt *6.6 Über die Bedeutung der Entropie im offenen System* noch einmal auf die fundamentale Bedeutung der Entropie zurück.

4.8 Was ist Form?

Der Begriff der substanziellen oder auch strukturellen Form ist kein Begriff der Physik, weil er keine quantitativ messbare Eigenschaft ist. Das ist wie beim Sonderpreis-Baumarkt in meinem Ort. Dort werden Schrauben nach Masse verkauft und nicht nach Form. Ich kann mir das Sortiment nach meinem Bedarf an Menge aus Schrauben, Muttern und Unterlegscheiben zusammen und in eine Tüte packen. An der Kasse wird die Tüte gewogen und danach der Preis bestimmt. In der Physik, solange man im makroskopischen Bereich ist, geht man ähnlich vor. Man abstrahiert von der Form und der Anzahl und interessiert sich nur für die Masse der Objekte. Der Unterschied zur Menge ist, dass die Masse nicht gezählt wird, sondern mit einer Referenzmasse verglichen wird, weil das Zählen bei großen Zahlen praktisch nicht mehr zu bewerkstelligen ist.

Der Begriff der Substanz tritt erstmalig in der Chemie auf. Substanz und Körperform sind keine Basiseigenschaften der Physik, sondern Struktureigenschaften der Materie und somit nach der Aufspaltung der Philosophie in verschiedene Wissenschaftsdisziplinen den anderen Naturwissenschaften vorbehalten. Nach den obigen Ausführungen kann man die strukturelle Form jedoch als tote Information auffassen und sie in die Nähe der Entropie rücken. Formen werden an Phasenübergängen von Massen infolge unterschiedlicher Reflexion und Beugung des Lichtes sichtbar.

Trotzdem besteht ein Gruppe fachfremder Kritiker der Modernen Physik um Bill Gaede [4.29], wie auch Raphael Haumann darauf, dass Form ein Grundbegriff der Physik sei. Sie unterscheiden Objekte mit Formen sowie Existenzen mit Form und Lokalisation und stellen ihnen Konzepte gegenüber und bauen darauf ihre Kritik an der Physik auf. Verglichen mit dem Beispiel vom Schraubenverkauf hieße das, an der Kasse müsste meine Tüte geöffnet werden und der Preis jedes einzelnen Stücks aus seinem Entnahmefach ermittelt werden. Das würde lange Warteschlangen an der Kasse verursachen und der Umsatz würde zurückgehen.

Die Argumentation der Kritiker ist obendrein so, dass sie die Masse nicht als Repräsentant eines Objektes bzw. einer Ansammlung von Objekten ansehen, sondern als Konzept und ihr deshalb eine reale Existenz absprechen. Das wirkt in der Tat lächerlich, da jeder, der sein Gewicht prüft, in Wahrheit seine Masse bestimmt und sich ärgert, wenn er wieder mehr Fett angesetzt hat, dessen reale Existenz ihn belastet. Eine solche Argumentation wird mit Recht als pseudowissenschaftlich abgelehnt, da nützt es nichts, wenn man fleißig kritikwürdige Zitate aus der Welt der Physik sammelt und diese Kritik dann am Kern der Sache vorbei geht.

Die Physik kann Objekte bezüglich Dichte, Masse oder Temperatur messen, Folglich kann die Physik Objekte auch nur danach unterscheiden. Eine Kritik der Physik an der Unterscheidung zwischen realen Objekten und geistigen Konzepten auf Grund von Form festmachen zu wollen, ist daher keine produktive Kritik. Sie ist zerstörend, weil sie in ihrer logischen Konsequenz nicht die Auswüchse der Theoretischen Physik trifft, die nicht ursächlich in der Mathematik liegen, sondern in ihrer unqualifizierten Anwendung auf physikalische Prozesse, wie wir schon gesehen haben und in den nächsten Kapiteln weiter sehen werden. Mit einer generellen Mathematikfeindlichkeit wird die Basis der Physik getroffen. Da der ‚Gaedeismus‘ aber im Wesentlichen die Relativitätstheorie zu treffen beabsichtigt, ist er in der Sache letztlich inkonsequent und dringt nicht zum Wesen dessen vor, was in der Physik derzeit aus dem Ruder läuft. Das wollen wir uns in den nächsten Kapiteln ansehen und der relativistischen Physik ein anderes Konzept entgegenstellen.

Ein mathematischer Aspekt von Form ist die Euklidische Geometrie. Während sie die Geometrie des Anschauungsraumes ist und diese von je her streng axiomatisch aufgebaut war, machte ein Axiom immer wieder Kopfzerbrechen, weil es nicht elementar zu sein schien. Es war das Axiom, dass sich parallele Linien nicht schneiden, bzw. erst im Unendlichen. Man kann das Axiom auch durch die Aussage ersetzen, dass die Winkelsumme im rechtwinkligen Dreieck einer Ebene 180° beträgt. (Man verlängere in Gedanken nur die beiden längeren Schenkel, dann wir der spitze Winkel immer kleiner und die beiden langen Schenkel nähern sich den Parallelen an.) Kann man auch Dreiecke mit anderen Winkelsummen erhalten?

Wir nehmen eine Orange und schneiden aus ihrer Oberfläche ein Dreieck heraus. Wenn wir an die Schnittkanten Tangenten anlegen und deren Winkel untereinander messen, erhalten wir eine Winkelsumme größer als 180°. Warum? Nun die Oberfläche der Orange ist eine gekrümmte Fläche. Auf gekrümmten Flächen gilt Euklids Parallelenaxiom nicht mehr. Wir nennen Geometrien, die sich nicht auf den Raum, sondern auf Oberflächen beziehen, Nichteuklidische Geometrien. Alle diese Oberflächen weisen eine Krümmung auf. Die Geometrie der Erdoberfläche ist eine nichteuklidische Geometrie. Das muss berücksichtigt werden, wenn wir großmaßstäbige Landkarten auf eine Ebene projizieren. Es ist sorgfältig zwischen Oberfläche und Raum zu unterscheiden. Eine Oberfläche kann durch eine Funktion beschrieben werden, ein Raum jedoch nicht.

Ein physikalischer Aspekt von Formgebung ist der Übergang zwischen zwei Phasen eines oder verschiedener Stoffe. Eines der bekanntesten Beispiele ist die Kristallbildung aus einer Flüssigkeit. Ein anderes ist die Wirbelbildung an einem Massefluss durch Abbremsung an einem dichteren Medium, oder die Küstenlinie zwischen Land und Wasser. Auch bei unserem Conway-Spiel des Lebens treten spontan stabile oder oszillierende Figuren auf, solange sie nicht auf den Rand des Spielfeldes stoßen, aber das chaotische Verhalten ist häufiger. Entscheidend für Strukturbildungen sind wohl gekoppelte Regeln oder partielle Differentialgleichungen, die man mit zellularen Automaten modellieren kann, deren Verhalten von ihrer Umwelt und dem inneren Zustand bestimmt werden. Dabei wird das typische Schwarmverhalten ihrer Akteure ausgeprägt. Bei der Kristallbildung aus einer Salzlösung oder bei der Herausbildung von Schneeflocken reicht offensichtlich die Abführung von Wärme, was einem Entropieentzug in einem offenen System entspricht. Auch wenn die Simulation spezieller Prozesse erfolgreich ist, kann man nicht davon sprechen, dass diese Prozesse in der Theorie schon alle verstanden wären.

Formen können mathematisch mittels der Fraktalen Geometrie untersucht werden. Der erste, der sich intensiv mit den Formen der Natur beschäftigt hat, war der Mathematiker Bernoit Mandelbrot [4.30]. Für ihn sind Formen ein Mittelding zwischen einer Linie und einer Fläche oder einer Fläche und einem Körper. Er spricht von einer gebrochenen Dimension zwischen 1, 2 und 3. Also ist die Form ein mathematischer Begriff. Aber gerade gegen die Mathematik wollen die Leute um Bill Gaede mittels des Formbegriffes polemisieren. Doch Effekte an den Phasengrenzen haben die Physik erst in den letzten 40 Jahren unter dem für sie missverständlichen Begriff ‚Selbstorganisation‘ [5] zu interessieren begonnen. Besser wäre hier der Begriff *Synergetik* von Herman Haken[6] anzuwenden, da es sich um das Zusammenwirken von verschiedenen Kräften handelt. Die Geometrie der Fraktale hat in die Physik bisher noch keinen Eingang gefunden.

Gerade die Komplexität dieser Prozesse bereitet dem linearen kausalen Denken die entscheidenden Schwierigkeiten. Aber mit Hilfe von Simulationen auf leistungsfähigen Computern kommt man der Lösung solcher Probleme schrittweise immer näher. Nachdem wir die Terminologie der physikalischen Grundbegriffe besprochen haben, die die Objekte der Physik darstellen, wollen wir uns nun der Physik des Mikrokosmos zuwenden, um den Ursachen der Kräfte und der sie auslösenden Bewegungen auf die Spur zu kommen.

Wir werden aber Ende des Kapitels 5 auf die Form an Phasengrenzen zurückkommen, wenn wir die Struktur des Atomkerns untersuchen.

5   W. Ebeling und R. Feistel - Physik der Selbstorganisation und Evolution 1986
     https://www.amazon.de/Physik-der-Selbstorganisation-und-Evolution/dp/
     B001NUOFKW
6   H. Haken -*Synergetik: Die Lehre vom Zusammenwirken*. 2. Aufl.
     Frankfurt/Main; Berlin : Verlag Ullstein GmbH, 1991

5 Der Mikrokosmos

"Die Mehrheit der Physiker verzichtet einfach darauf, sich mit der Bedeutung ihrer Quantenberechnungen auseinander zu setzen. Sie lassen sich auch nicht durch die Konsequenzen der quantenmechanischen Grundexperimente beunruhigen. Die Wissenschaft hat für sie nicht mit Wahrheit oder Sinn zu tun, sondern mit Vorhersagen und Kontrolle: Sie ist ein Instrument. Hier wird aus dem wissenschaftlichen Hochmut des 19. Jh. der Zynismus des 20. Jh. Wir haben Macht, und das genügt uns; auf wirkliche Erkenntnis können wir ganz verzichten."   *- Arthur Zajonc*

Haben wir im vorigen Kapitel die Materie in ihren allgemeinen Eigenschaften betrachtet, wollen wir nun in die Tiefe vordringen und uns mit den kleinsten Teilchen der Materie und ihrem Zusammenhalt beschäftigen. Der Mikrokosmos wird gewöhnlich mit der Quantenmechanik beschrieben. Wir haben unter 3.4.1 festgestellt, dass sich hinter der Quantenmechanik eine statistische Betrachtungsweise verbirgt, die jedoch für die Betrachtung eines einzelnen Teilchens ungeeignet ist. Physiker mögen keine Statistik, weshalb die Kopenhagener Interpretation von den meisten ihrer Zunft bevorzugt wird, was nur mehr Konfusion auslöst.

Gemäß dieser Interpretation ist der Wahrscheinlichkeitscharakter quantentheoretischer Vorhersagen nicht Ausdruck der Unvollkommenheit der Theorie, sondern des prinzipiell undeterminierten Charakters von quantenphysikalischen Naturvorgängen,

liest man bei WIKIPEDIA als Erklärung zur Kopenhagener Interpretation. Offensichtlich hegt man doch Zweifel an der Theorie. Aber mit dieser Interpretation werden die Verhältnisse auf den Kopf gestellt, und es wird der physikalische Determinismus mit der Unvollständigkeit des Wissens darüber verknüpft. Wie unsinnig das ist, beweist eine simple Verknüpfung von Statistik und Determinismus: *"Der Bach ist im Mittel 50 cm tief und trotzdem ist die Kuh darin ersoffen."* Wir haben zuerst eine statistische Aussage. Diese Aussage verschweigt, dass der Bach auch tiefe Stellen haben kann und an anderen Stellen ist er sehr flach. Die 50 cm wurden aber als ein determinierter Wert verstanden. Es handelt sich nicht um die Unbestimmtheit der Bachtiefe, sondern einfach um die Unkenntnis der Ortsverhältnisse. An der Furt hätte die Kuh den Bach gefahrlos überqueren können. Wir können unsere Unwissenheit nicht von real existierendem Indeterminismus unterscheiden. Conways Spiel des Lebens offenbart dieses Dilemma sehr eindrucksvoll. Es hat drei ganz klare Regeln und trotzdem kommen ganz unterschiedliche Ergebnisse heraus. Ebenso verhält es sich mit dem Dreikörperproblem der Kosmologie. Es gibt eine ganze Problemklasse, die man unter dem Begriff Chaos zusammenfasst, deren Regeln für uns nicht nachvollziehbar sind, weil wir nur in Kausalketten denken können. Hier sind aber oft kausale Zusammenhänge vernetzt. Der Zufall entsteht dort, wo zwei kausale Regeln aufeinander treffen. Darin liegt auch das Dilemma bei der Suche einer Vereinigung von statistischer Betrachtungsweise und deterministischer Betrachtungsweise, wie sie Ziel der Quantengravitationstheorie ist. So formulierte Brian Greene in seinem Buch *Der Stoff aus dem das Universum ist* [5.01]:

> *„Wir können nur dann hoffen, den Ursprung des Universums zu verstehen - eine der wichtigsten Fragen überhaupt in der Naturwissenschaft -, wenn es uns gelingt, den Konflikt zwischen allgemeiner Relativitätstheorie und Quantenmechanik zu lösen. Wir müssen den Gegensatz zwischen den Gesetzen des Großen und den Gesetzen des Kleinen überwinden und sie in einer einzigen, harmonischen Theorie vereinigen.“*

Diese Hoffnung wird sich nicht erfüllen. Physikalische Theorien sollen Werkzeuge zum Verständnis der Natur liefern und insofern müssen sie dem zu bearbeitenden Gegenstand entsprechen. Für einen Ingenieur ist es unverständlich, warum man große und kleine Dinge mit dem gleichen Werkzeug bearbeiten will. Aber vielleicht ist dieses Ziel nur Ausdruck einer allgemeinen Ziellosigkeit der Theoretischen Physik der Neuzeit, weil die Ingenieurwissenschaften heute die Ziele setzen und sie auch verwirklichen.

Wenn wir Masse teilen, erhalten wir immer wieder Masse. Diese Teilung kann bis in Bereiche von 10^{-11} m fortgesetzt werden. Dann gelangen wir in den Bereich der einzelnen Atome. Damit gehen wir zur Zählbarkeit über und aus der Masse erhalten wir eine Menge der Protonen (und Neutronen). Das Elektronenmikroskop erlaubt nur Vergrößerungen von 1:10^6, also bleiben die Atome weit unter der Sichtbarkeitsgrenze. Außerdem hat jede Masse einen bestimmten Energieinhalt, der einer Teilchenbewegung entspricht und von uns als Temperatur wahrgenommen wird, was als Schwingung der Atome, bzw. Bewegung zu verstehen ist. Trotzdem gibt es physikalische Verfahren, die Größe von Atomen zu bestimmen, wie H. Niedderer & J. Petri ausführen [5.02]. Gleichzeitig stellen sie fest, dass sich ein definitiver Atomradius wegen des asymptotischen Verhaltens der Wellenfunktion der Quantenmechanik nicht angeben lässt. Teilt man weiter, so erhält man eine negativ geladene Atomhülle und einen positiv geladenen Atomkern. Um den Kernradius zu bestimmen, verwendet man hochenergetische Elektronenstrahlen, richtet sie auf den Atomkern und beobachtet das Streuverhalten. Man erhält eine Gleichung [5.03]

$$r_{Kern} = r_0 \cdot \sqrt[3]{M} \qquad\qquad (5.01)$$

r_0 ist der Protonradius. Neuere Messungen des Protonradius ergaben einen Wert von $0{,}84184 \times 10^{-15}$ m [5.04]. Die Massenzahl M ist die Kernmasse in Einheiten u, was der Masseneinheit eines Protons entspricht [5.05]. Die atomare Masseneinheit u ist definiert als 1/12 der Masse eines Kohlenstoffatoms des Kohlenstoffisotops ^{12}C, also des Kerns mit M = 12 einschließlich der 6 Hüllenelektronen des Atoms.

Das Elektron hat dagegen einen Radius von $2{,}81 \times 10^{-15}$ m.

Das Elektron ist also mehr als dreimal so groß wie das Proton, hat aber dafür 1896 mal weniger Masse und beide sind die einzigen stabilen Teilchen.

Das bedeutet, dass alle anderen entdeckten kurzlebigen Teilchen offensichtlich als angeregte Zustände dieser beiden Grundzustände zu verstehen sind, weshalb wir uns bei diesen Betrachtungen ausschließlich auf diese beiden Teilchenarten konzentrieren werden.

Während Elektronen als elementar erkannt wurden, waren die positiven Gegenspieler ein noch weites Feld der Untersuchung und der Physik lange Zeit verschlossen gewesen. Erst die Massenspektrometrie brachte hier Licht in die Welt der anorganischen Chemie. Das **Proton** kristallisierte sich als der Baustein des Atomkerns heraus, der im Kern für die Masse sorgte. Bei der Kernspaltung trat ein weiteres Teilchen ohne elektrische Ladung auf, das Neutron. Dieses Teilchen erwies sich jedoch als instabil. Nach einer mittleren Halbwertszeit von etwa 15 Minuten wandelte es sich in ein Wasserstoffatom um. (Nach 15 Minuten gab es von den anfangs vorhandenen Neutronen nur noch die Hälfte und nach weiteren 15 Minuten waren es nur noch ein Viertel und so fort. Aus dem neutralen Teilchen entstanden zwei Teilchen entgegengesetzter Ladung.) In der Folgezeit meldete die Hochenergie-Teilchenphysik die Entdeckung immer neuer Teilchen. Aber keines erreichte annähernd die Lebenszeit eines Neutrons. Kann man bei Lebenszeiten in der Größenordnung von 10^{-6} s da überhaupt von autonomen Teilchen sprechen, oder sind es nur angeregte Zustände bekannter Teilchen?

Nun wurde erkannt, dass Elektronen mit einer gewaltigen Geschwindigkeit um den Atomkern herum sausen, damit sie nicht in den Kern hineinstürzen, der sich gegenüber der Elektronengeschwindigkeit fast in Ruhe befindet. Die Ablöseenergie bei Wasserstoff beträgt 13,6 eV. Man kann das mit einem schnell rotierenden Ventilator beschreiben. Wenn man davon ein Bild hat, werden die Rotorblätter unscharf erscheinen, die Rotorachse ist aber gut sichtbar. Also scheint es vernünftig, bei den schwirrenden Elektronen mit Unschärfe und Wirkungsquanten zu hantieren, nicht aber bei der Beschreibung der Kernstrukturen.

Es scheint daher vernünftig, die vielen um den Atomkern herum sausenden Elektronen mit den Mitteln der Quantenmechanik zu beschreiben, um wenigstens eine Übersicht über die Verhältnisse in der Elektronenschale zu erlangen. Aber genau dieses quantenmechanische Modell wurde auch für die Beschreibung des Atomkerns eingesetzt. Quantenmechanische Aussagen kann man nicht versachlichen und daraus kausale Schlüsse ziehen, wie wir oben festgestellt haben. Aber genau diese Vorgehensweise wird beim Standardmodell der Kosmologie praktiziert. Da dieses Modell keinem wissenschaftlichen Ziel dient, kann man sich über diese logische Schranke hinweg setzen. Das Standardmodell der Teilchenphysik hat die Aufgabe, den ominösen Urknall, die Schöpfung zu erklären, nichts anderes, nicht die Ursache für den radioaktiven Zerfall der Atome zu finden, was eine lohnende physikalische Zielstellung wäre. Stattdessen soll es erklären, wie aus dem Nichts Materie entsteht. Das sollten wir uns nun etwas genauer ansehen.

5.1 Kritik am Standardmodell der Teilchenphysik

Kann Teilchenphysik jenseits der Wahrnehmungsgrenzen wahr sein? Die Frage kam mir, als ich das Buch von Alexander Unzicker *The Higgs Fake* [5.06] gelesen hatte. Es thematisiert die etwas verdächtige Entdeckung des sogenannten ‚Gottesteilchens‘ an der größten je gebauten elektrischen Maschine der Welt, dem Large Hadron Collider, mit dem erklärt werden soll, wie Teilchen zu ihrer Masse kommen. Hier hat offensichtlich ein stiller Bedeutungswandel des Begriffes Masse stattgefunden, denn wir verstehen in der Atomphysik Masse als die Zahl der Teilchen, wie aus der Einheit *u* hervorgeht. Unzicker lehnt intuitiv und emotional die Ergebnisse der Teilchenphysik ab, und die Argumentation schien mir wenig begründet. Das Buch bleibt zu sehr an den Erscheinungen haften, ohne das Grundproblem, die notwendige Abgrenzung der Physik von der Mathematik als eine Geisteswissenschaft klar heraus zu arbeiten und die Verschiebung von Begriffsinhalten innerhalb der Physik anzusprechen. Die Physik ist jedoch immer noch eine empirische Wissenschaft, auch wenn das die Theoretiker gern ändern möchten. Als empirische Wissenschaft ist sie an die aktuellen Nachweisgrenzen der Instrumente gebunden. Dass die Teilchenphysik eine Herausforderung an den Verstand darstellt, gibt sogar Jörg Bleck Neuhaus [5.07], ein Vertreter der Teilchenphysik zu, weil sie die Grenzen der klassischen Physik spürbar gesprengt hätte. Was aber sind diese Grenzen? Die Grenzen liegen dort, wo wir statt der experimentellen Befunde, mathematische Phantasie einsetzten. Das kritisiert Unzicker meines Erachtens zu Recht. Das Überschreiten dieser Grenze ist aber im philosophischen Sinne Metaphysik. Ob jedoch der Anspruch, den er in seinem Buch erhebt, junge Leute anzusprechen, erfüllt wird, wage ich zu bezweifeln. Sie müssten eine sehr gute Vorbildung in Physik, Philosophie und Logik besitzen, um sich ein selbständiges Urteil unabhängig von der allgemeinen Lehrmeinung bilden zu können. So fragt sich der Leser: Wie können hochqualifizierte Experten in ihren Aussagen so falsch liegen, wenn sie keinem erkennbaren politischen Ziel dienen? Schließlich kann man sie nicht alle unter Generalverdacht der Hochstapelei setzen. Zum anderen birgt der hohe Spezialisierungsgrad der heutigen Fachdisziplinen die Gefahr der Irrtümer und Fehlinterpretationen, zumal der Forschungsgegenstand sich selbst der sinnlichen Betrachtung völlig entzieht.

Hier will ich der Frage nachgehen: **Welche Ergebnisse beansprucht die Teilchenphysik für sich und wie stehen diese zur Forschungslogik und welchen Anspruch auf Wahrheit können ihre Aussagen daraus ableiten?** Dazu scheint mir das Buch *Elementare Teilchen – Von den Atomen über das Standardmodell bis zum Higgs-Boson* von Jörg Bleck Neuhaus[5.07] bestens geeignet, kommt doch hier ein Vertreter der Teilchenphysik selbst zu Wort, der sich wirklich bemüht, die Ergebnisse seiner Disziplin dem Leser verständlich nahe zubringen. Zu Fragen der Forschungslogik verweise ich auf den Abschnitt 2.3.

5.2 Teilchenphysik und Erkenntnislogik

Kann man das Prinzip der Falsifizierung auch bei der Teilchenphysik anwenden, obwohl es dem Außenstehenden unmöglich gemacht wird, die Experimente nachzuvollziehen und etwa auch Abgrenzungskriterien angeben? Sowohl Relativitätstheorie als auch Quantentheorie sind in der Zeit entstanden, als der Wiener Kreis des Positivismus Einfluss auf die Wissenschaft hatte. Einer dieser Vertreter war Ernst Mach, den Albert Einstein an der Prager Universität kennen gelernt hat, wo er für drei Semester einen Lehrstuhl erhalten hatte, seine Ambitionen bezüglich Lehre sich aber in sehr engen Grenzen hielten. Einstein behauptet später, dass ihn Machs Mechanik tief beeindruckt habe und Machs Vorbild des kritischen Denkens für ihn der Schlüssel zur Relativitätstheorie gewesen sei. Das ist eher zu bezweifeln, da sein Lieblingsphilosoph Arthur Schopenhauer das Relativitätsprinzip bereits 1818 in seinem Buch *Die Welt als Wille und Vorstellung* vorweg genommen hat [5.08], Einstein 1905 die spezielle Relativitätstheorie veröffentlichte und erst 1911 die Begegnung mit Mach in Prag erfolgte. Dabei wird auf Machs Prinzip angespielt. Es sagt, dass es keinen absoluten Raum gibt, wie ihn Newton verstanden hat, Bewegungen eines Körpers kann man nur in Beziehung zu Bewegungen anderer Körper erkennen. Das sagt nichts anderes, als dass jeder Beobachter sein eigenes Bezugssystem mitbringt und der Raum ein mathematisches Konzept im Kopf des Beobachters ist. Aber dieses Prinzip anerkennt nicht die Bedeutung eines Kraftfeldes als Bestandteil einer Masse auf die Bewegung des jeweils anderen Körper, die man als Beobachter als Beschleunigungskraft wahrnehmen kann. Der Floh sieht also, dass der Schwanz mit dem Hund wedelt, falls er nicht die Kräfte spürt, die an ihm zerren. Beobachtung wird hier als visuelle Beobachtung verstanden. Deshalb sprach Einstein vom Inertialsystem (Trägheitssystem). Nur ist die Trägheit mit den Massenteilchen verbunden und nicht mit dem Raum, einer Menge unabhängiger Merkmale wie etwa Länge, Breite und Höhe. Es gibt keinen physikalischen Raum, sondern ein teilchenerfülltes Volumen, dass in Beziehung zu dem Konzept des Raumes gesetzt wird, sonst könnte man Volumina nicht messen.

Wie schon oben bemerkt, war die Naturwissenschaft philosophisch sehr stark vom Positivismus beeinflusst. Der Positivismus steht für eine Position, der zufolge sich die Naturwissenschaften auf die Erforschung der beobachtbaren Sachverhalte (*Positiva*) beschränken sollen. Als Begründer des Positivismus wird Hume angesehen; der Name *Positivismus* selbst geht auf Auguste Comte [5.09] zurück, der das Drei-Stadien-Gesetz der wissenschaftlichen Entwicklung formulierte:

1. *Theologisches Stadium:* Reale Erscheinungen werden auf das Wirken eines Gottes oder mehrerer Götter zurückgeführt.
2. *Metaphysisches Stadium:* Erfassung des allgemeinen Wesens der Dinge.
3. *Positives Stadium (höchstes):* Beschreibung von beobachteten Tatsachen.

Damit fordert der Positivismus für die Kosmologie indirekt ein geozentrisches Weltbild und geht auf Positionen vor Galilei zurück, denn unsere tatsächliche Sicht ist heliozentrisch. Obwohl der Beobachter in das Experiment mit einbezogen wird, werden die Abbildungsgesetze und andere Eigenschaften des Beobachters bei der Beschreibung von Tatsachen vernachlässigt. Im Gegenteil, sowohl Relativitätstheorie als auch Quantentheorie flüchten sich in metaphysische Regionen jenseits von beobachtbaren Sachverhalten. Während die Relativitätstheorie Beobachter und Objekt gleichwertig betrachtet, ohne die Energiebilanz bei ihrer Bewegung zueinander zu betrachten, unterscheidet die Quantentheorie nicht zwischen Einzelereignis und einer Vielzahl von Ereignissen, was sich im Widerspruch des Welle-Teilchen-Dualismus manifestiert und die Verknüpfung von statistischen Aussagen mit kausalen Folgerungen verbindet, was eine logische Sünde darstellt, die oft auch im Alltagsleben anzutreffen ist. Um diesem Dilemma zu entgehen, versucht man alle Erscheinungen in einem Teilchenbild zu beschreiben, da man erkannt hat, dass man einzelne Teilchen nicht in einem Wellenbild beschreiben kann. Man würde aus Überlagerungen von Wellen keine stabilen Teilchen erhalten. Allerdings ist alles, was die hochenergetische Teilchenphysik entdeckt hat, instabil.

Die Schwierigkeit bei der Teilchenphysik liegt auch hier im Auffinden eines oder mehrerer geeigneter logischer Abgrenzungskriterien, die naturgegeben andere als bei der Relativitätstheorie sein müssen, und es bedarf einer Menge von zu untersuchenden Sätzen, die die Teilchenphysik für sich beansprucht. Davon müssen die induktiv entstandenen herausgefiltert werden und diese müssen dann mit anderen bereits anerkannten Sätzen in Widerspruch gebracht werden. Die Teilchenphysik wird von der Idee der Symmetrie beherrscht, was in einigen ihrer Sätze zum Ausdruck kommt. Den gegenwärtigen Erkenntnisstand der Elementarteilchenphysik fasst Jörn Bleck-Neuhaus in 12 Sätzen zusammen:

1. *Ein Elementarteilchen lässt weder eine endliche räumliche Ausdehnung noch eine innere Struktur erkennen.*

2. *Es gibt nur wenige Grundtypen von Elementarteilchen. Das sind 2 Sorten von Fermionen und 3 Sorten von Bosonen.*

3. *Elementarteilchen können Drehimpuls haben, ohne sich zu drehen und magnetisch sein, ohne dass ein Strom fließt.*

4. *Elementarteilchen können erzeugt und vernichtet werden.*

5. *Zu Teilchen gibt es Antiteilchen.*

6. *Elementarteilchen der gleichen Sorte sind nicht unterscheidbar.*

7. *Der Elementarakt der elektromagnetischen Wechselwirkung ist die Emission oder Absorption eines Photons. Auch das elektrostatische Potential entsteht so.*

8. *Elementarteilchen entfalten messbare Wirkungen auch aus „unphysikalischen" Zuständen heraus, in denen sie nicht beobachtbar sind (virtuelle Zustände).*

9. *Jede der vier Grundkräfte der Natur kommt durch Austausch von Elementarteilchen in virtuellen Zuständen zustande.*

10. *Für die Wechselwirkungsprozesse gibt es eine exakte Bildersprache.*

11. *Es gelten die vier Erhaltungssätze der klassischen Physik, jedoch sind die Spiegelsymmetrien der klassischen Physik gebrochen.*

12. *Die Teilchen können weitere Arten von Ladung tragen, die sich zum Teil ineinander umwandeln lassen. Das macht unklar, wie viele Arten von Teilchen als verschieden gezählt werden müssen.*

Diese Sätze wollen wir nun untersuchen, um Abgrenzungskriterien zu finden. Ehe wir uns jedoch mit den einzelnen Sätzen befassen können, müssen einige allgemeine Bemerkungen vorangestellt werden. Als erstes muss auf die Ausgangssituation eingegangen und dann die experimentelle Situation der Teilchenphysik diskutiert werden.

5.2.1 Die Ausgangssituation und die Ideen der Quantenmechanik

Die Deutung der optischen Spektrallinien war mit der klassischen Physik, wie sie sich um 1900 darstellte, nicht möglich. Man konnte weder Photoeffekt noch thermische Strahlung erklären. Da war die Einführung der Quantenmechanik ein gewaltiger Entwicklungsimpuls. Sie war jedoch an die Beobachtungen mittels eines Spektrografen gebunden. Ein Spektrograf kann keine Teilchen beobachten. Also muss man sich den Weg, den ein Lichtimpuls durch ein optisches Medium zurücklegt, als eine Welle vorstellen. Die Idee der Quantenmechanik ist nun folgende:

206

Stellen wir uns vor, wir müssten einen Platz mit vielen Menschen, die scheinbar ziellos durcheinander laufen, überqueren. Um nicht mit den Menschen zusammen zu stoßen, wären wir gezwungen, diesen ständig nach recht bzw. links auszuweichen. Wir würden keinen geraden Weg zurücklegen, sondern eine mehr oder weniger wellenförmige Kurve mit einer zufälligen Amplitude beschreiben. Das gleiche würde passieren, wenn wir den Platz senkrecht zu unserem ersten Weg überqueren wollten. Wir bräuchten den Platz gar nicht selbst überqueren, eine Nachricht, die von Mund zu Mund übermittelt würde, nähme einen solchen wellen-ähnlichen Weg.

Sie erinnern sich, so etwas schon mal gelesen zu haben? Diese Idee ist wichtig. Nun können wir diese Vorstellung auf die Ebene der Atome transformieren und nennen diese Wegbeschreibung Wahrscheinlichkeitsamplitude. Das Quadrat des absoluten Betrages der Funktion nennen wir Wahrscheinlichkeitsdichte. Nun erklären die Erfinder der Quantenmechanik jedoch, dass die Bewegung eines freien Teilchens diese wellen-ähnliche Bewegung vollführen würde. In Wahrheit ist das Teilchen jedoch gar nicht frei, sondern bewegt sich so, weil es genügend andere Teilchen gibt, denen es ausweichen muss. Wir können also annehmen, dass sich ein Teilchen mit einer gewissen Wahrscheinlichkeit im Schnittpunk zweier aufeinander senkrecht stehender Wellenfunktionen auf seinem Weg befindet. Das sagt aber überhaupt nichts über das individuelle Teilchen selbst aus. Außerdem kann man davon ausgehen, dass die Wahrscheinlichkeitsamplitude davon abhängt, mit welcher Energie der Platz überquert wird. Wenn jemand mit dem Motorrad den Platz überquert, werden alle diesem ausweichen, sobald sie das Motorrad erkennen, wenn sie nicht Gefahr laufen wollen, verletzt zu werden. Im Bereich der Atome bedeutet die Verletzung Ionisation. Es scheint nicht sinnvoll zu sein, in der hochenergetischen Teilchenphysik noch auf Quantenmechanik zu setzen. Hier wird das Konzept der Quantenmechanik pervertiert. Offensichtlich ist in der Energie ein Abgrenzungskriterium für die Quantenmechanik enthalten. Während die Quantenmechanik das wahrscheinliche Verhalten von Teilchen beschreibt, sucht die hoch-energetische Physik nach Ausnahmen im Verhalten und glaubt, jede Ausnahme sei ein neues Teilchen, wobei sie es anschließend zur Regel erhebt.

In der klassischen Physik hat das Teilchen konkrete Koordinaten, eine Richtung, eine Masse und eine Geschwindigkeit und damit auch eine Stabilität. Die Quantenmechanik sagt über ein Teilchen nur, dass an der Kreuzung zweier Wege eine Wahrscheinlichkeit besteht, dass dort ein Teilchen zu finden ist und wenn ich über die Wege über einen unendlichen Wertebereich integriere, dann erhalte ich die Gewissheit, dass an der Wegkreuzung ein Teilchen ist, aber wo die Kreuzung ist, darüber sagt die Definition nichts. Ich kann keine Gewissheit erlangen, weil diese Integration praktisch unmöglich ist. Auf der Ebene der Quantenmechanik ist der Begriff Teilchen deshalb völlig unbestimmt, weshalb man fälschlicherweise vom Wellencharakter eines Teilchens spricht. Man kann kein Teilchen durch ein Wellenpaket darstellen, da es nicht stabil wäre. Das hat aber nichts mit dem individuellen Schicksal des Teilchens selbst zu tun, sondern mit der Art der Beschreibung. Es ist so, als würde man das Teilchen mit einer zu langen Belichtungszeit photographieren. Das Bild ist dann entsprechend unscharf. Nun wird jeder dynamischen Variable aus der klassischen Mechanik in der Quantenmechanik ein bestimmter linearer mathematischer Operator zugeordnet, der auf die Wellenfunktion wirkt, wobei an-genommen wird, dass zwischen den linearen Operatoren die gleichen Identitätsbeziehungen bestehen, wie zwischen den Größen in der klassischen Mechanik. So wird beispielsweise der Impuls durch den Operator $-i\hbar$ dargestellt, der auf die Wellenfunktion wirkt. Es handelt sich um einen imaginären Operator auf eine Raumrichtung. Gut, mathematisch ist das noch nachzuvollziehen. Aber was bedeutet das physikalisch? Setzt man ein Teilchen, was wahrscheinlich in einem Raumelement existiert, damit einer Wirkung aus? Treffe ich das Teilchen überhaupt? Ich schlage ziemlich blind in das Raumelement hinein und kann deshalb für ein einzelnes Teilchen überhaupt keine Aussage treffen. Höchsten wenn ich das viele Male getan habe, besteht die Möglichkeit, dass ich einige Teilchen getroffen habe. Wie hoch die Trefferrate ist, bleibt unbekannt.

Es wird ein Modell verwendet, dass zwar für allgemeine Aussagen, dort wo viele Teilchen an der Weitergabe der Wirkung *h* eines Impulses beteiligt sind, gute Ergebnisse liefert, aber dort, wo Aussagen für ein individuelles Teilchen benötigt werden, völlig versagt. **Dieser Widerspruch wird in der Quantenmechanik kultiviert, indem man vom Welle-Teilchen-Dualismus spricht.** Außerdem kann die Quantenmechanik nur für energiearme Teilchen angewendet werden, dh. wenn die Energie des betrachteten Teilchens mit der Energie der benachbarten Teilchen vergleichbar ist. Das ändert sich, sobald wir hochenergetische Teilchen betrachten. Dann nämlich wird das Teilchen geradlinig durchfliegen und die benachbarten Teilchen erleiden Verletzungen (Ionisation), wenn sie nicht rechtzeitig ausweichen. Man erhält dann die entsprechenden Nebelkammerbilder.

5.2.2 Die Experimente der Teilchenphysik

Die Hochenergie-Experimente der Teilchenphysik am Large Hadron Collider (LHC) sind heute so aufwendig, dass sie von unabhängiger Stelle nicht nachvollziehbar sind. Der LHC ist ein gigantischer ringförmiger Teilchenbeschleuniger mit 27 Kilometer Umfang, der sich in etwa 100 Meter Tiefe im Grenzgebiet der Schweiz und Frankreichs nahe Genf befindet. Rund 9300 Elektromagnete erzeugen ein Magnetfeld mit einer Flussdichte von 8,33 Tesla. Zum Vergleich: ein gewöhnlicher Hufeisenmagnet hat in unmittelbarer Nähe der Pole ein Millitesla. Der Energiebedarf des LHC betragt rund 120 Megawatt – vergleichbar mit dem Strombedarf der Stadt Genf. In dem Magnetfeld werden gegenläufig ein Ionenstrom und ein Protonenstrahl auf annähernde Lichtgeschwindigkeit beschleunigt, um dann in einer Detektorkammer aufeinander zu prallen. Astrophysiker leugnen hartnäckig die Existenz von elektrischen Strömen im Weltall, aber sie haben keine Skrupel, elektrische Energie einzusetzen, um ihre von Elektrizität freie Theorie beweisen zu wollen. Das sieht ganz nach dem Wunder einer unbefleckten

Empfängnis aus. Ein weiteres Kuriosum ist die Tatsache, dass sie glauben, mit Crash-Tests die Struktur der Materie aufklären zu können. Überträgt man diese Idee auf die Ingenieursebene, würde das bedeuten, man könne Crashtests mit Autos der Konkurrenz veranstalten, um den Bauplan dieser Fahrzeuge zu erkunden...

Angeblich soll bei den Experimenten am LHC ein neues Teilchen entdeckt worden sein. Im Juli 2012 gaben die Physiker am CERN bekannt, dass sie sehr deutliche Hinweise auf das Higgs-Boson gefunden hätten. Das Higgs-Boson gehört zu einer schon in den 1960er Jahren vorgeschlagenen Theorie, nach der alle Elementarteilchen (beispielsweise das Elektron) außer dem Higgs-Boson selbst ihre Masse erst durch die Wechselwirkung mit dem allgegenwärtigen Higgs-Feld erhalten. Das lange gesuchte Teilchen, das schon nach 10^{-20} Sekunden in andere Teilchen zerfallen soll, ist damit 133-mal so schwer wie ein Proton in Ruhe. Wissen wir nicht schon durch die Massenspektroskopie, dass zu jeder Masse ein Feld gehört? Was soll uns da ein Teilchen sagen, dass eigentlich gar nicht existiert und aus einem masselosen Feld, das gar nicht existieren kann, die Masse generieren soll und sie an alle anderen Teilchen übertragen soll? Noch im Oktober des selben Jahres gab das Nobelpreiskommittee die Preisvergabe an die beiden Forscher François Englert und Peter Higgs mit der Begründung für "*die theoretische Entdeckung eines Mechanismus, der dazu beiträgt, den Ursprung der Masse subatomarer Teilchen zu verstehen, und der zuletzt durch die Entdeckung des vorausgesagten fundamentalen Teilchens an den Atlas- und CMS-Experimenten am Large Hadron Collider des CERNs bestätigt wurde.*" Man beachte die Formulierung 'theoretische Entdeckung'! (Siehe Abschnitt 2.2.2 *Mathematik sei kein Konzept, sondern objektive Realität)* Man könnte auch sagen: "die Entdeckung alternativer Fakten". Was wurde bestätigt? Es wurde eine sehr seltene zufällige Erscheinung im Detektor mit einer Idee in Verbindung gebracht, die sehr zweifelhaft ist und die niemand außerhalb des Forscherteams um den LHC je nachprüfen kann. Man wird den Eindruck nicht los, dass mit dem Nobelpreis die unsinnigen ökonomischen Aufwendungen dieses Experiments gerechtfertigt werden mussten. Wenn man diese Teilchen mit der so häufig vorhandenen Masse in der Welt in Verbindung bringt, sollten da nicht wenigstens stets massenweise Ereignisse zu erwarten sein? Solche Art von Wissenschaft nenne ich Wissenschaft zur Rechtfertigung eines Glaubens oder kurz Rechtfertigungswissenschaft.

5.2.3. Die Diskussion der Sätze über Teilchen

Nun wollen wir die Aussagen von Bleck-Neuhaus im Detail kommentieren und Abgrenzungskriterien auffinden, die Physik von Metaphysik scheiden. Wie Bleck-Neuhaus betont, basieren die Sätze der Teilchenphysik auf dem widersprüchlichen Dualitätsprinzip von Welle und Teilchen.

1. Ein Elementarteilchen lässt weder eine endliche räumliche Ausdehnung noch eine innere Struktur erkennen.

Ein Teilchen ist im gewöhnlichen Sprachgebrauch ein räumlich abgegrenztes Stück Materie. Ein Teilchen hat deshalb eine deutlich erkennbare Grenze sowie eine Masse, eine Ladung und ein Kraftfeld. Im täglichen Leben wird die Masse immer noch auf eine Referenzmasse, das Urkilogramm zurückgeführt. Im atomaren Maßstab ist die Referenzmasse das Kohlenstoffisotop ^{12}C. Alles was wir über die Masse wissen, liefert uns das Massenspektrometer und das wird elektrisch betrieben. Wir erhalten die Masse als das Verhältnis des Produkts aus Ladung und magnetischer Feldstärke zur Ionen-Zyklotronfrequenz. Diese Teilchendefinition ist sehr erfolgreich gewesen. Brachte sie doch die Erklärung für das gesamte Spektrum der Elemente mit ihren Isotopen mittels der Teilchen Elektron, Proton und Neutron. Die Radioaktivität der Atome zeigte jedoch, dass mindestens das Neutron nicht elementar ist, da es sich außerhalb des Atomkerns mit einer Halbwertszeit von 12 Minuten in ein Wasserstoffatom umwandelt. Auch innerhalb des Atomkerns scheint ein bestimmtes Verhältnis von Protonen zu Neutronen notwendig zu sein, damit ein Atom stabil ist. Vielleicht existiert aber das Neutron überhaupt nicht im Atomkern. Im Falle des hypothetischen Neutronenüberschusses erfolgt die Umwandlung in Protonen durch Elektronenabgabe solange, bis ein neuer Gleichgewichtszustand erreicht ist. Im Falle eines hypothetischen Neutronenmangels werden Elektronen vom Kern eingefangen, bis der Gleichgewichtszustand erreicht ist. Wenn man jedoch die Halbwertszeiten zwischen den einzelnen Kernumwandlungen betrachtet, findet man Zeiten zwischen Sekunden und Jahrhunderten, ohne dass sich eine Tendenz ableiten ließe. Wir haben dafür keine Erklärung. Wenn wir das Innere des Atoms verstünden, könnten wir diese Frage zweifellos beantworten.

Wenn man nach den Grenzen eines Elementarteilchens fragt, ist die Antwort nicht sehr zuverlässig, da die Messmethoden unterschiedlich sind und wenn man nach seiner Masse fragt, darf man es nicht beschleunigen. Was will man dann eigentlich im Teilchenbeschleuniger messen? Der Elektronenradius ist durch den Wirkungsquerschnitt mit etwa 3 fm (1 fm = 10^{-15} m) bestimmt worden, was mit dem klassisch berechneten Elektronenradius von 2,8 fm gut übereinstimmt. Setzt man die Masse des Protons in die Formel für den klassischen Elektronenradius ein, erhält man für den Protonradius einen um 3 Größenordnungen kleineren Wert. Der Protonradius ist jedoch nur etwa dreimal kleiner als der Elektronenradius, nämlich 0,8 fm. Der Neutronenradius soll etwa 1,1 fm betragen. [5.10]   Eine ältere Quelle gibt 5,7 fm an [5.11]. WIKIPEDIA nennt 0,85 fm. Die Messungen beruhen auf Streuexperimenten. Im Mittel erhält man etwa den Elektronenradius mit einer ziemlich hohen Standardabweichung. Je energiereicher die gestreuten Teilchen sind, desto kleiner erscheint das streuende Target, was auf die Wirkung des Kraftfeldes zurück zu führen ist. Schon Descartes betrachtete ein Teilchen in seiner Wirbeltheorie nicht unabhängig von seinem Kraftfeld, das sich stets in Abhängigkeit seiner Nachbarn ausdehnen kann. Lange glaubten die Teilchenphysiker, Bruchstücke aus dem Atomkern mit kurzer Lebensdauer seien selbständige Teilchen. Inzwischen wurde der Teilchenzoo jedoch auf wenige Grundtypen eingeschränkt.

Abgrenzungskriterium: Wenn man von einem Teilchen spricht, muss man es gegenüber seiner Umgebung abgrenzen können, damit es als eine Einheit identifiziert werden kann. Ich vermeide bewusst den Begriff Masse. Auch der Begriff Form ist hier   nicht gerechtfertigt, da Form nur vom Gesichtssinn erfasst werden kann. Damit hat es auch Ladung und ein umgebendes Kraftfeld, das es einem anderen Teilchen verwehrt in ersteres einzudringen. Aber die Annahme, dass zwischen den Teilchen ein leerer Raum existiere, kann offensichtlich nicht aufrecht erhalten werden. Auch wenn wir ein Kraftfeld nicht sehen können, können Kräfte gemessen werden, weshalb sie materiell sind. Mit anderen Worten, Teilchen füllen das zur Verfügung stehende Volumen aus. Es ist die Frage des Außendrucks, wie groß das Teilchen erscheint. Der obigen Definition kann man zustimmen.

2. Es gibt nur wenige Grundtypen von Elementarteilchen. Das sind 2 Sorten von Fermionen und 3 Sorten von Bosonen.

Die Teilchenphysiker teilen Elementarteilchen nach ihrem Spin ein. Während *Fermionen* als den Grundbausteinen der Materie, wozu das Elektron und das Proton gehören, der Spin ½ zugeordnet ist, tragen die *Bosonen*, zu denen auch das Photon gezählt wird, die Kräfte. Ihnen ist der Spin 1 zugeordnet. Die Fermionen werden in *Quarks* und *Leptonen* eingeteilt. Die Quarks sind theoretische Konstrukte, aus denen Neutronen und Protonen bestehen sollen. Dabei ist befremdlich, dass von den Fermionen nur die Leptonen beobachtbar sind, wozu 6 Arten gezählt werden, einschließlich der drei Neutrinoarten, deren Existenz zweifelhaft ist. Es bleiben nur drei beobachtbare Energiezustände des Elektrons e, μ und τ übrig, von denen μ eine Lebenszeit von Mikrosekunden und τ ein Lebenszeit von weniger als einer Picosekunde hat.

Weiter ist es auch befremdlich, die Bosonen als Teilchen zu bezeichnen, da sie Wirkungsquanten von Kräften sind, die nur in einem Kraftfeld übertragen werden können. Diese Kräfte treten erst am Phasenübergang in eine schwerer durchdringbare Phase auf, ohne dass ein Teilchen sich dort anlagern würde. Auch wenn sie quantisiert sind, hinterlassen Wirkungen doch keine Massenansammlungen. Den Bosonen ist der Spin 1 zugeordnet.

Was ist eigentlich der Spin? Auf dem Spinbegriff baut die ganze Teilchenphysik auf. Aber der Spin hat mindestens ebenso viel Verwirrung angerichtet wie die Welle-Teilchen-Dualität. Um den Spinbegriff zu verstehen, müssen wir schauen, woher er kam. Im Magnetfeld zeigt sich, dass die Spektrallinien eine Feinstruktur haben. Jede Linie spaltet sich unter der Wirkung des Feldes in drei und mehrere Linien auf. Es muss also noch ein Merkmal am Elektron vorhanden sein, dass erst unter Einfluss des magnetischen Feldes sichtbar wird. Stern und Gerlach schickten im Jahre 1921 Silberatome durch ein inhomogenes Magnetfeld [5.12]. Da Elektronen selbst ein Magnetfeld haben, erfahren sie in dem inhomogenen Magnetfeld eine Kraft und werden abgelenkt. Klassisch erwartet man nun, dass die Achsen der kleinen Magnete in beliebige Raumrichtungen zeigen können und die Atome beim Auftreffen auf den Schirm einen ganzen Bereich ausfüllen. In Wirklichkeit jedoch wurden nur zwei Banden beobachtet, so als ob es nur zwei Einstellmöglichkeiten gäbe. Da Silberatome nur ein einzelnes Valenzelektron in einer s-Unterschale und deswegen keinen Bahndrehimpuls und somit auch kein dadurch verursachtes magnetisches Moment haben, bleibt nur die Möglichkeit, dass die Elektronen selbst einen "Eigendrehimpuls" und ein damit verbundenes magnetisches Moment haben. Ein weiterer elektromagnetischer Effekt ist der Einstein-De-Haas-Effekt. Er zeigt, dass sich die Elektronen in einer Materialprobe nach dem Feld einer stromdurchflossenen Spule ausrichten. Folglich müssen sie wie drehbare Elementarmagnete agieren. Aus diesem Effekt ergibt sich das mechanische Moment des Elektrons. Das magnetische Moment einmal abgeleitet nach Bohr und zum anderen als mechanische Moment liefert den bemerkenswerten Unterschied von genau ½. Da Schpolski vermerkte, dass es sich bei der Torsion der Probe im Magnetfeld beim Einstein-De-Haas-Effekt um eine halbe Drehung handelte und die Ableitung des Bohrschen Magnetons mit einer ganzen Drehung berechnet wurde, keimt der Verdacht, dass das bei dem Vergleich der theoretischen Ableitung des Bohrschen Magnetons und der Originalarbeit von Einstein-De-Haas [5.13] nicht berücksichtigt wurde. Denn dort wurde nur eine zehnprozentige Abweichung vom vorausberechneten Wert angegeben. Stattdessen bekam dieser Faktor den Namen Spin, obwohl er offensichtlich nur ein Missverständnis ist, und mit Drehung gar nichts zu tun hat, sondern aus den unterschiedlichen Berechnungsgrundlagen für die Momente folgt. Dann wurde der Spin als eine Hypothese eingeführt, um die Diskrepanz zwischen dem Bohrschen Magneton und dem magnetischen Moment aus dem Einstein-De-Haas-Effekt zu überbrücken. Schpolski schreibt in seiner Atomphysik Bd.II §197 dazu:

"Die Vorstellung vom Elektronenspin und die damit verbundenen Eigenarten wurden als Hypothese eingeführt. In der Folge zeigte sich jedoch, dass die Existenz des Spins und alle seine Eigenschaften aus der Diracgleichung der Quantenmechanik, die den Forderungen der Relativitätstheorie gerecht wird, hervorgehen."

Das ist zweifellos ein Irrtum, da der Spin von ½ in die Diracgleichung als Voraussetzung eingegeben wurde. Es handelt sich um vier gekoppelte Differentialgleichungen für jede Koordinate in der Raumzeit. Aus einem Modell kann man nicht mehr Wissen herausholen, als man hineingesteckt hat. Folglich ist der Spin ein Faktor, der die Beziehung zwischen dem Bohrschen Magneton und dem mechanischen Drehimpuls für eine halbe Umdrehung herstellt. Anstatt die Frage zu klären, warum es zu dieser Diskrepanz zwischen den beiden Ableitungen des magnetischen Momentes kam, wurde einfach eine Theorie darüber gestülpt, die für mehr Verwirrung als Klärung sorgte. So soll der Spin alle Eigenschaften eines klassischen mechanischen Drehimpulses haben, ausgenommen die, dass er durch die Drehbewegung einer Masse hervorgerufen wird und im quantenmechanischen Formalismus ist er eine einfache Zahl, obwohl physikalisch entsprechend seiner Bezeichnung ein Vektor zu erwarten wäre. Solange Elektronen als kleine magnetische Dipole angesehen werden, ist das unverständlich. Das ändert sich aber, wenn man annimmt, dass Elektronen kein Dipolfeld haben, sondern ein Wirbelfeld, wie wir es auch schon stillschweigend unter Abschnitt *4.4.2 Die elektrodynamische Masse* beim Übergang von einem Leiter zu einem einzelnen Elektron vorausgesetzt haben. Dann bräuchte man nicht mehr zwischen magnetischem und mechanischem Moment zu unterscheiden. Der Nachweis des Wirbelfeldes des Elektrons gelang erst kürzlich J. de Climont [5.14]. Was also beim Elektron schon nicht richtig verstanden wurde, wurde auf das Proton übertragen, dessen magnetisches Moment ungefähr 660 mal kleiner ist. Dem Proton wird der Spin ½ seit 1928 zugeschrieben, weil eine Anomalie in der spezifischen Wärme von Wasserstoffgas nicht anders zu erklären wäre [5.15]. Den Protonenspin will man erstmals 2011 an einem einzelnen Proton nachgewiesen haben. Die Originalarbeit ist nicht frei verfügbar.

Anders als der halbzahlige Spin der Leptonen soll sich der ganzzahlige Spin des Photons (Lichtquant) schon aus der lange bekannten Existenz elektromagnetischer Wellen mit zirkulärer Polarisation ergeben. Tatsächlich bedeutet das nur, das hier das magnetische Moment mit dem Bohrschen Magneton übereinstimmt, wobei sich die Frage stellt, wie man das magnetische Moment eines Photons bestimmt haben will. Nach Sommerfeld[5.16] kann man zirkular polarisiertes Licht durch zweimalige Totalreflexion an Glasprismen herstellen. Normalerweise ist Licht also nicht zirkular polarisiert. Auch die Maxwell-Gleichungen bilden keine zirkulare Polarisation ab. Der Operator **rot** hat dort eine andere Funktion, er ist ein Umlaufintegral. Die Drehbewegung einer Welle ist aber etwas völlig anderes als die Drehbewegung eines Teilchens, da eine Welle stets aus vielen gekoppelten Teilchen besteht, die eine Wirkung transportieren. Wenn behauptet wird, dass ein direkter experimenteller Nachweis 1936 anhand der Drehbewegung eines makroskopischen Objekts nach der Wechselwirkung mit Photonen gelang, kann man dem entgegenhalten, dass sich ein Mühlrad auch dreht, ohne dass das darunter hinweg fließende Wasser einen Strudel bildet. Es gibt eine Menge technischer Anwendungen, bei denen eine geradlinige Bewegung in eine Drehbewegung umgesetzt wird.

Abgrenzungskriterium: Bosonen sind keine Teilchen, sie sind Wirkungen, was auch ihre extrem kurzen Lebenszeiten erklärt. Spinquantenzahlen sind physikalisch nicht erklärbar. Wahrscheinlich gehen sie auf ein Missverständnis im Bezug auf die Berechnungsgrundlage zurück (ganze Drehung, halbe Drehung). Das würde bedeuten, dass die auf dem Spin aufgebaute Teilchensystematik nichtig wäre.

3. Elementarteilchen können einen Drehimpuls haben, ohne sich zu drehen und magnetisch zu sein, ohne dass ein Strom fließt.

Wir hatten eingangs Abgrenzungskriterien für die Unterscheidung zwischen Physik und Metaphysik diskutiert. Hier wird tatsächlich behauptet, Elementarteilchen hätten einen Impuls ohne Bewegung. Der Impuls ist das Produkt aus Masse und Geschwindigkeit. Der Drehimpuls ist definiert als das Kreuzprodukt von Radius und angreifender Kraft. Die Kraft ist als das Produkt von Masse und Beschleunigung definiert. Ein Impuls kann nur von einer Masse ausgehen. Die Wirkung des Impulses selbst hat jedoch keine Masse. Es ist die Wirkung einer bewegten Masse auf eine ruhende Masse. Das konnte jeder feststellen, der sich mit dem Hammer auf einen Finger geklopft hat. Die Wirkung ist sichtbar, ohne dass der Finger um die Masse des Hammers sich vergrößert hätte, auch wenn die Schwellung anschließend beträchtlich sein mag. Der Hammer bleibt auch der gleiche, wenn man einen zweiten Schlag ausführt, ohne dass er sich verdoppelt. Photonen sind wie Hammerschläge, sie sind keine Teilchen, aber sie erzeugen Wirkungen an Phasengrenzen. Folglich ist die Benutzung eines Wirkungsquantums zu ihrer Charakterisierung gerechtfertigt. Photonen, wie alle Bosonen, sind wie Hammerschläge, aber sie als Teilchen zu bezeichnen, ist ein Schildbürgerstreich[7]) und warum sie einen Spin haben sollten, ist unverständlich.

Das Wirkungsquant ist als das Produkt aus Energie und Zeit definiert und nicht als ein Drehimpuls.

Maßeinheiten des Wirkungsquants: erg s $\rightarrow$ cm² g/s

Es gibt ein Wirkungsquant pro Umdrehung. Es wird mit $\hbar = h/2\pi$ bezeichnet. Wenn man einen Bahndrehimpuls beschreibt, hat er eine Drehachse und einen Betrag. Das bedeutet, dass Betrag und Richtung variabel sind. Erst in einem Feld kommt es zur Ausrichtung. Der Betrag ist h und für die Richtung hat man den Vollkreis 2π, wenn nicht sogar die Vollkugel zur Auswahl. Die Projektion auf die Feldrichtung ergibt jedoch nur 7 Werte.

Mathematiker können sich nicht angewöhnen, dass physikalische Größen immer eine Maßeinheit haben. Der Spin wird exakterweise in $n\cdot\hbar = n\cdot h/2\pi$ pro Radiant angegeben, also bezogen auf den Vollkreis.

---

7   Von den Schildbürgern erzählt man sich, dass sie beim Bau ihres Rathauses die Fenster vergessen hätten. Da sie nun im Dunkeln bei Ihren Ratssitzungen saßen, kam ein kluger Schildbürger auf die Idee, auf der lichtdurchfluteten Straße die Photonen zusammen zukehren und in Säcken in das Rathaus zu tragen. Wenn ich mich recht entsinne, kam die Idee von einem gewissen Albert.

Die Einheit heißt dann Wirkung pro Umdrehung. Wenn man den Spin zu ½ $\hbar$ angibt, bedeutet das die halbe Wirkung pro Umdrehung. Aber in welche Richtung? Außerdem war h als das kleinste Wirkungsquant postuliert, dass man nicht mehr teilen könne. Eine kuriose Erklärung für den Spin benutzte Stephen Hawking [5.17] in seinem Buch: *Eine kurze Geschichte der Zeit* mit einer Pfeil-Analogie zur Veranschaulichung des Spins:

> *„Ein Teilchen mit dem Spin 0 ist ein Punkt: Es sieht aus allen Richtungen gleich aus. Ein Teilchen mit dem Spin 1 ist dagegen wie ein Pfeil: Es sieht aus verschiedenen Richtungen verschieden aus. Nur bei einer vollständigen Umdrehung (360 Grad) sieht das Teilchen wieder gleich aus. Ein Teilchen mit dem Spin 2 ist wie ein Pfeil mit einer Spitze an jedem Ende. Es sieht nach einer halben Umdrehung (180 Grad) wieder gleich aus. Entsprechend sehen Teilchen mit höherem Spin wieder gleich aus, wenn man Drehungen um kleinere Bruchteile einer vollständigen Umdrehung vollzieht. Zudem gibt es Teilchen , die nach einer Umdrehung noch nicht wieder gleich aussehen: Es sind dazu vielmehr zwei vollständige Umdrehungen erforderlich! Der Spin solcher Teilchen wird mit ½ angegeben.“*

Da setzt die Logik schon wieder aus. Beim Spin von Teilchen unter der Nachweisgrenze mit dem Aussehen zu argumentieren und noch dazu in der obigen Art, zeugt entweder von Schwachsinn oder von Veralbern.

Auf alle Fälle müssen Teilchen eine Masse haben, um sich zu drehen. Wenn sie eine Masse haben, dann haben sie auch eine Ladung und ein magnetisches Moment und sie haben eine thermische Energie, was der obigen Behauptung von ihrer Bewegungslosigkeit widerspricht.

Abgrenzungskriterium: Lichtquanten haben keinen Doppelcharakter. Sie sind Wirkungen, keine Teilchen. Die Quantenmechanik wird falsch interpretiert, sie gilt nicht für einzelne Teilchen. Sie kann nur statistische Aussagen treffen. Die Kopenhagener Interpretation der Quantenmechanik verwehrt jedoch eine statistische Interpretation, was die Sache noch problematischer macht.

4. Elementarteilchen können erzeugt und vernichtet werden.

Masse und Energie können nach unserer Erfahrung weder erzeugt noch vernichtet werden. Aber sie können in andere Materieformen umgewandelt werden, die sich unserer unmittelbaren Beobachtung entziehen können. Tatsächlich sieht es mitunter so aus, als würden einzelne Teilchen verschwinden oder neu entstehen. Da wir diese Teilchen jedoch nicht selbst beobachten können, sondern nur ihre Wirkung auf die Umgebung, kann man eigentlich nur sagen, dass die Wirkungen an Phasengrenzen sichtbar werden können und sonst unsichtbar bleiben, was auch makroskopisch einleuchtend ist. Die Daumenoberfläche ist die Phasengrenze, an der sich die Wirkung des Hammerschlages entfaltet. Da Teilchen entweder positiv oder negativ geladen sein können, wird die verlassene ursprünglich neutrale Umgebung des Teilchens stets die entgegengesetzte Ladung zeigen und so wie ein positiv oder negativ geladenes Loch erscheinen. Wird ein Teilchen aus seinem angestammten Platz herausgerissen, bleibt ein ‚Loch' zurück, was den Anschein erweckt, als könne ein Teichen mit der entgegengesetzten Ladung erzeugt werden. Kehrt es in ein solches Loch zurück, entsteht der Eindruck als würde es vernichtet werden. Löcher sind grundsätzlich instabil.

Abgrenzungskriterium: Wenn ein Teilchen vernichtet würde, würde seine Energie und Masse mit vernichtet werden. Die Energiegleichung würde außer Kraft gesetzt und dem Schöpfungsglauben die Tür geöffnet. Das widerspricht dem unter Abschnitt 3.3. definierten Satz von der Erhaltung der Materie.

5. Zu Teilchen gibt es Antiteilchen

Es gibt vieles, was man sich an der physikalischen Nachweisgrenze nicht wirklich erklären kann. Für unerklärliche Erscheinungen wurden leere Begriffe wie Schwarzes Loch, dunkle Materie oder Antimaterie eingeführt. Aus der Antimaterie leitet sich der Begriff Antiteilchen ab. Die Antimaterie erwuchs aus dem Glauben an die Spiegelsymmetrie der Welt. Materie als philosophische Kategorie des Materialismus ist definiert als alles das, was außerhalb unseres Bewusstseins existiert. Folglich müsste unser Bewusstsein aus Antimaterie bestehen, wäre eine naheliegende Schlussfolgerung. Materie hat keine Mehrzahl, wie auch die Begriffe Universum und Unendlich. Folglich hat das aus der Antimaterie abgeleitete Antiteilchen keine nachweisbare Relevanz, zumal sich Philosophen untereinander nicht einmal über den Materiebegriff einigen konnten. Immanuel Kant würde den Begriff des Antiteilchens als einen leeren Begriff bezeichnen. Wie das mit allen leeren Begriffen geschieht, werden widersprüchliche Sinninhalte hinein interpretiert.

Abgrenzungskriterium: Das Symmetrieprinzip ist kein Grundprinzip der Natur, weshalb These 5 ungültig ist. Es gibt keine Antiphysik und keine Theorie über Antienergie und Antiwellen mit Antigeschwindigkeiten und Antizeit. Und es gibt kein Maß, um Teilchen von Antiteilchen zu unterscheiden. Es gibt aber eine Menge Effekte in der Mikrowelt, die wir zur Zeit nicht verstehen, die wir mit solchen Joker-Begriffen versehen.

6. Elementarteilchen der gleichen Sorte sind nicht unterscheidbar.

Wenn Elementarteilchen der gleichen Sorte nicht unterscheidbar sind, dann sind sie auch nicht abzählbar. Mit anderen Worten: Mit der Quantenmechanik hat man keine Möglichkeit, ein einzelnes Teilchen zu beschreiben. Diese Aussage kollidiert mit den Atommodellen, die natürlich abzählbare Elementarteilchen haben. Selbst ihre Aufenthaltswahrscheinlichkeiten sind nach der Orbitaltheorie unterscheidbar.

Abgrenzungskriterium: Quantenmechanik ist auf einzelne Teilchen nicht anwendbar

7. Der Elementarakt der elektromagnetischen Wechselwirkung ist die Emission oder Absorption eines Photons. Auch das elektrostatische Potential entsteht so.

Photonen sind Wirkungen des elektromagnetischen Kraftfeldes infolge der Bewegung von elektrisch geladenen Teilchen, aber selbst keine Teilchen. Deshalb können sie keine Ladung besitzen. Wenn sie keine Ladung besitzen, können sie kein elektrostatisches Potential besitzen. Insofern kann der Elementarakt nicht die Emission oder Absorption eines Photons sein, sondern nur die Folge von Ladungstrennung und Rekombination von Ladungsträgern sein.

Da Photonen (Wellenzüge) aber auf Teilchenbindungen vermöge ihrer Resonanzen einwirken können, sind Photonen in der Lage, Teilchen aus ihren Strukturen zu lösen, was bei der Materialverdampfung mittels Laser besonders eindrucksvoll demonstriert wird. Der Thermoeffekt zeigt, dass schon energiearme absorbierte Thermostrahlung an Phasenübergängen in der Lage ist, eine Ladungstrennung zu erzeugen und aufrecht zu erhalten. Ein elektrostatisches Potenzial setzt immer eine Doppelschicht unterschiedlicher Phasen voraus, die eine Ladungstrennung aufrecht erhält. Batterien werden nicht ausschließlich durch Licht betrieben. Auch andere Energieformen kommen zum Einsatz einschließlich mechanischer Energie.

Abgrenzungskriterium: Wirkungen sind keine Teilchen. Das elektrostatische Potential rührt von den entgegengesetzten Ladungen von Protonen und Elektronen her. Die elektromagnetische Wechselwirkung entsteht durch die Bewegung einer Ladung im ruhenden Kraftfeld.

8. Elementarteilchen entfalten messbare Wirkungen auch aus ‚unphysikalischen' Zuständen heraus, in denen sie unbeobachtbar sind (virtuelle Zustände).

Es ist unklar, was ein unphysikalischer Zustand sein soll und was dieser mit Physik zu tun hat. Den Begriff *virtuell* kennen wir aus der Optik. Er bezieht sich auf das Spiegelbild eines Objektes, das wir auf Grund der Reflexion hinter dem Spiegel zu erkennen glauben. Impulse erzeugen Wirkungen an Phasengrenzen, ohne dass man ihre Weiterleitung in einem Medium direkt beobachten kann. Die Teilchenphysik benutzt kein materielles Kraftfeld zur Interpretation ihrer Ergebnisse, sondern einen abstrakten leeren Raum. Deshalb kann sie den Transport von Wirkung nicht erklären. Da Physik aber eine empirische messende Wissenschaft ist, kann sie keine sicheren Aussagen über nicht beobachtbare Zustände treffen. Elementarteilchen sind nicht direkt beobachtbar, auch nicht direkt messbar. Man kann sie nur durch ihre Wirkungen indirekt überhaupt wahrnehmen. Dadurch sind Fehlinterpretationen leicht möglich. Jedes Messgerät ist um Größenordnungen größer als das zu messende Elementarteilchen. Folglich ist der Störeinfluss auf das zu messende Objekt groß, was sich auf den Messfehler auswirkt.

Abgrenzungskriterium: Diese Aussage ist komplett inakzeptabel. Sie zeugt vom Unverständnis der Elementarprozesse.

9. Jede der vier Grundkräfte der Natur kommt durch Austausch von Elementarteilchen in virtuellen Zuständen zustande.

Wenn unter virtuellen Zuständen unbeobachtbare Zustände gemeint sind, wer soll dann erkennen, dass solche Zustände existieren. Immanuel Kant bezeichnete einen Begriff ohne Anschauung als leer. Für „virtuell" kann man daher auch „unbekannt" setzen oder gleich sagen, dass man nicht weiß, wie der Austausch zustande kommen soll. Die Verwendung des Begriffs des Gottesteilchen trifft es, da man den leeren Begriff Gott in der Geschichte immer für Unerklärbares verwendete, um ihn mit Glaubensinhalten zu füllen.

Die Mainstream-Physik unterscheidet zwei Kernkräfte mit kurzer Reichweite nur innerhalb des Atomkerns wirkend und die elektrische

Kraft und die Gravitation außerhalb des Atomkerns mit unendlicher Reichweite. Es hat sich jedoch gezeigt, dass die elektrische Kraft mit den Kernkräften in einer gemeinsamen Theorie vereinigt werden kann. Nur die Gravitation scheint sich da nicht einzufügen, weil sie nicht abschirmbar ist. Die Abschirmung aber wird durch elektrisch leitfähige Abschirmmaterialien garantiert und ist das Werk freier Elektronen. Der Schirm wird auf Erdpotential gelegt. Die Gravitation hat nichts mit freien Elektronen zu tun. Es erscheint unlogisch, dass man mehrere Arten von Kräften unterscheiden will, obwohl es nur eine Maßeinheit für Kräfte gibt. Da Kraft jedoch eine Richtung hat, ist es sinnvoller, Kräfte nach Richtungen zu unterscheiden.

Die Kraft ist ein Vektor, gegeben durch eine Richtung und einen Betrag mit einer Maßeinheit. Danach kann man keine vier Grundkräfte unterscheiden, aber jede Kraftrichtung kann sich aus drei Grundrichtungen mit ihren Beträgen entsprechend dem verwendeten Koordinatensystem zusammensetzen.

Abgrenzungskriterium: Diese Aussage ist komplett inakzeptabel. Sie zeugt vom Unverständnis der Elementarprozesse.

10. Für die Wechselwirkungsprozesse gibt es eine exakte Bildersprache.

Obwohl die Quantenmechanik mit ihrem Dualismus von Welle und Teilchen bewusst gegen die Gesetze der Anschauung verstößt und die hier diskutierten ‚Erkenntnisse' darauf aufbauen, bricht man mit der Bildersprache mit diesem Prinzip, indem man die Feynmann-Graphen benutzt, um geglaubte physikalische Vorgänge zu veranschaulichen. Es wurden nur solche Prozesse in der Natur nicht beobachtet.

Abgrenzungskriterium: Auf Grund der Ablehnung der vorherigen Aussagen ist diese Aussage zu bezweifeln.

11. Es gelten die vier Erhaltungssätze der klassischen Physik, jedoch sind die Spiegelsymmetrien der klassischen Physik gebrochen.

Mit den vier Erhaltungssätzen sind Energie, Masse, Impuls und Ladung gemeint. Gemeint ist weiterhin die Symmetrie der Hamilton-Gleichung der klassischen Mechanik. Die Symmetrie ist bereits mit dem zweiten Hauptsatz der Thermodynamik gebrochen und der gehört auch noch zur klassischen Physik. Dieser Satz widerspricht der Aussage 4 über das Verschwinden und Entstehen von Elementarteilchen.

Es ist auch merkwürdig, diese Erhaltungssätze aus Symmetrien ableiten zu wollen, da Symmetrie aus dem Betrachtungswinkel entsteht und so die Ursache mit ihrer Wirkung vertauscht wird. Dagegen sind die Erhaltungssätze Grundannahmen der Physik, die auf Erfahrungen beruhen. Eine weitere uralte Grundannahme ist die der Einheit der Gegensätze, die sich in der Gegensätzlichkeit der Ladungen physikalisch ausdrückt, die sich neutralisiert.

Spiegelungen in Raum und Zeit sind virtuell. Virtuell heißt hier, man glaubt etwas zu sehen, was in Wirklichkeit nicht existiert. Reale Natur ist selbstähnlich, Symmetrien an Oberflächen sind davon ein Teil. Das bedeutet, dass sich ähnliche Strukturen auf verschiedenen Skalen wiederholen können. Beispielsweise findet eine negative Ladung bei tausendachthundertfacher Masse ihr positives Äquivalent. Das ist keine Ladungssymmetrie, sondern der Ausgangspunkt für die Vielfältigkeit der uns umgebenden Natur. Die Verwechslung von Selbstähnlichkeit und Symmetrie rührt daher, dass die theoretische Physik des 20. Jahrhundert das beobachtete Bild für die Realität selbst nahm und aus zwei verschiedenen Bildern zu einem Objekt nicht auf die Realität schließen konnte, weil man dem subjektiven Idealismus zu Beginn des 20. Jahrhunderts verfiel. *„Die Welt als Wille und Anschauung"*, Arthur Schopenhauers Kritik an Immanuel Kants *„Kritik der Reinen Vernunft"* wirkte lange nach.

Die Tatsache, dass man Filme auch rückwärts betrachten kann, bedeutet nicht, dass Zeit symmetrisch sei. Unsere Zeit nimmt Bezug auf den getakteten Energiefluss von der Sonne zur Erde, auch wenn man sie in Schwingungen einer Zäsium-Linie heute misst. Der Energiefluss hat nur eine Richtung, dem Potentialunterschied folgend auf Ausgleich bedacht und mit wachsender Entropie. Wer wolle das umkehren? Auch das oft gebrauchte Argument, dass im Mikrokosmos die Kausalität nicht mehr gelte, ist nur eine Schutzbehauptung. Wer das behauptet, muss die Grenze zwischen der Mikrowelt und der realen Welt nachweisen.

Abgrenzungskriterium: Die Aussage steht im Widerspruch zum Urknall und ist auch in sich wegen dem Festhalten an der Symmetrie widersprüchlich.

12. Die Teilchen können weitere Arten von Ladung tragen, die sich zum Teil ineinander umwandeln lassen. Das macht unklar, wie viele Arten von Teilchen als verschieden gezählt werden müssen.

Wenn in der Elementarteilchenphysik neue Arten von Ladungen erfunden werden, setzt dem nur die Phantasie Grenzen. Diese Aussagen belegen, dass der Übergang zur Metaphysik vollzogen ist und jeder weitere Kommentar ist überflüssig.

Abgrenzungskriterium: Die Aussage ist komplett zu verwerfen. Es gibt nur die elektrische Ladungstrennung als Ursache der beobachteten Kräfte.

5.3 Schlussfolgerung

Aus der Sicht des Ingenieurs ist nur die erste Aussage eine gesicherte Aussage: *Ein Elementarteilchen lässt weder eine endliche räumliche Ausdehnung noch eine innere Struktur erkennen.* Alle anderen Aussagen von Bleck-Neuhaus zur Teilchenphysik, so muss man feststellen, sind einerseits von der Idee der Dualität von Welle und Teilchen und andererseits über die Grenzen des Messbaren hinaus vom Glauben an die Symmetrie der Welt getragen. Ein logischer Fehler ist die Unterscheidung zwischen magnetischem Moment und Spin und die Tatsache, dass der Spin zur Grundlage der qualitativen Unterscheidung der Teilchen gemacht wurde. Damit wird einer einfachen möglicherweise sogar fehlerhaften Quantität eine physikalische Qualität zugewiesen. Auch gibt es ein Problem mit den Erhaltungssätzen in der Teilchenphysik.

Physikalisch bietet die Theorie nichts, was nicht schon vorher bekannt gewesen wäre. Auch die Verwendung von hypothetischen Teilchen mit Hilfsladungen bringen keine Antworten auf die Frage, warum die eine Sorte Atome stabil ist und andere Atome radioaktiv zerfallen.

Sowohl die Idee von der Dualität von Welle und Teilchen als auch der Glaube an die Symmetrie der Welt sind bei genauerem Hinsehen nicht haltbar, und Physik muss sich dagegen abgrenzen. Bei ersterer handelt es sich jeweils um Bilder der Realität. Ich kann einerseits ein Wellenbild der Natur entwerfen und andererseits ein Teilchenbild, aber ich kann nicht behaupten, dass diese Bilder die Natur selbst seien. Ganz und gar in die Irre gerät man, wenn man die Bilder benutzt und daraus induktive Schlussfolgerungen für eine nicht beobachtbare Existenz ziehen will. Wer kann wirklich beurteilen, ob etwas nicht beobachtbares existiert? Man kann hinter einer beobachtbaren Erscheinung höchstens eine Existenz vermuten. Aber schon diese Vermutung zur Grundlage weiterer Spekulationen zu machen, sie zu vergegenständlichen, ist eine logische Sünde. Das muss zwangsläufig zu Widersprüchen führen.

Im Falle der Symmetrie brauchen wir bestimmte Beobachtungsstandpunkte, um Symmetrien zu erkennen. Aus einer anderen Perspektive sind dagegen keine Symmetrien festzustellen. Symmetrie ist also abhängig vom Betrachtungsstandpunkt mit Ausnahme der Kugelsymmetrie. Hier wirkt die Philosophie eines Arthur Schopenhauers nach, der das Relativitätsprinzip zwischen Beobachter und beobachteten Objekt deklariert, dem sowohl die Kopenhagener Schule eines Heisenbergs [5.18] als auch Albert Einstein aufgesessen sind, da sie nicht die Abbildungsgesetze, die auf das beobachtete Bild wirken, hinterfragt haben. Keiner unserer Sinne ist leichter zu täuschen als unser Gesichtssinn. Die alten Inder hatten dafür eine eigene Göttin, genannt Maya, die Kraft der Täuschung.

Der Anspruch, mit der Teilchenphysik Grundlagenforschung zu betreiben, erweist sich hier nur als Vorwand und Experimente dienen lediglich dazu, den vorgefassten Glauben an den Urknall pseudowissenschaftlich zu rechtfertigen.

5.4 Das Tröpfchenmodell des Atomkerns

Wir haben erkannt, dass im Mikrokosmos die Kausalität nicht aufgehoben ist, sondern dass die quantenmechanische Betrachtungsweise die Kausalität auf Grund ihres statistischen Ansatzes zur Datenreduktion aufhebt und nachdem sich das Standardmodell der Teilchenphysik auch wegen des einschneidenden Fehlers der Fehlinterpretation des Spins als unfähig erwiesen hat. Eine physikalische Antwort darauf zu geben, warum der Atomkern bei bestimmten Isotopen stabil und bei anderen dagegen instabil ist und was die Kernkräfte eigentlich sind, müssen wir uns wieder auf ältere Konzepte zurück besinnen. Wie muss man sich das Innere eines Atomkerns vorstellen? Schaut man sich in der Literatur[5.19] um, findet man sehr unterschiedliche Kernmodelle. An den bekannten Modellen des Atomkerns zeigen sich zwei entgegengesetzte, stark vereinfachende Ausgangspunkte:

- *Modelle starker Korrelation*: Der Atomkern wird als Ansammlung von eng gepaarten Nukleonen verstanden (z. B. Tröpfchenmodell, Alphateilchen-Modell von Wefelmeier 1937 vorgeschlagenes *Kernmodell* auf der Basis der Annahme, dass Kerne sich aus einer Vielzahl von α-Teilchen zusammensetzen.).

- *Modelle unabhängiger Teilchen*: Die Nukleonen bewegen sich relativ frei im Kern (Fermigas-Modell, optisches Modell, Schalenmodell, Potentialtopf-Modell).

Das *Tröpfchenmodell* kommt den beobachteten Erscheinungen besonders nahe, weshalb man auch von einem Korrelationsmodell spricht. Es beschreibt den Atomkern als kugelrundes Tröpfchen einer elektrisch geladenen Flüssigkeit. Die Grundidee entwickelte George Gamow 1935. Sie wurde als die **Alpher-Bethe-Gamow-Theorie** („αβγ-Theorie") bekannt und war die erste Theorie der Elemententstehung im frühen Universum, als sie nach dem Krieg 1948 unter dem Titel *The Origin of Chemical Elements* [5.20] veröffentlicht wurde. Diese Arbeit stimulierte schließlich die Urknall-Hypothese von Lemaître [5.21], der im Gegensatz dazu glaubte, die Welt sei aus einem riesigen Atomkern hervorgegangen, der plötzlich zerplatzte. Diese Idee wurde in eine Explosion aus dem Nichts abgewandelt, die den Schöpfungsakt darstellen soll. Vor 1936 jedoch hatte Niels Bohr das Tröpfchenmodell schon weiter entwickelt (Compound-Kernreaktion als möglicher Mechanismus von Kernfusionsreaktionen [5.20]). Lise Meitner und Otto Frisch nutzten das Tröpfchenmodell 1939 zur ersten Erklärung der Kernspaltung und der dabei frei werden-den Kernenergie [5.23].

Die Spektralklassen der Sterne unserer Galaxie zeigen eindeutig die Herkunft der chemischen Elemente aus dem Sternenfeuer, so wie es Gamow und Bohr vorausgesehen haben. Zusätzlich haben wir aus den Spektren der Galaxien gelernt, dass der Wasserstoff das bei weitem häufigste Element im intergalaktischen Raum ist und dass man Galaxien nach ihrem Wasserstoffanteil klassifizieren kann [5.24]. Helium habe ich in den Spektren der Galaxien nicht gefunden, jedoch ist es in Sternatmosphären der Spektralklassen O und B vorhanden. Ob die Fusion von Atomkernen in den Sternen so abläuft, wie man sich das gegenwärtig vorstellt, wage ich zu bezweifeln. Aber dazu später.

5.4.1. Das neue elektromagnetische Tröpfchenmodell

Anlass, neu über ein Kernmodell nachzudenken, boten die Arbeiten von C. Johnson. wo er zu dem Schluss kommt:

> *„Die Analyse der genauen NIST-Daten[8]) scheint darauf hinzudeuten, dass es KEINE Energie im Atomkern gibt, um die Existenz von irgendwelchen Pi-Mesonen ODER die notwendige Bindungsenergie irgendwelcher Neutronen ODER irgendeine ultrastarke ‚Starke Kernkraft' oder irgendwelche Neutrinos zu erklären."*   [5.25]

Wenn diskrete Neutronen tatsächlich in allen Kernen existierten, scheint es logisch, dass zumindest einige Kerne natürlich zerfallen würden, indem sie ein oder mehrere Neutronen freisetzten. Das wurde aber nicht beobachtet. Lediglich durch eine äußere Störung konnte die Freisetzung von Neutronen beispielsweise an Beryllium oder durch Kernspaltung an schweren Atomkernen beobachtet werden. Johnson argumentiert folgendermaßen:

> *„Wir können den natürlichen Zerfall von Tritium (Wasserstoff-3) mit einer Halbwertszeit von 12,33 Jahren in Helium-3 und ein entweichendes Elektron (β^--Teilchen, das dann als ein umlaufendes Elektron wieder gefangen wird) beobachten. Diese Situation ist eindeutig eine, in der genau der gleiche Betrag und Anzahl von Objekten involviert ist, drei Protonen und drei Elektronen, wobei aber einige der Protonen und Elektronen (angeblich) als Neutronen im Kern zusammen gebunden sind. Die Gesetze der Erhaltung von Masse und Energie gelten sicherlich, so dass eine strenge Energiebilanz für diesen Zerfall genau die gleiche Gesamtenergie/Masse vor und nach dem Zerfall zeigen muss. In der Ausgangssituation sollte es ein Neutron geben, das in der Endsituation nicht mehr existiert. Der Unterschied in der Gesamtenergie (Masse), die in diesen Atomkernen der beiden Kerne enthalten ist, sollte daher die 0,78235 MeV der Bindungsenergie des einen Neutrons innerhalb des Tritiumkerns umfassen, das kein Neutron mehr ist. Unter Verwendung der akzeptierten NIST-Daten für die atomaren Massen beträgt der Unterschied in den atomaren Massen jedoch nur 0,0000199578 atomare Masseneinheiten (3,0160492779 - 3,0160293201) oder 0,0185906 MeV. Dies ist also die gesamte Menge an Energie, die verfügbar ist, um*

---

8   NIST - Nationales Institut für Standardisierung und Technologie der USA

beim Zerfall freigesetzt zu werden, bei der Erhaltung der Energie. Da experimentell nachgewiesen ist, dass das entweichende Elektron 0,0185906 MeV kinetische Energie abtransportiert, wird keine Energie erzeugt, die auf eine anfängliche Neutronenbindungs-Energie von 0,78235 MeV schließen lässt. Die Energie, die für diesen Zerfall verantwortlich ist, ist besonders einfach und besonders klar bei der Bestätigung, dass das Verschwinden der Masse nach den NIST-Zahlen im Wesentlichen genau durch die kinetische Energie des entweichenden Elektrons erklärbar ist. KEINE mögliche Neutronenbindungs-Energie hätte existieren können!" [5.25]

Die Fehleranalyse dieser experimentellen Daten ergibt laut Johnson, dass für das entweichende Neutrino weniger als 1 Elektronenvolt Energie übrig bliebe, um zu entweichen. Das klassische Sonnenmodell braucht die Neutrinos, um den Wärmefluss aus dem Inneren der Sonne zu erklären, was mit der oben angegebenen Energiemenge kaum zu realisieren wäre. Andererseits wurde schon 1960 bekannt, dass in der Sonnenkorona Temperaturen von mehreren Millionen Grad herrschen [5.26], jedoch an der Sonnenoberfläche weniger als 6000 Grad, was mit dem klassischen Sonnenmodell nicht zu erklären ist. Außerdem lassen sich die vielen Spektrallinien von Elementen höherer Ordnung nicht erklären.

Nun wollen wir ein neues Atommodell entwerfen. Beginnen wir damit, zu fragen: Welche Teilchen sind stabil? Wie wir eingangs schon beschrieben haben, bleiben von allen Teilchen mit einer ausreichenden Stabilität, die im Standardmodell bisher beschrieben wurden, nur das Elektron und das Proton übrig.

Wenn wir die eingangs beschriebenen Radien von Elektron und Proton benutzen, erhalten wir das Volumen für ein Elektron als Kugel angenommen 33 mal größer als das Proton. Ob Elektron und Proton wirklich kugelförmig sind, können wir nicht wissen. Die Form ist bedeutungslos. Die Massendichte des Protons ist aber 2400 mal höher als die des Elektrons. So ist die Vorstellung, dass Elektron und Proton nebeneinander im Kern existieren könnten, etwas abwegig. Trotzdem wird das Elektron in den meisten Fällen als klein gegenüber dem Proton dargestellt. Das Proton schwimmt eher in der negativ geladenen Elektronenflüssigkeit, weil das Innere des Elektrons feldfrei ist, wie wir in Abschnitt *4.4.2 Die elektrodynamische Masse des Elektrons* gelernt haben. Andererseits dürfen wir entsprechend den Maxwellschen Gleichungen annehmen, dass das Elektron ein donutförmiger Wirbel ist

Ein außerhalb des Atomkerns existierendes Neutron mit seinem magnetischen Moment wäre dann ein magnetischer Protonwirbel, der senkrecht in ein Elektronwirbel eingebettet wäre. Dieses Neutron zerfällt mit einer Halbwertszeit von etwa 15 Minuten in ein Proton und ein Elektron. Die Lehrmeinung der Physiker behauptet, bei diesem Zerfall würde noch ein Neutrino entstehen, was den Rückstoß des Elektrons wegen seiner Energieverteilung aufnehmen müsse. Bei dem Massenunterschied zwischen Elektron und Proton ist dieser Rückstoß wie ein laues Lüftchen, das einen geparkten Pkw umweht. Das Enegiespektrum der Elektronenablöung aus dem Kern fällt nicht diskret aus, wie von der Quantenmechanik erwartet. Warum sollte es? Meine Schlussfolgerung daraus ist: **Der Atomkern ist mit dem Werkzeug Quantenmechanik nicht zu bearbeiten.**

E. W. Schpolski erklärt in seiner *Atomphysik Bd.II*, dass die Versuche und die Berechnungen ergaben, dass ein hypothetisches Neutrino nicht mehr als ein Elektronenpaar pro 500 km Luftweg ionisiert [5.28]. Das bedeutet aber, dass der Nachweis experimentell nicht möglich ist, weil niemand garantieren kann, dass auf dem langen Weg nicht irgend ein anderer radioaktiver Zerfall passieren kann Nach Johnson wäre die Energie, die auf ein Neutrino überginge, so gering, dass sie nicht einmal für ein Ionenpaar ausreichen würde. Für Stickstoff ist die Ionisationsenergie 14 eV. Da Johnsons Angaben bis auf ein Zehntel eV genau sind, ist die Existenz von Neutrinos im Atomkern unmöglich. Die behauptete Ruheenergie des Neutrinos ist laut WIKIPEDIA kleiner als 2,2 eV.

Das reicht nicht aus, um ein einziges Atom in einem Detektor zu ionisieren. Trotzdem will man in den Laboratori Nazionali del Gran Sasso 1400 m tief in den Abruzzen etwa 10 Neutrinos pro Tag nachgewiesen haben. Der Nachweis der Neutrinos soll über Neutrino-Elektron-Streuung in einem 300 Tonnen schweren unsegmentierten Flüssigszintillator erfolgt sein. Seit Mai 2007 werden mit dem Szintillator namens BOREXINO Daten erfasst. Mit diesem Detektor will man direkt solare Neutrinos aus dem Einfang von Elektronen in dem radioaktiven Isotop ^{7}Be mit einer Halbwertszeit von 53 Tagen und einem Ionisationspotential von 9,3 eV (!) nachgewiesen haben. Wer mal mit einem Szintillator Atomzerfälle registriert hat, kann sich nicht vorstellen, wie man da etwas finden kann, das ein Neutrino sein soll, weil sich diese verstärkten Signale überlagern müssten und allein der Verstärkereffekt birgt genügend Anlass zu Fehlinterpretationen des Hintergrundes. Aber die Kosten für ein solches Experiment können nicht gerechtfertigt werden, wenn es negativ ausgeht.

Das eigentliche Problem, was Pauli hatte, war das der quantenmechanischen Spinerhaltung. Bei Pauli war der Spin eine Quantenzahl, die dem mathematischen Formalismus genügen musste. Wie wir bereits diskutiert haben, ist der Spin nur ein Faktor zwischen zwei unterschiedlichen Berechnungsgrundlagen für das magnetische Moment. Das Drehmoment eines Körpers ist ein Vektor, der in der Rotationsachse des Körpers liegt und infolge zweier verschiedener Drehrichtungen der Achse nach der rechte Handregel zwei verschiedene Orientierungen ergibt. Das magnetische Moment ist auch ein Vektor. Das sind zwei Kräfte, die sich entweder addieren oder subtrahieren. Gemessen werden. kann schließlich nur eine resultierende Kraft. Dass es eine solche Orientierung bei Elektronen gibt, haben zuerst Stern und Gerlach [5.30] 1922 an Silberatomen entdeckt und 5 Jahre später wurde über die Entdeckung des Spin auch am Wasserstoffatom berichtet [5.31]. Der Elektronenspin wurde durch die Aufspaltung eines Elektronenstrahls im Magnetfeld beobachtet. Der Spin ist aber offensichtlich ein Phantom, das auf Grund eines Missverständnisses entstand, hinter dem sich das magnetische Moment des Elementarteilchens verbirgt, wie bereits oben diskutiert.

Die Suche nach einem elektrischen Dipolmoment des Elektrons blieb bisher ohne positiven Befund [5.32],[5.33]. Die Tatsache, dass es zwar elektrische Elementarladungen, nicht aber das magnetische Gegenstück, magnetische Monopole, gibt, hat immer wieder zu Versuchen geführt, diese Asymmetrie zu beheben. So nahm man einen elektrischen Dipol an. Nun wies J. de Climont 2016 in einem Experiment nach, dass Elektronen kein Dipolfeld sondern ein Wirbelfeld besitzen [5.34].

Da sowohl die Energiebilanz von C.Johnson als auch nach den Berechnungen von Schpolski [5.28] das von Wolfgang Pauli 1930 vorausgesagte Neutrino sich als ein Phantom herausgestellt hat, ist es im Atomkern nicht zu erwarten.

Die ganze theoretische Teilchenphysik ist mysteriös, zumal sie so völlig unvereinbar mit der klassischen Elektrodynamik ist. Sie hat bisher zu keinen brauchbaren Erkenntnissen geführt. Elektronen werden beispielsweise für Dipole gehalten, obwohl die Maxwellschen Gleichungen sie als Wirbel behandeln. Auf dem Gebiet der Kernfusion tritt sie seit fast siebzig Jahren auf der Stelle, obwohl es sich offensichtlich auch um elektromagnetische Prozesse handelt, die auf den Maxwellschen Gleichungen beruhen, welche sich in unserem Alltagsleben in allen technischen Anwendungen so gut bewährt haben. Letztendlich beruht unsere ganze Industrie auf Anwendungen des Elektromagnetismus, bis auf die Energieerzeugung, die seit der ersten technischen Revolution auf der Verbrennung fossiler Brennstoffe beruht.

Wenn die Maxwellschen Gleichungen den Elektromagnetismus beschreiben und wir nur zwei stabile Teilchen aus der ganzen Hochenergiephysik übrig behalten, einen massiven Magnetkern und eine fluide Elektronenschleife, dann fällt das ganze Standardmodell der Teilchenphysik in sich zusammen und wir sollten die uns selbst gesetzten Grenzen des Denkens endlich überwinden. Eine symmetrische Betrachtung der Gleichungen sagt uns, es gibt einen Stromkreis und einen magnetischen Wirbel, die sich gegenseitig bedingen. Über die Größe der Wirbel sagt Maxwell nichts.

Können wir nicht das Atom einmal als einen Tesla-Transformator auffassen, der sich dadurch auszeichnet, dass er eine Wicklung mit nur wenig Windungen und eine andere Wicklung mit sehr vielen Windungen hat? Die Atomhülle bildet dann eine äußere Stromschleife. Die Stromschleife im Neutron ist um drei Größenordnungen im Radius geringer. Folglich vollführt das Elektron im Neutron in der gleichen Zeit um drei Größenordnungen mehr Umdrehungen (Windungen) aus als in der Atomhülle. Um aber in die höhere Bahn zu gelangen, muss das Elektron erst einmal Energie aus der Umgebung aufnehmen, um einen Potenzialwall zu überwinden und nicht Energie in Form eines Neutrinos abgeben, was allerdings im Widerspruch zu den derzeitigen Aussagen der Theorie steht. Die Experimente in der Vergangenheit waren auch immer so gestaltet, dass sie eine Theorie beweisen sollten, nie eine Theorie widerlegen, wie es Karl Popper forderte.

Die Lösung einer Potenzialgleichung liefert die Besselfunktionen für Zylinderkoordinaten. Unter Verwendung von Kugelkoordinaten könnte man diese zur Modellierung des Schalenaufbaus der Elektronenhülle verwenden. Diese Tatsache wird in der Atomphysik völlig außer Acht gelassen. Nach der Besselfunktion gibt es ebenfalls bevorzugte Bahnen, auf denen sich Teilchen im Potenzialfeld kraftfrei bezüglich des Zentrums bewegen können, wie man es beim Bohrschen Atommodell ohne Erklärung annimmt.

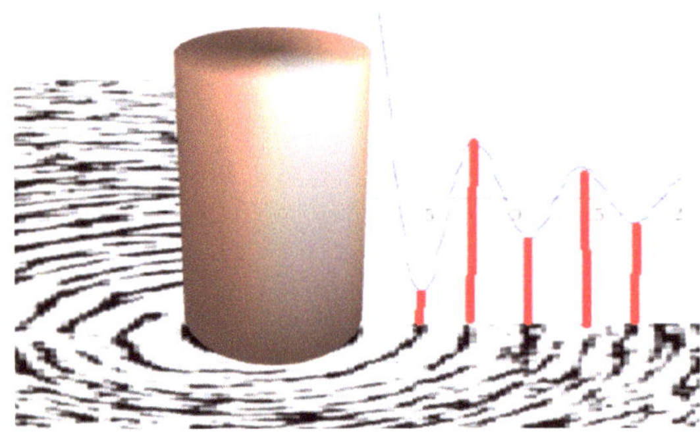

Abbildung 5.1: Magnetisches Potentialfeld durch Eisenfeilspäne visualisiert und Besselfunktion

Auch dort wirkt die Lorentzkraft senkrecht zum Zentrum. Allerdings bleiben die Besetzungsregeln für die Elektronen in den einzelnen Schalen in diesem Modell unklar.

Statt im Atomkern irgendwelche Quarks anzunehmen, ist es daher naheliegend, die Maxwellschen Gleichungen nicht nur für die Abstrahlung von elektromagnetischen Wellen sondern auch für den Aufbau des Atomkerns anzunehmen und dort die kleinsten magnetische Wirbel als Protonen und die kleinsten elektrischen Wirbel als Elektronen zu verstehen.

Damit ist die Rollenverteilung im Modell festgelegt. Der Ferritkern symbolisiert das Proton und die Drahtwindung das viel leichtere Elektron. Nun können wir mit Ferritkern und Drahtschleife verschiedene Modelle aufbauen. Der Einfachheit halber werden wir das Proton als einen rot gefärbten Donut und das Kernelektron als einen blau gefärbten Donut darstellen und da das Elektron größer als das Proton zu sein scheint, eine kugelförmige Hülle um ein, zwei oder drei Protonen legen. Ein Neutron können wir aus einem roten Donut und blauen Donut bauen. Wir können aber auch zwei oder drei rote Donuts mit einem blauen Donut verbinden und damit einen Deuteriumkern, in der Folge kurz als *Deuteron* bezeichnet, und einen Tritiumkern simulieren. Letzteren nennen wir einfach *Triteron*.

Abbildung 5.2: Kernbausteine - in der unteren Zeile sind sie als Farbsymbole dargestellt.

Wir wollen herausfinden, ob ein solcher Ansatz aufbauend auf atomaren Grundstrukturen, uns in dem Aufbau der Atomkerne hier weiter hilft. Wenn wir außerhalb des Atomkerns unter seltenen Umständen auf natürliche Weise instabile Neutronen vorfinden, warum sollen sie dann im Kern plötzlich stabil sein? Die Standardantwort ist immer: Das liegt an den Kernkräften. Aber niemand erklärt sie.

Wir können physikalisch aber keine Sorten von Kräften unterscheiden. Ihre Reichweite soll kürzer als die der elektrischen Kräfte sein, aber woher sollen diese Kräfte kommen? Außer den vermeintlich dort anzutreffenden Neutronen sind doch nur noch Protonen im Kern zu finden. Die haben aber nur in Verbindung mit Elektronen elektromagnetische Kräfte. Die richtige Antwort könnte in der inneren Struktur des Atomkerns liegen, in einer Struktur, die mit hochenergetischem Beschuss nicht sichtbar sondern zerstört wird. Diese Idee findet man zum Beispiel bei Edwin Kaal [5.35]. Kaal macht elektrostatische Kräfte zwischen Proton und Elektron für den Zusammenhalt im Atomkern verantwortlich und das Kernfeld soll die Atomhülle beeinflussen. Andererseits sehen Deuteriumkern und Tritiumkern wie Magnete aus.

Wenn wir den rechten Kernbaustein in Abbildung 5.2 betrachten, haben wir drei Protonen mit einem Kernelektron. Wir können nicht sagen, ob es ein ^{3}H oder ein ^{3}He- Kern ist. Die chemischen Eigenschaften werden durch die Anzahl der Hüllenelektronen bestimmt. Die magnetischen Momente der drei Protonen bilden untereinander jeweils Winkel von 60 Grad, was das Gesamtmoment der Protonen aufhebt. Als Gesamtmoment bleibt nur noch das Moment des umhüllenden Kernelektrons übrig. Sowohl ^{2}D- als auch ^{3}He-Tröpfchen bzw. ^{3}H-Tröpfchen kann man als die magnetischen Bausteine für stabile Isotope betrachten, wie wir in der Folge sehen werden, während ein Neutron nur in radioaktiven Isotopen vorkommen kann. Aus Deuteronen kann man alle Atome mit geradzahliger Massenzahl aufbauen. Für ein Atomkern mit einer ungeraden Massenzahl benötigen wir zusätzlich noch ein Triteron. In den Atomkernen formieren sich infolge der Magnetkräfte Tröpfchen aus Deuteronen zu Polyedern oder sie gruppieren sich um das Tröpfchen eines Triterons wie die Tabellen unter Abschnitt *5.4.2 Die Tabelle des Aufbaus ausgewählter Isotope* zeigen, so wie Niels Bohr sich Kernfusionsreaktionen schon 1936 als Compound-Kernreaktion vorgestellt hat [5.23].

In den folgenden Tabellen beinhaltet die Spalte Z die Ordnungszahl des Isotops und M die Massenzahl der Nukleonen, die gleich der Anzahl der Protonen ist. Auf der Ebene der Atome von der Massenzahl zu sprechen, ist etwas irreführend, da die Elementarteilchen abzählbar sind. Anstelle der Massenzahl müsste man exakterweise von der Mächtigkeit sprechen. Der Begriff Mächtigkeit kommt aus der Mengenlehre und steht für die Anzahl der Elemente einer Menge. Aus der Massenzahl leitet sich die Vorstellung von der Masse von Elementarteilchen als eine mystische Eigenschaft ab, die durch die Division von Energie durch das Quadrat der Lichtgeschwindigkeit erhalten wird. Wir sprachen bereits über die Problematik der Äquivalenzbeziehung von E und $m \cdot c^2$, von der wir wissen, dass Teilchen diese Geschwindigkeit nie erreichen. Diese Eigenschaft, die wir als Trägheit in Abschnitt *4.4.1 Die Masse aus makroskopischer Sicht* identifiziert haben und in *4.4.2* als durch das Magnetfeld verursacht erkannten, erscheint uns durch die Bewegung einer Ladung als eine Magnetfeldkraft. Die Neutronenzahl im alten Modell entspricht der Anzahl der Kernelektronen, die sich aus M-Z ergibt.

5.4.2 Die Tabelle des Aufbaus ausgewählter stabiler Isotope

Die Grundlage des Tröpfchenmodells ist die Nuklidkarte von Hermann Ebert [5.37]. Daraus ist die folgenden Tabelle der stabilen Isotope abgeleitet. Es wurden drei Spalten ‚Tröpfchen' mit stabilen Isotopen des jeweiligen Elements abgebildet, wobei jeweils die Spalte M die Massenzahl des Isotops angibt. Zwei weitere Spalten enthalten die Anzahl der Deuterons und Triterons pro Isotop. Die Spalte ‚M/(M-Z)' ist das Verhältnis von positiver Kernladung zu negativer Kernladung. Damit wir ein ausgeglichenes Ladungsverhältnis im gesamten Atom haben, muss dieser Wert etwa zwei sein. Jeweils ein Kernelektron und ein Hüllenelektron stehen einem Proton gegenüber.

Die blauen Zeilen in Tabelle 5.1 zeigen jeweils nur ein stabiles Isotop. Dort ist das Verhältnis $M/(M-Z)$ kleiner als 2. Die Bedeutung davon sehen wir erst bei den radioaktiven Isotopen. Es zeigt sich weiter, dass das Verhältnis von positiver Kernladung zu negativer Kernladung mit steigendem Atomgewicht kleiner als zwei wird, ohne dass die Stabilität des Atoms gleich zusammenbricht. Im Fall, dass dieser Wert größer als 2 wird, hat das jedoch eine sofortige Instabilität zur Folge. Nur im Fall von einem einzelnen Triteron-Tröpfchen ist das nicht so. Aus diesem Grund kann man annehmen, dass bestimmte Atomkerne in ihrem Inneren einen Triteron-Kernbaustein akzeptiert, um den sich die Deuteron-Kernbausteine wie Magneten gruppieren.

Stabile Isotope

Element	Z	Tröpfchen				Tröpfchen				Tröpfchen			
		M	Tri	Deu	M/(M-Z)	M	Tri	Deu	M/(M-Z)	M	Tri	Deu	M/(M-Z)
H	1	1				2		1	2				
He	2	3			3,00	4		2	2,00				
Li	3	6			2,00	7			1,75				
Be	4	9	1	3	1,80								
B	5	10		5	2,00	11	1	4	1,83				
C	6	12		6	2,00	13	1	5	1,86				
N	7	15	1	6	1,88	14		7	2,00				
O	8	16		8	2,00	17	1	7	1,89	18		9	1,80
F	9	19	1	8	1,90								
Ne	10	20		10	2,00	21	1	9	1,91	22		11	1,83
Na	11	23	1	10	1,92								
Mg	12	24		12	2,00	25	1	11	1,92	26		13	1,86
Al	13	27	1	12	1,93								
Si	14	28		14	2,00	29	1	13	1,93	30		15	1,88
P	15	31	1	14	1,94								
S	16	32		16	2,00	33	1	15	1,94	34		17	1,89
Cl	17	35	1	16	1,94	37	1	17	1,85				
Ar	18	36		18	2,00	38		19	1,90	40		20	1,82
K	19	39	1	18	1,95	41	1	19	1,86				
Ca	20	40		20	2,00	42		21	1,91	43	1	20	1,87
Sc	21	45	1	21	1,88								
Ti	22	46		23	1,92	47	1	22	1,88	48		24	1,85
V	23	51	1	24	1,82								
Cr	24	50		25	1,92	52		26	1,86	53	1	25	1,83
Mn	25	55	1	26	1,83								
Fe	26	54		27	1,93	56		28	1,87	57	1	27	1,84

Tabelle 5.1:

Beispielsweise existieren vom Kohlenstoff zwei stabile Isotope ^{12}C mit einem Anteil von 98,9% und ^{13}C mit einem Anteil von 1,1%. In diesen 1,1% muss folglich ein solcher Triteron-Kernbaustein enthalten sein.

Ein anderes Beispiel ist Sauerstoff, dort dominiert ^{16}O (99,76%), die schwereren Isotope sind mit nur 0,037% (^{17}O) und 0,20% (^{18}O) beteiligt. ^{17}O ist das Isotop mit dem ^{3}He-Kernbaustein. Es ist das seltenste stabile Isotop dieses Elements. Als letztes Beispiel soll Stickstoff dienen: ^{14}N (> 99,5 %) und ^{15}N (< 0,4 %). Auch hier zeigt sich wieder, dass der Triteron-Kernbaustein nur in wenigen stabilen Stickstoffisotopen zu finden ist.

Das erste Element, bei dem der Triteron-Baustein in allen Atomen des Fluors vorkommt, ist das stabile Fluorisotop ^{19}F. Dagegen wandelt sich ^{18}F, das eigentlich aus 9 stabilen Deuteron-Bausteinen bestehen sollte, aber 2 Triterons hat, mit einer Halbwertszeit von 110 Minuten in ^{18}O um. Dabei wandeln sich zwei Triterons unter Einfangen eines Elektrons in drei Deuteronen um, und wir erhalten die 9 Deuterons, aber die L-Schale verlässt dauerhaft ein Elektron. Ähnlich verhalten sich ^{22}Na,^{26}Al, ^{30}P, ^{34}Cl, und ^{38}K. ^{22}Na geht in ^{22}Ne mit einer Halbwertszeit von 2,58 Jahren über. Sie alle sind β^{+}-Strahler mit stark variierenden Halbwertszeiten. Die Umwandlung kann durch Elektroneneinfang aus der K-Schale erfolgen oder durch den Austritt einer positiven Ladung in Form eines Positrons aus dem Kerninneren, das sich mit einem Elektron aus der Umgebung zu zwei γ–Quanten annulliert. Dabei stellt sich die Frage, woher das Positron stammt. Da das Positron genau die selben Eigenschaften, wie das Elektron haben soll, jedoch eine positive Ladung besitzen, müsste es sich vom Proton abspalten. Der Unterschied zwischen Elektroneneinfang und Positronenemission müsste sich in einer Massendifferenz von 2 Elektronenmassen im Kern bemerkbar machen, was 0,001097 u entspräche. Leider fehlen dazu die NIST-Daten [5.38] der radioaktiven Isotope, sodass diese Frage zur Zeit nicht entschieden werden kann.

5.4.3. Tabellen der radioaktiven Isotope

Die Umwandlung eines Elements durch Elektroneneinfang zeigt Abbildung 5.3. Dabei werden die Farbkennzeichnungen der Kernbausteine aus Abbildung 5.2 verwendet. Ein β^+-Strahler baut ein Elektron in den

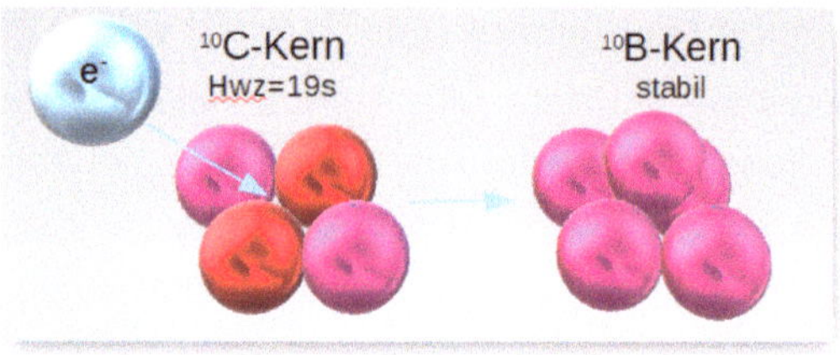

Abbildung 5.3: Elektroneneinfang

Kern ein, um den Kern zu stabilisieren. Dabei verringert sich seine Ordnungszahl Z um eins bei gleichbleibender Massenzahl. Das instabile Isotop ^{10}C mit 10 Protonen in 4 Tröpfchen, wobei zwei benachbarte Triterons eine Potenzialstörung erzeugen, fangen sich aus der Elektronenhülle ein Elektron ein und geben jeweils ein Proton an das eingefangene Elektron ab. In der Folge entstehen drei Deuterons.

Abbildung 5.4 zeigt die räumliche Struktur der Tröpfchen aus Elektronen und Protonen mittels Magnetkugeln. Die Magneten hat mir dan-

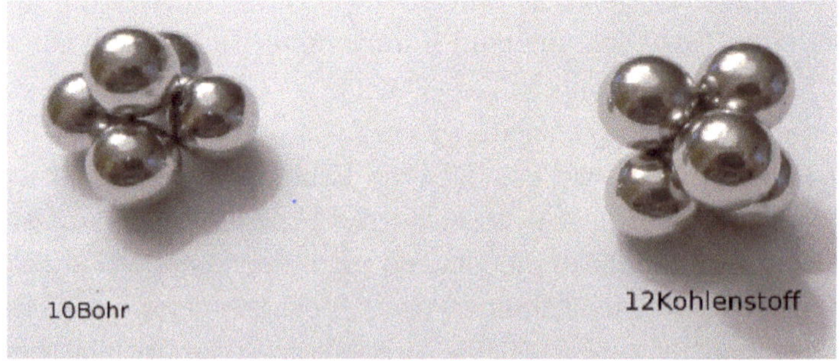

Abbildung 5.4: Mit Permanentmagneten modellierte Kernmodelle

kenswerterweise Edwin Kaal überlassen, der auf der EU2017 in Phönix [5.39] sein *Structured Atom Model* (SAM) [5.35] vorgestellt hat. Das

SAM unterscheidet sich vom hier vorliegenden Tröpfchenmodell dadurch, dass die magnetischen Kugeln das einzelne Proton darstellen, während das Elektron unsichtbar bleibt. Die Bedeutung des SAM-Modells liegt in der Betonung der räumlichen Struktur der Anordnung der Elementarmagneten. Im Tröpfchenmodell dagegen bilden jeweils zwei Protonen in einem Kernelektron einen Tröpfchen-Magneten. Ein Protonentriplett verbunden mit einem Kernelektron in einem Tröpfchen ist innerhalb des Atomkern zulässig. Zwei Triterons zerfallen unter Einfangen eines Elektrons in drei Deuterons und falls zwei Tröpfchen mit nur einem Proton (Neutron) sich im Kern befinden, verbinden sie sich durch Abgabe eines Elektrons zu einem Deuteron. So lassen sich die Instabilitäten der Isotope besser erkennen.

	^{17}Ne (5T1D) + e⁻	^{17}F (3T4D) + e⁻	^{17}O (1T7D)
M/(M-Z) | Hwz	2,43 | 0,7s	2,13 | 66s	1,89 |stabi
		^{21}Na (3T6D) + e⁻	^{21}Ne (1T9D)
M/(M-Z) | Hwz		2,10 | 23s	1,91 |stabil
	^{22}Mg (4T5D) + e⁻	^{22}Na (2T8D) + e⁻	^{22}Ne (11D)
M/(M-Z) | Hwz	2,20 | 3,9s	2,00 | 2,6a	1,83 |stabil
	^{30}S (4T9D) + e⁻	^{30}P (2T12D) + e⁻	^{30}Si (15D)
M/(M-Z) | Hwz	2,14 | 1,4s	2,00 | 2,6m	1,88 | stabil
	^{37}K (5T11D) + e⁻	^{37}Ar (3T14D) + e⁻	^{37}Cl (1T17D)

Tabelle 5.2

241

Beta-plus-Strahler

Element	Z	Tröpfchen M	Tri	Duo	M/(M-Z)	Tröpfchen M	Tri	Deu	M/(M-Z)	Tröpfchen M	Tri	Deu	M/(M-Z)
Li	3									5	1	1	2,5
Be	4	6	2	0	3,00	7	2	0,5	2,33	8			2,00
B	5					8	2	1	2,67	9			2,25
C	6					10	2	2	2,50	11	1	4	2,20
N	7					12	2	3	2,40	13	1	5	2,17
O	8					14	2	4	2,33	15	1	6	2,14
F	9					17	3	4	2,13	18	2	6	2,00
Ne	10	17	5	1	2,43	18	2	6	2,25	19	1	8	2,11
Na	11	20	2	7	2,22	21	3	6	2,10	22	2	8	2,00
Mg	12					22	4	5	2,20	23	1	10	2,09
Al	13	24	2	9	2,18	25	3	8	2,08	26	2	10	2,00
Si	14					26	2	10	2,17	27	1	12	2,08
P	15	28	2	11	2,15	29	3	10	2,07	30	2	12	2,00
S	16					30	4	9	2,14	31	1	14	2,07
Cl	17	32	2	12	2,13	33	3	12	2,06	34	2	14	2,00
Ar	18					35	3	13	2,06	36	0	18	2,00
K	19					37	5	11	2,06	38	2	16	2,00
Ca	20					38	4	13	2,11	39	1	18	2,05
Sc	21	42	2	18	2,00	43	3	17	1,95	44	2	16	1,91
Ti	22	43	5	14	2,05	44	4	16	2,00	45	1	21	1,96
V	23	47	3	9	1,96	48	2	21	1,92	49	1	23	1,88
Cr	24	47	5	15	2,04	48	4	18	2,00	49	1	23	1,96
Mn	25	52	2	23	1,93	53	3	22	1,89	54	2	24	1,86
Fe	26	52	4	20	2,00	53	5	19	1,96	54	0	27	1,93

Tabelle 5.3

Tabelle 5.2 gibt ein Beispiel für eine Zerfallsreihe mit Elektroneneinfang bis zu einem stabilen Isotop. In der grauen Zeile wird jeweils das Verhältnis von positiver Kernladung zu negativer Kernladung sowie die Halbwertszeit angegeben.

Wie man auch an der Tabelle 5.3 erkennen kann, haben die β^+-Strahler alle einen höheren Anteil an Triterons. Jeweils zwei benachbarte Triterons erzeugen eine positive partielle Potenzialstörung und fangen sich aus der Elektronenhülle ein Elektron ein.

Dadurch entstehen drei Deuterons und das Potential gegenüber der Hülle wird wieder ausgeglichen. Betrachtet man die Halbwertszeiten, so sind diese sehr unterschiedlich, was darauf hindeutet, dass wenn es zum Elektroneneinfang kommen soll, die beiden verursachenden Triterons benachbart sein müssen.

In Tabelle 5.3 treten ein paar Unregelmäßigkeiten auf. ^{6}Be ist ein α-Strahler. Die beiden Triterons verwandeln sich nicht in 3 Deuterons durch Elektroneneinfang, sondern zerfallen in 2 α-Teilchen, was offensichtlich energetisch günstiger ist. ^{7}Be besteht aus 2 Triterons und einem Neutron. Bei Elektroneneinfang entsteht das stabile ^{7}Li. ^{8}Be gibt ein α-Teilchen ab und es entsteht das stabile ^{4}He. ^{9}B gibt ein α-Teilchen ab und man erhält das ^{5}Li, was wiederum ein α-Strahler ist und übrig bleibt Wasserstoff. Eine weitere Ausnahme bilden ^{36}Ar und ^{54}Fe. Dabei handelt es sich um stabile Isotope, da sie nur Deuterons enthalten.

Eine andere Kategorie ist der β^-- Strahler. Dieser gibt Elektronen ab, damit das Gleichgewicht zwischen Elektronenhülle und Atomkern ausgeglichen wird. Die Ursache dafür ist eine partielle negative Störung des Kernpotentials durch zwei benachbarte Neutronen. Dabei wandert das Proton von einem Neutron zu dem anderen Neutron und wandelt es in ein Deuteron um. Das leer gewordene Tröpfchen wird als freies Elektron ausgeschieden. Bei der Abgabe von einem Elektron erhöht sich Z um eins.

Diese Umwandlung kann nur stattfinden, wenn wenigstens ein Neutron im Kern enthalten ist. Ist ein Neutron im Kern, dringt das Proton daraus in ein Deuteron unter Bildung eines Triterons ein, wie die linke Seite von Abbildung 5.5 zeigt. Dadurch wird ein Elektron frei. Sind zwei Neutronen vorhanden, verschmelzen diese zu einem Deutron unter Abgabe eines Elektrons,

Sind jedoch zwei Neutronen vorhanden, wandert ein Proton zu einem Neutron und bildet ein Deuteron, während die leere Elektronenhülle den Kern verlässt.

Die Zerfallsreihen für den β^--Zerfall zeigt Tabelle 5.4.

	^{20}O (4n8D) – e⁻	^{20}F (2n9D) – e⁻	^{20}Ne (10D)
M/(M-Z) | Hwz	1,67 | 14,0s	1,82 | 11s	2,00 | stabil
		^{23}Ne (1n11D)– e⁻	^{23}Na (1T10D)
M/(M-Z) | Hwz		1,77 | 23s	1,92 | stabil
	^{24}Ne (4n10D)– e⁻	^{24}Na (2n11D)– e⁻	^{24}Mg (12D)
M/(M-Z) | Hwz	1,71| 3,4m	1,85 | 15h	2,00 | stabil
		^{31}Si (1n15D) – e⁻	^{31}P(1T14D)
M/(M-Z) | Hwz		1,82 | 2,6h	1,94 | stabil
	^{38}S (4n17D) – e⁻	^{38}Cl (2n18D) – e⁻	^{38}Ar (19D)
M/(M-Z) | Hwz	1,73 | 2,9h	1,81 | 37,3m	1,90 | stabil

Tabelle 5.4

Die Tabelle 5.5 zeigt bei den Ca- und Cr-Isotopen jeweils zwei Abweichungen und beim Fe-Isotop eine Abweichung. Dort sind einige Elemente mit schwarzen Massenzahlen versehen. Diese Elemente sind noch stabil, obwohl deren Ladungsverhältnis schon deutlich unter 2 liegt.

Bei den schwersten natürlichen Elementen wie Blei und Wismut kann sich das Kernladungsverhältnis bis auf 1.65 verringern, und diese Elemente bleiben trotzdem noch stabil.

Beta-minus-Strahler

Element	Z	Tröpfchen				Tröpfchen				Tröpfchen			
		M	n	Deu	M/(M-Z)	M	n	Deu	M/(M-Z)	M	n	Deu	M/(M-Z)
He	2	5			1,67	6	2	2	1,50	7	1	3	1,40
Li	3	8			1,60	9			1,50				
Be	4	10	2	4	1,67	11			1,57				
B	5	12	2	5	1,71	13	1	6	1,63				
C	6	14	2	6	1,75	15	1	7	1,67	16	4	6	1,60
N	7	16	2	7	1,78	17	1	8	1,70				
O	8	19	1	9	1,73	20	4	8	1,67				
F	9	20	2	9	1,82	21	1	10	1,75				
Ne	10	23	1	11	1,77	24	4	10	1,71				
Na	11	24	2	11	1,85	25	1	12	1,79	26	2	12	1,73
Mg	12	27	1	13	1,80	28	4	12	1,75				
Al	13	28	2	13	1,87	29	1	14	1,81	30	2	14	1,76
Si	14	31	1	15	1,82	32	4	14	1,78				
P	15	32	2	15	1,88	33	1	16	1,83	34	2	16	1,79
S	16	35	1	17	1,84	37	1	18	1,76	38	4	17	1,73
Cl	17	38	2	18	1,81	39	2	17	1,77	40	2	19	1,74
Ar	18	39	1	19	1,86	41	1	20	1,78	42	2	20	1,75
K	19	42	2	20	1,83	43	1	21	1,79	44	2	21	1,76
Ca	20	43	T	20	1,87	44		22	1,83	45	1	22	1,80
Sc	21	46	2	22	1,84	47	1	23	1,81	48	2	23	1,78
Ti	22	51	1	25	1,76								
V	23	52	2	25	1,79	53	1	26	1,77	54	2	26	1,74
Cr	24	53	T	25	1,83	54		27	1,80	55	1	27	1,77
Mn	25	56	2	27	1,81	57	1	28	1,78	58	2	28	1,76
Fe	26	58		29	1,81	59	1	29	1,79	60	2	29	1,76

Tabelle 5.5

Aber keines der Elemente, die schwerer als Wismut sind, bleibt stabil. Hier ist dann die Grenze zu den α-Strahlern, weil durch Abgabe eines α-Teilchens sich das Ladungsverhältnis schneller wieder stabilisieren kann, als durch Abgabe eines Elektrons. Im Hinblick auf die Kosmologie sind aber nur die Elemente bis zum Eisen von Interesse. Statt isolierte Kernkräfte anzunehmen, wurde in diesem Modell das Atom als eine Einheit betrachtet. Der Atomkern besteht aus Einheiten von Neutronen, Deuterons und Triterons. Von diesen Bausteinen ist nur das

Deuteron dauerhaft stabil und wirkt wie ein Elementarmagnet. Ein einzelnes Triteron kann in einem Kern toleriert werden. Zwei Triterons zerfallen unter Einfang eines Elektrons in drei Deuterons. Neutronen haben die Tendenz sich paarweise zu Deuterons unter Abgabe eines Elektrons zu vereinigen.

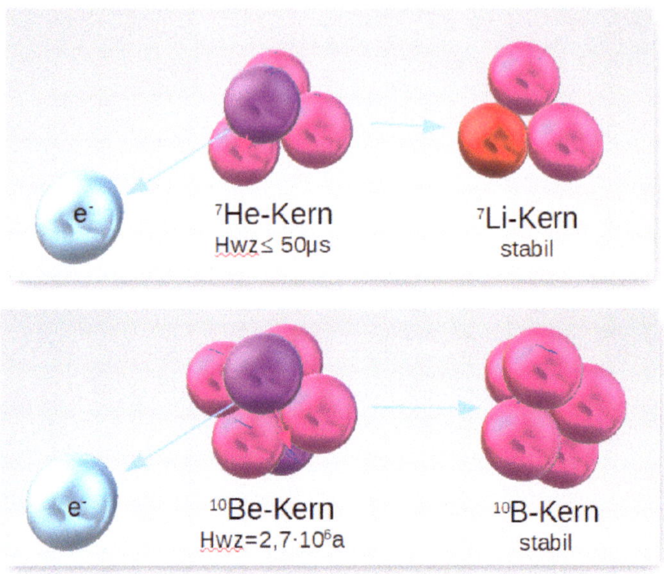

Abbildung 5.5: Elektronenabgabe

Ein Neutron und ein Deuteron verwandelt sich in ein Triteron unter Abgabe eines Elektrons. Ein Triteron und ein Neutron ergeben zwei Deuterons oder ein α-Teilchen.

5.4.4 Das α-Teilchen

Betrachtet man die Elemente Helium, Lithium, Beryllium und Bor, so findet man unter ihnen α-Strahler, die man nach den oben aufgestellten Regeln nicht erwarten würde. Schauen wir uns das Beryllium-Isotop ^{8}Be an. Es müsste nach unseren Regeln aus vier Deuteronen bestehen. Bildet man diese Anordnung mit Magneten nach, dann lassen sich diese quadratisch anordnen. Versucht man jedoch, daraus ein Tetrahedron zu formen, ist diese Anordnung instabil und kehrt in die quadratische Anordnung zurück. Erst ^{9}Be ist stabil. Siehe Abbildung 5.6.

Die Atome haben das Bedürfnis, ihr Volumen zu minimieren und Polyhedra zu bilden. Da die Deuteronen anders als unsere Magneten aber keine stabile Hülle haben, entstehen aus jeweils zwei Deuteronen Quadrupole. Diese Quadrupole haben nun untereinander keinen Halt mehr und das Atom zerfällt, wie im Falle von Beryllium oder emittieren ein α-Teilchen ab, wie im Falle der schweren Elemente oberhalb von Blei. Warum ist das so? Schauen wir uns die dichteste Kugelpackung an. Dazu müssen wir eine Anleihe in der Kristallographie machen. In der Kristallographie kennzeichnet man eine Struktureinheit mittels der Koordinationszahl.

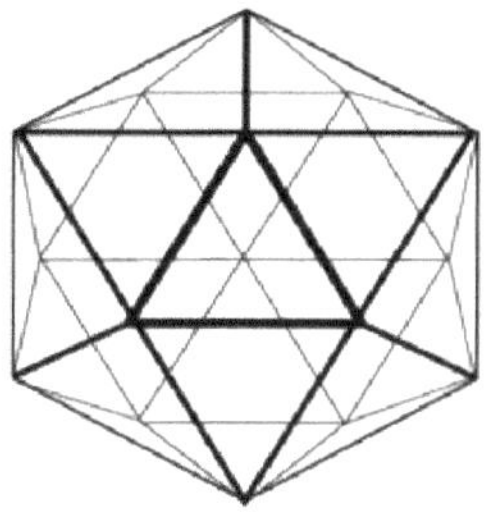

Abbildung 5.7: das überkappte gekappte
Tetraeder mit 12 C5 - und 4 C6 -Ecken –
Quelle: Frank & Kasper

Die Koordinationszahl ist die Anzahl der einer zentrale Kugel direkt benachbarten Kugeln in einer solchen Struktureinheit. Frank und Kaspar haben diese Struktureinheiten 1958 untersucht. Sie entwickelten die Methode, asymmetrische Ikosaeder unter Verwendung anderer Polyeder mit größerer Koordinationszahl und Atomen in Kristalle zu packen. Diese Koordinationspolyeder wurden konstruiert, um eine topologisch enge Packung (TCP) aufrechtzuerhalten. [5.41] .

Zählt man die Ecken in Abbildung 57 zusammen, erhält man die Zahl 84. Die Ordnungszahl 84 hat Polonium, das erste Element, von dem alle vorkommenden Isotope α-Strahler sind. Wenn das mal ein Zufall ist!

Die Umwandlungen zwischen den Bausteinen finden statt, wenn diese im Atom benachbart sind und eine partielle Potenzialstörung hervorrufen. Wann diese Nachbarschaft eintritt, ist nicht vorhersehbar, kann aber möglicherweise von der Atomhülle in nicht nachvollziehbarer Weise beeinflusst werden. Statistisch ergibt sich daraus die Halbwertszeit. Von der Halbwertszeit glaubt man, dass sie unveränderlich sei. Jedoch hat man beim Zerfall von ^{187}Re in ^{187}Os in Darmstadt festgestellt, dass stark ionisierte Atomkerne schneller zerfallen können als neutrale [5.39]. Da dieser Zerfall mit einer Halbwertszeit von 42 Milliarden Jahren als universelle kosmische Uhr verwendet wird, ist das problematisch, wenn das Rhenium während der Sternentwicklungszeit ionisiert war. Für das Elektron aus dem Kernneutron wäre es leichter, den Kern zu verlassen, wenn die Elektronenhülle schwächer wäre. Die Halbwertszeit von ^{187}Re fiel bei vollständiger Ionisation erstaunlicherweise bis auf 33 Jahre ab. Das dürfte bei anderen Elementen ähnlich sein und stützt das vorgeschlagene Modell.

Die Tatsache, dass das Ausgangsprodukt der Kernfusion der Wasserstoff und das Vorkommen von Deuterium auf der Erde nur einen Anteil von 0,3 ‰ hat, und dass bei fusionierten Elementen ein Kernladungsverhältnis von kleiner gleich 2 für stabile Isotope gilt, hat zur Folge, dass man im Weltraum keine neutrale Umgebung annehmen kann, wie das die Standardkosmologie behauptet, sondern dass Sterne als Orte der Kernfusion Anoden sein müssen und die dunklen Tiefen des Weltalls Quellen der Elektronen sein müssen und dass die Kräfte, die die Bewegung der Materie bewirken, elektromagnetische Kräfte sind.

Da etwas mehr Elektronen als Protonen vom umgebenden Wasserstoff verbraucht werden, werden die überzähligen Protonen als Sonnenwind in den Weltraum geblasen. Andererseits können Elektronen die Sonnen durchdringen und sie wahrscheinlich an den Polen wieder verlassen. Die Fusionsprodukte kondensieren auf der kälteren Sonnenoberfläche. Wir werden diese Hypothese später in *7.9 Das Anodenmodell der Sonne* ausführlich diskutieren.

Die im Standardmodell diskutierte primordiale Nukleosynthese geht davon aus, dass mit sinkender Temperatur im Kosmos das Deuterium nicht mehr durch hochenergetische Photonen zerstört worden wäre und dann eine sequentielle Nukleosynthese stattgefunden haben solle. Dieses Modell im Widerspruch zur Physik geht davon aus, dass die Photonen nicht das Ergebnis einer Bewegung von Ladungen ist. Wie soll aber aus einer chaotischen Bewegung, die Temperatur nun einmal darstellt, plötzlich eine solche kosmische Ordnung erwachsen, wie wir sie beobachten?

Da erscheint die Idee von einem offenen asymmetrischen System weitab vom thermischen Gleichgewicht wesentlich plausibler. Wenn wir uns daran erinnern, dass die Welt als ein sich selbst ähnliches System akzeptieren, dann ist das durch die Maxwellschen Gleichungen beschriebene Deuterium mit seinem Hüllenstrom und seinem Kernstrom ein Transformator und einer der Grundbausteine der Welt. Die maxwellschen Gleichungen sagen nichts über die Größe der Stromkreise und auch nichts darüber, wo die Stromquelle sich befinden muss. So kann das Atom seine Energie, wie jeder gewöhnliche Transformator von außen erhalten und die nicht benutzte Energie als Entropie abführen. Wir werden unter 6.6 *Über die Bedeutung der Entropie im offenen System* die grundlegende Bedeutung dieser Idee für das Verständnis der Welt näher betrachten.

5.5 Selbstähnlichkeit und die fraktale Geometrie der Natur

In diesem Kapitel haben wir Wirbel, als flexible Knäuel mit Donuts und Kugeln angenähert, obwohl sie das nicht sind. Sie sind Chimären, sie nehmen einen Platz zwischen den euklidischen Dimensionen ein. Dabei ist ihr Aussehen von der Skalierung abhängig. Das trifft auch auf die Welle zu. Wir haben eine Anleihe aus der Kristallographie der Atome genommen und diese auf die um drei Größenordnung kleineren Bestandteile des Atomkerns angewendet, weil wir davon überzeugt sind, dass die Natur sich selbst ähnlich ist.

Diese Überzeugung wird genährt durch den Fortschritt der Elektronik zur Mikroelektronik mit immer kleineren Strukturen. Nun wollen wir uns mit der Selbstähnlichkeit etwas näher beschäftigen. Der Erfolg der Mikroelektronik ist bedingt durch Effekte an Phasengrenzen. Wie beschreibt man einen Grenzverlauf?

Der Wirbelfaden der Maxwellgleichungen wird nach Euklid eindimensional gesehen, er wird zweidimensional, wenn er zum Kreis geschlossen ist und sobald auf ihn senkrecht die Lorentzkraft wirkt , verknäuelt er sich zu einer dreidimensionalen Kugel. Betrachten wir nun eine Anzahl N von Kugeln mit dem Radius R, die notwendig ist, ein Volumen auszufüllen. Dann ist die Mindestanzahl der Kugeln eine Funktion $N(R)$ des Radius R. Je kleiner der Radius der Kugeln ist, umso größer ist ihre Anzahl N im Volumen. Aus der Potenz von R, mit der $N(R)$ für den Grenzwert von R gegen Null konvergiert, berechnet sich die Ähnlichkeits-Dimension D einer zerklüfteten Menge von Kugeln nach

$$N(R) \sim \frac{1}{R^D} \qquad 5.01$$

und damit

$$D = -\lim_{R \to 0} \frac{\log N}{\log R} \qquad 5.02$$

Dem Mathematiker Felix Hausdorff ist damit zu Beginn des 20. Jahrhunderts die Charakterisierung einer Menge mittels eines reellen Zahlenwertes gelungen, und damit ist eine Form erstmalig quantifizierbar.

Für eine gewöhnliche endliche Kurve wächst die Zahl der erforderlichen aneinander gereihten Kugeln umgekehrt proportional zum Kugelradius. Eine Kurve hat daher die Ähnlichkeits-Dimension $D = 1$. Füllt man die gewöhnliche endliche Fläche wie beispielsweise eines Rechteck mit Kugeln, wächst die Zahl der erforderlichen Kugeln dagegen proportional zu $1 / R^2$. Es gilt daher $D = 2$. Bei einem Kubus wächst die Zahl der Kugeln proportional zu $1/R^3$, was für die Ähnlichkeits-Dimension D = 3 ergibt. Für den Spezialfall eines geometrischen Objekts, welches aus n disjunkten Teilobjekten besteht, die im Maßstab $1 : m$ verkleinerte Kopien des Gesamtobjekts darstellen, ergibt sich für die Ähnlichkeits-Dimension $D = (log\ n)/ (log\ m)$ und damit ein Bruch.

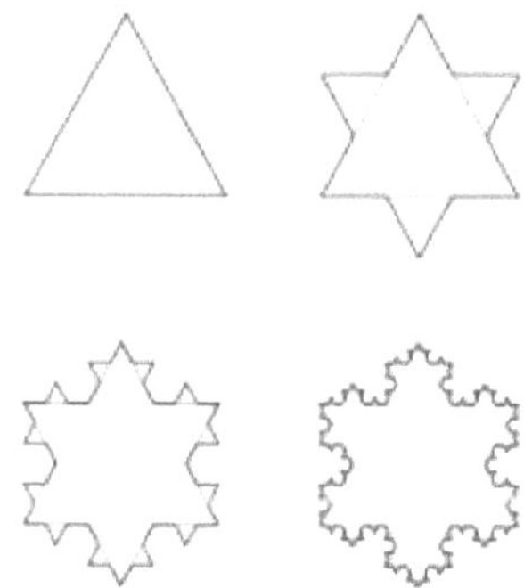

Abbildung 5.8: Kochsche Schneeflocke

Beispiel: Die Kochsche Schneeflocke: Jede Kante der Form 1 wird iterativ im Verhältnis 1:3 geteilt, m ist dann 3. Bei der Teilung entstehen dabei 4 disjunkte Teilstücke aus jeder Kante von 1 und die Form geht in 2 über. Die Ähnlichkeits-Dimension ist dann $D= log4/ log3$ = 1,26185950714291. Nun wird auf jede Kante von Form 2 der gleiche Algorithmus angewandt und wir erhalten Form 3 und im nächsten Iterationsschritt Form4 und so weiter. Dabei bleibt die Dimension erhalten.

Mandelbrot bezeichnet jede Form, die eine gebrochene Ähnlichkeits-Dimension besitzt, als ein Fraktal. Die Ähnlichkeits-Dimension ist ein Bruch zwischen 1 und 3 und sie ist unabhängig von der Skalierung. Nun stellen wir uns anstelle des Dreiecks einen Torus vor.

Wenn dieser eine Ausbuchtung erhält, wird er sich infolge der Lorentzkraft verdrillen und diese Verdrillung findet theoretisch kein Ende. Es sei denn, eine andere Kraft bewirkt ein Kräftegleichgewicht. Auch hier haben wir ein Fraktal. Die Skalierung reicht vom Elektron bis zum Plasmoid. Die Gruppe der Fraktale schließt symmetrische Formen ein, aber man kann nicht behaupten, dass alle fraktalen Formen symmetrisch seien. Um eine fraktale Struktur wie die Kochsche zu erhalten, gibt es nach Mandelbrot einen ein-

Abbildung 5.9: Plasmastrang als Fraktal

fachen Algorithmus. Man beginnt mit zwei Formen, einem Initiator und einem Generator. Letzterer ist ein orientierter Polygonzug aus N gleichen Seiten der Länge r. Jeder Konstruktionsschritt geht nun von einem Polygonzug aus und besteht darin, jede Strecke durch eine so reduzierte und verschobene Kopie des Generators zu ersetzen, dass deren Endpunkte mit den Endpunkten der zu ersetzenden Strecke übereinstimmen. In jedem Fall ist die Ähnlichkeits-Dimension $D = log\ N/log(1/r)$.

Einen breiten Raum in Mandelbrots Überlegungen nimmt die Brownsche Bewegung ein. Als der schottische Biologe Robert Braun im frühen 19 Jahrhundert in seinem Lichtmikroskop den Tanz von Pollenkörnern beobachtete, war er sehr verwundert und konnte sich das nicht erklären.

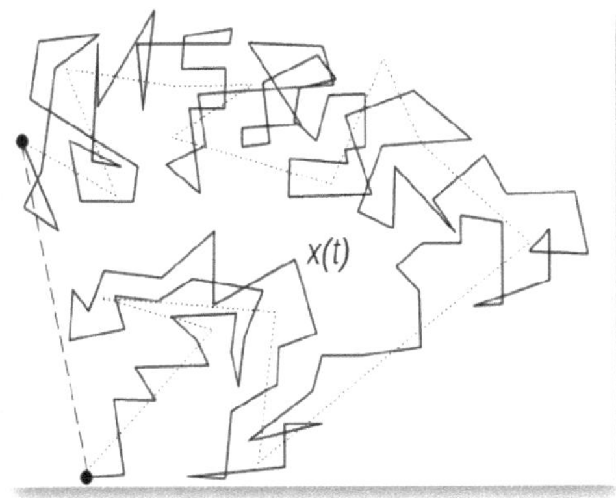

Abbildung 5.10: Mögliche Brownsche Bewegung eines Partikels

Er bemerkte, dass das gleiche mit Sporen und Staubkörnchen passierte. Mit anderen Worten diese Bewegung war eine universelle Naturerscheinung. Doch was lieferte die Bewegungsenergie? Einstein identifizierte 1905 die Temperatur und die Reibung als Ursache der Bewegung. Dabei ist Temperatur nach Boltzmann selbst Ausdruck der Bewegung der Atome. Nach seiner Formel wächst das Quadrat der von einem Partikel zurückgelegten Strecke im Durchschnitt proportional zur Zeitspanne und zur (absoluten) Temperatur, sowie umgekehrt proportional zum Radius des Teilchens und zur Viskosität der Flüssigkeit. Abbildung 5.10 zeigt mögliche Wege des Partikels. Doch wie soll die Strecke eines Partikels gemessen werden? Sein Weg ist zwar stetig, aber nicht differenzierbar, so wie auch die oben dargestellte Kochkurve.

Einstein schlussfolgerte, dass die sichtbaren Partikel ihre Bewegung von den um Größenordnungen kleineren Wassermolekülen ihre Bewegung erben und die Impulse auf das Partikel in der Summe zu einem Ungleichgewicht führen, dass er als Grund für die Bewegung ansieht. Einzelnen Wassermoleküle werden jedoch kaum die Bewegung eines unter dem Mikroskop sichtbaren Partikels in Gang setzen können, da die Masse des Wassermoleküls etwa 10 Millionen mal kleiner ist als die der beobachteten Partikel, aber die kollektive Bewegung sehr vieler elektrisch geladener Moleküle kann diese Bewegung vielleicht induzieren. Wie das passieren kann, bleibt allerdings im Dunkeln. Da hinein bringt erst Gerald Pollack um 2013 [5.42] mehr Licht. Einstein schloss also auf Grund der Ähnlichkeit der Strukturen auf die Ursache des Phänomens bedingt durch die innere Wärmebewegung. Pollack jedoch erkennt aus seinen Experimenten mit einfacher Lackmus-Tinktur zur pH-Wert-Bestimmung, dass die elektromagnetische Strahlung von außen vom Wasser absorbiert wird, dadurch Ladungen trennt und um die im Wasser befindlichen Partikel gleichartige Ladungen gruppiert, die Antrieb für die Brownsche Bewegung sind. Kinetische Energie ist proportional der eingestrahlten Frequenz der elektromagnetischen Strahlung. In einem offenen wässrigen System wird ein Teil der elektromagnetische Strahlungsenergie absorbiert und eine Ordnung aufgebaut, wenn die Entropie abgeführt werden kann, wie wir noch unter Abschnitt 6.6 behandeln werden. Die Ordnung ist hier eine Ladungstrennung, die wiederum der Motor für die Bewegung ist. Im Zusammenhang mit den elektrischen Erscheinungen in der Atmosphäre komme ich noch einmal auf Pollacks fundamentale Erkenntnisse über die Bedeutung der Wasserbatterie zu sprechen.

Die Brown-Spur konstruiert Mandelbot als zufällige raumfüllende Peano-Kurve mit $N=2$ gleichen Seiten und macht sie zum Gegenstand der fraktalen Geometrie. Dieses Thema weiter auszuführen, würde den Rahmen des Buches sprengen. Ich muss interessierte Leser hier auf Mandelbrots Buch *Die fraktale Geometrie der Natur* [3.41] verweisen. Die Quintessenz aus diesem Kapitel ist:

Die Betrachtung der Natur als eine Verschachtlung selbstähnlicher offener System über Skalen hinweg ist ein fruchtbarer Ansatz für künftige Forschungen in der Physik.

6 Der Makrokosmos

„Jedes Mal, wenn Ihnen eine Theorie als einzig mögliche erscheint, neh-men Sie dies als ein Zeichen, dass Sie weder die Theorie noch das Problem verstanden haben, das zu lösen beabsichtigt wurde. "   - Karl Popper

6.1 Ein Rückblick

Wir haben im vergangenen Kapitel erlebt, wie die Betrachtungsweise Einfluss auf das Ergebnis unserer Beobachtung hat. Betrachten wir schnelle Vorgänge, dann erhalten wir eine Unschärfe, genau wie wenn wir beim Fotoapparat die Verschlusszeit verlängern. Nicht die Natur ist unscharf, sondern unsere Wahrnehmung ist so träge, das sagt uns un-ser ingenieurmäßiger Verstand. Das *Ding an sich* nach Kant ist nicht identisch mit unserer Wahrnehmung, wir erhalten maximal ein virtuelles Abbild von dem Ding, aber die positivistische Weltanschauung trübt den Verstand, weil sie subjektive Empfindungen zum Maßstab der Welt macht. Bei der Betrachtung des Makrokosmos kommt noch der Aspekt der Perspektive dazu, aus der wir die Welt betrachten.

In einer Zeit vor Nikolaus Kopernikus Buch *De revolutionibus orbium coelestium*, erschienen 1543 in Nürnberg, betrachtete man den Himmel von einer ruhenden Erde aus. Das ptolemäische Weltbild sagte, das die Sterne an das Himmelszelt fest angeheftet seien, weshalb man sie als Fixsterne bezeichnete. Im Gegensatz dazu wanderten Sonne, Mond und die sichtbaren Planeten auf Kreisbahnen um die Erde herum. Da-bei beobachtete man bei den Planeten merkwürdige Schleifenbewe-gungen, die Aristoteles als eine der Kreisbewegung um die Erde über-lagerte Kreisbewegung um ein mit wanderndes imaginäres Zentrum deutete. Die Lehre des Aristoteles besagte, dass es bis auf die Mond-phasen am Himmel keine Veränderungen gäbe, und dass unter den Bewegungen einzig die gleichförmige Kreisbewegung vollkommen sei und diese ohne äußere Einwirkung ablaufen würde. Das Verdienst des Domherrn Kopernikus war, dass er die Sonne in den Mittelpunkt der Welt stellte und somit eine heliozentrische Weltsicht einführte, ohne jedoch auf Aristoteles Epizykeln zu verzichten. Etwa 50 Jahre nach Kopernikus wegweisendem Werk, formulierte Johannes Kepler die nach ihm benannten Gesetze der Planetenbewegungen, die nicht mehr auf Epizykeln beruhten, sondern Ellipsen-Bahnen waren, in deren einem Brennpunkt die Sonne lag. Inzwischen waren die Reformationskriege in Deutschland ausgebrochen. Da gelang Galileo Galilei die Beobachtung des Jupitersystems mit seinen Monden und es wurde klar, dass Kopernikus Hypothese eine Bestätigung erfuhr und das geozentrische Weltbild nicht mehr zu halten war. Entsprechend heftig fiel die Reaktion der Kirche aus, deren Lehren auf dem geozentrischen Weltbild des Ptolemäus ruhten. Nach weiteren 100 Jahren trat Isaak Newton an, der Welt eine neue Idee zu verkünden. Waren die Planetenbewegungen bisher gottgewollt, erkannte er eine physikalische Kraft dahinter. So konnte er Ebbe und Flut erklären und warum ein Apfel vom Baum fällt, indem er mathematisch beschreiben konnte, wie sich zwei Massen anziehen. Ebenso bestimmte er die Fluchtgeschwindigkeit $v = \sqrt{2M \cdot G/r}$ zu 11,2 km/s, mit der ein kleiner Körper die Erde für immer verlassen kann. Zur Erreichung der Kreisbahn ist nur eine Geschwindigkeit mit einem um den Faktor $\sqrt{2}$ verringerten Geschwindigkeit nötig. Unsere Raketen werden mit diesen Startgeschwindigkeiten projektiert, um die Anziehungskraft der Erde zu überwinden. Aber für eine Kreisbahn benötigt man zwei aufeinander senkrecht stehende Kräfte.

Es vergingen nun etwa 200 Jahre, da machte sich ein junger Mann, namens Albert Einstein daran, die fehlende Kraft zu suchen, um eine geschlossene Planetenbahn zu erklären. Es war klar, dass sich ein Körper so lange geradeaus bewegt, solange keine seitliche Kraft auf ihn einwirkt. Wenn sich beispielsweise ein Radfahrer aber auf einer geneigten Fahrbahn in einer Kurve bewegt, bewirkt die senkrecht wirkende Anziehungskraft und die entstehende Fliehkraft eine resultierende Lenkkraft, die den Fahrer ohne sein aktives Hinzutun in der Kurve hält. Diese naive Idee übertrug Einstein auf die Verhältnisse im Weltall. Die

Planeten sollten irgendwie auf unsichtbaren gekrümmten Flächen gehalten werden. Seit der Veröffentlichung der Allgemeinen Relativitätstheorie, die diese Idee in einer für den Laien undurchsichtigen Mathematik verklausuliert hat, sind wiederum 100 Jahre vergangen. Durch den Beginn der Raumfahrt Mitte des vorigen Jahrhunderts und die weitere Verbesserung unserer Teleskope haben wir eine Tür zu einem interstellaren und intergalaktischen Standpunkt aufgestoßen. Wenn der menschliche Erkenntnis-fortschritt weiter so durch reaktionäre Kreise der Kirchen behindert wird, schätze ich, dass es weitere 100 Jahre braucht, bis ein intergalaktischer Standpunkt sich als allgemeines Wissen durchgesetzt hat. Das Problem mit der Allgemeinen Relativitätstheorie ist also nicht linguistisch, sondern hängt damit zusammen, dass Newtons Kraftgesetz zwar erklären kann, warum ein Apfel auf die Erde fällt, aber nicht warum sich die Erde um die Sonne dreht. Einsteins Lösungsvorschlag ist die Bewegung auf einer gekrümmten Fläche, die nicht als Fläche, sondern als ein Raum verkauft wird. Es ist das sich aufblasende Luftballon-Modell mit viel Raum für Schöpfung darum.

Ein Zitat von Albert Einstein lautet:

> *Zwei Dinge sind unendlich, das Universum und die menschliche Dummheit, aber bei dem Universum bin ich mir noch nicht ganz sicher.*

George Lemaître dachte in seinem Bestreben, die Wissenschaft mit dem Glauben zu versöhnen, da vielleicht: Wenn er sich nicht sicher ist, dann machen wir das Universum eben endlich und bauen die Schöpfung darum. Ein zerplatzendes Ur-Atom kann es wohl richten, und die Dummheit wird ausreichen, die ganze Sache in einer möglichst komplizierten Weise an den Gläubigen zu bringen.

Einsteins Zitat enthält einen Trugschluss. Das Wort Universum beinhaltet die Gesamtheit der Welt. Folglich ist es unendlich, da es alles Bekannte und Unbekannte enthält. Anderseits verlangt Vollständigkeit nach Abgeschlossenheit. Hätte er den Begriff Kosmos verwendet, dann wäre klar gewesen, dass er den bekannten Teil der Welt meint und der grenzt sich vom unbekannten Teil ab und hält das System offen. Wir werden hier folglich immer vom intergalaktischen Kosmos sprechen, statt vom Universum und meinen damit alles Licht, was unsere Teleskope heute erfassen können. Wir werden stärkere Teleskope in der Zukunft haben, also ist der Kosmos offen. Mögen die unverbesserlich Gläubigen ihre Fremd-Schöpfung dahinter ausbreiten, aber nicht in die erkennbare Welt hineinreden.

Das heutige Standardmodell der Kosmologie entspricht in den Details nicht mehr den Vorstellungen Lemaîtres vom Ur-Atom, aber in den Grundstrukturen, der Idee einer unvorstellbaren Ur-Explosion ist es erhalten geblieben [6.01]. Als Beweis dafür wird die 1964 entdeckte kosmische Mikrowellenhintergrundstrahlung von den Verfechtern des Urknalls angesehen. Dabei handelt es sich um eine Strahlung, deren Maximum bei 2,8 K liegt und genau der mittleren Temperatur des Kosmos entspricht, wie es das Plancksche Strahlungsgesetz für einen schwarzen Strahler verlangt. Die von der Satellitenmission COBE vorgenommenen Messungen bestätigten nur, dass der Kosmos eine Temperatur von 2,8 K aus allen Richtungen hat und die gefundene Strahlungsanisotropie ergibt sich aus der Bewegung des Sonnensystems um das Zentrum der Milchstraße. Dagegen ist die Annahme, dass es sich dabei um einen Überrest aus der Zeit des Urknalls sei, nicht belegbar.

6.2 Das Problem der fehlenden Kraft im Kosmos

Man sagt, dass Newton sein Gravitationsgesetz von der quadratischen Abnahme der Schwerkraft entdeckte, als ihm ein Apfel in den Schoß fiel. In Wahrheit beruht sein Gesetz auf den exakten Beobachtungen von Tycho Brahe und Johannes Kepler, wobei er das heliozentrische Weltbild des Kopernikus benutzte. Wenn aber Regentropfen auf eine schräge Glasplatte fallen, wie auf das Dach meines Wintergartens, so laufen sie die Scheiben nicht senkrecht nach unten, sondern beschreiben einen nicht vorhersehbaren Weg nach unten, auf dem sie weitere Tropfen, die sich in der Nähe befinden, mitnehmen. Folglich wirkt auf einen Körper nicht allein die Schwerkraft, sondern es muss noch eine weitere Kraft wirken, die von der Schwerkraft nicht zu trennen ist, aber senkrecht zu ihr wirkt. Und warum bleiben die Nebeltröpfchen der Wolken oben am Himmel, aber die Regentropfen ab einer bestimmten Größe fallen zu Boden?

Jede nicht geradlinige Bewegung wird von zwei Kräften, die senkrecht zueinander wirken, verursacht. Die Trägheit eines Körpers bewirkt, das er seine geradlinige Bewegung fortsetzt, solange keine Kraft im Winkel zu der schon vorhandenen Kraft wirkt. Warum soll das nur auf der Erde gelten, fragte sich schon Einstein. Seine Idee war allerdings etwas kurios. Er hat zweifellos in seinen Schweizer Bergen davon gehört, dass man eine nach innen geneigte Kurve fast ohne Lenkkraft durchfahren kann. Also müsste ein Planet sich auf einer unsichtbaren geneigten ‚Fahr‘-Bahn innerhalb einer geschlossenen Kurve bewegen. Nur geht diese Idee nicht auf. Die Krümmung hat dann nichts mehr mit der Newtonschen Anziehungskraft zwischen Sonne und Erde zu tun, sondern mit einer Kraft senkrecht dazu, die auch noch parallel über den gesamten Bahndurchmesser gleichmäßig wirken müsste. Niemand erwartet, wenn er eine Kurve durchfährt, im Drehpunkt der Kurve ein Kraftzentrum. Aber die Sonne steht nun mal im Drehpunkt der Erdrotation. Insofern kann man die Allgemeine Relativitätstheorie bestenfalls als eine Albernheit auffassen. Einstein selbst meinte zu seinem Freund Paul Ehrenfest:

> *"Ich habe schon wieder was verbrochen in der Gravitationstheorie, was mich ein wenig in Gefahr setzt, in einem Tollhaus interniert zu werden."* - Brief an Paul Ehrenfest, 4. Februar 1917, zitiert nach Alice Calaprice (Hrsg.): Einstein sagt - Piper-Verlag, München, Zürich 1996, ISBN 3-492-03935-9, Seite 139.

Schön verpackt in eine weitere Dummheit, hat der Leser schnell den Überblick verloren, wenn er sich durch das Gestrüpp der Einsteinschen Gedanken schlagen muss. Da kommen schon Minderwertigkeitsgefühle in Anbetracht akademischer Überheblichkeit auf.

"Die Verallgemeinerung der Relativitätstheorie wurde sehr erleichtert durch die Gestalt, welche der speziellen Relativitätstheorie durch Minkowski gegeben wurde, welcher Mathematiker zuerst die formale Gleichheit der räumlichen Koordinaten und der Zeitkoordinate klar erkannt und für die Theorie nutzbar gemacht hat." [6.02]

(Von wegen formale Gleichheit von räumlicher Koordinate und Zeitkoordinate. Die Raumkoordinate ist ein Vektor mit einer Richtung und die Zeit ein Skalar ohne Richtung.) und weiter unten:

"Die Gesetze der Physik müssen so beschaffen sein, dass sie in Bezug auf beliebig bewegte Bezugssysteme gelten." [6.02]

Einstein wollte den heliozentrischen Standpunkt Newtons überwinden, was er sehr umständlich erklärte und wobei er sich in seinem speziellen Relativitätswahn verfing. Wenn man für das Bezugssystem den Beobachter einsetzt, wird sofort klar, das es im letzten Zitat nicht *in Bezug auf* sondern *unabhängig von* heißen muss. Der Fehler steckt in der Voraussetzung. Es ist physikalisch nicht dasselbe, ob sich die Erde um die Sonne dreht oder die Sonne um die Erde, wie er uns glauben machen will. Er hätte einen interstellaren Standpunkt einnehmen müssen, um die Bewegung der Sonne mit ihren Planeten erkennen zu können. Hätte er sich mit Dayton Millers [6.03] experimentellen Ergebnissen intensiver beschäftigt, wäre er möglicherweise zu anderen Schlussfolgerungen gekommen. Miller hatte eine Anisotropie des Lichtes bezüglich der Bewegungsrichtung des Sonnensystems festgestellt [6.04], wie auch die COBE-Daten später bestätigt haben. Einstein hat diese Ergebnisse immer bestritten und sie als Temperaturabweichungen disqualifiziert.

„Meine Meinung über Millers Experimente ist die folgende. … Wenn das positive Ergebnis bestätigt wird, dann wird die Spezielle Relativitätstheorie und mit ihr die Allgemeine Relativitätstheorie in ihrer gegenwärtigen Form

ungültig sein. Experimentum summus judex. Nur die Gleichwertigkeit der Trägheit und der Gravitation würde bleiben, jedoch würden sie zu einer erheblich anderen Theorie führen müssen."   - Albert Einstein, in einem Brief an Edwin E. Slosson, 8. Juli 1925

Nach Millers Tod im Jahre 1941 hat Shankland, ein Schüler Millers, nach intensiver Beratung mit Einstein, Millers Arbeiten einer Kritik im Sinne Einsteins unterworfen und anschließend die Daten weitgehend vernichtet, wie James DeMeo berichtete [6.03]. Verglichen mit Fresnels Mitnahmeeffekt eines Massenstromes sind Millers Angaben jedoch viel zu groß, und Einsteins Relativitätstheorie wird nicht durch das negative Michelson-Morley-Experiment bestätigt, da Beobachter und Lichtquelle im gleichen Bezugssystem sind. Ich werde auf Millers Experiment im nächsten Kapitel noch einmal zu sprechen kommen.

Zurück zu unseren Regentropfen: Hier kann man davon ausgehen, dass diese geringfügig elektrostatisch aufgeladen sind und von der Dipol-Eigenschaft des Wassermoleküls herrühren, dass sich die Regentropfen auf der Glasplatte anziehen. Nun sind die elektrostatisch anziehenden Kräfte zwischen den Regentropfen zur Schwerkraft vergleichsweise klein, da sie erst sichtbar werden, wenn die Glasscheibe etwa eine Neigung von etwa 20 Grad hat. Dann wirkt die Erdanziehungskraft nur noch etwa zu einem Drittel auf die von der Glasplatte abperlenden Regentropfen. Was aber, wenn die Wassertropfen kleiner und stärker elektrostatisch geladen sind? Jeder hat schon einmal ein Gewitter erlebt und weiß um die Kraft einer Blitzentladung. Jetzt haben wir zwei Kräfte, die Kraft nach Newton und die Coulomb-Kraft. Der Unterschied zwischen beiden besteht in der Größenordnung, die 36 Zehnerpotenzen beträgt. Sowohl Newtons Gesetz als auch das Gesetz von Coulomb beschreiben eine Kraft, die zwischen zwei stationären Körpern wirkt und mit dem Quadrat des Abstandes schwächer wird. Beide Kräfte kann man mit einer Torsionswaage messen. Der Mond wäre schon längst wie der Apfel zur Erde gefallen, gäbe es da nicht noch eine andere Kraft, die wir nicht beschrieben haben. Um einen Kreisbogen zu fahren, muss jeder Autofahrer an seinem Lenkrad drehen, damit er nicht aus der Kurve getragen wird. Jede Kreisbewegung in der Ebene wird, wie die Bewegung der Regentropfen auf der Glasscheibe, durch zwei Kräfte beschrieben, die aufeinander senkrecht stehen, wie Abbildung 6.1 illustriert. Welche Kraft sollte das sein? Antigravitation? Die würde der Gravitation gerade entgegengesetzt wirken, also die zum Zentrum gerichtete Kraft aufheben. Es bedarf einer Kraft, die senkrecht auf der Anziehungskraft steht. Die resultierende Kraft aus beiden führt den einen Körper um den anderen auf seiner Bahn herum.

Es ist eine der größten Ungereimtheiten in der Physik, dass man die Kräfte in elektrische Kraft und Gravitationskraft, sowie schwache und starke Kernkraft einteilt. Man misst die Kraft in Newtonmeter und kann sie nur nach ihrer Wirkrichtung unterscheiden. Kräfte wirken, wo Massen sind, stets und ständig. Sie haben keine Verzögerung in ihrer Wirkung, wie der Impuls. Wozu dann diese seltsame Unterscheidung? Es gibt ein Argument. Elektromagnetische Kräfte können durch freie Elektronen abgeschirmt werden, indem die magnetischen Feldlinien im Leiter gebrochen werden. Es muss also freie Elektronen geben, wie aus den Überlegungen im vorigen Kapitel folgt. Die Gravitation kann nicht abgeschirmt werden, da sie aus dem Dipol-Verhalten von Atomkern und Atomhülle folgt, wie Wallac Thornhill erklärt hat. [6.05] Sie kann auch nicht moduliert werden. Folglich können auch keine Wellen auf der Gravitation entstehen. Sie ist eine elektrische Restkraft, die sich aus der Ladungsverschiebung zwischen Hülle und Kern innerhalb der Atomen bildet, wenn diese sich zusammenballen. Eine solche Anordnung ist kein Schwingkreis, wie etwa der Übergang von einem energetisch höheren zu einem energetisch niederen Zustand, wo die Energiedifferenz abgestrahlt werden kann.

Wir haben gelernt, dass Kraft das Produkt aus Masse und Beschleunigung ist. Jeder hat die Vorstellung von einer Masse unabhängig von dem Objekt, das ihre Form bestimmt. Wir sollten uns hier an die Knetmasse aus unserer Kinderzeit erinnern. Die Beschleunigung erleben wir, wenn wir mit unserem Auto starten. Sie ist die Änderung einer Geschwindigkeit infolge einer Krafteinwirkung. Was ist aber Masse? Wir erinnern uns, wir bestimmen Massen durch den Vergleich mit einem genormten Urkilogramm. Das erklärt die Masse aber immer noch nicht. Alles, was wir über die Masse wissen, verdanken wir der Massenspektrometrie. Sie liefert uns die Masse der kleinsten Bausteine der Materie auf Grund der Tatsache, dass alle Massen eine positive oder negative elektrische Ladung tragen, die sich im Normalfall fast aufheben, aber im Magnetfeld nach ihrer Masse unterschiedlich stark getrennt werden. Die Tatsache, dass man den elektrischen Strom und das Magnetfeld im Massenspektrometer messen kann, erlaubt den Rückschluss auf die exakte Masse als eine Strommenge an unterschiedlichen Positionen des Detektors.

Wir benötigen also die Kenntnisse der Elektrotechnik, um die Frage nach der zweiten Kraft für eine gekrümmte Bewegung beantworten zu können. Dort ist es die Lorentzkraft, die wie auch im Massenspektrometer auf der Coulombkraft senkrecht steht. Für die heutige Astrophysik gibt es keine spezielle Gleichung, die diese senkrechte Kraft beschreibt. Astrophysiker versuchen diese Schwierigkeit mit der irrigen Raumkrümmung der Allgemeinen Relativitätstheorie zu erklären. Es gibt aber keine gekrümmten Räume, nur gekrümmte Oberflächen. Massen haben ein Volumen, das man in einem Raum misst, der durch drei von einander unabhängige Richtungen aufgespannt wird. Folglich kann man Kräfte physikalisch nur durch ihre Stärke und die drei voneinander unabhängigen Richtungen unter einander unterscheiden. Wären die Astrophysiker Ingenieure, dann hätten sie vielleicht bemerkt, dass nach ihren Gleichungen der Mond herunter gefallen wäre. So verschleiert die Relativitätstheorie nur das Problem und endet in einer Sackgasse. Wir müssen umkehren und alles neu durchdenken. Daran hindern uns aber gewaltige machtpolitische Strukturen.

Es bleibt zu klären, warum dieser Unfug so lange überleben konnte und heute anerkannte Lehrmeinung ist. Den Schlüssel für eine Erklärung finden wir im Wirken des Priesters George Lemaître, der in der wissenschaftlichen Öffentlichkeit kaum in Erscheinung trat, dessen Wirken für eine Aussöhnung von Religion und Wissenschaft im Hintergrund aber sehr effektiv war. Mit der Schaffung eines System der Beurteilung aller wissenschaftlicher Aufsätze durch Peer-Gruppe[9]) im Sinne des vorauseilenden Gehorsams gegenüber der katholischen Kirche wurde eine effektive Zensur geschaffen, ohne dass ihr Anteil daran sichtbar wird, weil die Peer-Leader selbst in den wissenschaftlichen Betrieb integriert sind.

6.3 Lemaîtres Idee von der Vereinbarkeit der Schöpfung mit der Naturwissenschaft

"Religion lehrt die Menschen, wie sie in den Himmel kommen, nicht wie der Himmel funktioniert."   — Galileo Galilei 1616

Ab 1923 finden wir den frisch ordinierten Priester und Doktor der Mathematik Georges Lemaître für ein Jahr an der Universität Cambridge, wo Arthur Eddington ihn in die Stellar-Astronomie und die numerische Analyse einführte. Es war jener Eddington, der von der Richtigkeit der Einsteinschen Relativitätstheorie so fest überzeugt war, dass er die Sonnenfinsternis-Expedition, die er zusammen mit dem Astronomen Frank Watson Dyson organisierte, auf der Vulkaninsel Príncipe im Golf von Guinea vor Westafrika am 29. Mai 1919 zu einem spektakulären Erfolg führte. Obwohl man muss sich wundern, wie er mit einer amateurmäßigen Ausrüstung unter den denkbar schlechtesten Bedingungen in der tropischen Mittagshitze Messergebnisse von einer Genauig-

---

9   „Peer Group Education ist ein partnerschaftlicher, pädagogischer Handlungsansatz der den Peer Leader, der Teile einer Peer Group oder aber die gesamte Gruppe motivieren soll, als präventive Rollenmodelle zu wirken, indem Training und Unterstützung auf personeller und/oder struktureller Ebene angeboten werden" (Das Wissenschaftlich-Religionspädagogische Lexikon im Internet). In der Astrophysik dient Baron *Rees* of Ludlow, besser bekannt als Martin Rees, Mitglied der päpstlichen Akademie, seit 1990 als Peer Leader.

keit erzielte, die man heute nur mit dem Hubbleteleskop außerhalb der Atmosphäre erhält [6.06].

Schon in jungen Jahren wollte Lemaître Priester und Wissenschaftler werden. Als 17-Jähriger wechselte er von einer Jesuitenschule zur Katholischen Universität Leuve. Die Gastrolle in Cambridge war der Zerstörung der Universität Leuven im 1. Weltkrieg geschuldet. In Leuven begann er seine Ideen zur Expansion des Universums aufzuschreiben. Seine Ideen findet man schon in den alten Veden der indischen Mythologie, deren Kenntnis für einen angehenden Priester nicht ungewöhnlich sein dürfte:

> *Dieses Universum existierte erst nur in der göttlichen Idee, noch unexpandiert, als wäre es in Dunkelheit verborgen, nicht wahrnehmbar, undefinierbar, **unauffindbar durch den Verstand**, noch nicht enthüllt, als wäre es in tiefem Schlaf versunken. Doch dann erschien die eine selbst-existierende Kraft in vollem Glanz, selbst nicht wahrnehmbar, welche aber die Welt wahrnehmbar macht, mit fünf Elementen und anderen Prinzipien der Natur, **seine Idee expandierend**, die Dunkelheit vertreibend. Er, der nur mit dem inneren Sinn wahrgenommen wird, dessen Essenz den äußeren Sinnen entschwindet, der keine sichtbaren Teile hat, der in Ewigkeit existiert, sogar er, die Seele allen Seins, **erschien in Gestalt.***
> nach der Übersetzung von 1794, aus: "The ordinances of menu", Sir William Jones [6.08]

Erstmals erschien Lemaîtres Arbeit 1927 in den *Annales de la Société scientifique de Bruxelles* [6.09], einer eher wenig bekannten Fachzeitschrift [6.10]. Eine Übersetzung ins Englische mit dem Titel "*The Primeval Atom: An Essay on Cosmogony* " ist 1950 in New York bei Van Nostrand erschienen, wovon ich eine Übersetzung ins Deutsche angefertigt habe. Nachdem er ziemlich verworren über Räume spekuliert hatte, entwickelte er die Idee eines urzeitlichen Riesenatoms, das dem radioaktiven Zerfall anheim fiel und damit eine Phase der Ausdehnung nach "bekannten Mechanismen" eingeleitet haben soll, womit er die spektrale Rotverschiebung gemeint hat [6.11]. Er gab Einstein seine Arbeit zur Beurteilung. Dessen Urteil lautete:

"Ihre Berechnungen sind richtig, aber Ihr Verständnis der Physik ist abscheulich." [6.12]

Einstein wollte seine Position vom statischen Weltall nicht aufgeben. Hubbles Entdeckung der spektralen Rotverschiebung war für Lemaître der sichere Beweis für ein dynamisches Universum, obwohl Hubble sich dagegen verwahrte. Offensichtlich bedrohte der sich ausbreitende Kommunismus immer stärker die christliche Weltanschauung. Suchte die katholischen Kirche einen ähnlichen Heiland, wie die Kommunisten die Heilande Marx, Engels und Lenin in ihrem Machtbereich installiert hatten, um das Abendland für sich zu retten?

Laut der Enzyklika *Pascendi Dominici gregis* von Papst Pius X. kann man davon ausgehen, dass die katholische Kirche und mit ihr auch Lemaître die Sorge umtrieb, dass auch in Westeuropa immer mehr Menschen vom christlichen Glauben an die „Unbefleckte Empfängnis der Jungfrau Maria" abfallen würden. Anders aber als Papst Pius X suchten eine Reihe von Priestern des Vatikans die Versöhnung mit der Wissenschaft, ohne jedoch ihren Führungsanspruch aufzugeben[10]). Es musste ein neues Weltbild her, das sowohl ein Glaubensbekenntnis war, als auch einem pseudowissenschaftlichen Anspruch genügte. Darin dürfte man sich in den Kreisen der Katholischen Kirche dieser Zeit einig gewesen sein. Seit dem Heiligen Petrus im 1. Jahrhundert besaß die römische Kirche die Deutungshoheit über das Himmelreich. Daran hatte doch bereits Galilei herum gekratzt, und Darwin, dieser Verräter, hatte

---

10 Weltweit führen die Jesuiten heutzutage Hochschulen , in denen sie mehr als zwei Millionen jungen Menschen allgemeine Bildungsinhalte vermitteln. Jesuiten dienen sowohl an katholischen als auch weltlichen Schulen. Der Orden unterhält weltweit 114 Universitäten, wo er die Ausbildung in Philosophie, Mathematik, Astronomie und Physik maßgeblich prägt. Im 20. Jahrhundert vertraten die Jesuiten die Ideen der Enzyklika „*Pascendi Dominici gregis*" von Papst Pius X. [6.07])

die Schöpfungslehre durch die Lehre von der Evolution ersetzt. Die Deutungshoheit über den Himmel sollte nun durch die Physiker auch noch verloren gehen?

Da musste etwas geschehen. Da schon Einsteins Arbeit *Zur Elektrodynamik bewegter Körper* die göttliche Ordnung und Symmetrie zugrunde lag und diese Grundlage bis 1915 noch verallgemeinert und wohl verklausuliert wurde und damit das Ur-Ei der Veden kreierte, musste man es nur noch beschleunigen und aufblasen, damit es die Gestalt eines Kelches bekam. Das besorgte Alexander Friedman [6.13] 1922 unabhängig von Lemaître, der die Einsteinschen Gleichungen löste und eine Singularität fand, die man als Ausdehnung oder Massen-Konzentration, je nach Wahl der Parameter deuten konnte. Da kamen Hubbles Forschungsergebnisse gerade zur rechten Zeit. Das Aufblasen des Weltalls wurde durch die spektrale Rotverschiebung begründet, da man sie nach Doppler als Geschwindigkeit deutete. Nun musste man den Aufblasprozess im Widerspruch zur Relativität nur noch auf den Beginn einer absoluten Zeit setzen, und den leitete man aus dem Kehrwert der Hubble-Konstante ab und erhielt den Wert von 13,58 Milliarden Jahren. Die Welt Gottes lag dann vor dem Schöpfungsakt und hinter dem Radius des Weltalls aus dem Produkt von Lichtgeschwindigkeit und Alter des Weltalls. Damit konnte wieder Harmonie zwischen Wissenschaft und Religion einziehen…

Einstein war bei der Beurteilung von Lemaîtres Ideen, dass sie völlig inakzeptabel seien, nicht allein; vielmehr war dies die Meinung fast aller Wissenschaftler, doch Lemaître gelang es, sie zu überreden [6.14]. Einstein verwarf 1931 die Kosmologische Konstante als eine stabilisierende Größe und soll sie als die größte Eselei seines Lebens bezeichnet haben. Die Nationalsozialisten hatte 1933 eine Kopfprämie auf Einstein ausgesetzt. Sie verfolgten ihn als Juden. Er traf Lemaître 1933 in Brüssel und konnte wegen der Nationalsozialisten nicht wieder nach

Deutschland zurückkehren. Da erreichte ihn die Einladung von Abraham Flexner, der in Princeton bereits 1930 ein Modellzentrum für höhere Bildung, das Institute for Advanced Study, Princeton, New Jersey, gegründet hatte. Als erster Direktor des Instituts (1930-1939) versammelte Flexner einige der bedeutendsten Wissenschaftler seiner Zeit aus aller Welt. 1921 hatte Einstein den Nobelpreis erhalten und anschließend war er schon einmal in Princeton gewesen. Dort besuchte ihn Lemaître 1935 wieder und es muss ihm gelungen sein, Einstein umzustimmen. Jedenfalls wurde er durch sein Bündnis mit der katholischen Kirche zu einer Ikone der Wissenschaft, womit seine Karriere aber den Abschluss fand, da er trotz seiner Popularität wissenschaftlich zunehmend isoliert war, wie auch aus seinen Briefen mit Velikovsky hervorging [6.15]. Er verweigerte sich der Quantenmechanik und auch Schwarze Löcher lehnte er ab.

Die Relativität der Sicht auf das geozentrische und das heliozentrische Weltbild in der Allgemeinen Relativitätstheorie mag der Schlussstein für die Religion gewesen sein. So wurde die von Lemaître begründete Harmonie zwischen Glaube und Wissenschaft durch die Päpstliche Akademie der Wissenschaften akzeptiert und in Würdigung seiner Verdienste um die kirchliche Lehre erhielt Lemaître 1940 die Berufung an die Päpstliche Akademie der Wissenschaften, 1951 erklärte Papst Pius XII., dass Lemaîtres Theorie vom Urknall eine wissenschaftliche Validierung des Katholizismus sei. Er führte in einem Vortrag aus, der mit dem Urknall zeitlich festlegbare Anfang der Welt sei einem göttlichen Schöpfungsakt entsprungen. Seine Ernennung durch Papst Johannes XXIII. zum Präsidenten der päpstlichen Akademie folgte 1960 sowie der Ehrentitel Monsignore. Lemaître und Daniel O'Connell, ein Jesuit und ab 1952 der Wissenschaftsberater des Papstes, überzeugten den Papst davon, den Kreationismus nicht mehr öffentlich zu erwähnen [6.16]. Das war schließlich auch nicht notwendig.

Dem Wirken der jesuitischen Lehranstalten ist die Verbreitung Lemaîtres Ideen zu verdanken. Damit wurde diese Theorie nicht nur in der Wissenschaft, sondern auch in der Religion verankert und ist damit offizielles Lehrprogramm aller katholischen und weltlichen Universitäten geworden. Schaut man sich um, so stellt man fest, dass die Anzahl der katholischen Universitäten international stark gewachsen ist, und daher nicht nur ein geistiges, sondern auch ein sehr materielles Interesse an der Erhaltung dieser Theorie besteht [6.17]. Den Menschen wird erzählt, dass die wahre Natur der physikalischen Welt nicht verstanden werden könne, außer von ein paar Genies wie Einstein und Hawking, die in der Lage wären, in vier Dimensionen zu denken. Die Physik wäre etwas, was man glauben müsse, nicht was man verstehen könne. Es ist die Religion für diejenigen, die nicht mehr an die *Unbefleckte Empfängnis* der Mutter Maria glauben. Der heutzutage in der Öffentlichkeit viel beklagte körperliche und sexuelle Missbrauch von Untergebenen durch kriminelle Priester beginnt immer mit dem geistigen Missbrauch, der Unterdrückung der Wahrheit oder der Schaffung einer eigenen katholischen Wahrheit, um die Macht aufrechtzuerhalten. Offensichtlich stärkt ein gemeinsames Engagement für eine Fiktion den Zusammenhalt sozialer Gruppen. Der Inhalt dieser Fiktion ist offensichtlich von untergeordneter Bedeutung. Daher können solche Fiktionen auch über religiöse und nationale Grenzen hinweg wirksam werden, obwohl sie dem gesunden Menschenverstand widersprechen. Vielleicht haben Theoretiker dies heutzutage erkannt und verwenden diese Fiktion, um sich Gelder für neue und immer teurere Experimente zu sichern, solange die Gesellschaft dies zulässt.

> *„Wissenschaft ohne Religion ist lahm, Religion ohne Wissenschaft ist blind blind.“*
>   - Albert Einsteiin

Das Originalzitat ist von Immanuel Kant und lautet:

> *„Begriffe ohne Anschauungen sind leer, Anschauungen ohne Begriffe sind blind.“* ...
> *„So fängt denn alle menschliche Erkenntnis mit Anschauungen an, geht von da zu Begriffen, und endigt mit Ideen.“*

6.4 Schwarze Löcher

Bereits 1783 spekulierte John Michell, ein Brite, über Dunkle Sterne, deren Gravitation ausreichen sollte, um Licht gefangen zu halten. In einem Brief, der von der Royal Society publiziert wurde, schrieb er:

„Wenn der Radius einer Kugel von der gleichen Dichte wie die Sonne den der Sonne in einem Verhältnis von 500 zu 1 überstiege, hätte ein Körper, der aus unendlicher Höhe auf sie zu fiele, an ihrer Oberfläche eine höhere Geschwindigkeit als die des Lichts erlangt. Folglich – unter der Annahme, dass Licht von derselben im Verhältnis zu seiner Masse stehenden Kraft angezogen wird wie andere Körper auch – würde alles von einem solchen Körper abgegebene Licht infolge seiner eigenen Gravitation zu ihm zurückkehren. Dies gilt unter der Annahme, dass Licht von der Gravitation in der gleichen Weise beeinflusst wird wie massive Objekte.“

– John Michell [6.18]

Die Idee, dass von ‚schweren‘ Sternen korpuskuläres Licht nicht entkommen könne, wurde im Jahr 1796 auch von Laplace in seiner *Exposition du Système du Monde* beschrieben. Er schuf dafür den Begriff „Dunkler Körper“ (corps obscur) [6.19].

Der Begriff *Schwarzes Loch* wurde 1967 durch John A. Wheeler eingeführt. Im Außenraum von hinreichend kompakten Massen soll sich ein durch einen Ereignishorizont charakterisiertes Raumgebiet bilden, in das Materie nur hineinfallen, aber nicht wieder heraus kommen kann. Das betrifft auch masselose elektromagnetische Wellen, wie etwa sichtbares Licht. Diese Definition wurde mit der Zeit aber aufgehellt, als man daran ging, passende Objekte im Kosmos zu suchen. Schließlich sorgte das für gehörige Verwirrung, wovon das folgende Zitat zeugt.

"Schwarze Löcher bestehen nicht aus Materie, obwohl sie eine große Masse haben. Dies erklärt, warum es bisher nicht möglich war, sie direkt zu beobachten, sondern nur über die Wirkung ihrer Schwerkraft auf die Umgebung. Sie verzerren Raum und Zeit und haben eine unwiderstehliche Anziehungskraft. Es ist schwer zu glauben, dass die Idee hinter solchen exotischen Objekten bereits mehr als 230 Jahre alt ist.“   [6.20]

Es zeugt auch davon, wie wenig Leute, die von Schwarzen Löchern faseln, von Physik verstehen. Besonders pikant ist es deshalb, weil es auf einer Website der Max-Planck-Gesellschaft von 2017 steht. Wenn Schwarze Löcher nicht materiell sind, sind sie offensichtlich ideell. Wie können sie dann über große Masse verfügen? Wie will man beweisen, dass die beobachteten Effekte nicht optischer Art sind, sondern von Schwerkraft herrühren, die wir im Kosmos auf große Entfernung nicht messen können? Woran will man eine Raumkrümmung festmachen, wenn Lichtkrümmung ein optischer Effekt an Phasenübergängen ist und wie soll ein Schwarzes Loch überhaupt beobachtet werden, wenn es kein Licht zum Beobachter dringen lässt? Laut Stephen Hawking soll es jedoch thermische Strahlung abgeben [6.21], wie er ausgerechnet haben will. Es gibt keine Möglichkeit die Richtigkeit der Aussage zu überprüfen, es sei denn, man sucht ein Schwarzes Loch auf und überzeugt sich selbst davon. Bei der systematischen Kartierung des Himmels vom *Sloan Digital Sky Survey Projekt* (SDSS) sind aber noch keine Schwarzen Löcher gemeldet worden [6.22]. Wie auch? Beobachtung setzt nun mal Licht voraus. Da sind die schwarzen Flecken, die in Aufnahmen von Galaxien hinein retuschiert werden, nichts als bewusste Massenverdummung. Ich habe ab 2007 über 4700 Aufnahmen von Galaxien aus der SDSS-Datenbank im Rahmen des Forschungsvorhabens *Galaxy Zoo* nach Hubbles Formenkatalog persönlich klassifiziert [6.23]. Da war in keiner einzigen Galaxie ein Schwarzes Loch zu sehen. Im Gegenteil, alle Galaxiezentren zeichneten sich durch ein stärkeres Licht im Zentrum als in den weiter entfernten Regionen aus.

Karl Schwarzschild fand an der Ostfront im 1. Weltkrieg die Losung der Einsteinschen Gravitationsgleichung [6.24]. Sie besteht eigentlich aus zwei Lösungen, Die äußere Lösung hat die Gestalt eines Trichters und die innere Lösung ist eine Hohlkugel. Unter dem Einfluss einer stärker werdenden Masse verengt sich der Trichter und öffnet sich am unteren Ende. wodurch alle Massen samt Licht in einen immer enger werdenden Trichter hinein gesogen werden. Das ist sein Schwarzes Loch. Die Massen haben bei ihm keine Ladung. Da die Masse aus dem

Loch aber nicht verschwinden kann, sollte die Masse eine unendliche Dichte und ein gegen Null gehendes Volumen bekommen, was physikalisch unmöglich ist. Die Sache blieb lange unbeachtet, bis Stephen Hawking, der Dunkle Lord der Schwarzen Löcher, den Faden für des "Papstes neue Kleider" weiter spann und ein sonderbares unsichtbares Gewebe daraus machte.

Abbildung 6.2 zeigt die Rotationsfläche der Schwarzschild-Lösung und darin eingebettet einen Stern mit umlaufendem Planeten. Die erste Frage ist die nach dem Beobachter. Sitzt er im Trichter oder auf dem Stern oder auf dem Planeten? Ein Blick auf die Schwarzschild-Gleichungen sagt, er sitzt am Boden des Trichters. Die Raumkoordinate ct soll die Strecke zwischen Beobachter und Lichtquelle sein, nur weder c noch t ist ein Vektor. Also Licht hat kein Vorzugsrichtung. Die Blickrichtung ist gleichzeitig die Rotationsachse des Trichters. Das Relativitätsprinzip sagt, dass alle Standpunkte das selbe Bild ergeben müssten, weil sich die Physik nicht ändern würde. Die Rotationsachse des Trichters würde folglich mit dem Beobachter wandern, und der Beobachter käme nie aus dem Trichter heraus. Wir sehen jedoch von außen auf den Trichter.

Die Physik ändert sich nicht, aber die Perspektive, und der Positivismus fordert nicht die Realität, sondern das Bild, was ich beobachte, zu beschreiben. Folglich muss ich vom positivistischen Standpunkt Stern und Planet vertauschen können oder auch Beobachter und Stern. Jeder Mensch, der einen Fotoapparat mal in den Händen gehalten hat, weiß, dass er von jedem Standpunkt ein anderes Bild erhält. Auf dem Planeten erhält man die geozentrische Sicht des Aristoteles. Verlagert man den Beobachtungsstandpunkt auf die Sonne, erhält man die Sicht des Galilei.

Nimmt man einen interstellaren Standpunkt ein, erhält man aber nicht das Bild, was uns Schwarzschild zeigt. Ganz schlaue Leute könnten nun so argumentieren: Das ist ja nur ein dreidimensionales Modell. In einer vierdimensionalen Realität sieht das ganz anders aus.

Abbildung 6.2: Schwarzschildlösung mit Sonne (gelb) und Erde(blau)

Wenn der Raum vier Dimensionen hat, dann haben der Planet und der Stern auch vier Dimensionen. Eine vierdimensionale Hyperkugel rollt dann auf einer dreidimensionalen Hyperfläche, und die Verhältnisse wären die gleichen, wie wir in Abbildung 6.2 sehen. Wir hatten schon in Kapitel 2 festgestellt, dass diese vierte Dimension keine ist, sondern dass sie die Richtung von der Lichtquelle zum Beobachter festlegt, so wie die Metrik definiert ist. Das Gravitationszentrum ist nicht das Zentrum der Lichtquelle, denn dann würde der Trichter zu einer Ebene entarten, was aber Newton vorausgesetzt hat. Wir sehen, dass die Gleichungen ein völlig anderes Bild liefern als das, was uns von den Hohepriestern der Physik gepredigt wird. Erinnert das nicht fatal an die Zeit vor Luthers Reformation, wo die Leute die Bibel nicht lesen konnten, weil sie das Latein nicht beherrschten? Heute haben wir die Situation, dass die Leute nicht die mathematischen Formeln lesen können. So besteht eine nie dagewesene Interpretationsfreiheit im Sinne der Machterhaltung überkommener Strukturen in Forschung und Religion.

Wenn Schwarze Löcher nicht materiell sind, kann der Stern sich nicht am Boden des Trichters befinden, sondern muss sich im Zentrum der Planetenbahnebene befinden, sonst wäre eine Strahlrichtung des Lichtes überflüssig. Die Gravitationskraft muss dann gleichmäßig und parallel zur Rotationsachse auf die gesamte Rotationsfläche der

Schwarzschildlösung von unten aus dem gelben umgebenden Raum wirken. Dann entspricht das den Verhältnissen einer Kurvenfahrt auf der Erdoberfläche. Nach dem Relativitätsprinzip müsste man Stern und Planet vertauschen können und die Modellverhältnisse dürften sich nicht ändern. Die unterschiedlichen Massen beider Körper dürften sich nicht auf die Gravitation auswirken, da sie ja durch die Krümmung des Raumes hervorgerufen wird und nichts mit den Massen der Körper zu tun hat.. Mit anderen Worten, die Sonne könnte sich wieder um die Erde drehen. Es wurde aber nur der Fall beobachtet, dass sich die größeren Körper im Zentrum der Bewegung befanden. Die Verallgemeinerung des Bildes in den vierdimensionalen Fall macht aus der einfachen Rotationsfläche eine Hyperfläche und aus dem dreidimensionalen Raum eine vier-dimensionalen. Eine Verallgemeinerung ist eine Operation bezüglich der Veränderung der Quantitäten, nicht der Veränderung der Qualität. Folglich bleibt die Eigenschaft Fläche dabei erhalten, ebenso der Raum herum. Zeit hat aber keine Richtung und die Lichtgeschwindigkeit auch nicht, folglich gibt es keine unabhängige 4. Raumrichtung. Spätestens jetzt dürfte der Leser von der Absurdität der Relativitätstheorie überzeugt sein. Aber das sagen nun mal die Gleichungen. Dem Publikum wird etwas ganz anderes vorgegaukelt. Das ist die Technik der Magier, die die Kunst der Ablenkung der Aufmerksamkeit des Publikums verstehen. Hier wird die Aufmerksamkeit auf den Lösungsweg der Gleichungen gelenkt und die Vorstellung ausgeschaltet. "Ihr sollt rechnen und Euch nichts vorstellen", sagte man uns als Studenten. Es ist müßig, alle Winkel dieses zusammengezimmerten Lehrgebäudes der Modernen Physik zu durchforsten. Wer es dennoch tun will, dem sei Paul Marmets Buch *Einsteins Relativitätstheorie kontra Klassische Mechanik* [6.25] empfohlen.

Wir werden immer wieder auf die Absicht stoßen, den uralten Glauben, den die Kirche nun seit über zweitausend Jahren vertritt, zu stärken. Mit der Relativitätstheorie ist es ein Stück weit gelungen, die geozentrische Weltanschauung wieder zu restaurieren. Das ist die erklärte Aufgabe der Jesuiten, die weltweit dort die Lehraufgaben übernommen haben, wo sich der Staat zurück gezogen hat. Die Methoden sind nur subtiler geworden. Die unbefleckte Empfängnis der Mutter Maria hat ausgedient. Heute packt man die Menschen bei ihrer größten Schwäche, der Mathematik. Es ist grotesk, dass sich die Mathematik einerseits zu einem Werkzeug der Ingenieure entwickelt hat, das den Computer hervorgebracht hat und andererseits die massenhafte Anwendung dieses Computers gleichzeitig das Urteilsvermögen der Menschen, die ihn nutzen, außer Betrieb setzt.

6.5 Die Schlacht um die Schwarzen Löcher

Akademische Fragen sind kurios und oft weltfremd und ihre Beantwortung ist oft noch kurioser: "*Wie viele Engel passen auf eine Nadelspitze?*" war eine kuriose Frage, die in der Gründungszeit der Jenaer Universität diskutiert worden sei. Spaßeshalber habe ich die Frage mal gegoogelt. Das Ergebnis waren etwa 20 Treffer, die sich direkt mit der Frage beschäftigten. Da las ich, das sei eine Unterstellung von Christian Morgenstern, der die Scholastik in einem Gedicht aufs Korn genommen hätte. Es wären nicht Engel, sondern Seelen gewesen und die richtige Antwort wäre 1000.

Eine ebenso kuriose scholastische Frage ist diese: Wenn etwas in ein Schwarzes Loch fällt, ist es dann für immer verloren? Um diese Frage entbrannte zwischen Stephen. Hawking und Leondard Susskind ein Streit, der sich über viele Jahre hinzog. Die Antwort ist nicht minder kurios. Wir erfahren darüber in dem Buch *The Black Hole War, My Battle with Stephen Hawking to make the World save for Quantum Mechanics* [6.26]. Hawking behauptete 1983, dass, wenn etwas in ein Schwarzes Loch fällt, die Information nicht wieder rekonstruiert werden könne. Hawking meinte offensichtlich nicht Information, sondern Nachricht[11]).

---

11 Shannon unterscheidet die Nachricht von der Information. Das Signal, aus der Nachricht durch Kodierung entstanden, wird durch den Informationskanal geschickt, dekodiert und als Nachricht an den Empfänger weitergeleitet. Der Informationskanal hat dafür eine bestimmte Durchlasskapaziät. Der

Susskind hielt dagegen, dass alles, was er über Quantentheorie wisse, durch diese Behauptung zerstört würde. Für ihn sind Schwarze Löcher ein Reservoir von Entropie. Er spricht von versteckter Information, offensichtlich meint er versteckte Nachricht. Hawking hatte bei der Suche nach geeigneten Kandidaten für Schwarze Löcher diese bereits etwas aufgehellt, indem er verkündete, sie würden Strahlung abgeben, und sie könnten auch mit der Zeit verdampfen, wie ich schon oben erwähnte. Das Holographische Prinzip (das er mitentwickelt hat) sage, dass die dritte Dimension eine Illusion sei und dass Energie und Materie nur Informationsformen seien. Fielen sie in ein Schwarzes Loch, dann wäre die Erhaltung der Materie nicht mehr gegeben. Auf der Konferenz in Santa Barbara 1993 behauptete Hawking laut Susskind, dass seine Theorie sage, dass seine Strahlung aus dem Schwarzen Loch keine Information enthielte, sie wäre rein thermisch. (Es wird also Entropie abgeführt!). Das thermische Rauschen im Übertragungskanal ist aber nach Shannon Information. (Es wäre vorerst zu klären, ob ein Schwarzes Loch ein Informationskanal im Sinne Shannons ist.) Nur Susskind, t'Hooft und eine geringe Zahl von Teilnehmern widersprachen und vertrauten dem Zusammenhang von Entropie und Information. Susskind berichtet über die Lektion Hawking folgendes:

> *" Für Stephen bedeutete die CGHS[12]), dass die Mathematik der Theorie einfach seinen Standpunkt bewies. Für mich war nicht allein der mentale Standpunkt falsch, sondern auch die mathematische Begründung der Quantengravitation, die schließlich in der CGHS eingebettet ist, widersprüchlich."*   [6.25 S.250]

Schließlich kam es zu einer Abstimmung. Es wurden vier Möglichkeiten zur Abstimmung vorgeschlagen und die Abstimmung brachte folgendes Ergebnis:

Informationsbegriff ist so ein völlig syntaktischer Begriff ohne semantischen Inhalt. Die Quantenmechanik gibt eine andere Interpretation der Information. http://philsci-archive.pitt.edu/10911/1/What_is_Shannon_Information.pdf

12   CGHS nach Callan–Giddings–Harvey–Strominger benanntes zweidimensionales Modell der Allgemeinen Relativitätstheorie mit einer Raumdimension und einer Zeitdimension

1. 25 Stimmen für - Hawkings Option, Die Information ist verloren.
2. 39 Stimmen für - T'Hooft und Susskins Option. Die Information bleibt erhalten und kommt mit der Hawking-Strahlung zurück.
3. 7 Stimmen für - die Information wird in plancklängengroßen Überbleibseln gefangen
4. 6 Stimmen für - sonstiges .

Diese Abstimmung war noch ziemlich unentschieden. Susskind propagierte in seinem oben benannten Buch eine nicht minder kuriose Stringtheorie, die sich ebenfalls als Sackgasse erwiesen hat, wie Lee Smolin in seinem Buch *Trouble with Physics* [6.27] ausgeführt hat.

Das Interessante an Susskins oben erwähnten Buch sind nicht die fachlichen Aspekte, sondern die Denk- und Verhaltensmuster einer kleinen Gruppe von Menschen, die sich wie eine Sekte verhalten, arrogant sind und die Entwicklung einer ganzen Fachrichtung bestimmen wollen. So lesen wir auf [6.25 S.251]:

> *" Was ist mit Stephen, der die Aufmerksamkeit auf sich zieht, die ein heiliger Mann empfangen kann, der die tiefsten Geheimnisse Gottes und des Universums offenbaren will? Hawking ist ein arroganter Mann, sehr von sich selbst eingenommen, extrem egozentrisch. Das gleiche gilt für die Hälfte der Leute, die ich kenne, auch für mich. Ich denke, die Antwort auf diese Frage ist teilweise die Magie und das Geheimnis des körperlosen Intellekts, der in seinem Rollstuhl das Universum lenkt. Aber ein Teil davon ist, dass die theoretische Physik eine kleine Welt ist, die aus Menschen besteht, die seit Jahren nichts anderes mehr kennen."*

Hawking ist 2018 verstorben, sein Gehirn war nicht körperlos. Es funktionierte nur in den für die Muskelarbeit zuständigen Teilen über lange Zeit nicht mehr und daran nimmt zwangsläufig auch der Intellekt Schaden, weil damit auch die sensorischen Fähigkeiten eingeschränkt sind.

Nach 30 Jahren zähen Ringens gab sich Hawking geschlagen. Aus seiner Begründung, warum er aufgab, hier ein Zitat:

„Die Situation änderte sich jedoch, als ich entdeckte, dass Quanteneffekte dazu führen, dass ein Schwarzes Loch Strahlung abgibt", fuhr Hawking mit dem Hinweis auf seine Erkenntnis von 1974 fort. „Aus den Näherungsverfahren zu schließen, die ich verwendete, müsste diese Strahlung vollständig thermisch sein und könnte somit keine Information in sich tragen. Was also würde mit all den Informationen geschehen, die im Inneren des Schwarzen Lochs eingeschlossen sind, wenn es verdampft und sich schließlich vollständig auflöst? Es sah so aus, dass der einzige Weg, wie Informationen wieder herauskommen können, darin besteht, dass die Strahlung nicht exakt thermisch ist, sondern subtile Korrelationen besitzt." [6.28]

Es ist etwas Wunderbares mit der ‚reinen' Vernunft. Man fühlt sich Gott so nahe. Nur, dass man deduktiv keine neuen Erkenntnisse gewinnen kann, hat sich in Theoretiker-kreisen noch nicht herumgesprochen. So hat auch Stephen Hawking trotz all seiner Berühmtheit nichts zu neuen Erkenntnissen beigetragen, wie auch Hilton Ratcliffe konstatierte:

"So sehr ich mich auch mühe, ich kann nichts wirklich Nützliches finden, was ich in der Leistung von Dr. Stephen Hawking über die gesamte Spannweite seiner Karriere als gute Wissenschaft klassifizieren würde. Einer der besten Geister derzeit auf dem Planeten gab seinen besten Schuss vor mehr als einem halben Jahrhundert, wurde weltberühmt, erwarb enormen Reichtum, wurde angebetet und von Millionen verteidigt, wird in den entferntesten Ecken der Welt erkannt und respektiert und wofür denn? Es ist eine schockierende Erkenntnis, aber auf der Grundlage von dem, was er in seinem Leben hervorgebracht hat, ist Dr. Hawking einer der unwirksamsten Wissenschaftler seit Menschengedenken. [6. 29]

Abgeschlossene Systeme tendieren zum Absterben. Das gilt nicht nur in der Physik, sondern auch in der Gesellschaft, wie wir am Ende der DDR erkennen mussten. Insofern ist Scholastik kein philosophisches Konzept, was auf Dauer erfolgversprechend ist, weil es sich dem Neuen verschließt. Wenn auch 500 Jahre zwischen der ersten und der zweiten Frage liegen, gehören sie vom Standpunkt der Systemtheorie zur gleichen Kategorie, und sie führen zu ähnlichen Antworten. Es gibt weder immaterielle Seelen noch Schwarze Löcher in der realen Welt.

Was man unter Seelen verstand, ist die Information des strukturierten materiellen Nervensystems. Deshalb ist es besser, sein Wissen zu Papier zu bringen, als zu Gott für das Seelenheil zu beten. Denn die Nachrichten für die Nachwelt sind nicht die Informationsvariablen, die Bits, die entsprechend der Boolschen Logik jeweils nur einen von zwei Werten enthalten, wie sie unter thermodynamischen Gesichtspunkten verstanden werden, sondern ihre konkreten Botschaften, die darin verschlüsselt sind.

Statische an Masse gebundene Information entsteht an der Phasengrenze von zwei Materieformen, was aber nichts mit dem Holographischen Prinzip zu tun hat.. "Lebende" Information wird von der Energie eines schwingenden Mediums übertragen. Es muss sich die Erkenntnis durchsetzen, dass die elektrische Ladung und ihre Bewegung die Ursache aller Kräfte ist. Dann wird klar, dass es keine äußere Kraft gibt, die Materie in den Zustand versetzen kann, so dass sie ihre innere Struktur verliert und damit jegliche Information. Es wird sicher weiter Anhänger der Theorie des Schwarzen Loches geben, nur Schwarze Löcher wird man niemals vermessen können. Folglich sind sie für die Physik uninteressant. Dass die dritte Dimension eine Illusion sei, dürfte dem verträumten Susskind spätestens dann dämmern, wenn er einmal gegen einen Laternenpfahl gelaufen ist. In der Stringtheorie hat er noch mit 9 Dimensionen gerechnet. Es kommt ihm und seinen Kollegen also überhaupt nicht darauf an, die reale Welt zu erforschen. Sie tun nur so, um reichlich Forschungsgelder zu kassieren und um das zu erlangen, haben sie ständig Gott im Munde.

Meine Empfehlung:

Nehmt diese Leute nicht ernst, wenn sie mit kryptischen Symbolen um sich werfen und behaupten sie hätten etwas errechnet, ohne vorher etwas gemessen zu haben.

Hier noch ein Zitat von St. Hawking über Theorien:

> *"Eine physikalische Theorie ist nur ein mathematisches Modell, um die Ergebnisse unserer Beobachtungen zu beschreiben. Eine Theorie ist eine **gute** Theorie, wenn sie ein elegantes Modell ist, wenn sie eine große Klasse von Beobachtungsobjekten beschreibt und wenn sie die Ergebnisse neuer Beobachtungen vorhersagt. Darüber hinaus macht es keinen Sinn zu fragen, ob sie der Realität entspricht, weil wir nicht wissen, was Realität unabhängig von einer Theorie ist."* [6.30]

Wer legt fest, was die Ergebnisse der Beobachtungen sind? Der Theoretiker? Und der bestimmt, was Realität zu sein hat? Anmaßender geht es nicht mehr. Wie sagte doch Schopenhauer: *Die Welt ist mein Wille und meine Vorstellung!*

Man muss Stephen Hawking zu Gute halten, dass er seine Theorie im Januar 2014 mit dem Aufsatz *Information Preservation and Weather Forecasting for Black Holes* widerrief. Er schreibt dort:

> *„Ich nehme das als angezeigt, dass ... es keine Ereignishorizonte und keine Firewalls geben kann. **Das Fehlen von Ereignishorizonten bedeutet, dass es keine schwarzen Löcher gibt** — im Sinne des Regimes, von dem Licht nicht bis ins Unendliche entkommen kann."* [6.31]

Wenn es jedoch keine schwarzen Löcher gibt, ist auch eine Gravitationswelle, ausgelöst von zwei schwarzen Löchern ein Phantom. Norbert Lossau, der Chefredakteur Wissenschaft der ‚Welt‘ schreibt am 16.Februar 2017, drei Jahre, nachdem Hawking seine Schwarzen Löcher wieder einkassiert hatte:

> *„Schwarze Löcher verschmelzen häufiger als bislang gedacht. Die LIGO-Forscher haben eine ganze Reihe solcher Fusionen beobachtet. Wer wird den Nobelpreis für diese Erkenntnisse erhalten?"* [6.32]

Es ist schwer, eine einmal in Umlauf gebrachte Dummheit wieder einzufangen, und der Nobelpreis wurde dann tatsächlich für den ‚Nachweis der Gravitationswellen‘ im Jahr 2017 verliehen. Im Jahr 2020 wurde noch ein Nobelpreis unter anderem an den Deutschen Reinhard-Genzel verliehen. Die Leistung bestand darin, dass er in der Radioquelle Sagittarius A ein Schwarzes Loch entdeckt haben soll. Wer sich auskennt in der Spektroskopie, weiß, dass Radiowellen durch angeregte Molekülwolken emittiert werden. In einem heißen Plasma im Kern einer Galaxie können keine Moleküle mehr existieren, nur noch ionisierte Atome. Folglich erscheint der im optischen Spektrum helle Galaxiekern im Radiowellenbereich dunkel und täuscht den Theorie-Gläubigen ein Schwarzes Loch vor.

Nobel hatte verfügt, dass der Preis für die der Menschheit am nützlichsten Forschungsleistung im laufenden Jahr vergeben werden soll. Vielleicht kann mir mal jemand schlüssig erklären, worin der Nutzen für die Menschheit besteht, angesichts einer globalen Umweltzerstörung Phantome entdecken zu wollen. Noch eine Bemerkung zur Vorhersagekraft einer Theorie.

Man kann aus einer Theorie nie mehr Wissen ziehen, als man hineingesteckt hat.

Ich möchte an dieser Stelle an die gescheiterten Versuche erinnern, eine Maschine, ein Perpetuum mobile zu bauen, die Arbeit verrichten sollte, ohne dass man ihr Energie zuführte. Dass diese Versuche scheiterten, dafür ist der Zweite Hauptsatz der Wärmelehre von der Zunahme der Entropie in geschlossenen Systemen zuständig. Eine abgeschlossene Theorie ist ein geschlossenes System. Wir werden uns daher in Zukunft mit offenen Systemen beschäftigen müssen.

6.6 Die Entropie im offenen System

Die Entropie mit Information gleichzusetzen, ist offensichtlich ebenso falsch, wie die Informationsquelle oder den Informationskanal mit der Information gleichzusetzen. Entropie ist daher als ein Informationsträger zu verstehen, ebenso wie die Energie oder die Masse, nur mit dem Unterschied, dass diese Energie und Masse im betrachteten System nicht mehr nutzbar ist. Entropie ist also im herkömmlichen Sinn nichts als Müll. Das bedeutet nicht, dass dieser Müll in einem anderen offenen System durchaus einen Nutzen hat. Energie ist ihrerseits auch an einen Träger gebunden, an Masse; und Masse generiert das Kraftfeld für die Impuls- bzw. Informationsübertragung. In einem geschlossenen System wächst die Entropie und verteilt sich über das System , so wie die nutzbare Energie abnimmt. Das sagt der zweite Hauptsatz der Thermodynamik.

$$dS_{int}/dt \geq 0$$

Es ist der Satz, der die Physik immer wieder in starke Bedrängnis brachte, indem er die Symmetrie brach und nun stellt sich heraus, dass er auch noch unvollständig ist, da er nur für geschlossene Systeme gilt. Geschlossene Systeme gibt es in der Physik nur als idealisierte Modelle. Realen Systeme wie schon jedes Atom sind thermodynamisch offen: Sie tauschen mit der Umgebung mindestens Strahlungsenergie aus, größere Systeme tauschen sogar Masse aus. Darüber aber sagt der 2. Hauptsatz nichts. Vergleicht man diesen Satz mit der indischen Vedanta-Philosophie, so verkörpert er das Prinzip Shiva.

Wie sehen nun aber das Schöpfungsprinzip und das Prinzip Vishnu aus? Die indischen Götter symbolisieren realer Bestandteil der Natur, eher vergleichbar mit dem westlichen Pantheismus. Personifizierungen, die als Avatars zu verstehen sind, dienen als Vertreter dieser Prinzipien. Also ist der Gedanke einer Fremdschöpfung dort unbekannt, und Charles Darwin mit seiner Evolutionslehre ist nicht so weit vom indischen Prinzip der göttlichen Trinität, dort als Trimurti bezeichnet, entfernt. Ilya Prigogine erweiterte die Gleichgewichtsthermodynamik auf eine Thermodynamik offener Systeme fernab vom thermodynamischen Gleichgewicht und fand genau diese Trimurti, wofür er 1977 den Nobelpreis erhielt.

Betrachten wir nun Prigogines göttliches Gesetz der offenen Systeme etwas näher. Selbst in der Enzyklika *Laudato si'* des letzten Papstes Franziskus gibt es den Passus unter III,79 über den Kosmos als offenes System, in dem es heißt: *„In diesem Universum, das aus offenen*

*Systemen gebildet ist, die miteinander in Kommunikation treten, kön-
nen wir unzählige Formen von Beziehung und Beteiligung entdecken."*
Wenn wir den Energiefluss durch ein offenes System betrachten, müssen wir die gesamte Müllsituation betrachten. Das, was an Müll in das
System hineinkommt und was herauskommt, wird als externe Entropieänderung zusammengefasst und mit der internen Entropieänderung zur
Gesamtentropieänderung zusammengefasst. Dann kann man nicht
mehr sagen, dass die Gesamtentropie des Systems nur wachsen
kann.

$$dS_{system} = dS_{inp} - dS_{out} + dS_{int} = dS_{ext} + dS_{int} \qquad (6.01)$$

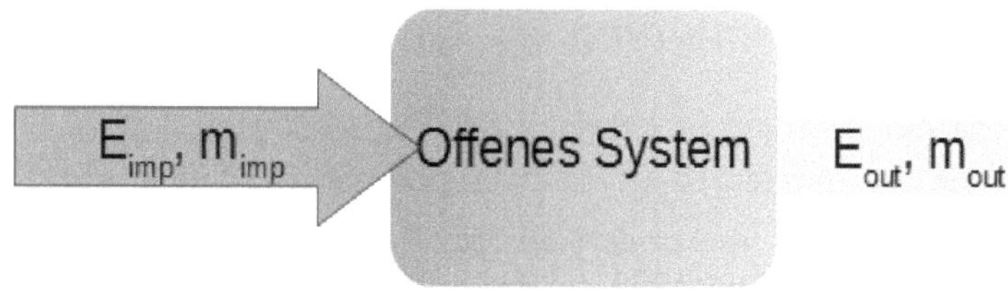

Abbildung 6.3: Offenes System mit Austausch

In einem offenen System gibt es kein statisches Gleichgewicht
mehr, wohl aber einen stationären Zustand, bei dem die eingeflossene
Energie gleich der abgegebenen Energie ist und die eingetragene
Masse auch gleich der abgegebenen Masse ist.

Schauen wir auf den ersten Fall der Gleichung (6.01), den Fall der
Schöpfung. Wenn man etwas schöpft ist das gleichbedeutend mit der
Herstellung einer bestimmten Ordnung. Das bedeutet, dass man ent-
rümpeln muss.. (Es heißt nicht, dass etwas aus dem Nichts entsteht.
Wenn man mit Null etwas multipliziert, ist das Ergebnis stets Null. Dem
Gesetz müssen sich auch Götter beugen.) Also ist die System-Entropie

insgesamt negativ. $dS_{system} < 0$. Damit das erfüllt ist, muss die externe Entropie negativ sein und es muss mehr Entropie abgeführt werden, als intern übrig bleibt und hinzukommt. Das kann man durch die Relationen ausdrücken:

Schöpfung: $dS_{system} < 0, dS_{ext} < 0 , |dS_{ext}| > dS_{int}$

Die Ordnung bleibt erhalten, solange die Systementropie sich nicht ändert. $dS_{system} = 0$ Das drückt man mathematisch durch folgende Relationen aus:

Erhaltung: $dS_{system} < 0, dS_{ext} < 0 , |dS_{ext}| = dS_{int}$

Ein System kann an inneren und äußeren Faktoren zugrunde gehen. Das geschieht, wenn die Entropie des Gesamtsystems wächst. Hier gilt dann der klassische 2. Hauptsatz der Thermodynamik.

Zerstörung: $dS_{system} > 0$ für

1. Zerfall der Ordnung an inneren Faktoren: Es wird weniger Entropie vom System abgeführt als intern erzeugt wird. Um diesen Fall zu beschreiben, verwenden wir die Relationen:
$dS_{ext} < 0 , |dS_{ext}| < dS_{int}$

2. Zerfall der Ordnung durch äußere Faktoren: Die externe Entropie ist größer als die interne. Das drückt folgende Relation aus:
$dS_{ext} > dS_{int}$

Es ist aus diesen wenigen Relationen ersichtlich, dass ein maßvoller Umgang mit den natürlichen Ressourcen das erste göttliche Gebot ist und nicht das Wachstum der Gewinne um jeden Preis. Eine der vier edlen Wahrheiten, dass Gier nur Leid schafft, erkannte man schon vor 2000 Jahren im Orient nur bis in den Okzident ist diese Wahrheit noch nicht vorgedrungen. Es wäre ja zu verschmerzen, wenn das Leid nur die Gierigen träfe. Ihr Leid besteht darin, dass sie ihre Gier niemals befriedigen können, aber die göttliche Natur muss mit leiden.

Betrachten wir unsere Erde: Unsere Erde befindet sich in einem Strahlungsgleichgewicht. Das bedeutet: Die externen Entropie muss negativ sein. Mit anderen Worten, die von der Sonne importierte Entropie muss kleiner als die von der Erde exportierte Entropie sein. Die importierte Entropie ist $dS_{inp} = Q/T_{sonne}$. Die Wärmemenge der Sonne ergibt sich aus dem Produkt der Solarkonstanten mal der beschienenen Fläche mal der Zeit. Da nur die halbe Fläche beschienen wird, ergibt sich Q zu $S{\cdot}\pi{\cdot}r^2{\cdot}t$. Mit S = 1360 W/m², r = 6,371×10^6 m und T_{sonne} = 5800 K erhalten wir pro Sekunde Q = 1,7×10^{17}J und für

$$dS_{inp} = 1{,}7 \times 10^{17} J/5800K = 3{,}3 \times 10^{13} J/K$$

Die Abgabe von Energie an den umgebenden Weltraum erfolgt bei einer Temperatur von etwa 260 K. Das ist die Temperatur der Erdoberfläche, die ein Beobachter aus großer Höhe messen würde. Damit ergibt sich für den Entropieexport der Erde: $dS_{exp} = Q/T_{Erde}$

$$dS_{out} = 1{,}7 \times 10^{17} J/260K = 65 \times 10^{13} J/K$$

$$dS_{ext} = dS_{inp} - dS_{out} = (3{,}3 - 65) \times 10^{13} J/K \rightarrow dS_{ext} < 0$$

$$|dS_{ext}| = 61{,}7 \times 10^{13} \ J/K \quad > \quad dS_{int} = 0{,}5 \times 10^{13} J/K$$

Der Betrag von dS_{int} errechnet sich aus dem globalen Weltenergieverbrauch von 2008[13]), von dem mindestens etwa 2/3 entsprechend dem Carnot-Prozess in Abwärme umgewandelt wurde.

Die Erde ist ein sich selbst organisierendes System.

Überall dort, wo sich Strukturen bilden, haben wir es mit offenen Systemen zu tun, deren externe Entropie negativ ist. Die Gleichungen

---

13 https://de.wikipedia.org/wiki/Weltenergiebedarf

zeigen aber auch, dass das System kippen kann, wenn die interne Entropie größer wird als die externe. Das ist der Fall, wenn mehr Energie und Stoff verbraucht wird, als Ressourcen vorhanden sind. Es reicht offensichtlich nicht aus, nur die Einstrahlung und Abstrahlung der Wärme im Augenblick zu betrachten.

Die göttliche Trimurti oder sagen wir besser, das Grundgesetz der Evolution können wir nun mathematisch formulieren. Als Einstein das heilige Buch der Hindus, die Bhagavad Gita gelesen hatte, soll er geäußert haben:

"Wenn ich die Bhagavad Gita lese, frage ich mich, wie Gott das Universum erschaffen hat; alles andere erscheint überflüssig.",

wie ich auf der Rückseite des Einbandes einer indischen Ausgabe dieses Buches auf dem Nachttisch meines Zimmers in einem der Hotels in Rajasthan lesen konnte. Das hat mich über die Jahre nicht mehr losgelassen und ich wollte wissen, wie das gemeint sein könnte. Hier hat meine Frage nun eine Antwort gefunden, eine Antwort, mit der meines Erachtens ein Gläubiger ebenso wie ein Atheist leben kann.

An dieser Stelle komme ich nochmal auf die Maxwellschen Gleichungen zu sprechen. Die Gleichungen beschreiben einen elektrischen und einen magnetischen Wirbel, wie wir in 5.4 gesehen haben, so können wir ein Atom nun als ein offenes System betrachten. Dann erhält es Energie, wie *div **E*** $= \rho/\varepsilon$ sagt, und gibt Entropie in Form von elektromagnetischer Strahlung ab. Ein Atom wirkt wie ein Tesla-Transformator. Es hat eine äußere Stromschleife in der Atomhülle und eine innere Stromschleife im Kern. Die Protonen bilden den Magnetkern. Nicht die Vereinigung von Quantentheorie und Relativitätstheorie ist der Schlüssel zum Verständnis der Welt, sondern die Beziehung zwischen Energie und Entropie an den Phasengrenzen der bipolaren Materie. Wir waren nur nicht in der Lage, das alte Wissen über die göttliche Trinität von Schöpfung, Erhaltung und Zerstörung zu entschlüsseln, weil wir die Bedeutung der Worte verloren hatten. Mit dieser Antwort im Hinterkopf können wir nun das alte relativistische Weltbild zur Seite legen und uns auf ein neues Weltbild einlassen, eines, das auf der Idee der offenen von elektrischer Energie durchfluteten Systeme basiert, ohne einen bekannten Anfangszustand kennen zu müssen.

> *Gott wird nirgends schlechter behandelt als bei den Naturforschern, die an ihn glauben.* Friedrich Engels – Dialektik der Natur

6.7 Der Kosmos als offenes selbstähnliches System

Nachdem wir nun das fundamentale Gesetz der nichtlinearen Thermodynamik besprochen haben, wollen wir diese Idee auf den Kosmos anwenden. Wurde der Kosmos bisher als ein geschlossenes System, das dem Wärmetod entgegenstrebt, angesehen, so betrachten wir ihn nun in diesem Buch als ein von elektromagnetischer Stahlungsenergie durchflutetes offenes System mit einer Unmenge offener Untersysteme, die miteinander kommunizieren. [laudato si' 79] Im Kosmos haben wir elektromagnetische Strahlungsenergie von den Gammastrahlen über die Lichtstrahlen, Wärmestrahlen bis zu Radiostrahlen. Diese Strahlung wirkt auf Massen von Atomen, deren Sorten sich zu Phasen gleichartiger Sorten organisiert haben. Wird eine Phase durchstrahlt, dann verteilt sich die Strahlungsenergie. Ein Teil der Strahlung wird reflektiert, ein Teil wird absorbiert und ein Teil verlässt die Phase wieder. Der reflektierte Teil der Strahlung ist der Teil, den wir beobachten. Er macht uns Gegenstände sichtbar. Der absorbierte Teil dient der inneren Organisation einer Phase. Er bringt die Ladungsträger einer Masse in Resonanz. Die Folge ist, dass sie dadurch selbst elektromagnetische Strahlung abgeben, die wir als Entropie bezeichnen.

Ich behaupte: Diese Vorgänge wiederholen sich auf allen Skalen in unterschiedlicher Intensität mit den unterschiedlichsten Frequenzen und unterschiedlichsten Ordnungskriterien innerhalb der durchstrahlten Massen.

Eines der einfachsten Ordnungskriterien ist die Ladungstrennung an den Phasengrenzen. Ob es sich um Fremd- oder Selbstorganisation handelt, dürfte wieder einen ideologischen Streit auslösen, denn wer soll der Organisator in einem offenen System sein. Diese Frage ist nicht einfach zu entscheiden und ist ein anderes Thema.

Diese Ordnung kann nur dadurch eintreten, dass wir ein Potentialgefälle haben, an dem sich ein dynamisches Gleichgewicht ausbilden kann. Es muss dort ständig Energie in Form von Entropie verteilt werden. Die Wellenlänge der abgestrahlten Entropie ist folglich stets kleiner als die eingestrahlte Energie. Deshalb haben wir überall eine „Rotverschiebung" der Sekundärstrahlung. Schließlich bleibt eine kosmische Hintergrundstrahlung bei 2,7 K übrig. Es hängt möglicherweise damit zusammen, dass es die kleinste diskrete Energieportion ist, die abgegeben werden kann. Folglich bedarf es auch keiner separaten Nullpunktsenergie.

7 Ausblicke in eine intergalaktische Welt

"Alles, was wir wissen, kommt vom Licht" - Jim Ryder

Wir haben heute Teleskope, mit denen wir Licht aus den fernsten Winkeln der Kosmos sammeln, um Gottes Lampenladen zu bestaunen. Wir haben interstellare Sonden gebaut, die unser Sonnensystem verlassen und uns Nahaufnahmen von den Planeten gebracht haben, die Erscheinungen zeigen, die mit unseren Vorstellungen aus dem vergangenen Jahrhundert nicht erklärbar sind. Wir können nun einen interstellaren Standpunkt einnehmen und sehen, dass sich unsere Sonne in der Milchstraße um ein Zentrum bewegt, dessen Eigenschaften wir verstehen lernen wollen. Denn diese Bewegung entspricht so gar nicht den Vorstellungen, die sich weder Newton noch Einstein davon gemacht haben. Wenn die Sonne nicht fest im Raum steht, dann sind die Planetenbahnen keine Ellipsen sondern Helixbahnen und wenn innerhalb der Galaxie das Newtonsche Gesetz nicht mehr gültig ist, bedeutet das nicht, dass man Gravitationsmonster und Dunkle Materie erfinden muss, um diese Erscheinungen zu erklären. Wir müssen uns nur auf das besinnen, was wir sehen. Das ist das Licht, welches Strukturen an unseren Nachthimmel zaubert, das die Botschaft trägt, die es zu entschlüsseln gilt, um etwas aus diesen Welten zu erfahren. Licht können wir messen nach Intensität und spektraler Wellenlänge. Die im Kosmos wirkenden Kräfte können wir dagegen noch nicht messen.

Halten wir uns daran, was wir beobachten und messen können. Das soll die Basis unserer künftigen Überlegungen sein. Dazu benötigen wir noch Grundkenntnisse aus der Systemtheorie, der Thermodynamik, der Elektrodynamik, der Spektroskopie und der Plasmaphysik. Aber keine Angst, das klingt anspruchsvoller als es ist. Vor allem brauchen wir einen gesunden Menschenverstand. Das alles sind keine klassischen

Disziplinen der Astrophysik. Sie haben ihre Wurzeln in den Ingenieurwissenschaften und haben sich dort auch an konkret nutzbaren Anwendungen weiter entwickelt. Die Raumfahrttechnik der letzten 60 Jahre tat ihr übriges, um ein völlig neues Bild vom Kosmos zu erhalten.

Was aber nützt uns das? Dass wir unsere Erde verlassen könnten und weiterziehen, wenn wir unseren Planeten zerstört haben, ist eine Illusion, an die kein Mensch mit klarem Verstand glauben mag. Der Nutzen könnte darin liegen, die Energiequellen des Kosmos verstehen zu lernen und auf der Erde im viel kleineren Maßstab nachzubauen, um die fossilen Energiequellen ablösen zu können. Statt von einem durch den Vatikan kontrollierten Glauben auszugehen, den das Standardmodell der Kosmologie repräsentiert, sollten wir unseren technischen Erfahrungen trauen und den Kosmos als eine Erweiterung unseres Horizontes verstehen, in dem alles nach den selben Regeln, wie auf der Erde abläuft, nur eben in einem viel größeren Maßstab. Es ist nicht wichtig zu wissen, ob es einen Anfang gegeben hat und wie der aussah. Wir werden das nie ergründen. Aber es ist wichtig zu erkennen, dass unsere Sonne mit ihrem Planetensystem nicht isoliert im Kosmos ist, sondern dass sie sich als Massenpunkt in einem viel größeren System bewegt und von dort ihre Energie bezieht und den Rest als Strahlungsentropie abgibt, wovon ein winziger Teil die Erde trifft.

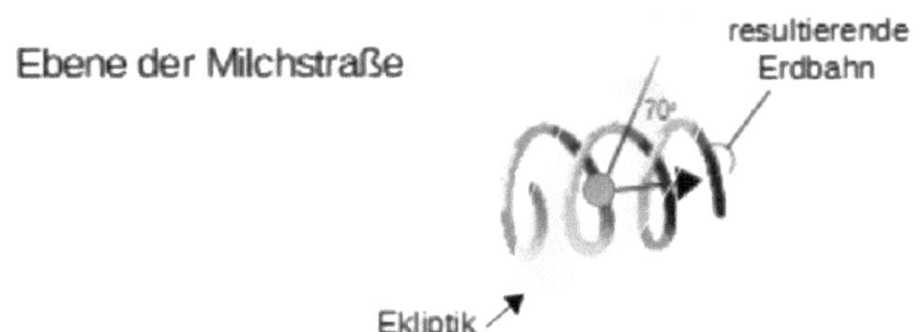

Abbildung 7.1: Die Planetenbahn-Helix aus der extra-galaktischen Sicht, schematische Darstellung

Wenn die Sonne in etwa 250 Millionen Jahren bei einem mittleren Abstand von 26.500 Lichtjahren einmal um das Zentrum unserer Galaxie, der Milchstraße rotiert, legt sie im Jahr 6,3 Milliarden Kilometer zurück. Dann bewegt sich die Sonne ihrerseits samt Planetensystem mit einer Geschwindigkeit von etwa 230 km/s [7.01] laut NASA auf ihrer Bahn um das Zentrum der Milchstraße. Schon bald werden wir feststellen, dass die Sonnenbahn selbst keine einfache Kreis- oder Ellipsenbahn um da Zentrum der Milchstraße sein wird, sondern senkrecht zu ihrer Bahnebene helixartige Bewegungen ausführt.

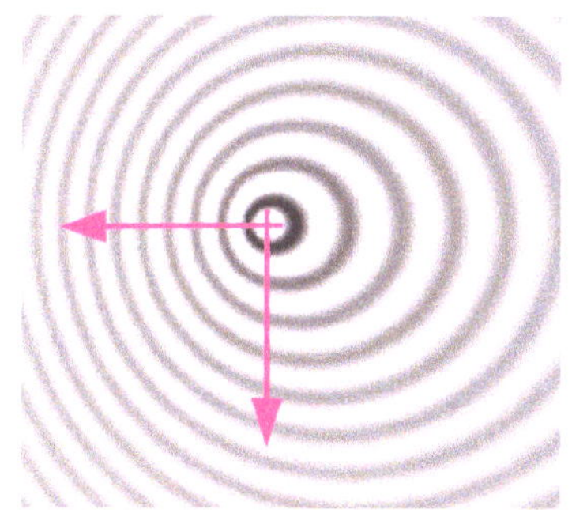

Abbildung 7.2: Anisotropie einer bewegten Lichtquelle, das Interferrometer misst den Unterschied der Anzahl der Rinqe über eine feste Distanz.X

Wir erinnern uns, dass G. Miller mit seinem Interferometer aus der Anisotropie des Lichtes (Abbildung 7.2) auf dem Mount Wilson 1933 einen Wert von 208 km/s für die Erddrift zusammen mit dem Planetensystem gefunden hat. Das sind nur 9,4% weniger als sich aus dem Wert für ein Galaktisches Jahr nach dem russischen Astronom Pawel Petrowitsch Parenago[14]), was 225 Millionen Erdjahren entspricht, und der Entfernung der Sonne vom Zentrum der Milchstraße ergibt, nämlich 222 km/s.[15]). Das ist eine erstaunliche Übereinstimmung, die nur durch die Sorgfalt möglich

---

14 On the Gravitational Potential of the Galaxy. II), in *Astronomicheskii zhurnal*, **29** , no. 3 (1952), 245–287;

15 Entfernung zum galaktischen Zentrum: 26.500 Lichtjahre;
$2\pi r$ = 166504,41 Lichtjahre = 1 575 298 223 010 000 000 km Umfang
Galaktisches Jahr = 225 000 000 Erdjahre = 7 096 500 000 000 000s
Geschwindigkeit = Umfang/ Galaktischem Jahr = 221,98km/s

war, mit der die Messungen unter den damaligen Bedingungen durchgeführt wurden. Im Juni 1921 schrieb Einstein dem Physiker Robert Millikan:

„Ich glaube, dass ich wirklich das Verhältnis zwischen der Gravitation und der Elektrizität gefunden habe und ich nehme an, dass die Miller-Experimente auf einem grundlegenden Fehler basieren. Andernfalls stürzt die ganze Relativitätstheorie wie ein Kartenhaus ein."

wie James DeMeo berichtete [7.2]. In der *Cleveland Plain Dealer newspaper* vom 27. Jan. 1926 äußerte sich Miller dazu folgendermaßen:

„Das Problem mit Prof. Einstein ist, dass er nichts über meine Ergebnisse weiß. Ihm wurde vor dreißig Jahre gesagt, dass die Interferometer-Experimente in Cleveland negative Ergebnisse zeigten. Wir sagten nie, dass die Ergebnisse negativ waren und sie lieferten tatsächlich keine negative Ergebnisse. Er sollte mir das Wissen zutrauen, dass Temperaturunterschiede die Ergebnisse beeinflussen können. Er schrieb mir im November, dass er das vermutet. Ich bin nicht so einfältig, als dass ich die Temperatur nicht berücksichtigen würde."

Um die Urknalltheorie und damit die Relativitätstheorie zu stützen, mussten Millers Ergebnisse ausradiert werden. Das gelang im 20. Jahrhundert nicht vollständig. Für Jahre hatte man seine Forschungen jedoch vergessen. Dieser Skandal ist mindesten so groß, wie die Verurteilung Galileis durch die katholische Kirche im 17. Jahrhundert, nur dass sie diesmal kein Aufsehen machte und andere für sich wirken ließ.

Zu Beginn des 20. Jahrhunderts hatte man noch die Vorstellung von einem Mitnahmeeffekt eines Ätherwindes. Die Erklärung für Millers Entdeckung ist aber eine andere. Wir kennen den Dopplereffekt des Lichtes, der, wenn sich eine Lichtquelle bewegt, zwischen der Bewegungsrichtung und senkrecht dazu eine Anisotropie hervorruft, die sich in der Verschiebung der Spektrallinien bemerkbar macht. Diese Anisotropie verändert sich offensichtlich mit der Höhe über dem Erdfeld. Auf dem Mount Wilson steht das Erdfeld senkrecht zur Beobachtungsrichtung des Interferometers und hat damit keinen Einfluss auf das Messergebnis. Dagegen ist das Schwerefeld unmittelbar auf dem Erdboden durch umstehende Gebäude und Bodenerhebungen gestört. So bildet die Masse der Galaxie in der Höhe ein neues physikalisches Bezugssystem. Miller war der Entdecker dieses Effektes, und ihm sollte diese Ehre nicht weiter vorenthalten werden.

Der Steigungswinkel der Helixbahn der Erde im galaktischen Bezugssystem beträgt 81,5 Grad. Dieser hohe Steigungswinkel der Erdbahn kommt dadurch zustande, dass die Erdrotation etwa sechseinhalb mal langsamer ist als die Vorwärtsbewegung der Sonne. Wir erinnern uns an die fehlende Kraft, die schon Einstein ins Grübeln brachte. Aber um eine Helix zu erhalten, braucht es drei Kräfte, die alle aufeinander senkrecht stehen müssen, denn das Trägheitsprinzip sagt:

Ein Körper fliegt solange gerade aus, solange keine äußere Kraft auf ihn einwirkt.

Newton hat die Zentripetalkraft als Gravitationskraft identifiziert, aber es bleiben noch zwei Kräfte übrig, die identifiziert werden müssen, um die Bewegung unseres Sonnensystem entlang der Milchstraße zu erklären. Darauf hat die Moderne Astrophysik keine Antwort.

7.1 Die Pioniere des neuen Weltbildes

Der verhängnisvolle Glaube Einsteins, dass man mit der Relativitätstheorie die Elektrodynamik aus dem Kosmos eliminieren könne, war seine Überzeugung bis zu seinem Lebensende. Daran änderte auch die Diskussion mit Velikovsky [7.03] wenig, der mit seinem Buch *Welten im Zusammenstoß* [7.04] einen weltweiten Skandal auslöste, indem er die Gesetze der Himmelsmechanik anzweifelte. Dieser Skandal blieb für alle Beteiligten an der Herausgabe des Buches nicht ohne Folgen. Das war Mitte des 20. Jahrhunderts.

Aber schon zu Beginn des 20. Jahrhunderts in einer Zeit als Einstein noch im Züricher Patentamt über seine Relativitätstheorie nachdachte, kehrte der norwegische Physiker Kristian Birkeland [7.05] von seiner Polarexpedition zurück und brachte unter Einsatz seines Lebens die Erkenntnis mit, dass elektrische Ströme von der Sonne die Ursache für das nächtliche Leuchten des Himmels in den Polarregionen sind. Er stellte die Ergebnisse im Labor nach und erhielt tatsächlich den beobachteten Effekt einer Aurora boreales auch unter Laborbedingungen. Diese Pioniertat war die Geburtsstunde einer neuen Kosmologie. Inzwischen erhielt er seine ihm gebührende Anerkennung, indem er auf der norwegischen 200 Kronen-Banknote abgebildet wurde. Hierzulande ist er dagegen in der Öffentlichkeit unbekannt.

Der zweite Pionier dieser neuen Kosmologie war Hannes Alfvén [7.06],[7.07], ein schwedischer Elektroingenieur, der ab 1939 die Arbeiten Birkelands fortsetzte und die terrestrischen Magnetstürme untersuchte. Er gewann neue Erkenntnisse auf dem Gebiet der Magnetohydrodynamik und erkannte bereits 1963 die fasrige Struktur des Kosmos. Er erhielt 1970 den Physik-Nobelpreis für *„seine grundlegenden Leistungen und Entdeckungen in der Magnetohydrodynamik mit fruchtbaren Anwendungen in verschiedenen Teilen der Plasmaphysik“*, aber seine Schlussfolgerungen für die Kosmologie und Publikationen blieben weitgehend unbeachtet. Zu sehr war die Spezialisierung in den physikalischen Disziplinen schon fortgeschritten und zu sehr hatten sich die Theoretiker in die Relativitätstheorie verrannt. Messungen an der Magnetosphäre und dem elektrisch geladenen Sonnenwind, sowie die Untersuchungen der Pionier-Voager-Missionen am Saturn brachten Alfvén eine völlig neue Sicht auf den Kosmos [7.08]. Die Sonden bestätigten Birkelands Entdeckungen von den elektrischen Strömen zwischen den Planeten.

Der Kosmos ist elektrodynamisch!

Alles, was im Kosmos leuchtet und sich dreht, befindet sich im Plasmazustand und hat folglich elektrodynamische Ursachen und keine relativistischen, wie Einstein behauptete, als er sich auf ein schnelles

Elektron ‚setzte' und so die elektrischen Kräfte nicht mehr wahrnahm. Nur aus dem elektromagnetischen Spektrum erhalten wir unmittelbare Kenntnis von den Sternen, nicht von den dort herrschenden Kräften inklusive der Newtonschen Kraft, die ein Jahrhundert lang das Denken der Astrophysiker beschäftigte. Aber um eine Vorstellung von den kosmischen Bewegungen zu erhalten, gilt es weitere Kräfte anhand der vorhandenen Strukturen zu identifizieren. Ein Blick in die Geschichte der Entdeckung der kosmischen Bewegungsabläufe sollte uns daran erinnern, dass es Kopernikus war, der entdeckte, dass sich die Erde um die Sonne dreht und dass mit der Erkenntnis Hubbles, dass unser Sonnensystem eingebettet in die Milchstraße eine Eigenbewegung hat, die Bewegung der Planeten sich nicht auf geschlossenen Bahnen bewegen, sondern Helixbahnen entlang der Sonnenbahn beschreiben. Im Laufe des 20. Jahrhunderts wuchs die Erkenntnis, dass die kosmische Struktur netzartig aufgebaut ist und dass die Galaxien in den Fäden dieses Netzes hängen.

Ein dritter Pionier muss hier erwähnt werden. Anthony Peratt veröffentlichte 1986 die Bildungsgesetze für Spiralgalaxien, indem er einen Plasmastrom auf einem Supercomputer simulierte [7.09]. Eric Lerner fasste das bis 1992 gesammelte Wissen über die Plasmakosmologie unter dem Titel *The Big Bang Never Happened* [7.10] zusammen und erklärte, wie ein Quasar funktioniert.

7.2 Der Birkelandstrom

Unsere Erfahrung sagt uns, dass die Lampen in ‚Gottes Lampenladen' mit Strom betrieben werden. Wenn wir Gott als Betreiber einführen, brauchen wir uns keine Gedanken über die Herkunft des Stromes machen aber wir wissen auch, dass entsprechend Abschnitt 6.5 die Lampen Verbraucher in einem offenen, sich selbst organisierenden irreversiblen System sind. Gott ist hier der Joker für unsere temporäre Unkenntnis. Zumindest haben wir den großen Urknall vermieden. Das Netzwerk der Ströme kann nach Kirchhoff durch die Maschen- und Knotenregel sowie das Ohmsche Gesetz beschrieben werden. Hier ist aber erst einmal interessant, wie ein Plasmastrom im Kosmos aussieht.

Die Maxwellschen Gesetze sind nicht nur auf die Ausbreitung von Licht anwendbar. Sie beschreiben auch die vier Grundprinzipien des Elektromagnetismus.

1. ein sich änderndes Magnetfeld erzeugt ein elektrisches Feld senkrecht zur Änderungsrichtung des Magnetfeldes
2. ein sich änderndes elektrisches Feld erzeugt ein magnetisches Feld senkrecht zur Änderungsrichtung des elektrischen Feldes
3. eine isolierte elektrische Ladung bewirkt die Anziehung der entgegengesetzten Ladung. Es treten dadurch Massenverschiebungen auf, wenn sie ionisiert sind.
4. es treten keine isolierten Magnetpole auf.

Die leuchtenden kosmischen Fäden bestehen aus Plasmasträngen zwischen den Netzknoten, auf denen die Galaxien wie Perlenschnüre aufgereiht sind. So ein Plasmastrang wird durch den Birkeland-Strom gekennzeichnet, eine Plasma-Helix, wie sie in Abbildung 7.3 zu sehen ist. Diese Plasma-Helix ist nach dem norwegischen Plasma-Pionier Kristian Birkeland benannt. Wir sehen an dieser Helix drei Kräfte, die *Coulombkraft*, die für den Stromfluss verantwortlich ist, die *Lorentzkraft*, die darauf senkrecht stehend in Richtung der Tangente zu den Magnetlinien wirkt und eine dritte Kraft, die wiederum senkrecht auf der Lorentzkraft steht.. Sie resultiert aus dem Pincheffekt und sollte deshalb als *Pinchkraft* bezeichnet werden. Sie ist dafür verantwortlich, dass sich die Plasmastränge zusammenziehen und verdrillen, so wie die gleichgerichteten magnetischen Momente im Atomkern einen Elementarmagneten erzeugen. Stellen wir uns unser Planetensystem eingebettet in einen Birkelandstrom vor, wirkt nun Newtons Kraft genau in die gleiche Richtung wie die Pinchkraft und außer Masse mit ihrer Ladung gibt es nichts, was diese Kraft bewirken könnte.

Die senkrecht dazu wirkende Lorentzkraft sorgt dafür, dass die Planeten nicht ineinander stürzen. Also kann man induktiv daraus schließen, dass die Sterne und Planeten Staubkörner in diesen Strömen sind und sie von diesen drei senkrecht aufeinander stehenden Kräften mitgerissen werden. Daraus folgt: Newtons **Gravitationskraft** ist jedenfalls zu einem Teil auf die **Pinchkraft** in einem **Birkelandstrom** zurückzuführen.

Auf den ersten Blick ist es erstaunlich, dass die Gravitation die Ursache der Wechselwirkung der Magnetfelder der Planeten mit dem Magnetfeld der Sonne sein soll. Andererseits ist es

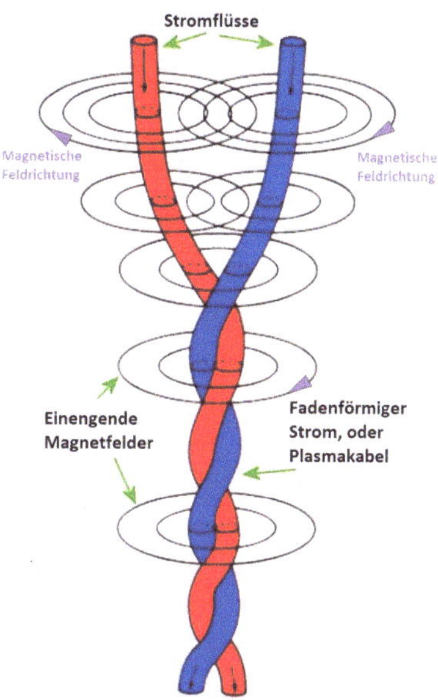

Abbildung 7.3: Birkelandstrom
Quelle: Thunderbolts.info

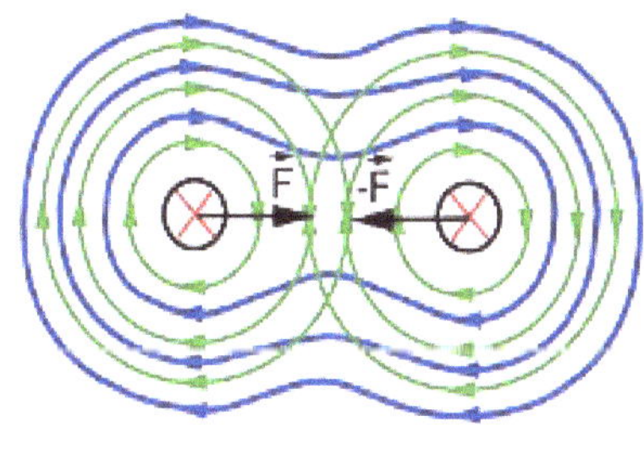

Abbildung 7.4: Schnitt durch den Birkelandstrom Quelle:WIKIPEDIA

einleuchtend, dass ein ungestörter Birkelandstrom ein Doppelsternsystem kreiert, das um einen gemeinsamen Schwerpunkt im Strom rotiert. Betrachten wir den Birkelandstrom im Schnitt, wie das Abbildung 7.4 zeigt, so sehen wir, dass die Lorentzkraft senkrecht auf der Coulombkraft steht, die den Stromfluss bewirkt und tangential zu den Magnetfeldlinien wirkt.

Die Pinchkraft **F**, die die beiden Ströme zusammen zieht, steht wiederum senkrecht auf der Lorentzkraft, was schließlich das Verdrillen der beiden parallelen Stromleiter bewirkt. Bewegt sich in diesem Magnetfeld ein kleiner Körper, so beschreibt er eine elliptische Helix um die beiden Ströme, die sich in den beiden Brennpunkten dieser Ellipse befinden. In dem Fall, dass der eine Strom den anderen dominiert, wird schließlich nur ein Strom übrig bleiben und sich die Ellipse nur noch um den einen Brennpunkt der Ellipse drehen. Es entsteht die bekannte Perihelbewegung, die wir am Merkur beobachten. Wir dürfen nicht vergessen, dass die Sonne ein positiv geladener Körper ist [7.11], der sich selbst bewegt, was selbstverständlich ein Magnetfeld erzeugt, und dass die sich bewegenden Planeten auch Magnetfelder besitzen.

Die Berechnung von Potentialströmungen ist Gegenstand der Differentialgeometrie und der partiellen Differentialgleichungen [7.12] und darüber hinaus der magnetohydrodynamischen Strömungslehre [7.13]. Darauf tiefer einzugehen, würde jedoch den Rahmen dieses Buches sprengen, zumal die dazugehörige Mathematik über das Maß des bis zum Abitur angebotenen Stoffes hinaus führt. Lediglich die Gleichung einer kreisförmigen Helix wollen wir hier der Vollständigkeit halber angeben:

$$\boldsymbol{r}(k) = a \cdot (\boldsymbol{e_1} \cdot \cos k + \boldsymbol{e_2} \cdot \sin k) + b \cdot k \cdot \boldsymbol{e_3} \qquad (7.01)$$

Diese Gleichung ist eine Vektorgleichung mit $\boldsymbol{r}$ als dem Vektor, der die Helix beschreibt, der durch die Einheitsvektoren $\boldsymbol{e_1}$ bis $\boldsymbol{e_3}$ im R^3 bestimmt wird, die gleichzeitig die Richtungen der Kraftvektoren vorgeben. k ist eine Variable, die alle Werte zwischen a und b annehmen kann. a ist der Radius der Helix und $2\pi \cdot b$ ist die Ganghöhe der Helix.

So kommt die ziemlich komplexe Planetenbewegung durch die drei aufeinander senkrecht stehenden Kräfte zustande, die Coulomb, Newton und Lorentz beschrieben haben. Will man die Bewegung der Himmelskörper verstehen, muss man sie in der Galaxie als ein offenes stromdurchflossenes System auffassen. Andererseits ist die Galaxie selbst ein offenes System im großen Birkelandstrom, der die kosmischen Netzknoten verbindet.

Die Struktur des Birkelandstroms kann mathematisch modelliert werden. Der schwedische Physiker Stig Lundquist, ein Schüler von Hannes Alfvén, schlug bereits 1950 ein Modell eines kraftfreien Magnetfeldes vor [7.14]. Diese Arbeiten wurden aber erst von Don Scott 2015 wiederentdeckt [7.15]. Aus den Maxwellsche Gleichungen folgt für Zylinderkoordinaten die Gleichung

$$r^2 \frac{\partial^2 B_z(r)}{\partial r^2} + r \frac{\partial B_z(r)}{\partial r} + \alpha^2 r^2 B_z(r) = 0. \tag{7.02}$$

Lundquist untersuchte, ob in einer elektrisch leitenden Flüssigkeit Magnetfelder existieren könnten und präsentierte unter anderem die mittlerweile bekannte *Bessel-Lösung* für kraftfreie Felder. Es wird nun allgemein angenommen, dass Magnetfelder in interplanetaren Magnetwolken und Plasmaströmen in der solaren Photosphäre kraftfrei sind. Diese Felder haben entsprechend der Besselfunktion keine kontinuierlich abfallenden Feldstärke, sondern eine sich periodisch verändernde Feldstärke, die auch das typische Bild der Eisenfeilspäne um einen stromdurchflossenen Leiter zeigt. Die Eisenfeilspäne werden entsprechend der Besselfunktion im Magnetfeld ausgerichtet, wie wir in Abbindung 5.1 gesehen haben.

Wenn der Strom kraftfrei sein soll, dann bedeutet das, die Lorentzkräfte heben sich in verschiedenen Abständen vom Zentrum gegenseitig auf und Massen sammeln sich auf bestimmten Bahnen darin. Das bewirkt eine charakteristische Struktur, an der ein *Birkelandstrom* erkennbar ist. Daraus kann man die Frage ableiten: Können die Sterne auf ebensolchen Bahnen in einem Birkelandstrom treiben?

7.3 Das Rätsel der Präzession der Erdachse

Wenn ein Kreisel im Schwerefeld der Erde am oberen Ende auf seine Achse einen Impuls bekommt, beginnt er zu taumeln. Das bedeutet, die Rotationsachse beschreibt einen Kegel. Diese Eigenschaft der Kreiselbewegung nennt man Präzession. Kopernikus übertrug diese Eigenschaft auf die Erdachse, um die in historischen Zeiten beobachtete Verschiebung des Himmelspols zu erklären. Heute kann man Kreiselexperimente auf einer Raumstation machen. Dort verhält sich der Kreisel im schwerelosen Raum anders. Die Rotationsachse bleibt völlig stabil im Raum, wenn ein Impuls auf sie einwirkt. Der Kreisel weicht translatorisch bei bei Beibehaltung der Orientierung der Achse aus.

Wenn man diese Überlegung auf die Erde anwendet, die sich auf ihrer Bahn kräftefrei um die Sonne bewegt, kann die Erdachse nicht taumeln. Trotzdem scheint es so, wenn man die Sterne im sonnensystemnahen Raum beobachtet, dass der himmlische Nordpol eine Bahn durch die Sternbilder beschreibt. Seit alters her geht die Sonne zur Tag-und-Nachtgleiche in anderen Sternenkonstellationen auf. Das hat schon der griechische Astronom Hipparch von Nicäa etwa 150 v.Chr. beobachtet und eine Verschiebung von 1° in 100 Jahren angenommen. Tatsächlich ist es 1° in etwa 71,5 Jahren, sodass sich ein Zyklus in 25.740 Jahren vollenden würde. Gegenwärtig ist der letzte Deichselstern im kleinen Wagen der Polarstern. Er befindet sich derzeit nur etwa 0,7° vom nördlichen Himmelspol entfernt.

Würde die Erdachse taumeln, dann müsste der südliche Himmelspol über die Jahrtausende konstant geblieben sein. Darüber finden sich jedoch keine Aufzeichnungen, über die Wanderung des Himmelsnordpols dagegen haben die alten Kulturen dagegen sehr genaue Beobachtungen angestellt. [7.16] Es muss also ein anderer Effekt die Ursache für diese Bewegung des Himmelspols sein.

Der "heliakische" Aufgang, also das Erscheinen eines Sterns am Morgenhimmel bevor es hell wird, hatte bei vielen Völkern - so den Ägyptern - eine wichtige Funktion als Kalendermarke. Dazu müssen sich aber der Stern und die Sonnen um eine gemeinsame Achse drehen. Den Ägyptern war schon früh aufgefallen, dass das erste Erscheinen des Sterns Sirius am Morgenhimmel - sein sogenannter heliaki-

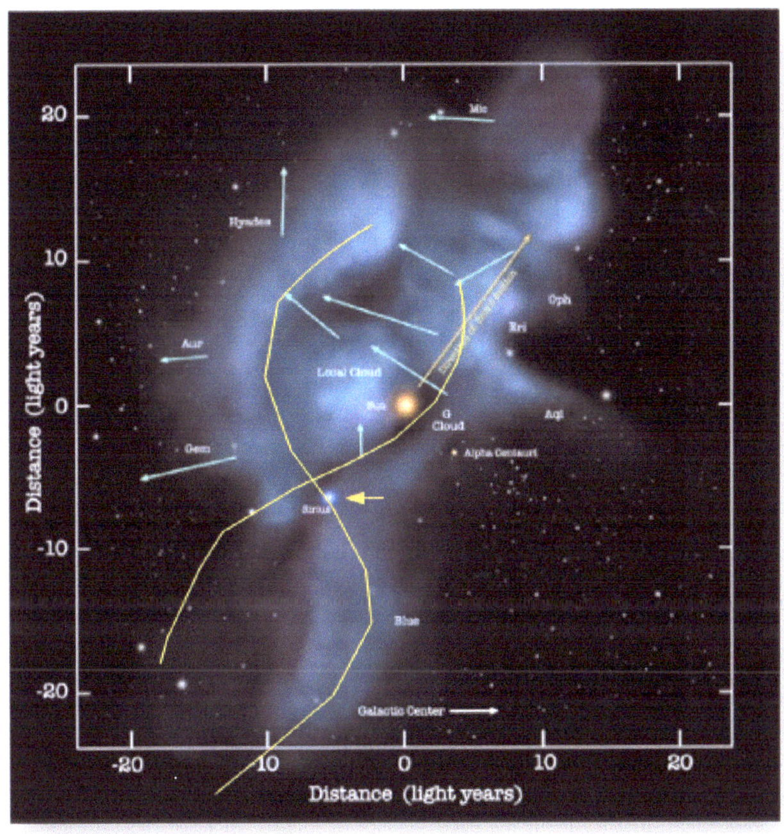

Abbildung 7.5: Filament mit Sonne und Sirius -
Quelle: Gareth Samuel

scher Frühaufgang - gut mit dem Beginn der Nilflut zusammenfiel. So konnten sie ihren Kalender synchronisieren.

Beide Phänomene zusammengenommen ließen Walter Crutenden[7.17] nur zu dem Schluss kommen, dass sich Sirius und Sonne um eine gemeinsame Achse aber nicht um einen gemeinsamen Schwerpunkt bewegen. Das ist aber mit Gravitation nicht zu erklären. Betrachtet man die Umgebung unseres Sonnensystems von außen, so sieht man Sirius in einem benachbarten Filamentstrang (kurzer gelber Pfeil in Abbildung 7.5). Wir identifizieren die beiden Filamentstränge als einen Birkelandstrom. Die beiden helixartigen Stränge rotieren mit den darin befindlichen Sternen um eine gemeinsame Achse und diese Achse ist ein Kreisbogen und eine vollständige Umrundung dieser gemeinsamen Achse dauert 25.740 Jahre. Auf dem 250 Millionen Jahre langen Weg einmal um die Galaxie vollführt die Sonne in ihrem Filament etwa 10.000 Umrundungen der gedachten mittleren Sonnenbahn. Damit hat sich die vermutete Präzession der Erdachse als Folge einer helixartigen Bewegung des Sonnensystems in einem viel größeren System eines Arms der Galaxie erwiesen.

7.4 Kosmische Geschwindigkeiten

Die Bestimmung der Geschwindigkeit von Himmelskörpern im Kosmos wird immer schwieriger, je weiter sie von der Erde entfernt sind, da eine Positionsveränderung in überschaubaren Zeiten nicht mehr wahrgenommen wird. Wir sind auf eine indirekte Methode angewiesen, die Verschiebung der Spektrallinien infolge des Dopplereffektes. Doch dieser Effekt hat sich als wenig zuverlässig erwiesen, wie Halton Arp, ein Schüler von Hubble, in akribischen Beobachtungen festgestellt hat [7.18], und das hat etwas mit der unterschiedlichen Teilchendichte im Kosmos zu tun.

Der angeblich leere Raum ist tatsächlich von einem Netzwerk von Dunkelströmen geladener Teilchen durchzogen, die wir Plasma nennen und das infolge der unendlichen Weiten des Kosmos trotz seiner überaus geringen Dichte einen großen Teil der Masse im bekannten Kosmos ausmachen könnte. In diesen Strömen schwimmen die Himmelskörper. Magnetfelder trennen die Ladungen, und die Teilchen streben eine Rekombination an, die wir als Glimmen zwischen den Himmelskörpern wahrnehmen. Auf Grund der unterschiedlichen Massen von Protonen und Elektronen haben die beiden Teilchenarten sehr unterschiedliche Geschwindigkeiten, was innerhalb der klassischen Thermodynamik nicht mehr zu behandeln ist, da sich die Elektronentemperatur deutlich von der Ionentemperatur unterscheidet. Hier kommt eine Eigenschaft zur Wirkung, wie man sie in einem Strom von Teilchen unterschiedlicher Geschwindigkeit beobachten kann. Die schnelleren leichten Teilchen überholen die großen langsamen Teilchen. Beim Überholen müssen sie ausweichen, was zu einer Richtungsänderung führt. Nun könnte man denken, dass dieser Überholvorgang recht ungeordnet stattfinden würde. Das gäbe ein ziemliches Chaos. Tatsächlich beobachtet man aber einen sehr geordneten Überholvorgang, wie das auch auf unseren Autobahnen abläuft. So bildet sich ein selbstorganisierter Wirbel unter dem Einfluss eines die elektrisch geladenen Teilchen umgebenden Magnetfeldes heraus. Eine Rekombination der Elektronen setzt aber eine Annäherung beider Geschwindigkeiten voraus, die unter der Ionisierungsgeschwindigkeit liegt. Um rekombinieren zu können, müssen die Elektronen abgebremst werden. So gibt es in Abhängigkeit von der Dichte des Plasmas und damit von der freien Weglänge eines Ladungsträgers unterschiedliche Verhaltensweisen des Plasmas. Wenn das Plasma sehr dünn ist, befindet es sich im Dunkelmodus, wird es zunehmend dichter, kommt es in den Glimmmodus und bei hohen Dichten kommt es zur Bogen- bzw. zur Blitzentladung. Das setzt aber wiederum voraus, dass bevor es zu einer massenhaften Entladung kommen kann, es eine Ladungstrennung gegeben haben muss, die sich über längere Zeit aufgebaut haben muss. Infolge der extrem hohen Geschwindigkeit der Elektronen im Vergleich zu den Protonen, die 1836 mal schwerer als die Elektronen sind, werden die Elektronen von den Ionen nicht sofort wieder eingefangen. Es kommt zu Plasma-Oszillationen. Man hat jedoch beobachtet, dass bei Geschwindigkeiten v_{pu} über 160 km/s diese Plasma-Oszillationen ausbleiben [7.15],[7.20]. Die Bildung eines Birkelandstroms ist folglich ein Resonanzphänomen der Elektronen, das die Ionen in einen Strom zwingt. Es gibt folglich eine untere Schranke der Geschwindigkeit v_{pu}, wo das Plasma erst die typischen Eigenschaften des Birkelandstroms ausbildet.

In strömenden Plasmen gibt es dann drei charakteristische Geschwindigkeiten für die Protonen. Die zweite charakteristische Geschwindigkeit ergibt sich aus der maximalen kinetischen Energie, die ein Proton im Verhältnis zu einem Elektron aufnehmen kann:

$$v_{po} = \sqrt{\frac{m_e}{m_p}} \cdot c \qquad (7.03)$$

Die obere Geschwindigkeit v_{po} ergibt sich zu 7.000 km/s und die dritte ergibt sich aus dem geometrischen Mittel aus der unteren Plasma-Geschwindigkeit v_{pu} und der Geschwindigkeit nach Formel (7.1):

$$v = \sqrt{v_{pu} \cdot v_{po}} \qquad (7.04)$$

Das ergibt 1058km/s. Berechnet man die Fluchtgeschwindigkeit eines Elektrons für die Ionisation von Wasserstoff, erhält man eine Geschwindigkeit von 1.026 km/s. Wenn man auf leuchtende Wasserstoffwolken trifft, kann man davon ausgehen, dass die Geschwindigkeitsdifferenz zwischen Elektronen und Protonen in der Größenordnung von etwas über 1.000 km/s liegt, da sich die Geschwindigkeiten zur Rekombination soweit annähern müssen. Diese Geschwindigkeit um 1.050 km/s ist daher die mittlere Geschwindigkeit von leuchtendem Wasserstoffplasma. Größere leuchtende Atome haben wegen ihrer Masse eine geringere Geschwindigkeit.

1.050 km/s, das ist die Geschwindigkeit, mit der Protonen in Plasmafäden im Kosmos unterwegs sind.
Größere leuchtende Massenpartikel sind entsprechend langsamer.

Die Geschwindigkeiten kosmischer Objekte sind entsprechend ihrer Masse auch durch die Lichtgeschwindigkeit begrenzt. Löst man Gleichung (4.16) nach v auf, erhält man für die Geschwindigkeit die obere Schranke zu:

$$v = c \cdot \sqrt{1 - \frac{E_0^2}{E^2}} \qquad (7.05)$$

Nur geladene Teilchen, die in sehr starken Magnetfeldern beschleunigt werden, erreichen Geschwindigkeiten, die mit der Lichtgeschwindigkeit annähernd vergleichbar sind. Der Sonnenwind hat eine obere Geschwindigkeit von nur etwa 750 km/s, wie die NASA [7.18] berichtete.

7.4.1 Kann die spektrale Rotverschiebung als Geschwindigkeit gedeutet werden?

1916 war das erste 2,5 m Spiegelteleskop der Mount-Wilson Sternwarte in Pasadena fertig, und es wurde ein Mitarbeiter gesucht. Dieser Mitarbeiter war Edwin Hubble. Infolge des Eintritts der USA in den 1. Weltkrieg konnte er jedoch erst 1919 seine Arbeiten an der Mount-Wilson-Sternwarte beginnen. Ihn interessierten besonders die Nebel, die man zu dieser Zeit noch nicht als Galaxien erkannt hatte. Diese Erkenntnis blieb Hubble vorbehalten. Eine weitere Erkenntnis war, dass die Helligkeit bestimmter veränderlicher Riesensterne in diesen Nebeln in der Weise variierte, dass ihre Schwankungsperiode direkt mit ihrer absoluten Helligkeit zusammenhing. Indem Hubble diese absolute Helligkeit mit der beobachteten scheinbaren Helligkeit verglich, konnte er die Entfernung des Sterns in einer fernen Galaxie und somit die Entfernung der Galaxie selbst bestimmen. So fand er heraus, dass die Entfernung vieler Galaxien linear von ihrer spektralen Rotverschiebung abhing. Der Proportionalitätsfaktor wurde später nach ihm als Hubble-Konstante bezeichnet. Diese Ergebnisse veröffentlichte er 1929. Jedoch verwahrte er sich sein Leben lang dagegen, die Rotverschiebung z als ein Maß für die Fluchtgeschwindigkeit von Galaxien anzuerkennen und das mit gutem Grund, wie wir sehen werden.

Zuerst fragen wir: **Kann die Rotverschiebung der Spektrallinien von Galaxien als ihre Entfernung gedeutet werden?** Die Rotverschiebung z einer Spektrallinie ergibt sich aus dem Linienspektrum zu:

$$z = \frac{\lambda_w - \lambda}{\lambda} \qquad (7.06)$$

wobei λ_w die im Stern- oder Galaxie-Spektrum beobachtete Wellenlänge ist und λ die auf der Erde gemessene Wellenlänge. Hier soll das Hubble-Gesetz zur Abschätzung der Entfernungen der Galaxien dienen. Entfernungen können exakt nur durch Stereometrie bestimmt werden. (Siehe auch Abschnitt *3.4.4 Grenzen der Beobachtbarkeit*) Größere Entfernungen beruhen auf immer weniger zuverlässigen Annahmen, die nicht nachprüfbar sind. Das trifft auch auf die Hubble-Korrelation zu, denn die absolute Helligkeit einer Galaxie kann man nicht messen. Sie beruht auf der Annahme, dass der Kosmos absolut lichtdurchlässig sei und dass alle etwa gleich groß seien. Das kann man sicher in bestimmten Bereichen akzeptieren, ist aber in der Nähe von benachbarten Galaxien bestimmt nicht mehr gültig. Außerdem hat man schon Bilder der Vereinigungen zweier Galaxien erhalten. Nach Hubble ergibt sich die Entfernung r als:

$$r = \frac{z \cdot c}{H} \ Mpc \qquad (7.07)$$

wo r die Entfernung in Megaparsec angegeben wird, c die Lichtgeschwindigkeit im kosmischen Medium und H der Hubble-Parameter[16])

---

16 Der Hubbleparamet wurde immer wieder korrigiert. Seit Hubbles Zeiten ist er um den Faktor 7 verringert worden. Der angenommene Wert ist etwa 70 km/s Mpc. Das zeigt, wie unzuverlässig alle Entfernungsangaben sind, die auf der Basis von Rotverschiebungen beruhen.

ist, der sich als Anstieg einer Regressionsgeraden ergibt, gemessen zwischen der Rotverschiebung und der absoluten Helligkeit der Galaxien. Mit $R = c/H = 4.286$ erhält man eine Konstante, mit der nur noch z zu multiplizieren ist und man erhält die Entfernung in Mpc, wobei aber $z < 0,4$ sein sollte. Wir haben in Abschnitt 3.12 gelernt, dass physikalische Gleichungen nur im Messbereich gültig sind und einer klaren Abgrenzung oder Schranke bedürfen. Diese Schranke von 0,4 für z folgt aus der Korrelation der spektralen Rotverschiebung mit der absoluten Helligkeit der Galaxie bis zu einer Abweichung von 10%. Für größere Werte von z wird die Abweichung schnell sehr groß, weshalb man dann keine zuverlässigen Entfernungsangaben mehr erhält. Mit andere Worten, die absolute Lichtdurchlässigkeit ist auf diese Entfernungen hin nicht mehr gegeben. Weiter muss man beachten, dass die Gleichung auch nur für frei stehende Galaxien gilt. Halton Arp hat eine Reihe von kosmischen Objekten in der Nähe anderer Objekte gefunden, wofür die Formel nicht mehr gültig ist, da das kosmische Medium dann dort dichter als im übrigen Raum ist.

In Abschnitt 7.4 haben wir die obere Grenzgeschwindigkeit abgeschätzt, mit der wir die maximal zu erwartende Wellenlängenverschiebung durch Dopplereffekt bei Galaxien berechnen können. Nach unserem Rechenbeispiel für den Schall aus Abschnitt 3.6.1 können wir nun die Daten für die Berechnung zusammenstellen. Wir wollen die maximale Dopplerverschiebung für die H_α-Linie des Wasserstoffs berechnen, da man diese Linie in allen optischen Spektren finden kann. Sie liegt im roten Bereich bei 656,3 nm. Daraus folgt eine Frequenz von $4{,}571 \times 10^{11}$ Hz. Das ergibt eine Wellenlängenverschiebung von 2,3 nm bei einer Eigengeschwindigkeit der Protonen von 1.058 km/s gegenüber dem Beobachter auf der Erde. Da aber die Linienverschiebung nicht absolut, sondern relativ angeben wird, müssen wir noch durch die

Wellenlänge entsprechend Gleichung (7.04) dividieren, um die Größe *z* zu erhalten. Daraus folgt: **z = 0,0035**

Multiplizieren wir z mit c erhalten wir die Fluchtgeschwindigkeit. Berücksichtigen wir die Fluchtgeschwindigkeit in (7.04), dann sehen wir, dass z eine obere Grenze von 1 nicht wesentlich überschreiten kann. 2008 wurde jedoch von einem kosmischen Objekt mit einer Rotverschiebung von 3,9 berichtet [7.19], was die Bezeichnung APM08279+5225 erhielt. Spätestens da hätten die Alarmglocken bei den Theoretikern schellen müssen, weil ihre Theorie der Fluchtgeschwindigkeit zusammenstürzt. Aber anstelle darüber nachzudenken, haben sie den alternativen Fakt mit der Raumausdehnung erfunden, Nur haben sie nicht bedacht, wenn man den Maßstab gummibandähnlich vergrößert, dann scheinen sich die Abstände zu verringern. Mit der Entdeckung weiterer extrem rotverschobener Galaxien EGSY8p7 mit z = 8,86 und GN-z11 mit z = 11,1 [7.20] verschärfen sich die Widersprüche innerhalb des Urknallmodells weiter.

Dieser kleine Betrag ist der Anteil der spektralen Rotverschiebung, der durch die Fluchtgeschwindigkeit von Galaxien verursacht werden kann. Es ist der Betrag, der den Dopplereffekt von anderen Ursachen für die Rotverschiebung abgrenzt. Wenn dieser Betrag also überschritten wird, muss es noch eine andere Ursache für die spektrale Rotverschiebung geben. Verglichen mit den gemessenen Beträgen der Rotverschiebung in kosmischen Linienspektren ist der Dopplereffekt eine zu vernachlässigende Größe. Aus den spektralen Rotverschiebungen auf die Ausdehnung des gesamten Kosmos schließen zu wollen, ist ein gewaltiger induktiver Fehlschluss. Hubble hatte Recht, dass die spektrale Rotverschiebung nicht als Fluchtgeschwindigkeit gedeutet werden kann. Halton Arp unter-streicht das in seinem Buch über die intrinsische Rotverschiebung [7.18].

7.4.2 Die energetischen Ursachen der Rotverschiebung

Der Dopplereffekt des Lichtes beruht allein auf der Tatsache, dass sich die Lichtquelle und der Beobachter relativ zu einander bewegen. Diese Bewegung hat keinen Einfluss auf dem Emissionsprozess des Lichtes, da die relative Bewegung von Beobachter und emittierenden Atomen, die sich alle in gleicher Richtung bewegen, keinen Einfluss auf den

Emissionsprozess selbst hat. Insofern unterscheidet sich die Form der Emissionslinie in Ruhe nicht von der in der Bewegung. Anders ist das, wenn sich Atome relativ zum Beobachter ungeordnet in verschiedene Richtungen bewegen. Das Ergebnis ist eine Dopplerverbreiterung der Emissionslinie. Worum es hier aber geht, ist die geordnete Bewegung der Lichtquellen, die sich der ungeordneten Bewegung der Atome überlagert. Wenn man eine Funktion der relativen Linienbreite über die Rotverschiebung z für eine große Menge von Galaxien aufträgt, erwartet man ein Punktfeld, dass in zwei Geraden eingeschlossen werden kann, die parallel zur Abszisse laufen.

Eine für die maximale und eine für die minimale Linienbreite, da keine Abhängigkeit der Linienbreite von der spektralen Rotverschiebung erwartet wird.

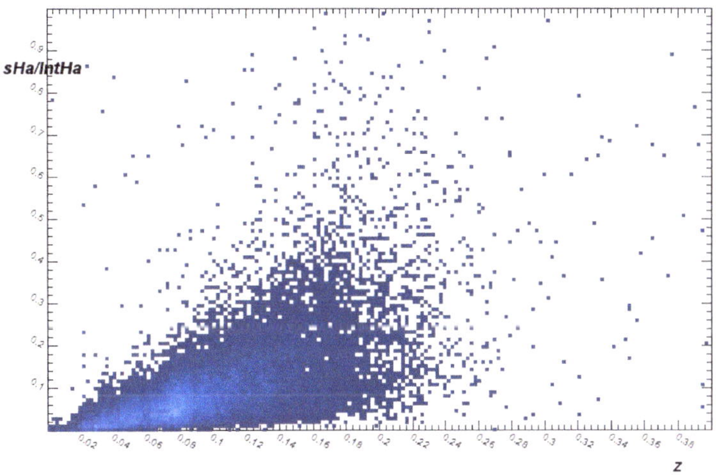

Abbildung 7.6: Relative Linienbreite der H_α-Linie in Abhängigkeit von ihrer spektralen Rotverschiebung. Jeder Punkt repräsentiert eine andere aktive Spiralgalaxie [7.24]

Abbildung 7.6 zeigt ein Punktfeld von aktiven Spiralgalaxien, wo die relative Linienbreite der H_α-Linie mit ihrer Verschiebung in Korrelation gesetzt wurde. Dort zeigt es sich, anders als erwartet, dass das Punktfeld von zwei Geraden mit einem deutlichen Anstieg begrenzt wird. Die Schlussfolgerung kann nur sein, dass es zwischen den Galaxien Prozesse gibt, die bei der Rotverschiebung gleichzeitig eine Linienverbreiterung bewirken, was mit einer Energieabnahme des Lichtes über kosmische Distanzen zu tun hat. Man spricht hier von ‚müdem' Licht.

Diese Effekte treten erst jenseits der Schranke von $z = 0,0035$ hervor. Eine Erklärung für das ‚müde' Licht findet man bei Paul Marmet [7.23]. Er beobachtete 109 Quasare (quasi stellare Objekte), für die sowohl Absorptions- als auch Emissionslinien gemessen werden konnten und bei denen der Wert der Absorptionsrotverschiebung immer verschieden von der gemessenen Emissionsrotverschiebung für das gleiche Objekt war. Es ist klar, dass solche Ergebnisse auch nicht auf eine Doppler-Rotverschiebung, die als Bewegung des gesamten Objektes gedeutet wird, zurückgeführt werden können. Eine sorgfältige Untersuchung des Mechanismus für die Streuung elektromagnetischer Strahlung durch gasförmige Atome und Moleküle zeigt, dass ein Elektron als Folge der durch ein Photon (Wellenzug) übertragenen Impuls immer kurzzeitig beschleunigt wird. Eine solche Beschleunigung einer elektrischen Ladung erzeugt Bremsstrahlung im sehr langwelligen Bereich. Dadurch geht dem Photon jeweils ein geringer Betrag an Energie verloren, was sich in einer Verbreiterung der Spektrallinien bemerkbar macht. Es ist der Comptoneffekt, der bei γ-Strahlen bekannt ist, aber für langwelligeres Licht nicht ausgeschlossen werden kann, auch wenn das dabei gestreute sehr langwellige Photon messtechnisch noch nicht erfasst wurde. Gestützt wird diese Aussage durch unsere Überlegungen aus Abschnitt 6.7 *Der Kosmos als offenes selbstähnliches System.*

Wir haben gesehen, wie ein induktiver Schluss, wie die Anwendung des Dopplereffektes auf Licht, gegenüber seinem Kontext abgegrenzt werden muss, damit er nicht in Widerspruch zu bereits als wahr erkannten Aussagen kommt. Es sollte sich die Erkenntnis durchsetzen, dass Naturgesetze, anders als mathematische Formeln, nicht nur in den Maßeinheiten konsistent sein müssen, sondern auch grundsätzlich Gültigkeitsbereiche wegen ihrer physikalischen Phasen haben, auch wenn wir diese oft noch nicht kennen. So tastet man sich von Messwert zu Messwert in überschaubaren Schritten bis zur Grenze vorwärts. Die Astrophysik ist besonders anfällig für die Ausdehnung von Naturgesetzen bis in unkontrollierbare Bereiche. So baut sie dann eine Hypothese auf der anderen auf, ohne eine reale Basis der Erfahrung mehr zu besitzen.

7.4.3 Quasare

Im vorigen Abschnitt wurden *Quasare* erwähnt, kosmische Objekte mit rätselhafter spektraler Rotverschiebung. Quasare sind kosmische Objekte, die gegenüber Galaxien eine extreme Rotverschiebung in ihren Spektren aufweisen und die deshalb von der Standardkosmologie am Rande des bekannten Kosmos gesehen werden. Der Name Quasar leitet sich von engl. *quasi-stellar object* bzw. *quasi-stellar radio source* ab. Obwohl Quasare zuerst mit Radioteleskopen entdeckt wurden, empfängt man von nur etwa 10% der Quasare wirklich Radiostrahlung. Man unterscheidet deshalb zwischen radio-stillen und radio-lauten Quasaren.

Wir hatten oben festgestellt, dass z die Grenze von 1 nicht überschreiten darf, um nicht das ganze theoretische Gebäude der bisherigen Physik zu sprengen, wenn man die spektrale Rotverschiebung als Geschwindigkeit deuten will. In unserem konkreten Fall haben wir eine Rotverschiebung von 2,1. Das ist für diese Klasse von kosmischen Objekten noch nicht die obere Grenze. Im Dezember 2017 meldete die Zeitschrift *Nature* den Quasar ULAS J134208.10 + 092838.61 mit einer Rotverschiebung von $z = 7{,}54$ [7.25].

Infolge der vermuteten riesigen Entfernung schrieb man Quasaren eine ungewöhnlich große Energiedichte zu. Woher diese Energiedichte stammte, war ein großes Rätsel und man vermutete Schwarze Löcher als Ursache der Energiequelle, obwohl diese als eine Energiesenke definiert sind und sie sämtliche Strahlung verschlucken sollten. Tatsächlich hat die Rotverschiebung nichts mit der Entfernung der Quasare zu tun, wie schon Paul Marmet in seinem Artikel *The Cosmological Constant and the Redshift of Quasars* erklärte [7.26]. Auffallend sind die breiten Spektrallinien von mehrfach ionisiertem Kohlenstoff, Silizium, Magnesium, Stickstoff und Sauerstoff, wie sie auch in Abbildung 7.8 zu finden sind. Die Breite der Emissionslinien deutet auf eine hohe Elektronendichte des Plasmas hin, was wiederum auf eine hohe elektromagnetische Aktivität hinweist. Die Absorptionslinien sind dagegen vergleichsweise sehr schmal.

Da ein Schwarzes Loch eine theoretische Annahme einer unrealistischen Theorie ist, wie wir im vorigen Kapitel festgestellt haben, muss es für die Leuchtdichte eines Quasars eine andere Erklärung geben. Bei den Forschungen zur Kernfusion entdeckten der Russe Filipov und unabhängig von ihm der Amerikaner Mather eine Möglichkeit, mit wenig Energie hochdiches Plasma zu erzeugen [7.27]. Das erzeugende Gerät bekam den Namen Plasmafokus. Es besteht aus zwei konzentrisch angeordneten Kupferröhren, die als Elektroden fungieren. Wenn sich ein großer Strom über die Kupferelektroden entlädt, entsteht ein donutförmiger Plasma-Knoten – ein *Plasmoid.* (Abbildung 7.9) Der Begriff geht auf Winston H. Bostick 1956 zurück. Dieser Plasmoid ist genau das Gegenteil eines Schwarzen Loches. Er verschlingt keine Massen, sondern trennt die Ladungen angesaugter Massen vermittels elektromotorischer Kräfte in zwei entgegengesetzte Richtungen. Eric Lerner, der Bostick um 1974 kennenlernte, kam nun die Idee, dass ein Quasar und ein Plasmoid zwar sehr unterschiedlich in den Abmessungen aber identisch in Form und Dynamik sind. Beide bestehen aus einer extrem dichten Energiequelle, die entgegengesetzte Jets von hochfrequenter Strahlung abgeben. Der Plasmafokus kann die Energiedichte auf einen Faktor von 10^{16} der eintretenden Energie vergrößern. Infolge der hohen Energiedichte werden die Atomkerne im Plasma verschmolzen und angeregt. Dabei werden γ-Strahlen ausgesendet.

Was wir nun als Quasar beobachten, ist einer der Jets, der gerade auf die Erde ausgerichtet ist, wie Abbildung 7.7 zeigt. Wenn eine Galaxie in einem Magnetfeld rotiert, muss ein Strom entlang der Rotationsachse erzeugt werden, wie schon Hannes Alfvén [7.28] vorausgesagt hat. Jedes Plasma wird Wirbelfäden erzeugen, und diese Fäden werden ohne Grenzen wachsen, wenn es denn Raum und Zeit erlauben. Während Lerner die Galaxie selbst als Quasar ansieht -

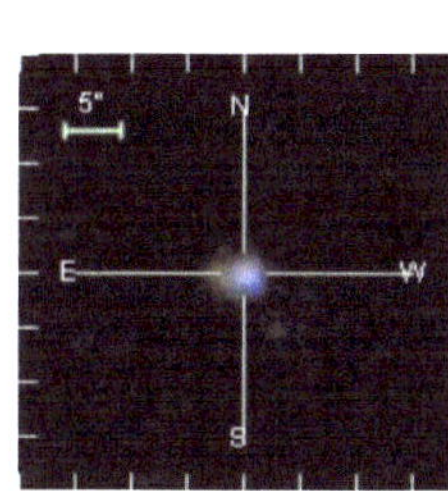

Objekt:5877321343156 22415 *ist ein Beispiel für einen Quasar*

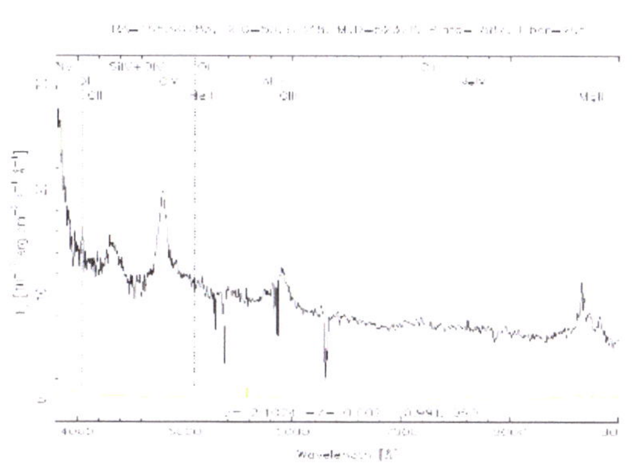

Der Unterschied der Linienbreite zwischen Emissions- und Absorptionslinien ist deutlich sichtbar. Emissionslinien erscheinen als Berge und Absorptionslinien als schmale Canyons

Abbildung 7.7: Quasar mit Rotverschiebung z = 2,1
Quelle: The Sloan Digital Sky Survey

Ein Quasar ist also der Geburtsschrei einer Galaxie, durch den die überschüssige Rotationsenergie, die beim Zusammenbruch der Proto-Galaxie beseitigt werden muss, in Form der Energiestrahlen fortgetragen wird.

[7.24]

- ist auf Grund der Beobachtungen von Halton Arp zu schließen, dass eine Galaxie im Laufe ihrer aktiven Phase in der Lage ist, mehrere Quasare aus ihrem Zentrum heraus zu produzieren. Seine Beobachtungen hat er im *Atlas of Peculiar Galaxies* [7.25] zusammengefasst. Besonders die aktiven Seyfert-Galaxien sind Kandidaten für die Produktion von Quasaren aus ihrem Zentrum. Durch Beobachtungen in verschiedenen Spektralbereichen hat man Filamente wie Nabelschnüre gefunden, die eine Galaxie mit dem Quasar verbinden. Im Laufe der Zeit produzieren Galaxien mehrere Quasare, die wie auf einer Perlenschnur aufgereiht sich langsam vom Zentrum in der Rotationsachse der Galaxie entfernen. Dabei soll die Rotverschiebung mit dem Alter abnehmen.

Um mehr über Quasare zu erfahren, können die Datenbanken des **S**loan **D**igital **S**ky **S**urvey Projektes (SDSS), eines Projektes zur systematischen Erfassung aller kosmischen Objekte, durchsucht werden.

Der SDSS-Katalog [7.31] umfasst bereits fast 300.000 Quasare, deren spektrale Rotverschiebungen zwei ausgeprägte Maxima bei $z = 0,8$ und $z = 2,15$ zeigt. Würde man diese Rotverschiebung als Entfernung inter-

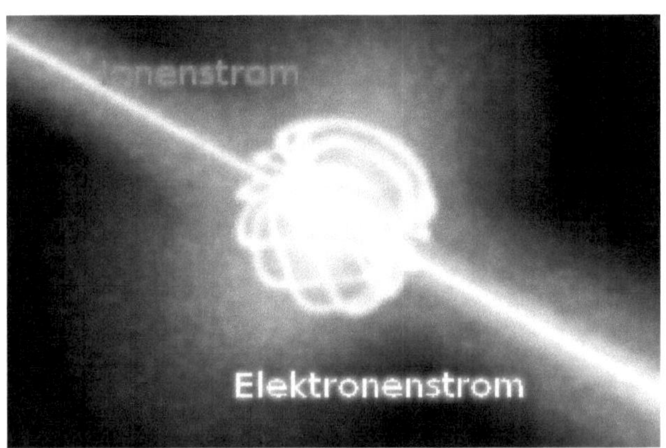

Abbildung 7.8: Plasmoid aus dem Plasmafokus nach Lerner

pretieren, würde man von der Erde aus den Zustand 875 Millionen Jahre nach dem ‚Urknall' beobachten. Das Licht des Beispiel-Quasars wäre also 12,8 Milliarden Jahre unterwegs. Im Spektrum von Abbildung 7.6 sieht man eine sehr starke hoch ionisierte Kohlenstoff-Linie CIII, die für Quasare charakteristisch ist. Das bringt die Vorstellung ins Wanken, dass Quasare sehr frühe kosmische Objekte seien, denn um Kohlenstoff aus Wasserstoff zu erhalten, sollte der gesamte Bethe-Weizsäcker-Zyklus [7.32] durchlaufen sein. Ein vollständiger Durchlauf des Zyklus soll enorme Zeiträume betragen, der in der Größenordnung von hunderten Millionen Jahren bei massereichen Sternen liegen soll, wobei für die Bildung von Sauerstoff aus Stickstoff allein bereits über 320 Millionen Jahre veranschlagt werden. Die Ansammlung so gewaltiger Massen (etwa 12 Milliarden Sonnenmassen) über die restliche Zeit von etwa 600 Millionen Jahren, wie sie allein durch Gravitation zu bewerkstelligen wären, bringt selbst hartgesottene Vertreter des Standardmodells ins Grübeln.

Noch rätselhafter als die extreme Rotverschiebung einzelner Quasare ist das beobachtete Flackern ihres Lichtes. Dabei wird dieses Flackern nicht als Eigenschaft der Quelle selbst gesehen, sondern man macht Gase in der Milchstraße [7.33] dafür verantwortlich.

7.5 Das systemtheoretische Modell des Kosmos

Bereits unter Abschnitt *3.5.1 Wie kann man das Dilemma mit der Unendlichkeit über-winden?* haben wir einen Lösungsansatz für ein System ohne bekannte Anfangsbedingungen gesehen. Laplace hat sich die Welt gedacht, als gäbe es unter den einzelnen Objekten keine Wechselwirkung. Einstein glaubte, die Zeit sei unabhängig vom Raum und damit von der Bewegung. Wir wollen jetzt den intergalaktischen Raum als ein offenes dynamisches System mit dem Eingang $x(t)$ und dem Ausgang *y(t)* betrachten, *x* und *y* stehen für Stoff und Energie, ohne über die einzelnen Elemente irgendwelche Vereinbarungen zu treffen. Das System selbst ist eine Blackbox. Dann können wir definieren:

Eine Zustandsfunktion *dz/dt = f(z,x(t))*
und eine Ergebnisfunktion *y = y(z,x(t))* mit $z = z_1, z_2, z_3, \dots z_n$,

Ich bitte zu beachten, dass jedes System eine Menge Untersysteme hat, die in gleicher Weise beschrieben werden. Es ist dabei gleichgültig, ob es sich um das kosmische Netzwerk, eine Galaxie oder ein Sonnensystem, oder einen Planeten handelt. Durch dieses gekoppelte Gleichungspaar vermeiden wir zwei Probleme.

1. mit unbekannten Anfangswerten rechnen zu müssen und
2. die Zeit als eine unabhängige Größe betrachten zu müssen

Es taucht jedoch ein anderes Problem auf. Welche Zeit gilt im intergalaktischen Maßstab? Das Lichtjahr ist nicht passend, da es auf die Erde bezogen ist. Die Zäsium-Linie kommt auch nicht vor. Einzig und allein die H_α-Linie des Wasserstoffs ist in allen galaktischen Spektren zu sehen. Infolge der unterschiedlichen Rotverschiebung ticken aber alle kosmischen Uhren anders. Erinnern wir uns, wie man im Mittelalter, als es noch keine mechanischen Uhren gab, die Zeit gemessen hat. Man brannte Kerzen ab und maß die Verkürzung der Kerze. Bei Galaxien ist es der Verbrauch von Wasserstoff für die Fusion von schwereren Elementen, die aus den Wasserstoffwolken erbrütet werden. Der Intensitätsverlust der Wasserstoff-Linie bei 656,3 nm wird damit ein Maß für das Alter einer Galaxie. Auf der Erde reicht dazu gewöhnlich die Höhe der Spektrallinie. Da die Spektrallinien in den Galaxien jedoch unterschiedliche Breiten haben, verwenden wir die Fläche der Wasserstofflinie, die *Äquivalentbreite*[17]).

---

17 Die Äquivalentbreite einer Spektrallinie ist ein Maß für die Fläche der Linie in einem Verhältnis von Intensität zu Wellenlänge. Die Äquivalentbreite hängt nicht von den Eigenschaften der verwendeten Apparatur ab und eignet sich deshalb gut zum Vergleich verschiedener Messungen.

316

7.5.1 Was uns die Spektren der Galaxien verraten

Jede Lichtquelle hat ein charakteristisches optisches Spektrum, in dem die Information über die Lichtquelle verschlüsselt ist. Gase geben Linienspektren ab und flüssige bzw. feste Körper geben thermische kontinuierliche Spektren ab. Eine Lichtquelle wie ein Stern besteht aus einem flüssigen magmatischen Kern und einer leuchtenden Atmosphäre. In diese Atmosphäre diffundieren magmatische Dämpfe und erzeugen im Spektrum des hellen thermischen Lichts dunkle Absorptionslinien, wie man Abbildung 7.9 entnehmen kann. Sie werden nach Joseph Fraunhofer benannt. 1814 erfand er das Spektroskop, mit dem das Lichtspektrum nach Wellenlängen analysiert werden kann.

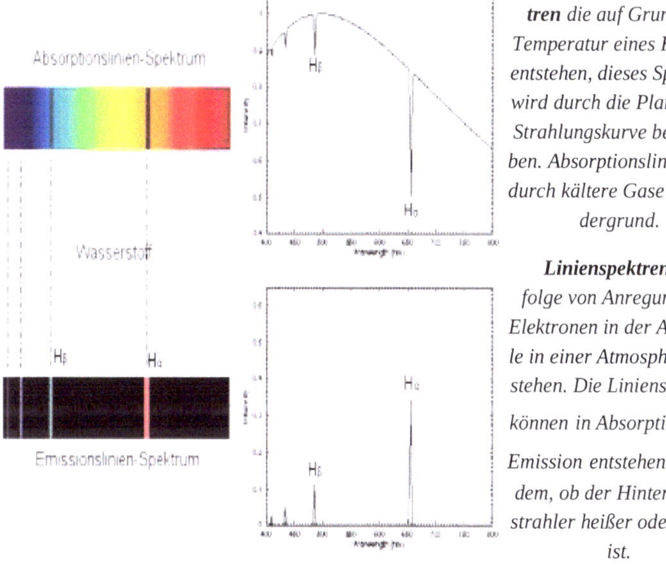

Kontinuierliche Spektren die auf Grund der Temperatur eines Körpers entstehen, dieses Spektrum wird durch die Plancksche Strahlungskurve beschrieben. Absorptionslinien sind durch kältere Gase im Vordergrund.

Linienspektren, die infolge von Anregung von Elektronen in der Atomhülle in einer Atmosphäre entstehen. Die Linienspektren können in Absorption oder Emission entstehen je nach dem, ob der Hintergrundstrahler heißer oder kälter ist.

Abbildung 7.9: Zwei Arten von Linienspektren aus einem Spektrografen und einem Spektrometer

Bisher haben wir uns nur mit der spektralen Rotverschiebung des Spektrums als ganzes befasst. Nun sehen wir die Linienintensität in Form der Fläche eines Peaks, der über die Quantität des Stoffes im Plasma Auskunft geben kann.

Auch das Verhältnis von thermischen Hintergrund zur Linienstrahlung gibt uns Anhaltspunkte. Die Plancksche Strahlungskurve der Hintergrundstrahlung gibt uns Auskunft über die Temperatur des Strahlers.

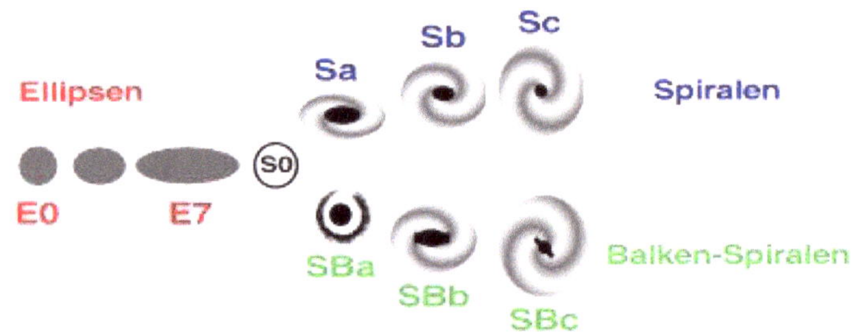

Abbildung 7.10 : Hubble-Systematik
Quelle: https://www.spektrum.de/lexikon/astronomie/hubble-klassifikation/188

Wenn wir Galaxien betrachten, haben ihre Spektren keine typische Planck-Form, da Galaxien aus vielen Sternen unterschiedlicher Entwicklungsstadien bestehen. Schon Hubble hat Galaxien untersucht und sie nach ihrer äußeren Form klassifiziert, wie Abbildung 7.10 zeigt. Wie schon unter Abschnitt 6.3 erwähnt, startete im Jahr 2007 das Galaxy-Zoo-1-Projekt [7.35]. Es bestand aus einem Datensatz mit 900.000 Galaxien, die vom Sloan Digital Sky Survey [7.35] aufgenommen worden waren. Davon wurden 667.945 Galaxien nach der Form in Spiralgalaxien und elliptische Galaxien der breiten Öffentlichkeit zur Klassifizierung angeboten. Jeder Interessent konnte an dem Projekt teilnehmen. 28% dieser Galaxien wurden als Spiralgalaxien erkannt und 9% als elliptische Galaxien. 62% der Galaxien konnten weder der einen noch der anderen Klasse sicher zugeordnet werden, da es sich bei der Beurteilung der Form um subjektive Entscheidungen handelt. Weil ich auch an diesem Projekt teilgenommen hatte, standen mir alle die Spektren zur

Verfügung. Bei der Betrachtung der Spektren fiel mir eine Systematik auf, die die Unsicherheit in der Klassifizierung überwinden konnte. Diese Systematik wollen wir im folgenden Abschnitt diskutieren.

7.5.2 Die Entwicklungszustände der Galaxien

Galaxien sind nicht zufällig im Weltall verteilt, Sie schwimmen als Untersysteme in riesigen Birkelandströmen, getrennt von riesigen Voids extrem geringer Stoffdichte. Ihre Bildung wurde von Antony Peratt entdeckt, als er die Vereinigung zweier Birkelandströme im Computer simulierte [7.36]. So wird ihre Bildung durch Energiezufuhr von außen bewirkt. Damit haben Galaxien eine gewisse Ähnlichkeit mit Tornados in unserem Wettersystem, die durch die Erwärmung des Meerwassers entstehen.

Doch kommen wir nun wieder zur Fusion des Wasserstoffs und zur Klassifizierung der Galaxien zurück. Solange noch genügend Wasserstoff vorhanden ist, wird die Fusionskette von Beginn an aufrecht erhalten bleiben und damit die Emissionslinien von Wasserstoff sichtbar bleiben, solange noch Wasserstoff aus der Umgebung der Galaxie nachgeliefert wird. Die Analogie zu einem Tornado besteht darin, dass dieser solange er sich über warmen Meerwasser bewegt, auch immer weiter Wasserdampf nachgeliefert bekommt. Gleichzeitig werden in den Galaxien aber auch schwerere Elemente erzeugt, wie aus den Spektren ersichtlich ist. Besonders fallen die Gase Stickstoff und Sauerstoff auf. Während also die Gase in den äußeren Bereichen der Galaxie Emissionslinien erzeugen, sorgt ein wachsender Galaxie-Kern für immer intensivere thermische Strahlung, die von den gebildeten Sternen herrührt, an denen die Fusion weiter fortschreitet. Entsprechend der Fusionsrate nimmt die Strahlungsintensität der Wasserstoff-Linien mit der Zeit ab. Gleichzeitig wächst die Strahlungsintensität des Kerns und sie dürfte, wenn der Wasserstoff verbraucht ist, ihr Maximum erreicht haben.

Beide Prozesse sind demzufolge gegenläufig. Aus dieser Gegenläufigkeit lassen sich Rückschlüsse auf den Entwicklungszustand und damit auf das Alter einer Galaxis ziehen, wenn auch zur Zeit kein Referenzmaß für eine Zeitskala in Jahren oder Rotationen der Galaxien vorliegt. Aus der quantitativen Spektroskopie wissen wir, dass die Intensität einer Spektrallinie Auskunft über die Menge des angeregten Stoffes geben kann, wenn man über eine Eichung einen funktionellen Zusammenhang zwischen Intensität der Spektrallinie und Stoffmenge herstellen kann. Würde man die Fusionsrate des Wasserstoffs kennen, könnte man eine aus der Intensität der Wasserstofflinie gebildete Uhr auch eichen. Aus der Hubble-Systematik in Abbildung 7.10 sind drei verschiedene Arten von Galaxien zu erkennen. Ich vermutete, dass diese verschiedenen Entwicklungsstadien entsprechen könnten.

Um einigermaßen aussagefähige Informationen von Abermillionen Galaxien zu bekommen, benötigt man Stichproben in der Größenordnung von Hunderttausenden Galaxien. Die hier betrachtete Stichprobe umfasst über 340.000 Galaxien aus einem Ring von 0° bis15° dec über der Ekliptik. Die Datenbank Release 7 [7.37] enthält 924.000 Galaxien. Die Stichprobe umfasst etwa ein Drittel der gesamten Datenbank, die automatisch durchmustert wurde. Die auffälligste Emissionslinie des Wasserstoffs ist die H_α-Linie aus der Balmerserie bei 656,3 nm. Das ist die Linie, die entsteht, wenn ein angeregtes Wasserstoff-Atom vom 3. in den 2. Anregungszustand zurück fällt.

Diese Linie ist in jedem optischen Spektrum aller Galaxien zu finden. Sie liegt zentral genug, dass man sie bis zu einer Rotverschiebung von $z = 0,4$ noch gut beobachten kann. Die Grenze von $z = 0,4$ ergibt sich auch aus der Tatsache, dass bis zu dieser Grenze die Entfernungsbestimmung aus der Abnahme der Helligkeit der Cepheiden, die als Standardkerzen verwendet werden, noch gut mit der Rotverschiebung korreliert. (Siehe auch *3.4.4 Grenzen der Beobachtbarkeit*) Deshalb soll die Intensität der H_α-Linie hier als ein Maß für die Menge des vorhandenen Brennstoffs in der Galaxie dienen und damit einen relativen Vergleich der altersmäßigen Entwicklung der Galaxien liefern.

Aber diese eine Linie reicht nicht aus. Eine weitere auffällige Wasserstofflinie ist die H_β-Linie bei 486,3 nm, die bei der Rückkehr vom 4. Anregungszustand in den 2. Anregungszustand emittiert wird. Sie kann entweder stärker oder schwächer als die H_α-Linie aus-geprägt sein. Da mehr Energie für ihre Anregung notwendig ist, wird diese Linie nicht über alle Altersklassen gut zu beobachten sein. Jedoch kann man das thermische Kontinuum an dieser Stelle mit dem Kontinuum an der Stelle der H_α-Linie vergleichen.

Das hat den Vorteil gegenüber der Farbanalyse mit dem Grün- und Rot-Filtern, dass dieses Kriterium mit der Rotverschiebung mit wandert und damit keine Verfälschungen der Verhältnisse in Richtung blau mit sich verändernder Rotverschiebung produziert. Mit der H_α-Linien und dem thermischen Kontinuum an diesen beiden Stellen lassen sich formal 3 grundlegende Spektraltypen unterscheiden, in die die Galaxien eingeordnet werden können.

Da es keine Bezugsgrößen für exakte Altersangaben gibt und außerdem unbekannt ist, wie sich das Emissionsverhalten der Gase in den Galaxien gegenseitig beeinflusst und damit das Ergebnis verfälschen kann, soll mit drei Altershauptklassen gearbeitet werden. Jede der Hauptklassen wird entsprechend der H_α-Linienintensität in dekadische Unterklassen eingeteilt. In der ersten Klasse liegt das Maximum der thermischen Abstrahlung im UV-Bereich. Das entspricht einer Temperatur von etwa 12.000 K. Die zweite Klasse und dritte Klasse bildet ihr Strahlenmaximum im sichtbaren Spektralbereich aus, was einer mittleren Temperatur von 6.000 K entspricht.

Spektralklasse	Merkmale
I : jugendliche Galaxien	Kontinuum bei H_β > Kontinuum bei H_α und $H_\alpha > 0$
II: entwickelte Galaxien	Kontinuum bei H_β < Kontinuum bei H_α und $H_\alpha > 0$
III: alternde Galaxien	Kontinuum bei H_β < Kontinuum bei H_α und $H_\alpha < 0$

Tabelle 7.1

Bei der dritten Klasse sind jedoch die Emissionslinien in Absorptions-linien verwandelt. Diesen Sachverhalt gibt Tabelle 7.1 wieder. Wir ver-wenden hier für unsere Messungen nicht die Höhe der Spektrallinie, sondern die *Äquivalentbreite*[18]) *ewHa*, die bereits in der Datenbank für jede Spektrallinie vorliegt. Aus der Differenz zwischen zwei genügend weit entfernten Wellenlängen der thermischen Hintergrundstrahlung des Galaxienkerns kann man erkennen, ob das Intensitätsmaximum zu kürzeren Wellenlängen oder zu längeren Wellenlängen hin verschoben ist. Dazu verwenden wir das Kontinuum bei der H_β-Linie. So kann man den Wasserstoffvorrat der Galaxien auch bei größeren Rotverschiebun-gen der Spektrallinien noch miteinander vergleichen. Für die Auswer-tung der Spektren konnten nur Bereiche herangezogen werden, die trotz Rotverschiebung noch über alle Spektren sichtbar bleiben. Das ist bis zu einer Rotverschiebung von 0,4 möglich, was einer Entfernung von etwa 1,714 Gpc entspricht oder 5,55 Milliarden Lichtjahren. Es wur-de ein Ausschnitt des Himmels durchsucht, der auf dem Himmelsäqua-tor einem Vollkreis entsprach, aber die Deklination wurde auf 0 bis 15 Grad beschränkt, wie das erhellte Fenster in Abbildung 7.10 zeigt. Die roten und grünen Bereiche sind die von SDSS in der Datenbank erfass-ten Bereiche des Himmels. In diesem Fenster wurden genau 341.495

---

18 Siehe auch *7.4 Das systemtheoretische Modell des Kosmos*

Datensätze von Galaxien gefunden, die obigen Bedingungen entsprachen. Sie verteilen sich auf die 3 Spektraltypen, wie in Tabelle 7.2 zu sehen ist. Die Tabelle 7.2 sagt, dass der Anteil der jungen Galaxien zwar nur etwa 12% aller Galaxien beträgt, diese aber zu 89% in einer Entfernung kleiner als $2,1 \times 10^9$ Lichtjahre zu finden sind. Jedoch ist die Verteilung auf die Spektraltypen nicht gleichmäßig. Beim Typ III sind es im angegebenen Bereich nur noch knapp 62% der Galaxien.

Spektraltyp	Anzahl der Galaxien	Gesamtanteil bezogen auf Summe	Anteil bis z=0,15 bezogen auf Anzahl des Typs
I	41 971	12,29%	89,46%
II	230 667	67,55%	91,65%
III	68 857	20,16%	61,64%
Summe	341 495		

Tabelle 7.2: Überblick über die Stichprobe

Wie kann man dieses Ergebnis interpretieren? Zuerst muss man die Grenzen des Teleskops kennen. Ein 2,5 m Spiegelteleskop hat ein theoretisches Auflösungsvermögen von etwa 0,046". Der Empfang des Signals wird aber durch die Lichtempfindlichkeit des Detektors begrenzt. Die Frage ist. Wie hell muss eine Galaxie sein, dass sie aus einer bestimmten Entfernung noch wahr-genommen werden kann? SDSS kann Objekte bis zu einer relativen Helligkeit von 23 wahrnehmen. Mit zunehmender Entfernung werden die lichtschwächeren Galaxien aus-gesondert, weshalb bis z = 0,15 (entspricht 645 Millionen Lichtjahre) mehr als die Hälfte der Galaxien zu finden sind. In den ersten beiden Klassen sind es sogar um die 90% der Galaxien. Tatsächlich handelt es sich um die Sloan Great Wall, die größte Struktur, die bis 2007 entdeckt wurde.

Sie liegt in einer Entfernung von z = 0,1 zwischen 130° < RA < 230°, der Rektaszension auf dem Himmelsäquator (siehe Abbildung 7.10) und fällt genau in die hier ausgewählte Stichprobe.

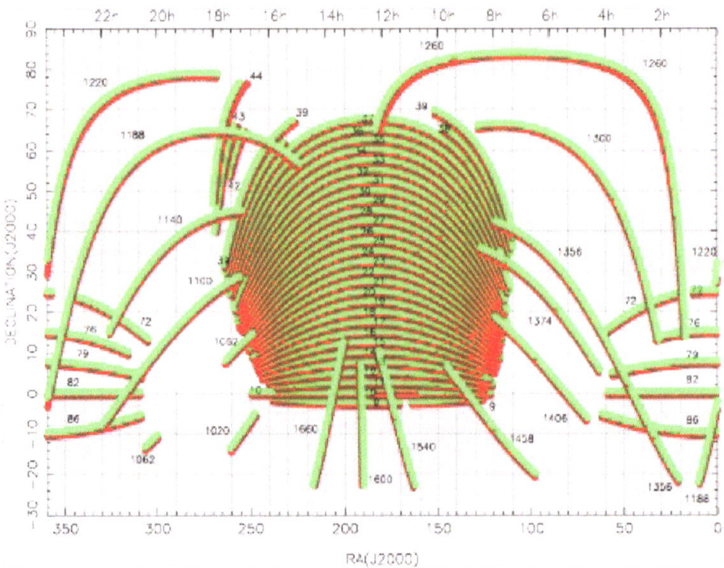

Abbildung 7.11: Erhellte Stichprobe im Verhältnis zum durch SDSS erfassten Teile des Himmels
Quelle: SDSS Release 7

Die Urknall-These wird mit diesem Befund nicht gestützt. Bei einer Explosion würde man eine annähernde Gleichverteilung der auseinander fliegenden Materie beobachten. Da die Rotverschiebung im Urknall-Modell als Dopplereffekt interpretiert, in allen Richtungen zu beobachten ist, würden wir uns im Zentrum dieser Explosion befinden. Da das unwahrscheinlich ist, müsse sich das Volumen des Kosmos ausdehnen. Außerdem wird behauptet, dass man mit zunehmender Entfernung in die weitere Vergangenheit des Kosmos sehen könne und da mehr junge Galaxien beobachten würde.

Betrachten wir die Verteilung der einzelnen Typen von Galaxien nun detaillierter. Es sei noch einmal daran erinnert, dass als Maß für das Alter die Verringerung des Wasserstoffanteils in der Galaxie dient, weil infolge der Kernfusionsprozesse dieser Anteil zugunsten schwererer Elemente abnehmen muss. Er wird praktisch mit der Zeit fusioniert. Die Galaxien sammeln in ihrem Zentrum immer mehr Masse in Form schwererer Atome und damit erhöht sich im Inneren einer Galaxie ihre Dichte, was sich als Galaxienkern auf unseren Fotos abzeichnet.

Die einsetzende Fusion bewirkt einen Elektronenmangel, wie wir in Kapitel 5 bereits aus dem Tröpfchenmodell entnehmen konnten. Die Linien des ionisierten Sauerstoffs und Stickstoffs geben davon Zeugnis. Unter dem zunehmenden Einfluss der elektromagnetischen Kräfte wird dieser Kern junger Sterne ständig wachsen, bis er das sich reduzierende elektrisch angeregte Plasma überstrahlen wird. Die elektrischen Erscheinungen in den Galaxien sind nichts anderes als das, was wir auf der Erde in den Polarregionen als Polarlicht oder Aurora boreales beobachten.

Auffällig ist die große Anzahl der Spiralgalaxien im mittleren Alter. Das bedeutet, dass die mittlere Entwicklungsperiode mindestens 5mal länger dauert als die Jugendzeit der Galaxie. Das ist aber nur möglich, wenn ständig Wasserstoff nachgeliefert wird. Das kann man sich folgendermaßen erklären. Der angewachsene Kern ist durch seine wachsende Kraft in der Lage, unsichtbaren molekularen Wasserstoff wie ein Staubsauger in die rotierenden Arme zu ziehen und ihn dort in atomaren Wasserstoff aufzuspalten und zu ionisieren. Molekularer Wasserstoff wäre auch eine vernünftige Erklärung für die sogenannte dunkle Materie, wie Paul Marmet [7.38] feststellte, weil er im optischen Bereich extrem durchsichtig ist..

Typ I . Junge Galaxien: Neben der Balmerserie des Wasserstoffs fallen auch die starken Linien von dreifach ionisiertem Sauerstoff bei 500,8 nm und doppelt ionisiertem Stickstoff bei 655 nm und 658,5 nm

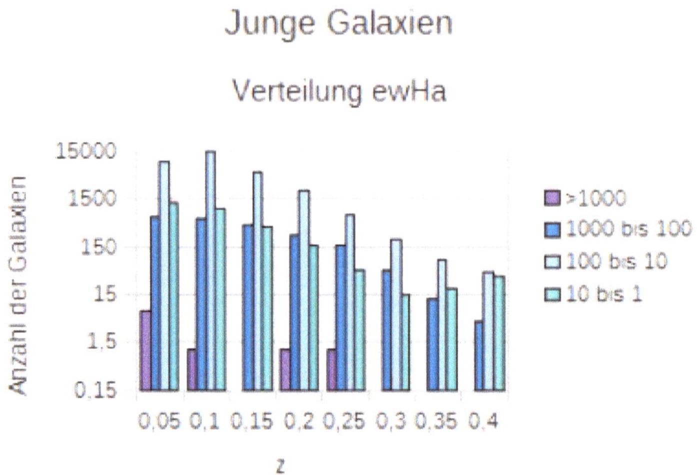

Abbildung 7.12: Verteilung der jungen Galaxien entsprechen ihrem Wasserstoffvorrat

auf, was auf starke elektromagnetische Felder in den Galaxien hinweist, wie wir aus den Satelliten-Forschungen im erdnahen Raum wissen.

Da die elektromagnetischen Kräfte um 36 Zehnerpotenzen stärker sind als die Gravitationskräfte, dürften die Gravitationskräfte in jungen Galaxien kaum eine Rolle spielen, was auch die nahezu konstanten Rotationsgeschwindigkeiten über dem Radius der Galaxien erklären würden, wie Peratt [7.39] schon 1987 errechnet hat. Das weist darauf hin, dass Galaxien kosmische Wirbelströme sind, die sich in den kosmischen Plasmafäden bilden.

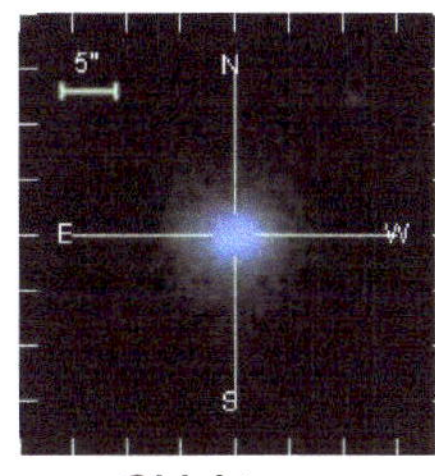

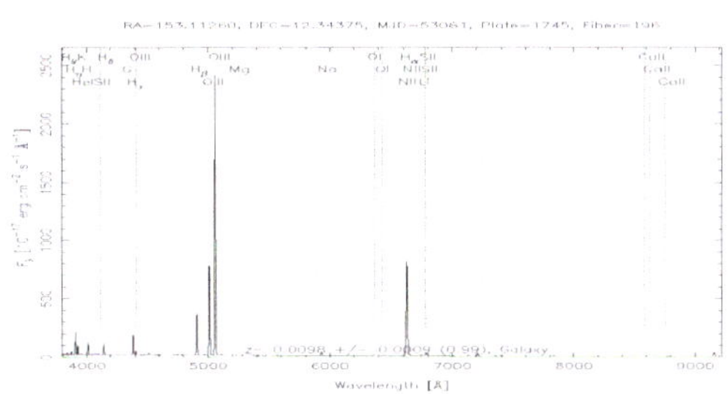

Objekt:
5877384097897 51347
$ewH_\alpha = 713{,}4$

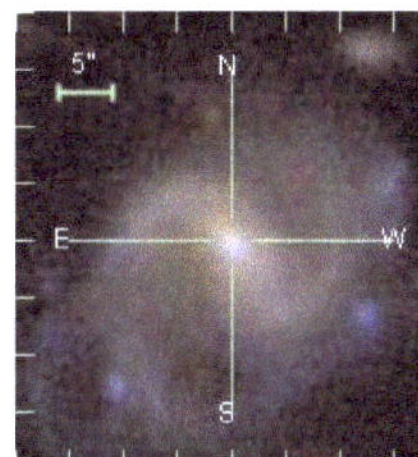

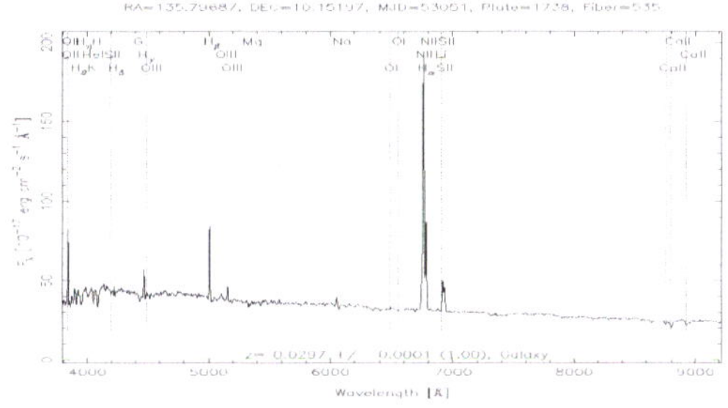

Objekt:
588017678229045279
$ewH_\alpha = 62{,}7$

*Tabelle 7.3: Galaxien vom Typ I Bei **Objekt: 588017678229045279** ist die typische Balkenstruktur zu erkennen.*
Quelle:http://skyserver.sdss.org/dr14/en/tools/explore

Die 41.971 Spektren der jungen Galaxien verteilen sich wie Abbildung 7.10 zeigt auf die vorgegebenen 4 Unterklassen entsprechend der Äquivalentbreite der H_α-Linie (ewHa). Was man hier beobachtet, ist eine schiefsymmetrische Verteilungskurve mit einem Maximum der Masse bei $z = 0{,}1$. Dieses Maximum wird von besonders aktiven Galaxien flankiert. 90% aller gefundenen jungen Galaxien liegen in Entfer-

327

nungen kleiner als $z = 0.15$. Dann lässt die Helligkeit der Galaxien deutlich nach, wie an den hellblauen Säulen sichtbar wird.

Allerdings zeigen die türkisfarbenen Säulen, was nur noch wenig Wasserstoffgas entspricht, gegen den Trend einen Anstieg ab $z = 0{,}3$. Das kann damit zusammenhängen, dass die Galaxien in ihrer Intensität deutlich geschwächt werden und dadurch in die niedere „Intensitätsklasse" rutschen. Das Licht der Galaxien wird dann offensichtlich zunehmend schwächer, so dass bei konstanten Aufnahmebedingungen nur noch besonders lichtstarke Galaxien vom Teleskop erfasst werden. Neben der Balmerserie des Wasserstoffs tritt dreifach ionisierter Sauerstoff und dreifach ionisierter Stickstoff interstellar auf. Die Bedeutung dieser Gase ist noch nicht geklärt, aber dort wo viel Sauerstoff vorhanden ist, ist der Stickstoffanteil geringer und umgedreht.

Die Vermutung, dass man in größerer Entfernung mehr junge Galaxien finden müsse, trifft für die vorliegende Stichprobe nicht zu.

Typ II. Reife Galaxien: Die größte Zahl der Galaxien sind solche mit ausgeprägtem thermisch leuchtenden Kernen, deren Strahlung um die H_α-Linien ein ausgeprägtes Plateau bildet, ohne dass die H_α-Linie in ihrer Höhe schon erreicht wird, und zu H_β mehr oder minder steil abfällt.

Die ausgeprägten Linien von ionisiertem Sauerstoff und ionisiertem Stickstoff sind gegenüber dem Typ I zurückgegangen, insbesondere der dreifach ionisierte Sauerstoff hat sich zu Gunsten des zweifach ionisierten Sauerstoffs reduziert, was auf eine Reduzierung der elektromagnetischen Kräfte hindeutet. So können auch immer weniger Gase aus den fernen Räumen des Universums gesammelt werden.

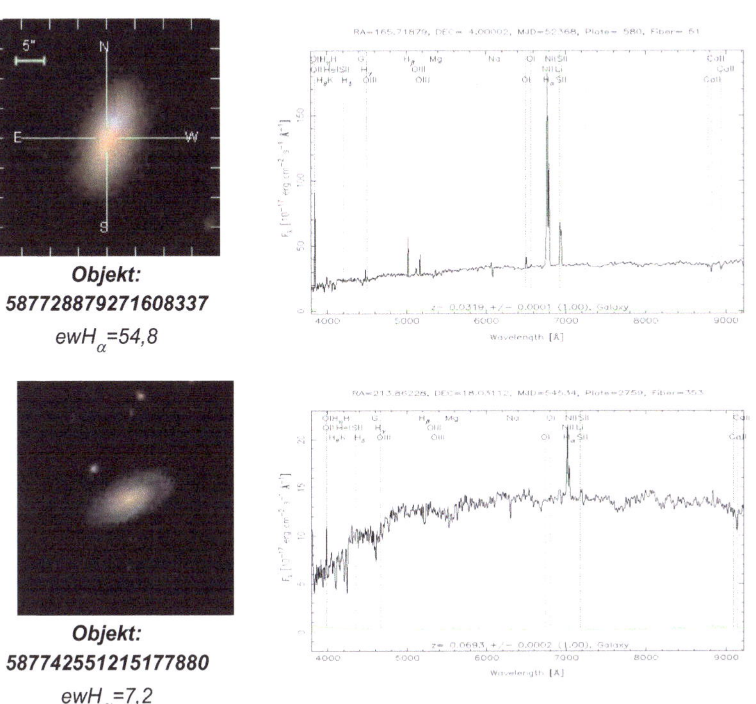

Objekt:
587728879271608337
$ewH_\alpha=54,8$

Objekt:
587742551215177880
$ewH_\alpha=7,2$

Tabelle 7.4: Galaxien vom Spektral Typ II
Quelle:http://skyserver.sdss.org/dr14/en/tools/explore

Jedoch entstehen nun Elemente höherer Kernladungszahlen wie beispielsweise Schwefel. Ihre Verteilung auf die Intensitätsklassen zeigt Abbildung 7.13. Im Vergleich zu den jungen Galaxien hat die Intensität etwas abgenommen, dafür ist der Anteil der weiter entfernten etwas größer.

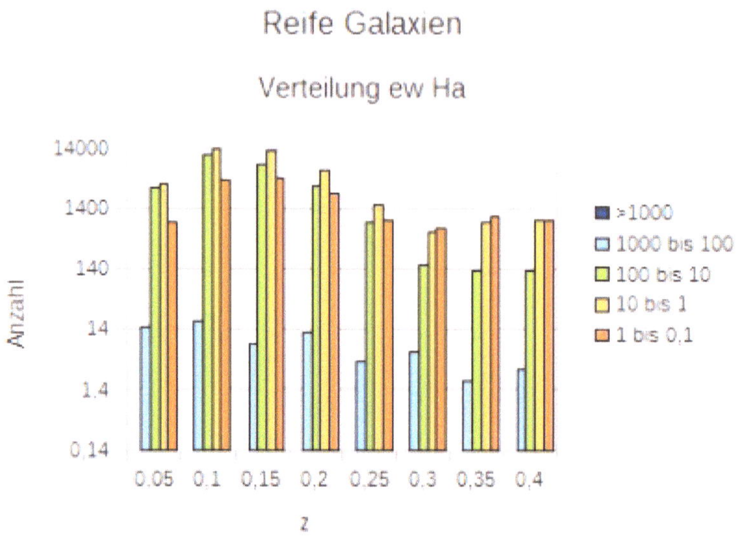

Abbildung 7.13: Verteilung reifer Galaxien entsprechend ihrem Wasserstoffvorrat

Typ III. Alte Galaxien: Die alten Galaxien sind dadurch gekennzeichnet, dass sie ein ausgeprägtes thermisches Hintergrundspektrum mit Wasserstofflinien und anderen Linien wie vom Natrium, ionisiertem Magnesium und Calcium in Absorption aufweisen. Die elektrischen Felder treten in den Hintergrund, da Elemente mit größeren Kernladungszahlen auch mehr Elektronen binden können, wie aus dem weitgehenden Fehlen von Linie ionisierter Elemente abzulesen ist. Infolge des Fehlens starker elektromagnetischer Kräfte löst sich die typische Spiralstruktur auf. Es tritt der typische Charakter für die elliptischen Galaxien zu Tage.

Die elektromagnetischen Kräfte dürften zu Gunsten der Gravitationskräfte infolge von Massenkonzentration in den Zentren der Galaxien in den Hintergrund treten.

Die Abbildung 7.14 zeigt die Verteilung alter Galaxien, wobei die älteren jetzt durch die vorderen helleren Intensitätsspalten charakterisiert werden. Schaut man auf die Intensitätsverteilung in Abbildung 7.13, so fällt auf, dass bei den 68.857 alten Galaxien 53% der Spektren im Intensitätsbereich von -0,01 bis -0,1 liegen und 46% im Intensitätsbereich von -0,1 bis -1.

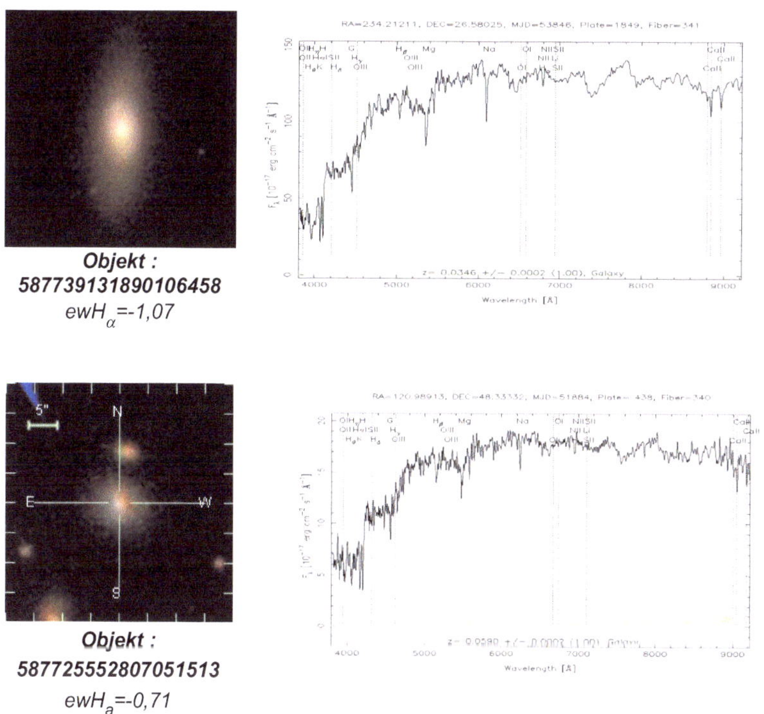

Objekt :
587739131890106458
$ewH_\alpha = -1,07$

Objekt :
587725552807051513
$ewH_a = -0,71$

Tabelle 7.5: Alte Galaxien vom Spektraltyp III
Quelle:http://skyserver.sdss.org/dr14/en/tools/explore

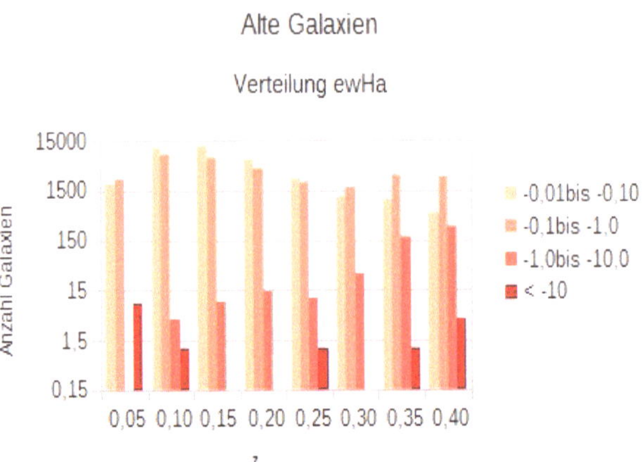

Abbildung 7.14: Verteilung alter Galaxien entsprechend ihrem Wasserstoffanteil

Nur weniger als ein Prozent der Spektren zeigt tiefere H_α-Absorptionslinien, was darauf hin deutet, dass der Rest Wasserstoff in diesem Stadium schnell verbraucht wird. Bei den alten Galaxien liegt das Maximum aller Galaxien in der zweiten und dritten Entfernungsklasse.

Das Minimum bei z zwischen 0,25 und 0,30 ist auch hier zu erkennen, wenn auch nicht so ausgeprägt. Erstaunlich ist außerdem die relativ flache Verteilungskurve in der Intensitätsklasse -0,1 bis -1 und die gegenläufige Verteilung in der Intensitätsklasse von -1 bis -10.

Zusammenfassend kann man feststellen, dass junge und reife Galaxien sich vorwiegend in der Sloan Create Wall befinden, während die alten Galaxien eher gleichmäßiger über den Raum verteilt sind und dass eine Lichtschwächung zum blauen Ende des Spektrums in Abhängigkeit von der Entfernung im Kosmos vorhanden sein muss. Aus der Häufigkeit der Verteilung kann man bei gleichmäßiger Wasserstofffusion schließen, dass das Jugendstadium wie das Stadium des Alters jeweils etwa zwischen 10 und 20 % ausmachen. Die ausgereifte Galaxie existiert dagegen über 70% der gesamten Lebenszeit. Wie schnell eine alte Galaxie verglüht, wenn der Wasserstoffvorrat aufgebraucht ist, kann jedoch nicht beantwortet werden. Das Verteilungsminimum bei z zwischen 0,25 und 0,3 deutet auf eine großräumige Inhomogenität hin.

7.5.3 Die Geschwindigkeitsverteilung der Sterne in den Galaxien

Die Rotationsgeschwindigkeit von Galaxien wurde studiert und mit dem Gravitationsgesetz verglichen. Dabei zeigte sich, wie in Abbildung 7.15 dargestellt, dass die Rotationsgeschwindigkeit zum Rand hin kaum abnahm, obwohl nach dem Gravitationsgesetz sie der blauen Kepler-Kurve hätte folgen müssen. Die Standardastronomie nimmt daher an, dass um die Galaxie herum ein Halo aus einer großen Menge Dunkler Materie existieren müsse, um die Rotationsgeschwindigkeit zu erklären. Das ist heute in der Astrophysik als Teil des Standardmodells akzeptiert. Doch über diese mysteriöse Dunkle Materie weiß man nichts, jedoch solle sie durch ihre Gravitationskraft mit der Galaxie interagieren. Gibt es da vielleicht eine bessere Erklärung für die Geschwindigkeitsverteilung der Massen in einer Galaxie, ohne dass man auf mysteriöse Erscheinungen zurückgreifen muss?

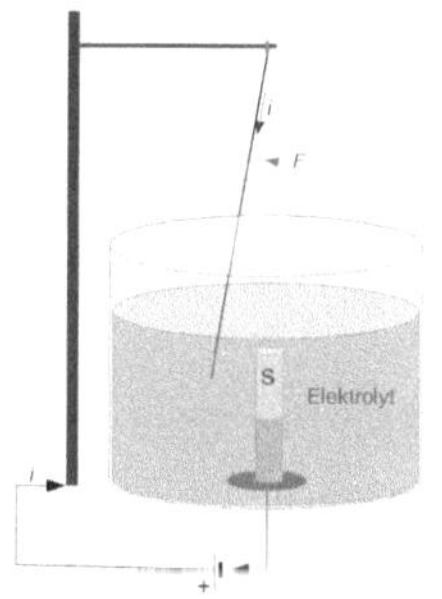

Abbildung 7.15 Prinzip eines Faradaymotors

Michael Faraday entdeckte um 1821, dass ein Metalldraht, der in einen Elektrolyt taucht, in dem sich ein Magnet befindet, um den Magneten zu kreisen beginnt, wenn man an Draht und Elektrolyt eine Spannung anlegt. (Abbildung 7.15) Nun kann man den Magneten sich auch ersetzt denken durch einen Ringstrom. Fließen durch eine Plasmawolke zwei Birkelandströme, die miteinander wechselwirken, dann wirkt die Plasmawolke wie ein Elektrolyt und sie hat ebenfalls magnetische Eigenschaften. Die Folge ist, dass sich ein Wirbel bildet. Genau das hat Antony Peratt auf einem Computer simuliert und dabei festgestellt, dass die Winkelgeschwindigkeit zum Rand des Wirbels ziemlich konstant blieb, da die Winkelgeschwindigkeit hier nach dem Induktionsgesetz vom Verhältnis der Spannung zum Produkt aus magnetischen Fluss und der durchflossenen Fläche abhängt und nicht vom Radius der Galaxis.

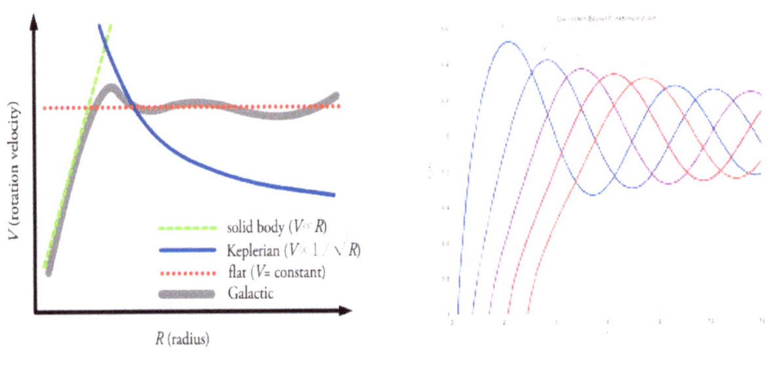

Quelle: WIKIPEDIA

Quelle: *mathe.tu-freiberg.de*

Abbildung 7.16 Vergleich der Rotationsgeschwindigkeit der Sterne in der Milchstraße mit der Besselfunktion 2. Art

Vergleicht man die Rotationsgeschwindigkeit der Sterne in Abbildung 7.16 mit eine Besselfunktion 2.Art, so sieht man die Ähnlichkeit in der radialen Geschwindigkeitsverteilung. Die Welligkeit ist wegen der geringen Auflösung in der Galaxie geringer als es theoretisch zu erwarten wäre. Das weist die Galaxie eindeutig als ein elektrisch betriebenes Gebilde aus. Die Annahme, dass um die Galaxie ein Halo von Dunkler Materie existieren würde, weil die Geschwindigkeit nicht der blauen Kepler-Linie folgt, ist damit widerlegt. Seit Mitte des letzten Jahrzehnts des 20.Jahrhunderts findet man bei Messungen an der H_α-Linie

334

infolge besserer Auflösung immer mehr Galaxien nicht nur mit einem welligen Plateau (graue Linie), sondern sogar mit Bereichen gegenläufiger Rotation.[7.41] Don Scott erklärt in [7.42] den Mechanismus.

7.6 Die Spektralklassen der Sterne in unserer Milchstraße

7.6.1 Die Sternspektren

Sternspektren unterscheiden sich deutlich von Galaxie-Spektren. Sie sind kontinuierliche Spektren, die mit der Planckschen Strahlungskurve

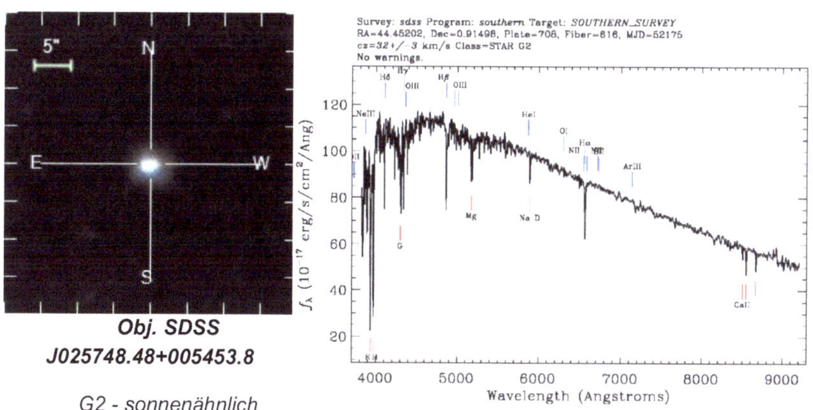

Tabelle 7.6 Sonnenähnlicher Stern   Quelle:*http://skyserver.sdss.org/dr14/ en/tools/explore*

beschrieben werden können und ein für die Temperatur ihrer Oberfläche charakteristisches Maximum erreichen. Dieses Maximum bestimmt die Farbe des Sterns. Es fällt auf den ersten Blick auf, dass zwar Wasserstoff in den Sonnenähnlichen Sternatmosphären vorhanden ist, aber

Helium fehlt in den gelben Sternen. Dafür gibt es viel Calcium, Magnesium und Natrium. Helium findet man nur in den blauen Sternen der Klassen O und B.

7.6.2 Die Klassifikation der Sterne

Die zuverlässigsten Informationen über die Sterne erhalten wir aus der Analyse ihrer Strahlung. Seit Fraunhofer 1814 sind die Absorptionslinien im Sonnenspektrum und in den Spektren der anderen Sterne bekannt. Es wurden neben H und He auch die Elemente Na, Mg, Ca, Ti und Fe gefunden. Man klassifiziert Sterne im Hertzsprung-Russel-Diagramm in die Klassen **O,B,A,F, G,K,M** nach Harvard wie in Abbildung 7.16. Mehr als 90% der untersuchten Sterne liegen auf der Hauptachse dieses Diagramms, auch unsere Sonne. Davon abweichend gibt es drei isolierte Gebiete, die darin nicht eingeordnet werden können.

Schaut man sich die Sternspektren aus der SDSS-Datenbank [7.43] an, findet man noch mehr Elemente. Erstaunlicherweise findet man

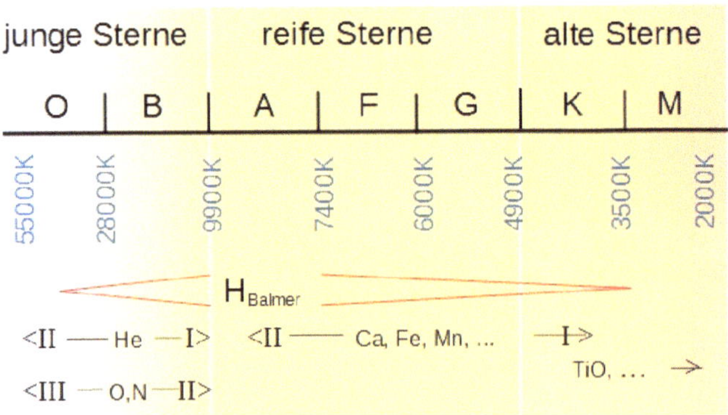

Abbildung 7.17 Spektralklassen der Sterne mit ihren chemischen Elementen

aber nicht alle Elemente in den Sternatmosphären. Das betrifft sowohl leichte als auch sehr schwere Elemente. Während die Balmerserie des Wasserstoffs in den Spektralklassen noch bis Klasse **F** in Absorption zu sehen ist, ist von Helium nur bis zur Klasse **B** noch etwas zu sehen.

Wasserstoff ist jedoch jede Menge zwischen den Sternen zu finden. Allerdings ist er offensichtlich nicht gleichmäßig verteilt.

Man findet wie Abbildung 7.17 zeigt, bei Oberflächentemperaturen der Sterne unter 10.000 K in Sternatmosphären bei 402,6 nm oder 447,1 nm keine He-I-Linien. Um Helium zu ionisieren, sind 25 eV oder 290.100 K in der Sternatmosphäre notwendig. Um die Heliumlinien He II bei 468,7 nm und 541,3 nm zu finden, sind Temperaturen über 30.000 K an der Sternoberfläche notwendig bzw. 638.000 K in der Sternatmosphäre, weswegen man das Helium im Inneren der Sterne als Ergebnis einer thermonuklearen Umwandlung vermutet hat. Doch diese Vorstellung passt nicht in das Konzept eines offenen Systems, dass seine Energie von außen erhält.

7.7 Das elektrische Sonnensystem

Wie groß ist das Sonnensystem?

- Endet es hinter dem letzten Planetenbahnen?

- Endet es bei der hypothetischen Oortschen Wolke, wo der gravitative Einfluss endet?

- Endet es an der Heliopause, dort wo der Sonnenwind nicht mehr wahrnehmbar ist ?

Diese Frage ist nicht sicher zu beantworten. Wir wissen, dass der nächste Stern vier Lichtjahre entfernt ist. Vielleicht beträgt dann der Radius unseres Systems etwa anderthalb Lichtjahre. Das Zentralgestirn soll laut WIKIPEDIA 99,86% der gesamten Masse des Sonnensystems auf sich vereinigen. Der Rest von 0,14% verteilt sich dann auf die Planeten, Kometen, Staub, Gas und das kosmische Plasma. Vergleichen wir das Sonnensystem mit einer Gasentladungslampe, so ist das Masseverhältnis ähnlich. Auch spektroskopisch sind Sterne mit dem sie umgebenden Plasma in unseren elektrisch betriebenen Gasentladungslampen identisch. Schon 1893 demonstrierte Nicola Tesla die Bedeutung der drahtlosen elektrischen Energieübertragung und brachte Gasentladungslampen ohne jeden Draht zum Leuchten.

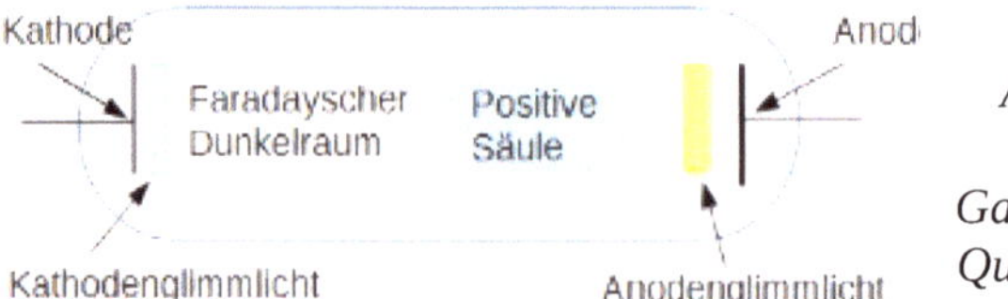

Abbildung 7.18: Niederdruck-Gasentladungsröhre. Quelle: WIKIPEDIA

Schauen wir uns das Schema einer Gasentladungslampe an, dann können wir das Plasma als gelbes und blaues Licht auf der Abbildung 7.18 identifizieren. Der Birkelandstrom ist infolge seiner geringen Dichte als Dunkelstrom über die größten Entfernungen vorhanden. Erst dort, wo die Dichte größer wird, beginnt das Gas zu leuchten. Es bildet sich eine positive Säule heraus. Unmittelbar an der Anode wird das Licht besonders intensiv. Ich erinnere an das elektrische Atommodell, das wir unter Abschnitt *5.4 Das Tröpfchenmodell des Atomkerns* besprochen haben. Dort haben wir festgestellt, dass die Kernfusion einen Elektronenmehrverbrauch hat, um den Atomkern zu stabilisieren. Folglich sind Sterne Anoden. Der ferne Kosmos ist dann die Kathode.

Eine typische Erscheinung einer positiven Säule ist der Schweif von Kometen, der sich insbesondere im Perihel ausbildet, also dort wo die Region der positiven Säule ist. Kometen kommen aus der Tiefe des Sonnensystems auf einer langgestreckten elliptischen Bahn aus einem Gebiet mit einem negativen Potential in ein Gebiet mit positiven Potential.

Die Idee von den elektrischen Kometen hat eine lange Geschichte, wie Hannes Täger [7.45] nachweisen konnte. Sie ist so lang, wie die Geschichte der Aufklärung, und sie geht auf Hugh Hamilton 1769 zurück. Er beschrieb in einem Essay über die Aurora boreales und den Kometenschweif beides als kosmische elektrische Erscheinungen.

Ein weiteres Argument für ein elektrisches Sonnensystem ist die Verteilung der Drehmomente der Planeten im Sonnensystem. Eric J. Lerner führt das Problem mit den Momenten in seinem Buch *The Big Bang Never Happened* [7.46] an, um zu zeigen, wie mittels des Plasma-Modells die Verteilung der Drehmomente im Sonnensystem erklärt werden kann, was im Standardmodell nicht möglich war.

"Die Sonne hat gegenüber den Planeten eine sehr kleine Rotationsgeschwindigkeit bedingt durch ein sehr kleines Drehmoment. Seit Laplace vermutete man, dass das Planetensystem aus einem einzigen interstellaren Nebel kondensiert ist. Da bestand aber eine Schwierigkeit: Für jedes isolierte Objekt ist das Gesamtmoment - das Produkt aus Radius, Geschwindigkeit und Masse - konstant. Das bedeutet, wenn sich der Radius verkleinert, dann erhöht sich die Rotationsgeschwindigkeit. (Die Pirouette beim Eislauf demonstriert das eindrucksvoll.) So musste der Nebel bei der Kondensation schneller rotieren.
Gegeben seien die bekannte Masse und die Bahn von jedem Planeten und die Sonne und ihre Rotationsgeschwindigkeit, dann ist es einfach, das Drehmoment des Sonnensystems zu berechnen und zu bestimmen, welche Planeten das größte Drehmoment um die Sonne herum haben.

Die Antwort ist jedoch verwirrend. Wenn die Sonne das Drehmoment des Gesamtsystems behalten hätte, dann würde sie sich in 14 Stunden einmal um sich selbst drehen. Aber eine Umdrehung der Sonne dauert 50 mal länger, etwa 28 Tage. Die Sonne besitzt nur 2% des Gesamtmoments des Sonnensystems, während der Jupiter mit einem Tausendstel der Masse 70 % des Gesamtmoments besitzt. So muss eine Übertragung des Momentes der Sonne zu den Planeten stattgefunden haben.
Andererseits da die Nachbarsonne etwa 4 Lichtjahre entfernt ist, muss die Wolke aus der das Sonnensystem kondensiert ist, mindesten ein Lichtjahr im Radius gewesen sein. Wenn die Wolke eine Umdrehung mit der gleichen Geschwindigkeit wie die Galaxie vollendet hätte, dann käme ein Drehmoment heraus , dass 700 mal das Drehmoment des heutigen Systems wäre.
Eine solche Wolke hätte keinen Stern gebildet, wenn sie ihr Drehmoment behalten hätte. Sie würde bei weiterer Kontraktion immer schneller rotie-

ren, bis die Kontraktion durch die Fliehkräfte bei etwa 20x10^9 km zum Stillstand gekommen wäre. Wenn jedoch der Kontraktionsprozess nur noch 2% dieses Moments übrig behalten hätte, wäre der Prozess bei etwa 10^6 km zum Stillstand gekommen, mehr als ein Dutzend mal so groß wie die Sonne und viel zu groß für einen Stern. Das Gas wäre viel zu kalt, um Wasserstoff zu Helium zu brennen. Kurz, um das Sonnensystem zu bilden, musste es 99,9 % seines anfänglichen Drehmoments verlieren und 98 % des übrigen Momentes an die Planeten übertragen. Wie könnte das geschehen?

H. Alfvén war davon überzeugt, dass das die elektrischen Ströme, die durch das Magnetfeld des Protosterns erzeugt wurden, verursacht haben

könnten. Angenommen, ein rotierender magnetischer Körper ist umgeben von Wolken, die nicht so schnell rotieren, dann wird das Magnetfeld des Zentralkörpers mit ihm rotieren und durch die Wolken ziehen, wobei es einen elektrischen Strom induziert . Dieser Strom wird die Wolke in Rotationsrichtung des Magnetfeldes mitziehen. Wie ein großes Gebläse überträgt das Magnetfeld das Drehmoment auf die Wolken. Während der gigantische Strom die Wolke beschleunigt, wird er beim Rückfluss in die Sonne deren Moment bremsen.“   Zitat Ende!

Der heliosphärische positive Strom wurde inzwischen von vielen kosmischen Sonden wie Ulysses und Voyager-1 und 2 festgestellt und wird heute von der Sonnensonde SOHO (Solar and Heliospheric Observatory) über https://sohowww.nascom.nasa.gov/ und http://spaceweather.com täglich in Dichte und Geschwindigkeit veröffentlicht. Entsprechend der Sonnenaktivität unterliegt der Protonenstrom statistischen Schwankungen. Mit unserer Kenntnis vom elektrischen Tröpfchenmodell des Atoms vermuten wir den Sonnenstrom als den Ausstoß der überzähligen Protonen bei der Kernfusion an der Sonnenoberfläche.

7.8 Die Doppelschicht

Elektrische Spannung ist eine Folge von Ladungstrennung und jede Ladungstrennung ist begleitet von einem elektromagnetischen Kraftfeld, das durch chemische, thermische oder mechanische Kräfte an einer Phasengrenze der Materie aufrecht erhalten wird. Diese Phasengrenze bildet eine Doppelschicht. Sie ist ein Beispiel für ein offenes System weitab vom thermischen Gleichgewicht. Wir kennen viele Arten von Ladungstrennung. Immer spielen Phasengrenzen eine Rolle. Diese verhindern den Ladungsausgleich. So kann man Batterien und Kondensatoren bauen. Wir haben in den letzten beiden Jahrhunderten viele technische Anwendungen der Ladungstrennung gefunden. Auf der Erde haben wir natürliche Ladungstrennung in der Ionosphäre und in Gewitterwolken. Warum wollen wir dem Kosmos diese Möglichkeit nicht zugestehen?

Die leuchtenden Strukturen sind doch eindeutiges Zeugnis von Phasengrenzen, an denen Ausgleich von Ladungen stattfindet, die möglicherweise an ganz anderer Stelle getrennt wurden. Wir müssen uns eingestehen, dass wir die physikalischen Abläufe noch nicht völlig ver-

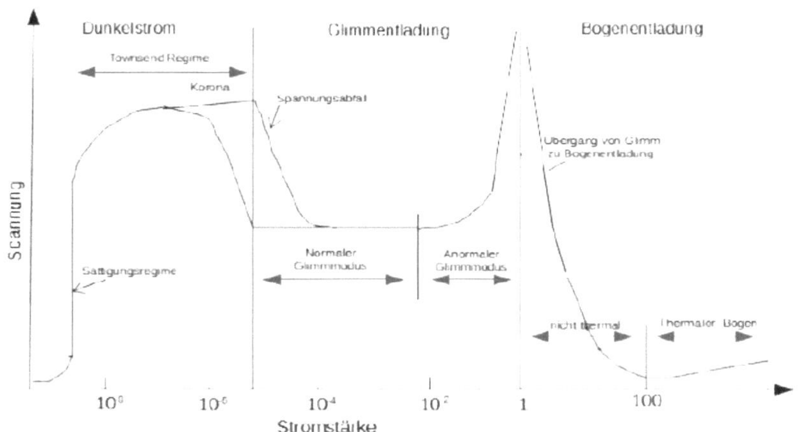

Abbildung 7.19: Elektrisches Entladungsregime nach WIKIPEDIA

standen haben, denn die Standardphysik spricht von Quasineutralität in der Natur. Diese Quasineutralität erklärt nicht die Übertragung von Strom über große Strecken, weder die technische Übertragung noch die kosmischen Plasmaströme.

Haben wir bisher den Plasmastrom nur qualitativ betrachtet, so wollen wir ihn nun halbquantitativ betrachten. Man spricht von Plasma, wenn es aus Gas und mindestens 10% Ionen besteht, die von schnelleren Elektronen durchströmt werden.

Wenn Elektronen in einem dünnen Plasma viel schneller strömen als die Ionen, können die Elektronen von den Ionen nicht eingefangen werden. Wir sprechen dann von einem Dunkelstrom. Fällt die Geschwindigkeitsdifferenz zwischen Elektronen und Ionen unter die Ablösegeschwindigkeit, dann ist die Möglichkeit des Elektroneneinfangs gegeben. Der Übergang in den Glühmodus ist mit einem Spannungsabfall verbunden. Das Leuchten des Plasmas entsteht durch Rekombination mit den eingefangenen Elektronen, was zu dem Spannungsabfall führt. Vor einer Bogenentladung steigt die Spannung wieder stark an. Durch Ladungstrennung an neutralen Partikeln entsteht eine sogenannte Doppelschicht. Erst wenn die Durchbruchspannung erreicht ist, zündet ein Blitz oder Lichtbogen, der die Doppelschicht entlädt. Betrachtet man die Spannungsabhängigkeit vom Strom, so findet man die obige Kennlinie in Abbildung 7.19.

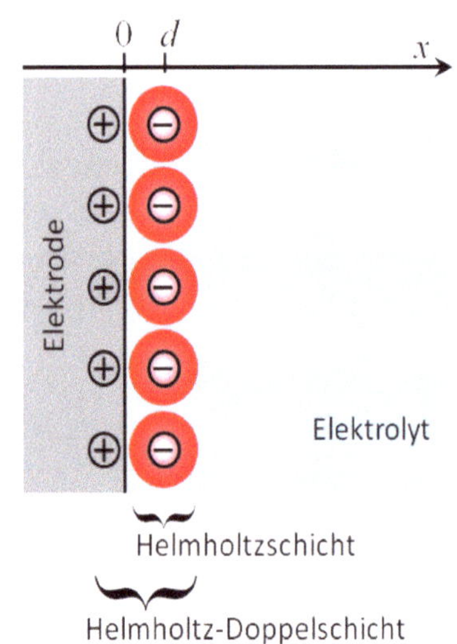

Abbildung 7.20: Doppelschichten nach Helmholtz Quelle:WIKIPEDIA

Wir beobachten elektrische Entladungen in Gewittern als Blitze, als Polarlichter, als Kometenschweife und als Sonneneruptionen. Aber gerade diese Doppelschichten sind Folge der Bewegung der Materie und Ursache für spontane elektrische Entladungen. Wir sind erst am Anfang des Verständnisses der Bedeutung der Doppelschichten für die kosmische Entwicklung. Dabei ist die Betrachtung des Kosmos als ein quasi-neutrales System wenig hilfreich, denn die Untersysteme verhalten sich gerade nicht neutral. Es handelt sich um gekoppelte offene Systeme mit Massen- und Energieaustausch.

Doppelschichten hat zuerst Hermann von Helmholtz 1853 beschrieben. Von ihm stammt auch der Begriff. Er schrieb:

> *„Ich werde im Folgenden unter einer elektrischen Doppelschicht stets nur solche zwei Schichten verstehen, welche an den entgegengesetzten Seiten einer Fläche in unendlich kleiner Entfernung vor ihr liegen, und deren eine ebenso viele positive Elektricität enthält, als die andere negative."*
>
> [7.47]

Jede Batterie enthält Doppelschichten, die über einen Stromkreis entladen werden können.

7.9 Kritik am klassischen Sonnenmodell

Das Standardmodell der Sonne sagt, die Sonne sei ein thermonuklearer Fusionsreaktor, der Wasserstoff im Inneren zu Helium fusioniert. Ihre Hauptbestandteile wären Wasserstoff 73%, Helium 25% und der Rest C,N,O,... 2,4 % würde von Meteoriten herrühren. Noch 2005 lautet eine Forschungsinformation vom Max-Planck-Institut:

> *„Der Kern der Sonne ist die Quelle der Sonnenenergie und das Kraftwerk für das ganze Sonnensystem, also auch für das Leben auf der Erde. Bei Temperaturen von 15 Millionen Grad und einem Druck, der das vorwiegend aus Wasserstoff bestehende Gas auf die 13-fache Dichte von Blei komprimiert, herrschen Bedingungen gerade richtig dafür, dass Kernreaktionen ablaufen können. Bei diesen Temperaturen sind die meisten Atome in ihre Bestandteile Protonen, Neutronen und Elektronen zerlegt und treffen aufgrund der hohen Dichte und Energie häufig und mit großer Geschwindigkeit aufeinander."*
>
> [7.48]

Mit etwas Wissen über die kinetischen Gastheorie muss man sich die Frage stellen: Wie sollen 15 Millionen Grad Temperatur zustande kommen, wenn die Atome unter hohem Druck stehen und keine Bewegungsfreiheit haben? Und weiter lesen wir dort:

> *„Die Proton-Proton Reaktionskette ist die dominante Reaktion im Sonneninneren. Sie führt über die Zwischenprodukte Deuterium (D) und Beryllium (Be) und unter Abstrahlung von Gammaquanten und Neutrinos zum Aufbau des Edelgases Helium (He), das sich als Schlacke" der Kernreaktion im Zentrum der Sonne anreichert. "*

Wieso soll im Inneren der Sonne das Helium gespeichert werden? Und die Existenz von Neutrinos, die für den Wärmetransport an die Oberfläche verantwortlich sein sollen, steht mit den NIST-Daten[19]) im Widerspruch. Ein anderes Argument gegen die These vom thermonuklearen Ofen ist die Tatsache, dass die elektrischen Kräfte viel stärker als die gravitativen Kräfte sind. Wäre die Sonne ein solcher Ofen, würde sie unter diesen Umständen wie eine Wasserstoffbombe explodieren. Folglich muss der Kernbrennstoff von außen in geringen Dosen zugeführt werden. In den Spektren der aktiven Galaxien haben wir unter Abschnitt 7.4. zwischen den Sternen genügend Wasserstoff gefunden. Es gibt jedoch absolut keine Information über das Innere der Sonne, auch wenn seismische Messungen behauptet werden. Wenn aber auf der Oberfläche Calcium und Eisen in der Sonnenatmosphäre nachgewiesen wird, ist der Schluss naheliegend, dass sich eine Magmaschmelze wie auf der Erde im Inneren der Sonne befinden muss, die einen gewissen Dampfdruck entwickelt. Die angenommene mittlere Dichte der Sonne beträgt 1,408 g/cm^3. Die Dichte von Calcium beträgt 1,378 g/cm³ bei 1.115 K . Der Siedepunkt ist bei 1.757 K [7.47] bei einem Druck von 1 Bar. Druck- und Temperaturerhöhung wirken auf die Dichte entgegengesetzt. Der wesentlich höhere Druck auf der Sonne könnte das Calcium bei 6.000 K noch flüssig halten. Die Dichte der Sonne widerspricht daher nicht der Vorstellung, dass sie im wesentlichen aus geschmolzenem Calcium besteht, während die Eisenanteile auf der Sonne wegen ihrer geringen Dichte eher gering sein müssen.

---

19   Daten des Nationalen Instituts für Standards und Technologie der USA

Gewöhnlich kann man die Oberfläche der Sonne nicht beobachten, da sie von der Photosphäre, einer Hülle heißen Plasmas verdeckt wird.

„Hier könnte man tatsächlich erwarten, dass die Sonne "endet", wenn nicht die Verteilung von intern erzeugter Energie für die Aufrechterhaltung ihres mechanischen Gleichgewichts grundlegend wäre, wie die akzeptierte Theorie behauptet."

schrieb Ralph E. Jürgens schon 1979 [7.50]. Doch die Granularität der Photosphäre als Folge einer Wärmekonvektion aus dem Inneren der Sonne zu erklären, scheiterte kläglich. Die Körnchen identifizierte er als Anodenbüschel, wie sie bereits Irving Langmuir 1924 bei Plasma-Experimenten im Labor beobachtet hatte [7.51]. Diese Büschel bestehen aus positiv geladenen Atomen, die sich zu Fäden zusammenschließen. Inzwischen hat man die Büschel als *dissipative Struktur*[20]) in einem offenen System anerkannt [7.52].

Nur wenn die Photosphäre aufreißt, was durch die Sonnenflecken geschieht, kann man einen Blick auf die Oberfläche werfen. Dann kann man aber solche Bilder erhalten, wie sie Abbildung 7.21 als eine Serie zeigt. Man sieht deutliche konzentrische Oberflächenwellen, was auf eine glühende Schmelze hinweist.

Würde die Sonnenoberfläche aus Wasserstoff bestehen, hätte sie kein thermisches Spektrum, sondern ein Linienspektrum aus Emissionslinien. Man würde ein schwaches Licht aus roten und blauen Schlieren sehen, wie bei der Plasmalampe von Nicola Tesla oder von leuchtenden Plasmawolken als Vorstufen von Galaxien. Der Wasserstoff befindet sich nicht in den Sternen, sondern dazwischen, wie die Spektren von Galaxien zeigen. Insofern kann man die Sonne nicht isoliert von ihrer Umgebung betrachten.

---

20 Der Begriff stammt von Ilja Prigogine. Diese Strukturen bilden sich nur in offenen Nichtgleichgewichtssystemen, die Energie, Masse oder beides mit ihrer Umgebung austauschen.

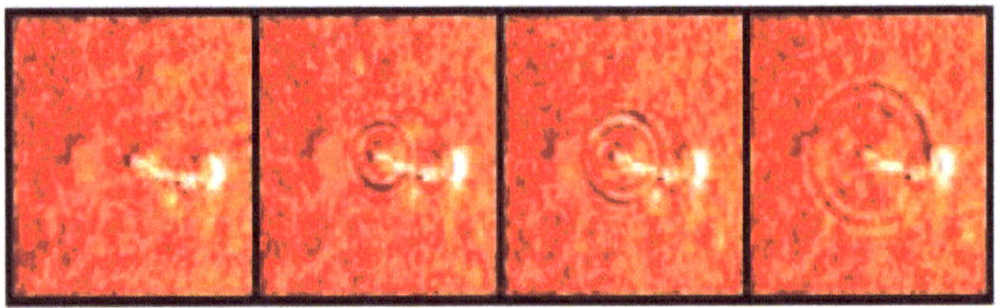

Abbildung 7.21 Wellen auf der Sonnenoberfläche Quelle:SDO Mission NASA

7.9.1 Wieso ist die Oberfläche der Sonne kälter als ihre Atmosphäre?

Die Atmosphäre der Sonne gliedert sich in drei deutliche Bereiche, die Photosphäre, die sich bis in eine Höhe von etwa 600 km über die Sonnenoberfläche erstreckt und wo die Temperatur von etwa 10.000 °C auf 5.000 °C fällt. Das Spektrum der Photosphäre liefert ein thermisches Spektrum, in dem eine Vielzahl von Absorptionslinien zu finden sind, die von chemischen Elementen herrühren, die sich in der darüber liegenden Chromosphäre befinden müssen, da sie als Absorptionslinien vor einem hellen thermischen Hintergrund erscheinen. In der Chromosphäre spielen sich eine Menge von Entladungen ab, die als *Spiculen* bezeichnet werden und mit einer Geschwindigkeit von etwa 150 km/s aufsteigen. In der Chromosphäre steigt die Temperatur wieder auf etwa 10.000 °C.

Über der Chromosphäre schließt sich die Korona an. Der Übergang zur Korona in einer Höhe von etwa 2.000 km über der Sonnenoberfläche ist mit einem Temperatursprung auf etwa 2,5 Millionen Grad verbunden. Bei diesen Temperaturen verlieren die leichteren Elemente bis Beryllium alle ihre Hüllenelektronen und sie erscheinen nicht mehr im optischen Spektrum, da sie vollständig ionisiert sind. Hohe Temperaturen bedeuten eine hohe kinetische Energie von den umher wirbelnden Protonen, Deuteronen und anderen Atomkernen, was ihre Verschmelzung bei Kollisionen begünstigt. Die Protonen, die keine Elektronen gefunden haben, werden in Richtung Erde beschleunigt und sind als Sonnenwind nachweisbar. Es gibt zwei Arten von Sonnenwind, den schnellen und den langsamen. Im Mai 1999 beobachtete man bei der NASA, dass für zwei Tage der Sonnenwind plötzlich aussetzte [7.53]. Was sollte die Ursache sein, dass es aus dem Inneren der Sonne keinen Sonnenwind mehr geben sollte, wenn er vielleicht nie aus dem Inneren der Sonne stammt, sondern eine äußere Erscheinung ist? Wenn von der Sonne ein positiv geladener Teilchenstrom kommt, kann das nur bedeuten, dass die Sonne selbst ein positives Potential mit einem entsprechenden Feld besitzt, in dem die Protonen beschleunigt werden. Im Gegenzug werden Elektronen bei der Kernfusion verbraucht, die dem interstellaren Wasserstoff entzogen werden. Der Sonnenwind, das sind die nicht fusionierten Wasserstoffkerne, die ihrer Elektronen in der Korona beraubt wurden.

Seit Stefan Boltzmann kennen wir die Beziehung zwischen kinetischer Energie und der Temperatur. So kann man aus der Geschwindigkeit des Sonnenwindes sehr schnell die Temperatur bestimmen. Bei einer mittleren Geschwindigkeit des Sonnenwindes von 373 km/s erhält man eine Protonentemperatur von 5,6 Millionen Grad Kelvin.

Warum gibt es Sonnenflecken auf der Sonnenoberfläche und warum ändert sich die Korona in Abhängigkeit von der Sonnenfleckenhäufigkeit? Man beachte außerdem, dass die Korona nicht gleichmäßig hell ist, sondern sich in Schleifenform um den Sonnenäquator konzentriert. Diese hellen Schleifen befinden sich innerhalb von starken magnetischen Feldern, die als aktive Regionen bezeichnet werden. Sonnenflecken befinden sich innerhalb dieser aktiven Regionen. Sonneneruptionen treten in aktiven Regionen auf. An den Polen verschwindet die Korona im Röntgenbild.fast völlig, wie man Tabelle 7.7 entnehmen kann.

Alle diese Effekte kann das Standardmodell der Sonne nicht erklären. Es erklärt jedoch die thermische Abstrahlung, hervorgerufen durch die Verschmelzung von Wasserstoff zu Helium. Aber warum soll sich das Wasserstoffreservoir innerhalb der Sonne befinden, wo es doch genügend interstellaren Wasserstoff gibt, wie wir in den Spektren der Galaxien gefunden haben? Man kann die Sonne nicht isoliert von ihrer kosmischen Umgebung betrachten. Sie ist eingebunden in die Rotation der Galaxie, von der sie ihre Energie bezieht und von der sie mitgerissen wird.

7.9.2 Klassische Experimente zur Modellierung der Sonne

Eine der zentralen Fragen der heutigen Zeit bei der Ablösung der Energiewirtschaft von den fossilen Brennstoffen ist die Frage nach der Wirkungsweise der Sonne.

Solange wir diese fundamentale Frage nicht beantworten können, werden wir ihre Fusionsenergie nicht direkt nutzen können. Kann man eine Sonne auf der Erde nachbauen? Basierend auf dem klassischen Sonnenmodell, welches davon ausgeht, dass die Sonne ein feuriger Gasball sei, in dessen Inneren Wasserstoff zu Helium fusioniert und die Wärme durch Neutrinos an die Oberfläche transportiert wird, startete im Jahr 1952 Andrei Sacharow am Moskauer Kurtschatow-Institut mit ersten Versuchen zur technischen Kernfusion.

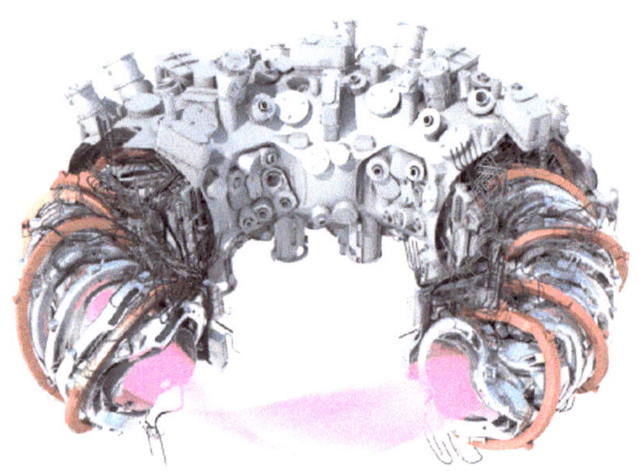

Abbildung 7.22: Fusionsexperiment Wendelstein 7X Quelle:Max-Planck-Institut für Plasmaphysik

Sein Prinzip war der Einschluss eines Plasmarings in ein Magnetfeld, der im Magnetfeld nur genügend aufgeheizt werden sollte, um die Kernfusion zu starten. Die Vorstellung war, dass nach der Zündung die Fusion von selbst weiter laufen würde, wie man es so bei der Kernspaltung beobachtet hatte. Deshalb waren die Experimente für den Impulsbetrieb ausgelegt. Ein Plasma ist jedoch eine elektrische Erscheinung, die nur in einem dynamischen Gleichgewicht aufrecht erhalten werden kann.

Dieses Prinzip erhielt den Namen *Tokamak*. Es ist die Abkürzung für тороидальная камера в магнитных катушках (**to**roidalnaja **ka**mera w **ma**gnitnych **k**atuschkach) übersetzt: Toroidale Kammer in Magnetspulen. Bei diesem Prinzip traten jedoch gleich zwei Probleme auf. Die bestanden darin, dass die Lorentzkraft für eine Verwirbelung des Plasmas sorgt und die Kammerwände das Plasma abkühlt. Der Verwirbelung begegnete man schließlich mit einer komplizierten Magnetfeldgestaltung, die einem mehrfach verdrillten Möbiusband nachempfunden war. Damit erzeugte man ein schraubenförmiges Magnetfeld. Dieses Prinzip wurde Stellarator genannt. Es mussten jedoch mehr als 60 fruchtlose Jahre vergehen, ehe man sich zu dem neuen Prinzip entschloss.

Schließlich 10. Dezember 2015 wurde am Fusionsgenerator vom Typ Tokamak Stellarator Wendelstein 7-X in Greifswald erstmals ein kurzer Lichtblitz in Form eines Heliumplasmas erzeugt. Um diese Experiment durchzuführen, waren 9 Jahre Bauzeit nötig, in der mehrere hundert Tonnen Material verbaut wurden. Das Projekt verschlang Kosten von über einer Milliarde Euro.

Am 25.6.2018 gab das Max-Planck-Institut für Plasmaphysik eine Pressemeldung heraus:

Stellarator-Rekord im Fusionsprodukt: „ *Jetzt hat Wendelstein 7-X einen Rekord aufgestellt. Denn er erreichte nie zuvor gemessene Höchstwerte für das sogenannte Fusionsprodukt. Dieses Produkt aus Ionentemperatur, Plasmadichte und Energieeinschlusszeit gibt an, wie nahe man den Reaktorwerten für ein brennendes Plasma kommt. In den Testdurchgängen des Jahres 2017 wurde das Plasma im Reaktor auf rund 40 Millionen Grad Ionentemperatur aufgeheizt und hatte eine Dichte von $0{,}8 \times 10^{20}$ Teilchen pro Kubikmeter.“*

Für die Aufheizung wurden bis zu 75 Megajoule Heizenergie verbraucht und das Plasma überlebte 2 Sekunden. Von Fusion war jedoch noch nichts festzustellen. Gegenwärtig ist *Wendelstein 7-X* außer Betrieb, es wird umgebaut. Alles in Allem, eine großartige technische Leistung, wie man meint, nur unsere Sonne ist ein G2-Stern und dort herrschen an der Oberfläche gerade mal 5600 Grad und in ihrer Atmosphäre finden sich keine Spuren von Helium.

Wir haben eine Menge Fragen an das Standardmodell der Sonne gestellt, die es nicht beantworten kann, weshalb wir es verwerfen und uns einem anderen Entwurf zuwenden.

7.10 Das Anoden-Modell der Sonne

Betrachtet man die Milchstraße, sieht man, dass die Sterne eingebettet sind in ein milchig leuchtendes Gas, dessen Hauptbestandteil der Wasserstoff ist. Dieses Leuchten ist schwach. Es ist nur ein Glimmen. Wenn Materie leuchtet, bezeichnet man diesen Aggregatzustand nicht als Gas, sondern als Plasma. Plasmaströme haben wir bereits unter Abschnitt 7.2 besprochen. Sie durchziehen als Birkelandströme den ganzen Kosmos und können riesige Ausmaße annehmen, ohne dass sie für uns sichtbar sind. Solange keine Rekombination im Plasma stattfindet, spricht man vom Dunkelmode des Plasmas. Die Stromdichte ist sehr gering. Der Glimmmode ist erreicht, wenn die Stromdichte so groß ist, dass die Rekombination einsetzt und die Elektronen ihre Energie abgeben, um in die Elektronenbahnen der Atome einzutauchen. Schließlich haben wir noch den Bogenmodus, wenn die Stromdichte so groß wird, dass es zu einer schlagartigen Entladung des Plasmas kommt. Die Idee, dass die Sonne elektrisch angetrieben wird, geht auf Ralph E. Juergens [7.50] und Hannes Alfvén [7.54] zurück, die zwei verschiedene Modelle entwarfen. Während Alfvéns Modell nicht weiter entwickelt wurde, fand die Idee von Juergens einen fruchtbaren Boden, da sie einige wichtige Erscheinungen erklären konnte.

Aus der Struktur der Sonnenatmosphäre schlussfolgerte Juergens, dass **die Sonnenenergie nicht von innen, sondern von außen ge-**

speist werden müsse, und der Energie-Liefermechanismus eine elektrische Entladung sei. Seine Hypothese einer elektrischen Entladung assoziiert die Sonne mit einer Anode und die Photosphäre mit dem Anodenglimmlicht. Er erkannte die Körnchen als Anodenbüschel, ein Hinweis auf ein selbstorganisierendes offenes System.. Zwischen den Sternen haben wir eine positive Säule, beziehungsweise den Dunkelmodus und der kalte Weltraum ist die virtuelle Kathode. Der Strom fließt über die Anodenbüschel immer in die Sonne hinein, während die Stromflussrichtung bei Alfvéns Modell vom Sonnenzyklus abhängt. Aus der Beobachtungen der Fraunhofer-Linien folgerte man bereit 1968, dass sowohl neutrale Atome als auch positive Ionen zwischen den Anodenbüscheln driften müssten [7.56].–Doch das wäre eine Möglichkeit zum Aufbau von Doppelschichten.

Juergens' Anodensonnenmodell kann erklären, warum die Temperaturinversion existiert, es kann die Existenz der Korona erklären, den Sonnenwind und warum es die Spiculen in der Chromosphäre gibt, was sie tun und wozu sie existieren. Es kann auch erklären, warum die Anodenbüschel wegsterben. Eine wesentliche Weiterentwicklung erfuhr dieses Modell durch Don Scott. 2006 erschien sein Buch *The electric sky* [7.57]. Don Scott beschäftigte sich mit den Fragen, warum es zwei Sorten von Sonnenwind gibt, welcher elektrische Prozess den Sonnenwind über zwei Tage zum Stillstand bringen kann und was den Sonnenwind beschleunigt. Können Sonnenflecken in das Modell integriert werden? Scott meint, dass der schnelle Sonnenwind aus den photosphärischen Büscheln kommt und der langsame Wind dagegen aus den rund um den Sonnenäquator entstehenden Sonnenflecken. Mit seinem Transistormodell der Sonne kann er die unterschiedlichen Geschwindigkeiten und Dichten von langsamem und schnellem Sonnenwind erklären. Der Sonnenwind hat eine mittlere Protonendichte von etwa 6 Teilchen pro cm^3 mit einer Schwankungsbreite von 3 Teilchen pro cm^3 bei einer ruhigen Sonne, wie man http://spaceweather.com entnehmen kann. Die mittlere Geschwindigkeit des Sonnenwindes beträgt etwa 350 km/s mit einer Schwankungsbreite von etwa 50 km/s. Das elektrische Sonnenmodell hatte jedoch gegenüber dem klassischen Sonnenmodell den Nachteil, es konnte zwar einen großen Teil der auf der Sonne beobachteten Erscheinungen erklären, aber es konnte nicht die Kernfusion erklären.

Das elektrische Sonnenmodell konnte nicht die Kernfusion erklären.

Das Anoden-Modell von Scott sieht die Sonne als einen Energieverbraucher. Es beantwortet nicht, warum die Sonne auf einem positiven Potential bleibt und wie es zur Fusion von Elementen kommt, was die Potentialdifferenz verursacht und warum die Sonne eine Energiesenke sein soll statt eine Energiequelle. Liefert die Fusion doch auch Energie. Ist sie jedoch ausreichend, um die abgestrahlte Energie zu decken, wenn aus ihrem Inneren keine nennenswerte Energie freigesetzt wird, wenn es keinen Neutrinostrom gibt?

Erinnern wir uns an das, was wir im Abschnitt *6.6 Über die Bedeutung der Entropie in offenen Systemen* behandelt haben. Die Sonne ist danach als ein offenes System zu verstehen. Sie nimmt Masse und Energie aus der Umgebung auf und gibt Entropie als Strahlung und Sonnenwind ab. Allerdings wissen wir darüber noch zu wenig, nur so viel, dass es auf der Sonne dissipative Strukturen in Form von photosphärischen Büscheln gibt. Das berechtigt uns zu der Annahme, dass die eingetragene Entropie geringer ist, als die abgegebene Entropie. Damit ist die externe Entropie kleiner Null, aber ihr Betrag größer als die interne Entropie, was auch die dissipative Strukturen in Form von photosphärischen Büscheln belegen.

Tabelle LXVI. Wahrscheinlichkeit der Kernreaktionen bei $2 \cdot 10^7$ Grad

Reaktion	Q	$P\ (\mathrm{sec}^{-1})$	mittlere Lebensdauer
$H^1 + H^1 = D^2 + \beta^+$	1,53	$8,5 \cdot 10^{-21}$	$1,2 \cdot 10^{11}$ Jahre
$D^2 + H^1 = He^3$	5,9	$1,3 \cdot 10^{-2}$	2 Sekunden
$H^3 + H^1 = He^4$	21,3	$1,7 \cdot 10^{-1}$	0,2 Sekunden
$Li^6 + H^1 = He^4 + He^3$	4,1	$7 \cdot 10^{-3}$	6 Tage
$Li^7 + H^1 = 2He^4$	18,6	$6 \cdot 10^{-4}$	1 Minute
$Be^9 + H^1 = Li^6 + He^4$	2,4	$6 \cdot 10^{-13}$	2000 Jahre
$B^{11} + H^1 = 3He^4$	9,4	$1,2 \cdot 10^{-7}$	3 Tage
$C^{13} + H^1 = N^{14}$	8,2	$2 \cdot 10^{-14}$	$5 \cdot 10^4$ Jahre
$C^{12} + H^1 = N^{13}$	2,0	$4 \cdot 10^{-16}$	$2,5 \cdot 10^6$ Jahre
$N^{14} + H^1 = O^{15}$	7,8	$2 \cdot 10^{-17}$	$5 \cdot 10^7$ Jahre
$N^{15} + H^1 = C^{12} + He^4$	5,2	$5 \cdot 10^{-13}$	2000 Jahre
$O^{16} + H^1 = F^{17}$	0,5	$8 \cdot 10^{-22}$	10^{12} Jahre
$Mg^{26} + H^1 = Al^{27}$	8,0	10^{-26}	10^{17} Jahre
$He^3 + He^4 = Be^7$	1,6	$3 \cdot 10^{-17}$	$3 \cdot 10^7$ Jahre
$Be^7 + He^4 = C^{11}$	8,0	$3 \cdot 10^{-30}$	$3 \cdot 10^{20}$ Jahre

Abbildung 7.23: Nuklearreaktionen bei 20 Millionen Grad
Quelle: Schpolski Atomphysik Bd.II

Die beobachteten Temperaturen selbst in der Korona der Sonne scheinen für eine thermonukleare Fusion nicht auszureichen. Eduard W. Schpolski [7.65] gibt eine um den Faktor 10 höhere Temperatur an (siehe Abbildung 7.22). Trotzdem muss eine Fusion von Elementen in der Sonnenatmosphäre stattfinden. Das folgt aus der Entwicklung der Sterne, wie sie sich im Herztsprung-Russel-Diagramm abbildet.

Dabei folgen mehr als 90% der Sterne dem Hauptstrang im Hertzsprung-Russel-Diagramm. In einem elektrischen Sonnenmodell haben wir keine thermonuklearen Reaktionen im Inneren der Sonne, ebenso wie wir keine offene Verbrennung im Inneren eines noch glühenden Aschenhaufens haben. Kandidaten für Fusionszentren sind die Sonneneruptionen, elektromagnetische Eruptionen, die in die Korona aufsteigen und Atome aus der Oberfläche und den tieferen Schichten mitreisen. Dies geschieht, wenn die in verdrillten Magnetfeldern gespeicherte Energie (normalerweise über Sonnenflecken) plötzlich freigesetzt wird. Sie erzeugen einen Strahlungsstoß über das elektromagnetische Spektrum, von Radiowellen bis zu Röntgen- und Gammastrahlen. Sonneneruptionen auch als *Flares* (Abbildung 7.24) bezeichnet, erstrecken sich bis zur Korona. Sie sind der Übergang von der Glimmentladung zur Bogenentladung [7.66]. Innerhalb einer solchen Sonneneruption, erreicht die Temperatur typischerweise 20 Millionen Kelvin und kann bis zu 100 Millionen Kelvin betragen [7.67]. Die Magnetfelder in den Lichtbögen dürften dann stark genug sein, um die Fusionierung der von der Elektronenhülle befreiten Atomkerne zu garantieren.

Die nötigen Protonen sind stets im interstellaren Raum vorhanden wie Spektren von Galaxien zeigen. Sie sind Bestandteil des kosmischen Plasmas. Ein anderer Kandidat für ein Fusionszentrum könnte die untere Korona sein, wo die hochgetragenen Atome, ihrer Elektronen beraubt, mit den Protonen des interstellaren Raumes fusionieren und dann auf die Sonne zurück sinken. Dort binden sie dann alle erreichbaren freien Elektronen an sich.

Ein Indiz für Fusion ist die Röntgenstrahlung. Röntgenstrahlung kann auf zweierlei Arten entstehen. Die erste Art ist, wenn ein Elektronenstrahl auf ein Hindernis trifft und stark abgebremst wird. Man bezeichnet diese Art auch als Bremsstrahlung. Die zweite Art der Bildung von Röntgenstrahlen erfolgt in den inneren Schalen der Atomhüllen von chemischen Elementen höherer Ordnungszahlen.

Dazu ist es erforderlich, dass zuvor ein Elektron aus der kernnächsten Atomschale vom Atomkern eingefangen wird. Das löst eine Kaskade weiterer elektromagnetischer Strahlung aus, bis sich die Atomhülle wieder im Gleichgewicht befindet.

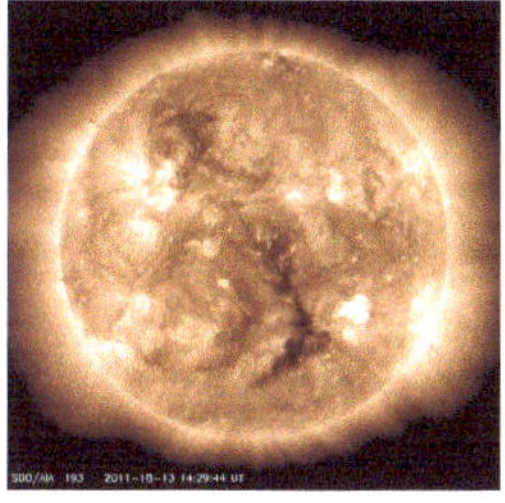

Röntgenbild der Sonne vom 13.10.2011 ohne Sonnenwind. Die Korona ist ziemlich gleichmäßig über die Sonnenoberfläche verteilt. Nördlich und südlich des Äquators sind Flares der Kategorie C2 sichtbar.

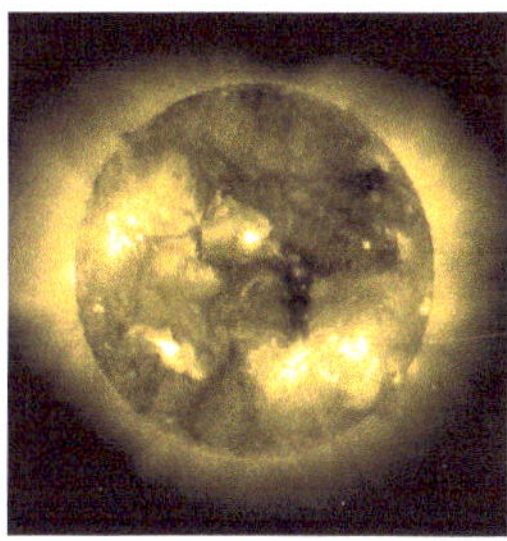

Röntgenbild der Sonne vom 1.09.2001. Sonnenwind 1P/cm³. Die Korona ist immer noch über die gesamte Sonnenoberfläche verteilt. Es sind aber große Flares der Kategorie M und X sichtbar.

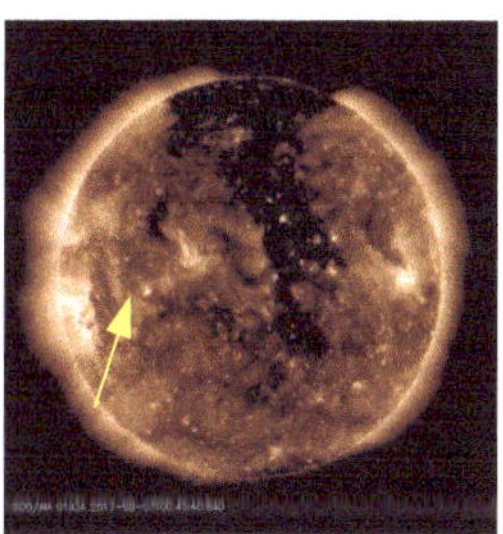

Röntgenbild der Sonne vom 11.12.2017

Sonnenwind 40,7 P/cm³. Die Korona hat an den Polen signifikante Löcher und das nördliche Loch dehnt sich weit in die südliche Hemisphäre aus. Es sind nur schwache Flares der Kategorie A9 und B6 sichtbar. Es gibt einen kleinen Sonnenfleck im linken Viertel auf dem Äquator. Gelber Pfeil!

*Tabelle 7.7: Bilder vom **Solar Dynamics Observatory** (**SDO**); bis 20 Millionen Kelvin in den weißen Flecken entspricht 1,7 keV   Quelle: SDO Mission NASA SDO/AIA 193*

Beim Fusionsprozess entsteht ein positiver Ladungsüberschuss, wie wir in Abschnitt *5.4 Das Tröpfchenmodell des Atomkerns* gesehen haben. Die Emissionssprünge in den unteren Schalen der Atome erzeugen die kurzwellige Röntgenstrahlung. Wie die Bilder des **S**olar **D**ynamics **O**bservatory (SDO) in Tabelle 7.7 zeigen, ist die Wahrscheinlichkeit von Kernfusionszentren nicht gleichmäßig über die Sonnenoberfläche verteilt. Lediglich in den hellsten Zentren kann man Fusionsprozesse nach Schpolski vermuten. Die Polregionen erscheinen gewöhnlich ziemlich dunkel. Es gibt aber auch koronale Löcher, dunkle Gebiete über die Sonnenoberfläche verteilt, von denen die Sonnenwinde ihren Ausgang nehmen.

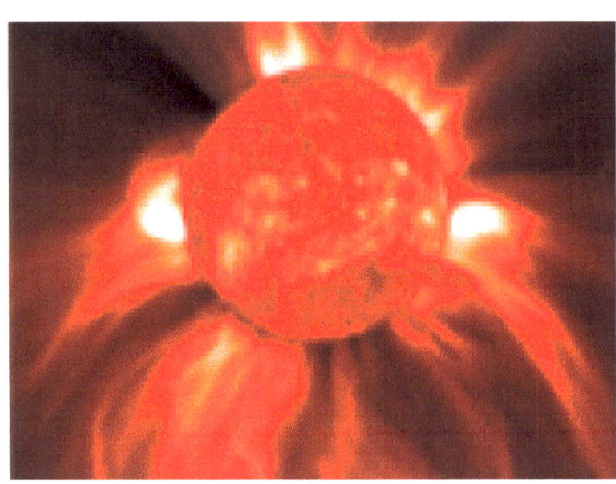

Abbildung 7.24: starke Sonneneruptionen
Quelle: SDO Mission NASA

Betrachtet man das Ladungsverhältnis von Wasserstoff und Calcium für neutrale Atome, so ändert es sich von 1 auf 1,87 bis 2,0 (siehe Tabelle 5.1). Das bedeutet, dass mit zunehmender Fusionsdauer ein chronischer Elektronenmangel auftritt, der durch Zufluss von Elektronen ausgeglichen werden muss. Das wiederum bedeutet, dass der Wasserstoff in der Sonnennähe seine Elektronen verliert und die übrig gebliebenen Protonen als Sonnenwind zurück gewiesen werden. Das SDO liefert auch tägliche Messungen des Protonenstroms des Sonnenwindes.

Nun wissen wir zwar, wo auf der Sonne Kernfusion stattfindet, aber wir wissen noch nicht wie sie zustande kommt. Da kommt uns wieder Don Scott zu Hilfe. Ihm gelang es, den Schmetterlingsnebel als einen Birkeland-Strom zu identifizieren. Dort sieht man deutlich, dass der

Strom in der Mitte eingeschnürt wird. Die Kraft, die das bewirkt, haben wir bereits unter Abschnitt 7.2 kennengelernt. Diese Kraft kann man offensichtlich nutzen, um eine Kernfusion zu erzeugen. Man muss sich das etwa so vorstellen: Wenn die Teilchen alle mit hoher Geschwindigkeit ähnlich, wie auf einer Autobahn dahin brausen, gibt es keine Kollisionen.

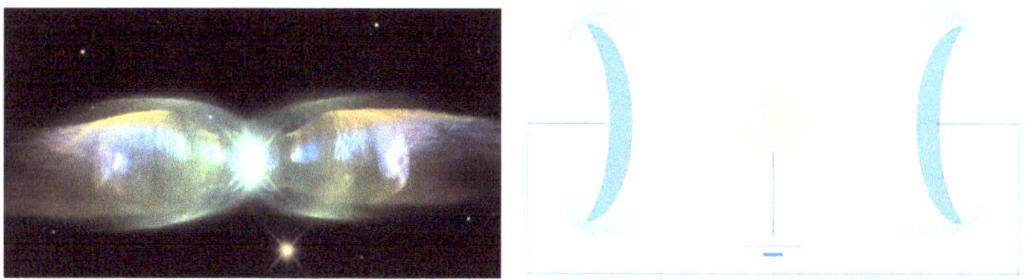

Tabelle 7.8 Der Schmetterlingsnebel M2-9 ist Vorbild für das technische Fusionsexperiment SAFIRE

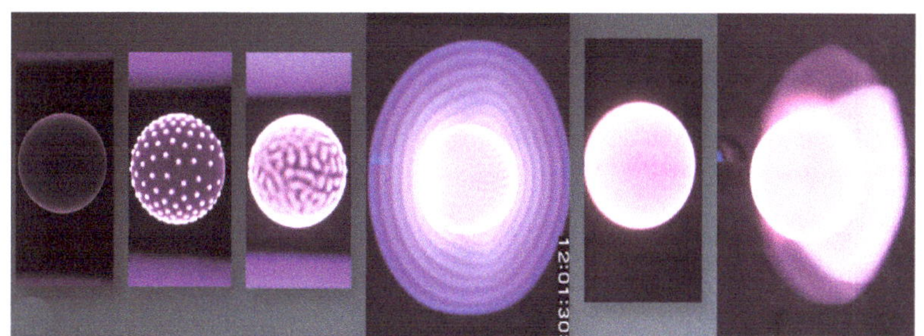

Abbildung 7.25: Anodenbilder im SAFIRE-Experiment -
Quelle: https://www.youtube.com/watch?v=DTaXfbvGf8E

Jedoch sobald sich der Strom verengt, kommt es zu einem Stau und die Teilchen krachen ineinander. Im Schmetterlingsnebel leuchtet im Zentrum ein neuer Stern auf. 2013 begann Montgomery Childs mit einem kleinen Team das Sonnenmodell von Scott im Labor nachzubauen, indem er in einer Vakuumkammer den Aufbau von Doppelschichten innerhalb eines Plasmas, bestehend aus Protonen und Stickstoffionen, beobachtete.

Zur Erzeugung des Plasmas sind in der Vakuumkammer zwei sich gegenüber stehenden große tellerförmige Elektroden angeordnet, zwischen denen eine kleine kugelförmige Kupferanode platziert ist, die das Sonnenmodell darstellt.

Das Projekt erhielt den Namen SAFIRE. Der Name steht für SAFIRE steht für **S**tellar **A**tmospheric **F**unktion **I**n **R**egulation **E**xperiment. Für dieses Experiment sind jede Menge Parameter, wie Gaszusammensetzung, Druck und Temperatur, Spannung und Strom zu regeln. Ebenso muss die Messtechnik diese Parameter genau überwachen. Das Modell hat gezeigt, dass es möglich ist, energiereiche Plasmen stabil zu halten. Beim Durchfahren der Strom-Spannungs-Kennlinie ergaben sich mehrere stabile Niveaus, in denen sich zuerst Büschel auf der Anode zeigten, später Doppelschichten und zuletzt ein sehr heißes Plasma.

Diese Doppelschichten sind starke sich organisierende Strukturen innerhalb eines elektromagnetischen Feldes, wie bereits unter Abschnitt 7.8 besprochen, die für die Stabilisierung zuständig sind. Sie hängen in Intensität und Anzahl von einer Reihe interagierender Faktoren wie auch Spannung und Stromstärke ab. Dabei kamen Betriebsspannungen in einem Bereich von 300 bis 400 Volt und ein Strom von 1,5 bis 2 Ampere sowie ein Kammerdruck von 20 Torr zur Anwendung. Gearbeitet wurde mit einem Stickstoff-Wasserstoff-Gemisch, wie es auch interstellar in den Spektren der Galaxien zu finden ist. Diese Arbeit musste sehr sorgfältig in kleinen Schritten vorgenommen werden, da jederzeit die Gefahr bestand, dass die ganze Anlage infolge einer unkontrollierten Blitzentladung zerstört werden konnte.

Anode vorher

Kurz vor dem
Schmelzen

Anode nachher

Tabelle 7. 9 - Quelle: https://www.youtube.com/watch?v=DTaXfbvGf8E

Mit dem Sonnenmodell des SAFIRE-Projekts konnten viele der Annahmen des Anodenmodells von Scott bestätigt werden. So wurde auch beobachtet, dass die Temperatur in unmittelbarer Nähe der Anode erst sank, um dann mit zunehmender Entfernung wieder stark anzusteigen [7.57].

Weiß hervorgehobene Ablagerungen auf
Anode

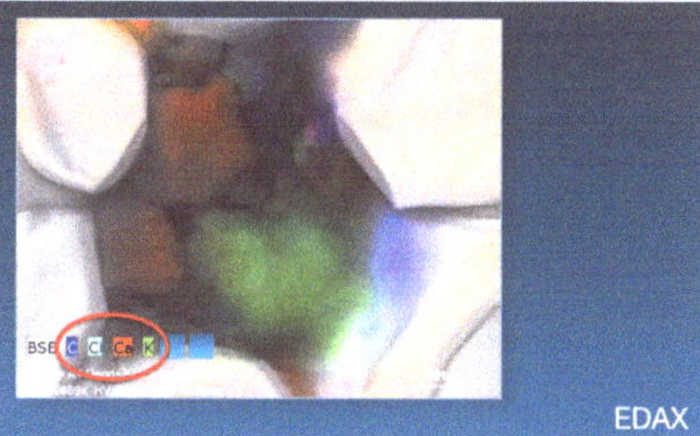

Farbig hervorgehobene fusionierte chemische
Elemente

Tabelle 7.10 – Quelle: https://www.youtube.com/watch?v=DTaXfbvGf8E

Je stärker der Strom, desto heißer wurde das Plasma und die Anode, und die Gefahr bestand, dass die Anode zu schmelzen begann. An der vorausberechneten Leistungsgrenze waren jedoch nur 7% der eingesetzten Leistung wirklich erreicht und das Experiment musste abgebrochen werden. Woher kam die ganze Energie? Die Anode hatte sich etwas verändert. Nach dem Experiment wurde die Anode unter dem

Elektronenmikroskop auf eventuelle Ablagerungen untersucht. Tatsächlich hatten sich kleinste Tröpfchen der verschiedensten chemischen Elemente aus dem Plasma auf der Anodenfläche kondensiert, die unter dem Elektronenmikroskop sichtbar wurden; chemische Elemente, die vorher nicht da waren. Dieser Befund stützt das Tröpfchenmodell des Atomkerns, wie es unter Abschnitt 5.4 beschrieben wurde. Offensichtlich beginnt der Aufbau des Atoms mit den Bausteinen Deuteron und Triteron, die aus dem Wasserstoffmolekül unter Abgabe eines Elektrons mit jeweils einem Elektron innerhalb des Plasmas zu einem Deuteron oder einem zusätzlichen Proton zu einem Triteron verschmelzen.

Dazu muss der molekulare Wasserstoff im elektrischen Feld ionisiert werden und an der Anode eines seiner Hüllen-Elektronen beraubt werden. Zwei Protonen und ein Hüllen-Elektron bleiben übrig. Aber dieses Elektron gerät nun zwischen die beiden Protonen und so verschmelzen sie durch Energieabgabe zu einem Deuteron. Gehen beide Elektronen an der Anode verloren, werden die Protonen als Sonnenwind an die Kathode gesandt, oder von einem Deuteron eingefangen. Dieser Vorgang entspricht genau dem 1. Fall von Prigogines Satz über die Entropie der Schöpfung in offenen Systemen aus *Abschnitt 6.6*. Es wird mehr Entropie vom System abgeführt als intern erzeugt wird. Das ist der Effekt, der die Energie liefert, die wir bei der Kernfusion technisch nutzen wollen.

Diese Bausteine aus einem Kernelektron und zwei Protonen oder auch drei Protonen in geringerem Maße stellen Elementarmagnete dar, die sich zu größeren Einheiten zusammenziehen. Sie konnten massenspektrometrisch in der SAFIRE-Kammer nachgewiesen werden. Es wurden alle Elemente gefunden, die auch in den Fraunhoferschen Linien des Sonnenspektrums identifiziert wurden. Dadurch ist erwiesen, dass nicht irgendwelcher Sternenstaub auf die Sonne niedergegangen ist, sondern diese Elemente aus der Fusion auf der Sonne entstanden sind.

7.11 Ist das irdische Wetter elektrisch?

Die Sonne ist unser Energielieferant und unser unmittelbares Bezugssystem. Die Wechselwirkung der Sonne mit der Erde, deren Oberfläche zu etwa 2/3 von Wasser bedeckt ist, erzeugt in einem bestimmten Gebiet zu einem bestimmten Zeitpunkt eine Wetterlage, die wir im wesentlichen als thermische Folge der Sonneneinstrahlung verstehen und wir als Hochdruck- und Tiefdruckgebiete registrieren. Jedoch auch der Sonnenwind und Höhenstrahlung aus den Tiefen der Milchstraße, also positiv geladene Teilchen strömen ständig auf die Erde zu. Die meisten dieser Teilchen werden zwar vom Magnetfeld der Erde abgefangen, aber wegen der guten Korrelation zwischen Höhenstrahlung und Sonnenwindindex aus den letzten dreißig Jahren sind durch Extrapolation ergänzende Informationen über die Einflüsse der Sonnenwinde auf das irdische Wetter für die zurückliegenden 150 Jahre möglich, behauptet Horst Borchert [7.59]. Er beobachtete in Zeiten niedriger Sonnenfleckenaktivität eine hohe Höhen-Strahlungsintensität und umgekehrt. Eine von Henrik Svensmark aufgestellte Theorie besagt, dass Änderungen des Magnetfeldes der Sonne Einfluss auf die zur Erde gelangende kosmische Strahlung hat [7.60]. Nicht nur die von Menschen eingetragenen Aerosole, sondern auch Ionen haben die Fähigkeit, den Wasserdampf in der Troposphäre zu kondensieren. Letztere Fähigkeit wird in Nebelkammern zum Nachweis von radioaktiver Strahlung ausgenutzt. Allerdings werden die irdischen und solaren Einflüsse unter politischen Aspekten sehr kontrovers diskutiert.

Inzwischen hat man das CO_2 als den Hauptschuldigen für die Klimaerwärmung ausgemacht. Allerdings werden die Wolken noch gar nicht in den Klimamodellen berücksichtigt. Aerosole in Verbindung mit Wolken dürften infolge ihrer Größe und Menge gegenüber CO_2-Molekülen einen weit stärkeren Effekt auf die Rück-Reflexion der Wärmeabstrahlung der Erde haben, als man das je gedacht hat. Derzeit glaubt man jedoch, dass Hydrosole eher für eine Kühlung verantwortlich wären. Aber zurück zum Einfluss der elektrischen Sonne.

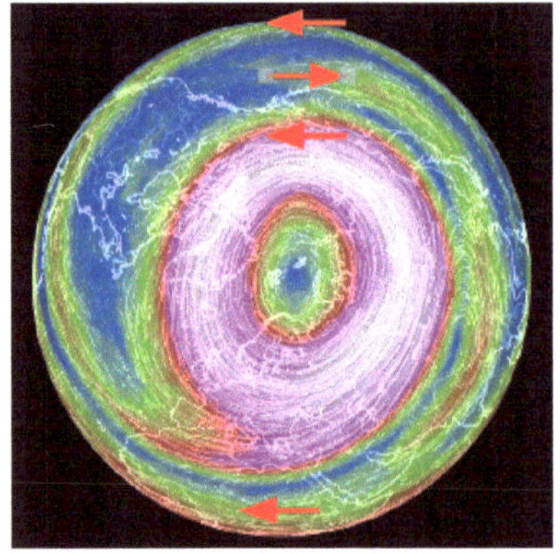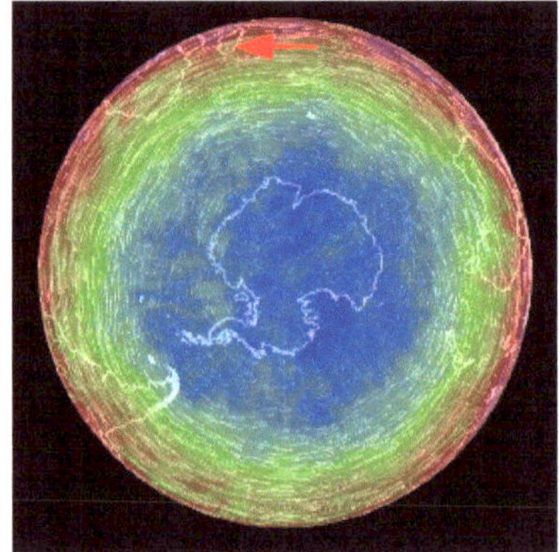

Abbindung 7.26: Höhenströmung in 26 km Höhe im Januar 2020 –
Quelle:https://earth.nullschool.net/

Unsere Aurora boreales ist der sichtbare Teil des die Erde durchdringenden Birkelandstromes. Das muss sich in der Stratosphäre als Höhenströmung sichtbar machen. Durch den ständigen Sonnenwind ist unsere Stratosphäre positiv geladen. Wir haben gelernt, dass man einen kraftfreien Strom durch eine Besselfunktion beschreiben kann. Das Strömungsprofil folgt dann nach Scott einer Besselfunktion 2. Art. Das typische Kennzeichen einer solchen Strömung ist die Gegenläufigkeit, wie sie auf der folgenden Abbildung 7.26 zu sehen ist. Im Sommer vertauschen sich die Strömungsbilder. Dann findet man den starken Wirbel in der Südpolarregion und der Norden ist wirbelfrei. Ein solches Bewegungsmuster wurde auch auf anderen Planeten beobachtet. Selbst bei Galaxien wurde Gegenläufigkeit in ihrer Rotationsbewegung beobachtet [7.61], wie wir bereits in Abschnitt *7.5.3 Die Geschwindigkeitsverteilung ...* erwähnt haben. Allerdings fällt auf, dass der kräftige Strom sich auf der Sonnen abgewandte Seite bildet, nämlich der Polarnacht, während auf der Südhalbkugel sich kein Wirbel um die Polarregion gebildet hat. Am Boden wird die Atmosphäre von der Erddrehung mitgenommen. Der Einfluss des Birkelandstromes und des Mitnahmeeffekts der Erdrotation bewirken eine vertikale und horizontale Verwirbelung unserer Atmosphäre. Für Europa folgt daraus eine vorwiegend westliche Luftströmung.

Nun wollen wir uns mit der bereits unter Abschnitt 6.2 aufgeworfenen Frage beschäftigen: Warum haben wir Wolken am Himmel? Wolken bestehen aus kleinsten Wassertröpfchen, an denen das Licht gestreut wird und die jedoch deutlich schwerer als Luft sind. Entsprechend der Schwerkraft dürften sich die Wolken nicht am Himmel halten können. Aber sie fallen nicht vom Himmel. Sie steigen mitunter in Höhen, wo die Tröpfchen zu Schnee und Eis gefrieren. Meteorologen können nicht mit Sicherheit sagen, ob aus den dunklen Wolken der Regen fällt oder die Wolken weiter ziehen. Wenn sie sich dann entladen, fallen mitunter mehrere Liter Wasser in kürzester Zeit auf den Quadratmeter. Das sind mehrere Millionen Liter auf den Quadratkilometer, die zu gewaltigen Schäden in den betroffenen Gebieten führen können.

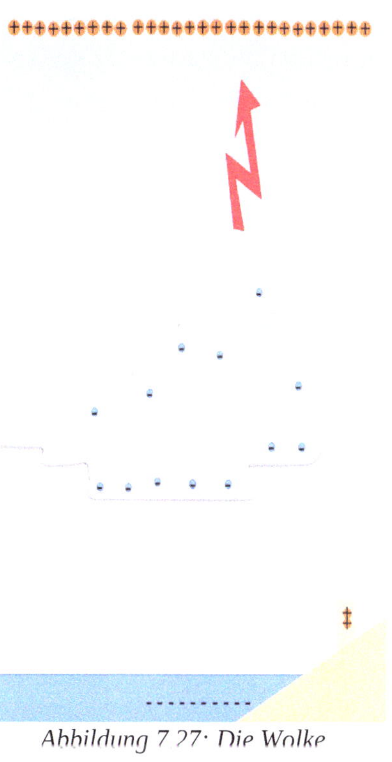

Abbildung 7.27: Die Wolke

Daraus schlussfolgern wir, dass eine Regenwolke viele Tausend Tonnen Wasser enthalten kann. Dabei haben Wolken keine aerodynamischen Eigenschaften, die ein Fliegen ermöglichen. Wieso bildet sich überhaupt oft eine einzelne Wolke über dem Meer in Küstennähe? Müsste man nicht eine gleichmäßige Nebelschicht erwarten? Nun kann man argumentieren, dass da starke Aufwinde im Spiel sind. Das ist richtig, aber was treibt diese Luftmassen an? Die Temperaturunterschiede und damit die Luftdruckunterschiede? Das erklärt nicht die Eiskörner, die aus Gewitterwolken fallen und es erklärt nicht die unterschiedlichen Wolkenhöhen. Wir kennen nur eine Kraft, die eine solche Last tragen kann. Das ist die Kraft, die zwischen gleichartigen elektrischen Ladungen wirkt. Der Luftstrom muss Elektronen mit nach oben reißen und die Erde lädt sich dabei regional positiv auf. Aber Meteorologen wissen davon nichts, zumindest spielt die elektrische Ladung bei ihren Wettervorhersagen keine Rolle. Die Ursache für das Verhalten der Wolken liegt in den speziellen Eigenschaften des Wassers begründet.

Die Erklärung ist etwas komplizierter, als vielleicht erwartet. Wir wissen, dass unsere Troposphäre, in der sich das Wetter abspielt, ab 60 km Höhe von einer Ionosphäre umhüllt ist, die Radiowellen reflektiert. Diese liefert positive Ladung nach unten, und sie wird ständig durch den Sonnenwind und die Höhenstrahlung mit neuen Ladungsträgern versorgt. Dadurch ändert sich ihre Ladungskonzentration mit dem Tag-Nacht-Rhythmus. Unsere Erde hat eine negative Ladung, bedingt durch den natürlichen radioaktiven Zerfall der irdischen Elemente. Daraus ergibt sich ein irdisches mittleres elektrisches Feld von etwa 100 V/m. Das kann sich örtlich vor Blitzentladungen bis zu über 300.000 V/m erhöhen. Das Wasser in der Atmosphäre ist für den Ladungsaustausch zwischen dem Kosmos und der Erdoberfläche verantwortlich. Dazu müssen die Wassertröpfchen in den Wolken negative Ladung transportieren.

So entsteht die notwendige Kraft, um die Tröpfchen am Himmel zu halten. Gleichzeitig müssen die Tröpfchen auch Dipoleigenschaften haben, um sich zu größeren Einheiten zusammenschließen zu können. Dazu lagern sie Protonen aus der Hochatmosphäre ein. So wachsen sie auf ihrem Weg nach oben, bis sie sich soweit neutralisiert haben, dass sie nach unten fallen. Aber wieso tragen Wassertröpfchen eine negative Ladung? Dazu müssen wir uns Wasser als den Stoff, der auf der Erdoberfläche am häufigsten auftritt, etwas näher ansehen. Wir glauben, die Eigenschaften des Wassers zu kennen. Sie begegnen uns täglich, aber wir verschwenden keinen Gedanken an seine Besonderheiten. Wir alle kennen das Phasendiagramm des Wassers und haben uns vielleicht gewundert, dass es bei 4 Grad Celsius die größte Dichte hat und dass Eis auf dem Wasser schwimmt. Oder wir staunten, dass Schneekristalle eine sechseckige Form haben. Vielleicht bemerkten wir auch die isolierten Wolken am Himmel, ohne darüber weiter nachzudenken. Wir sind es gewohnt, Wasser als eine Ansammlung einzelner Mo-

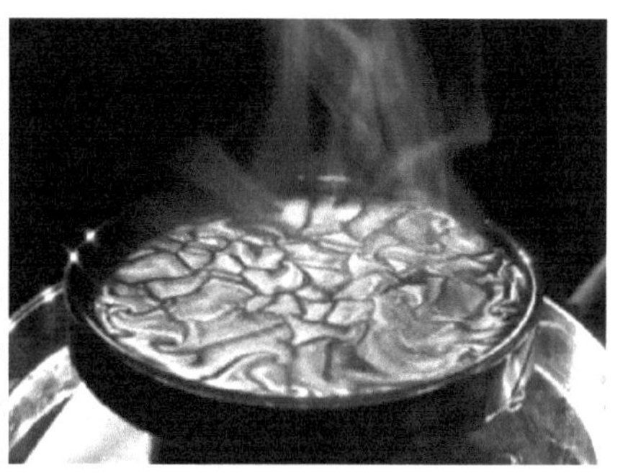

Abbildung 7.28: Wärmebild der Zellstruktur von heißem Wasser Quelle: G. Pollack

leküle zu betrachten, die voneinander völlig unabhängig sind. Das ist aber oft falsch. Gerade beim Übergang zwischen zwei verschiedenen Phasen beobachten wir ein Verhalten, dass die Moleküle in eine selbstgewählte Ordnung zwingt, die ein Schwarmverhalten oder eine Strukturbildung bewirkt. Unter Abschnitt *6.6 Über die Bedeutung der Entropie in offenen Systemen* haben wir erfahren, dass Strukturbildung immer mit Abtransport von Entropie verbunden ist. Die Strukturbildung des Wassers an seinen Phasenübergängen ist um einiges komplizierter, als wir das erwarten würden.

Betrachten wir ein ganz einfaches Beispiel von sich in einem Energiestrom organisierenden Strukturen, worauf schon 1990 in [7.62] hingewiesen wurde. Nehmen wir einen Topf mit Wasser und erhitzen ihn vorsichtig und beobachten, was passiert. Am heißen Topfboden beginnen sich Dampfblasen zu bilden, die an die Oberfläche steigen und ein wohlgeordnetes Strömungsmuster erzeugen (siehe Abbildung 7.28). Diese Dampfblasen entstehen regelmäßig an immer den gleichen Stellen. Boltzmanns Thermodynamik geht aber von einer sehr unregelmäßigen Bewegung der Moleküle aus. Tatsächlich treten nicht einzelne Moleküle in die Luft über, sondern die austretenden Wassermoleküle sind in kleinen negativ geladenen Bläschen organisiert, wie Gerald Pollack festgestellt hat [7.63]. Er fand, dass Wasser sich in der Nachbarschaft zu einer hydrophilen (wasserliebenden) Phase in einer ganz bestimmten Struktur organisiert, die er als die vierte Phase des Wassers bezeichnet. Es bildet eine Doppelschicht aus. Eine Doppelschicht ist eine Batterie, wie wir bereits erfahren haben. (siehe Abbildung 7.29) Wenn Wasser einem elektrischen Feld ausgesetzt wird, dissoziiert es in H^+ und OH^-. H_2O und OH^- ergeben $H_3O_2^{--}$ und H^+. Die Protonen bilden die Brücken dazwischen. (siehe Abbildung 7.29) Das sind die Grundbausteine für eine hexagonale Struktur des Wassers. Die entsprechenden negativen Seiten der Struktur sammeln sich dann in unmittelbarer Nachbarschaft an der hydrophilen Trägerschicht, wie das auch Abbildung 7.20 als Helmholtz-Schicht bezeichnet ist. Man könnte Wasser als einen flüssigen Kristall in unmittelbarer Nachbarschaft der hydrophilen Phase ansehen.

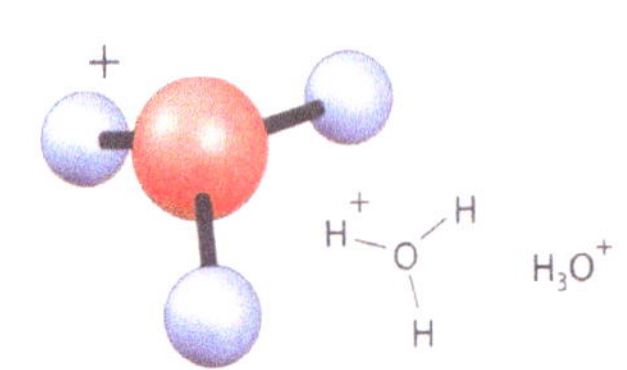

Abbildung 7.29: Hydroniumion
Quelle: G. Pollack

In der konventionellen Physik wird eine solche Struktur abgelehnt, da sie das Dogma von der Quasi-Neutralität der Materie vertritt. Neutralität bedeutet aber, alle Kräfte sind im Gleichgewicht. Das jedoch bedeutet wiederum, die Natur ist tot. Wir bekennen uns aber zu einer lebendigen Natur fernab vom thermodynamischen Gleichgewicht.

Die hexagonale Ordnung der Wassermoleküle bewirkt eine bienenwabenartige ebene Struktur von vielen negativ geladenen Blättern, die sich wie leicht verschobene Buchseiten übereinander stapeln, ohne dass die Ladung kompensiert wird. Diese quasi-kristalline negativ geladene Struktur verdrängt das gewöhnliche Wasser von den Oberflächen.

Pollack bezeichnete diese Zone als *Exclusion Zone,* eine Zone, die Verunreinigungen durch Emulsionen verdrängt, mit der Abkürzung *EZ* oder einfach als *EZ-Wasser.* Infolge ihrer negativen Ladung sammelt sich um das EZ-Wasser eine Menge von Protonen, ohne dass diese in die dichte Kristallstruktur eindringen können.

So bleibt diese Ladungstrennung wie bei einer gewöhnlichen Batterie erhalten. Weiter entfernt von dieser Schicht bleibt das gewöhnliche Wasser. Pollack spricht von *Bulk-Wasser.* Die Tatsache, dass Eis leichter als Wasser ist, erklärt Pollack mit dieser Bienenwabenstruktur des EZ-Wassers, in das Protonen eingelagert werden, was den Übergang zu Eis bewirkt und dessen Dichte gegenüber

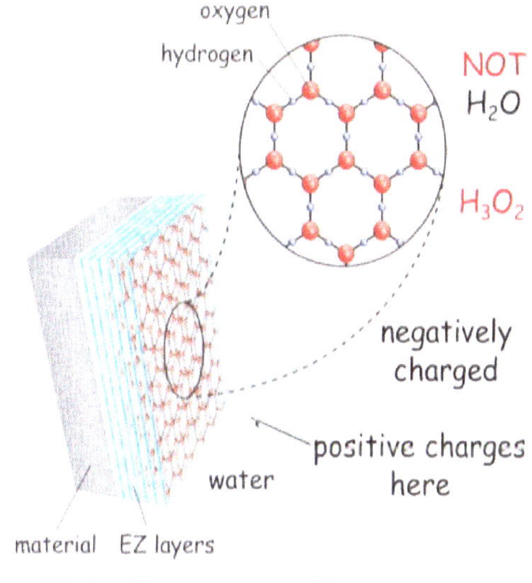

Abbildung 7.30 Wasserbatterie
Quelle: G. Pollack

Wasser verringert [7.64]. Die sechseckige Form der Schneekristalle sind ein Beleg dafür und sie sollten negativ geladen sein.

Wenn man nun den aufsteigenden Dampf aus einem heißen Wassertopf mit der Wärmebildkamera betrachtet, hat man da nicht einzelne Wassermoleküle vor sich, sondern Ansammlungen von Dampfbläschen von mindesten einem Mikrometer Durchmesser, da sich Licht nur an Objekten brechen kann, die etwas größer als die Wellenlänge des sichtbaren Lichtes sind. Das entspricht etwa einer Milliarde Moleküle, die im Verband diskontinuierlich austreten. Der Austritt erfolgt auch nur an den in Abbildung 7.31 dunkel erscheinenden Mustern auf der Oberfläche des Wassers. Diese Muster hat Pollack als strukturiertes negativ geladenes EZ-Wasser identifiziert. Um die Wolkenstruktur zu verstehen, ist nun wichtig, dass das gewöhnliche Wassertröpfchen oder Bläschen von einer Membran aus EZ-Wasser umhüllt ist.

Folglich steigt der negativ geladene Dampf röhrenförmig nach oben und es bilden sich, wenn sich genügend Ladung angesammelt hat, Dampfblase auf Dampfblase, die von einer Schicht EZ-Wasser umgeben sind. Je kleiner diese Blasen sind, desto größer ist das Verhältnis von Oberfläche zu Volumen. Um so negativer sind die Bläschen geladen.. Aber die Bläschen kleben aneinander und bilden Cluster, wofür die positive Ladung im Inneren der Cluster zuständig sein soll.

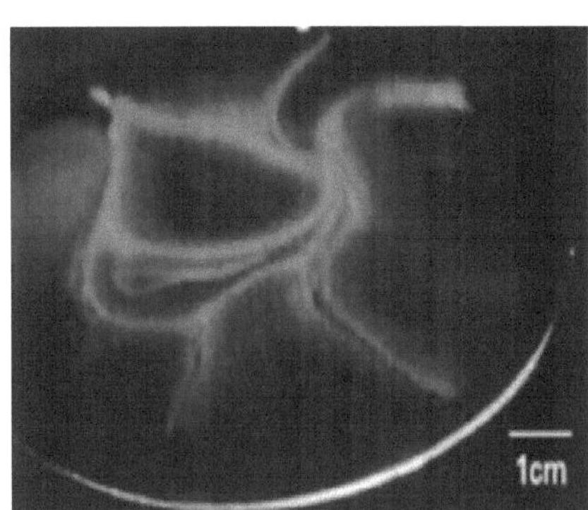

Abbildung 7.31: Wärmebild der Dampfstruktur über heißer Wasserfläche Quelle: G. Pollak

In einer bestimmten Höhe über dem Wasser verschwindet die Dampfstruktur infolge des Sinkens des Dampfdrucks. Die Struktur löst sich auf und die Bläschen durchmischen sich mit der Luft und den Aerosolen

(Feinstaub), die dann zu Hydrosolen werden und in die Wolken eindringen. Wir erkennen diese Hydrosole an der dunklen Färbung der Wolken im Auflicht. Ihre Wirkung auf das Wetter ist noch nicht untersucht. Aber für die Zunahme von Starkregenfällen dürften sie mit verantwortlich sein. Vielleicht wird auch so die Schneebildung infolge der stärkeren Erwärmung der Wolke verhindert.

Wie kommt es nun zur Wolkenbildung? Wir haben einerseits die negativ geladenen Bläschen und andererseits die positiven Protonen in der Troposphäre. Dort, wo sich die beiden Ladungsarten zusammenziehen, kommt es zur Wolkenbildung, vorausgesetzt, dass der Taupunkt erreicht ist und die Bläschen zu Tröpfchen kondensieren. Dazu bedarf es einer Abkühlung der umgebenden Luft, was erst in einer entsprechenden Höhe über der Erde gewährleistet ist. Außerdem erinnere ich daran, dass die Wolken sich in einem elektrischen Kondensatorfeld bewegen, dessen negative Elektrode die Erde ist, hervorgerufen durch das EZ-Wasser an der Meeresoberfläche und in der Vegetation und dessen positive Elektrode die Ionosphäre darstellt. Die Wolken sind negativ geladen und die Erde ebenso. Das ergibt eine Abstoßung. Je nach der Menge der negativen Ladung sind die Wolken dann entweder höher am Himmel oder sie hängen niedriger.

Infolge der Erdrotation und der elektrostatischen Anhaftung der Atmosphäre an die negativ geladene Erdoberfläche haben wir eine verhältnismäßig ruhige Atmosphäre. Sobald sich die örtlichen Ladungsverhältnisse ändern, drückt sich das in Wind aus. Gewitter gehen immer mit größeren Potentialdifferenzen einher, die sich durch Blitzentladungen anzeigen. Sie sind auch gewöhnlich von Stürmen begleitet. Regen entsteht dann dadurch, dass sich unter der negativ geladenen Wolke eine positive Ladung im Boden ansammelt, die den Regen aus der Wolke zieht.

Das Wetterleuchten in den Wolken lässt sich durch den Ladungsausgleich infolge der Änderung der Ladungsverhältnisse zwischen
Oberfläche und Volumen der Bläschen beim Wachsen der Bläschen
zu Regentropfen erklären. Große Ladungsunterschiede zwischen Erde
und Wolke oder Wolke und Stratosphäre führen dann zu verschieden-
artigen elektrischen Entladungen, getriggert durch kosmische Strahlung, die den Entladungskanal aufbaut. Diese Erscheinungen unter
dem Namen *Sprites* zusammengefasst, wurden insbesondere auf der
Nachtseite der Erde von der internationalen Raumstation (ISS) beobachtet. Die Wolkendecke verbunden mit dem Strahlengürtel der Erde
hat wahrscheinlich bezüglich der elektrischen Entladungen eine gewisse Pufferfunktion, indem sie verhindert, dass elektrische Entladungen
aus dem Weltraum unmittelbar auf die Erde durchschlagen.

8. Weitere kosmische Rätsel

8.1 Planetare Krateroberflächen

Betrachten wir die Bilder vom Erdmond, vom Mars, vom Merkur und von Kometen, fallen überall die vielen Krater auf, die die Standardastronomie mit Einschlägen von Meteoriten erklärt. Alle diese Himmelskörper haben entweder keine Atmosphären oder wenn, dann haben sie keine Wolkenbildung aus Wasser. Für eine Reihe von diesen Kratern mag die Meteoriten-Hypothese zutreffen. Es gibt aber auch Krater mit Merkmalen, die daran zweifeln lassen. Insbesondere fiel auf, dass viele Krater kreisrund sind, was nur bei einem senkrechten Einschlag passieren kann. Andere Krater haben in ihrem Inneren einen Kegel. Wieder andere zeigen auf ihren Kraterrändern kleinere Krater. Die schiere Größe einiger Krater lässt uns wundern, dass die Himmelskörper nicht vom Einschlag zerbrochen sind. Dann findet man Narben, tief ausgehobene Täler, ohne dass man sieht, wo das ausgehobene Material geblieben ist. Fließendes Wasser hätte das Material nur umgelagert.

Wir kennen auf der Erde die Elektroerosion zum Zweck des Materialabtrags. Hier wird das Material verdampft, und der Materialabtrag kann bei Lichtbogenentladungen beträchtlich sein. Es muss eine sehr dramatische Zeit in der Entwicklung des Planetensystems gegeben haben, die solche Spuren der Elektroerosion hinterlassen hat. Bedenkt man, dass die Planeten mit der Sonne sich in einem Birkelandstrom befinden und sich dar-

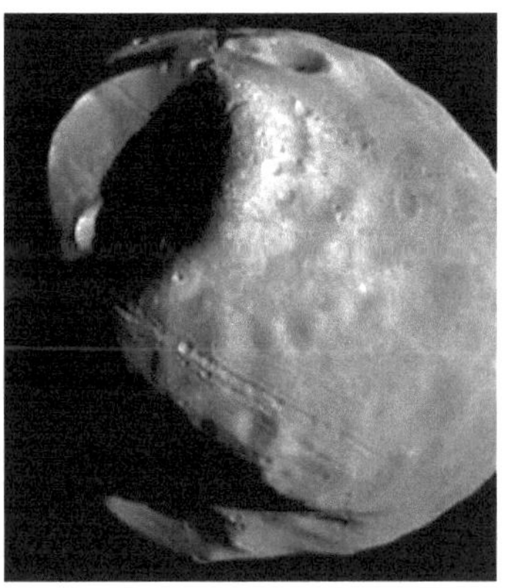

Abbildung 8.1: Marsmond Phobos

371

in durch Staub und Gase Doppelschichten bilden können, liegt eine Erklärung für die Narbenbildung nahe. Kommen negativ geladene Himmelskörper in die Nähe von positiv geladenen Himmelskörpern, werden diese durch Entladungsbögen Material aus den positiv geladenen Himmelskörpern abtragen bis der Potentialausgleich hergestellt ist. Ein direkter Einschlag ist dabei überhaupt nicht erforderlich. Es reicht schon eine Annäherung für eine elektrische Bogenentladung. Das herausgeschlagene Material dürfte bei entsprechender Menge einen Impuls auf den Restkörper ausüben, was wie bei einer Rakete zu einer Bahnänderung führen dürfte. Auch könnte die stark exzentrische Bahn der Kometen ihre Erklärung finden, wenn man annimmt, dass Kometen solche Bruchstücke elektrisch ausgehobenen Materials von Planeten darstellen.

Diese wenigen Beispiele zeigen, dass die Akzeptanz von elektrischen Strömen kosmische Erscheinungen wesentlich besser verständlich machen, als das der sogenannten Standardkosmologie gelingt. Wer tiefer in die Materie der Plasmakosmologie eindringen möchte, der findet unter dem Thunderbolts Project^{TM} jede Menge Material. Insbesondere möchte ich noch auf meine Web-Seite http://mugglebibliothek/ EU hinweisen. Dort gibt es einen Menüpunkt **spacenews** mit vielen Videoclips zum Thema. Alle dort verlinkten Clips haben auch deutsche Untertitel, die man einstellen kann. Während jedoch Wissenschaftler wie David Talbott [8.05] des Thunderbolts-Projekts glauben, dass es eine elektrisch sehr aktive Phase in unserem Planetensystem in vorgeschichtlicher Zeit auf Grund von Überlieferungen aus alten Mythen gegeben haben muss, bin ich diesbezüglich ziemlich skeptisch.

Die Entwicklung der Galaxien zeigt, dass es einmal eine Phase hoher elektrischer Aktivität in jeder Galaxie gegeben hat. Aber diese Periode muss sehr weit in der Vergangenheit gelegen haben und in der Anfangsphase der Herausbildung des Sonnensystems zu suchen sein. Es gab auch Überlegungen, den Umlauf der Sonne mit der Erdgeschichte in Beziehung zu bringen. Es gab in der Erdgeschichte am Ende jeder Periode eine globale Katastrophe, die einschneidend für das Leben auf der Erde war, aber die Zeitabläufe haben eine andere Periode als das galaktische Jahr. Die Erdgeschichte umfasst etwa 16 galaktische Jahre. Mit dem Eintritt in das Holozän begann vor 12.000 Jahren die Erwärmung der Erde. Was die Ursache dafür sein könnte, ist unbekannt. Nach neuesten Erkenntnissen dürfte es mit einer veränderten Aktivität der Sonne zu tun haben.

Erdgebundene lokale Katastrophen dürften sich weit stärker in das Gedächtnis der Menschheit eingebrannt haben als Veränderungen in den Tiefen des Planetensystems, zumal im Altertum die Vorstellung von der Tiefe des Kosmos kaum entwickelt gewesen sein dürfte. Große Sonnenflares dagegen könnten schon bemerkt worden sein und ihre Auswirkungen auf die Erde wahrgenommen worden sein. Aber so dramatische Veränderungen, wie sie Velikovsky in seinem Buch *Welten im Zusammenstoß* schildert, hätte die Menschheit und mit ihr die ganze Biosphäre wohl nicht überlebt. Warum soll man den Mythen der Antike mehr trauen als modernen Mythen, wie etwa der Relativitätstheorie? Über die Frühzeit der Erdgeschichte können wir nur Vermutungen anstellen, die sich auf die Interpretation weniger noch erhaltener Spuren stützt. Sie kann aber auch ganz anders ausgesehen haben. Aus dem Vergleich von Galaxien können wir schließen, dass es in unserer Milchstraße einmal eine elektrisch sehr aktive Phase gegeben haben muss. Die Spuren davon haben sich in den Kratern auf den Planeten und Monden ohne eine Biosphäre erhalten können. Wir haben aber keine Kenntnis über eventuelle Veränderungen der Planetenanordnung innerhalb des Sonnensystems. Diese hätten weit dramatischer für unseren Planeten gewesen sein müssen, als die Spuren aus der Erdgeschichte zeugen. Eine Vorstellung davon gibt vielleicht der Krater auf dem Marsmond Phobos.

8.2 Weiße Zwerge

Ein weiteres Rätsel sind die sogenannten weißen Zwerge, die sich außerhalb des Hauptstrangs des Hertzsprung-Russell-Diagramms befinden, deren Leuchtkraft zwei Zehnerpotenzen unter der der Sonne liegen.

Nach WIKIPEDIA sollen *Weiße Zwerge* das Endstadium der Entwicklung eines relativ masseärmeren Sterns darstellen, dessen nuklearer Energievorrat versiegt sei. Sie seien die heißen Kerne Roter Riesen, die übrig bleiben würden, wenn jene ihre äußere Hülle abstoßen würden. Voraussetzung dafür sei, dass die Restmasse unterhalb eines Schwellenwertes von 1,44 Sonnenmassen bleibt, der sogenannten Chandrasekhar-Grenze[21]) unter der Annahme, dass Weiße Zwerge elektrisch neutral seien. Anderenfalls entstünde nach einem Supernova-Ausbruch ein Neutronenstern oder (bei einer Kernmasse von mehr als 2½ Sonnenmassen) gar ein Schwarzes Loch.

Der nächstgelegene Weiße Zwerg ist Sirius B, der winzige Begleiter des Sirius, der den hellsten Stern am Nachthimmel darstellt. Der 8,5 Lichtjahre entfernte, sehr heiße Sirius ist 2 mal größer und 22 mal heller als die Sonne. Sirius B soll auf Grund seiner Helligkeit nur Erdgröße haben, aber 98% der Sonnenmasse und 2% ihrer Leuchtkraft. Er ist der bestuntersuchte Stern dieses Typs. Ein Teelöffel voll seiner Masse soll auf der Erde über 5 Tonnen wiegen. Nach unserem physikalischen Verständnis müssten die Atomhüllen auf einem Weißen Zwerg wesentlich kleiner sein. Das müsste völlig unbekannte optische Spektren ergeben, da sie weit ins Blaue verschoben wären, doch Tabelle 8.1 zeigt auffällig starke Absorptionslinie des Wasserstoffs an der bekannten Stelle vor einem ganz normalen thermischen Hintergrundspektrum.

Im Jahre 1917 entdeckte Adriaan van Maanen den sogenannten Van Maanens Stern. Er ist ein isolierter Weißer Zwerg im Abstand von 13,9 Lichtjahren. Man erklärt heute die Weißen Zwerge durch die Theo-

---

21 Nobelpreis 1983, Tatsächlich wurde dieser Grenzwert auch von anderen Physikern
    vor und nach Chandrasekhar aus der Quantenmechanik hergeleitet, jedoch
    erkannte offensichtlich keiner dessen theoretische Bedeutung.

rie der entarteten Materie: Entartete Materie sei im Kosmos weit verbreitet. Man schätzt, dass etwa 10% aller Sterne Weiße Zwerge seien, die aus entarteter Materie (vor allem Sauerstoff und Kohlenstoff) bestünden. In Weißen Zwergen seien die Elektronen entartet, in Neutronensternen die Neutronen. Je größer diese hunderttausende Grad heiße Sternmasse sei, desto mehr würde sie zusammengepresst, was allerdings der Thermodynamik widerspricht. Die Entartung bestünde in dem Entartungsdruck, der der Gravitation entgegen wirken soll. Es ist wieder so ein Joker für Nichtwissen.

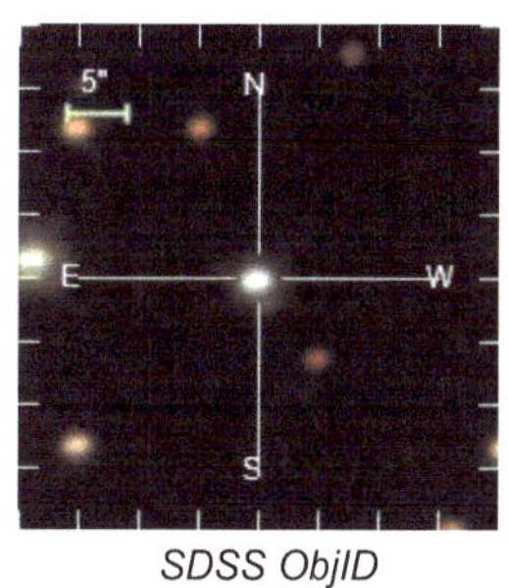

SDSS ObjID
1237646381543327768

Tabelle 8.1: Weißer Zwerg
Quelle:http://skyserver.sdss.org/dr14/en/tools/explore

Ich habe in einer Stichprobe von 500 Sternen aus der SDSS-Datenbank 6 weiße Zwerge gefunden. Davon waren 5 isolierte Sterne und einer hatte sein Strahlenmaximum im Ultraviolett. Die restlichen vier waren sich sehr ähnlich. Schauen wir uns nun einen von diesen 4 weißen Zwerg einmal an: Vergleichen wir dieses Spektrum in Tabelle 8.1 mit dem aus Tabelle 7.6, dann ist der einzige auffallende Unterschied, dass die Absorptionslinien des Wasserstoffs der Balmerserie besonders stark ausgeprägt ist und die Linien sind auch breiter als bei Sternen der Hauptreihe. Der metallische Anteil ist auch sichtbar. Nuklearer Brennstoff ist gegenüber dem G2-Stern deutlich mehr vorhanden. Es ist erstaunlich, wie man aus diesen eindeutigen Befunden obige Aussagen ableitet. Lediglich die höhere Elektronendichte ist durch die Linienverbreiterung der Wasserstofflinien belegt und die Oberflächentemperatur von etwa 4800 K durch das Hintergrund-Strahlenmaximum ausgewiesen. Aus der Helligkeit kann man bei vergleichbaren Spektren auf die Größe des Sterns schließen, nicht aber auf seine Masse.

Die Druckverbreiterung der Wasserstofflinien lässt darauf schließen, dass der Stern im Zentrum einer starken Pinchkraft steht. Möglicherweise ist das ein junger Stern, wie der, der im Schmetterlingsnebel steht, nur dass man hier entlang des Birkelandstroms direkt in den Nebel hineinsieht. Die Ringe um den Stern sind zu schwach, als dass man sie auf die Entfernung noch sehen würde, weil sie vom Stern selbst überstrahlt werden.

8.3 Pulsare

Ein *Pulsar* (Kunstwort aus dem Englischen *pulsating source of radio emission*, „pulsierende Radioquelle") soll ein schnell rotierender Neutronenstern sein. Pulsare wurden erstmals 1967 mit Radioteleskopen entdeckt. Man bemerkte eine Reihe von Funksignalen mit einer Periodizität von 1,3 s aus dem Sternbild Fuchs. Etwa ein Jahr später kam der Astronom Thomas Gold [8.01] mit der Idee von einem schnell rotierenden Neutronenstern, der ähnlich einem rotierenden Leuchtfeuer gebündelte Strahlung aussenden soll. Die Symmetrieachse seines Magnetfelds soll von der Rotationsachse abweichen, weshalb er Synchrotronstrahlung entlang der Dipolachse aussenden soll. Liegt die Erde im Strahlungsfeld, empfängt sie regelmäßig wiederkehrende Signale. Pulsare strahlen hauptsächlich im Radiofrequenzbereich, manchmal bis in den Röntgenbereich oder nur in diesem Bereich

Von den mehr als 1700 bekannten Quellen ließen sich nur bei einigen wenigen auch im sichtbaren Bereich Intensitätsschwankungen beobachten. Die vermeintliche Rotationsdauer eines Pulsars ohne Begleiter liegt zwischen 0,01 und 8 Sekunden. Sie verringert sich pro Sekunde um etwa 10^{-15} Sekunden (d. h., er wird im Laufe der Zeit langsamer) und daraus schließt man auf eine Lebensdauer auf etwa zehn Millionen Jahre. Daneben fand man sogenannte *Millisekunden-Pulsare* (etwa 5 Prozent der Pulsare) mit einer Pulsfrequenz von einer bis zehn Millisekunden und einer höheren Lebensdauer. Wenn ein Stern mit der Geschwindigkeit einer Zahnarztturbine rotieren soll, muss etwas grundsätzlich falsch an den theoretischen Überlegungen zu dem Leuchtturmprinzip sein.

Ende 2016 berichteten Wim Hermsen und sein Team [8.02] über die Entdeckung des Pulsars PSR B1822-09, der sowohl zwischen einem radio-lauten Modus und einem radio-stillen Modus umschaltet und sie entdeckten Röntgenpulsationen, die dem Radiohauptimpuls direkt nachfolgten. Diese Entdeckung verwirrte alle diejenigen, die an die Leuchtturmtheorie glaubten.

Wir wissen, dass freie Neutronen sich innerhalb kurzer Zeit in Wasserstoffatome umwandeln. Ein Neutronenstern mit gewöhnlichen Neutronen würde in kurzer Zeit zu einer Wasserstoffwolke verdampfen. Deshalb behauptete Gold, dass diese Neutronen entartet seien. Dieses Argument ist zu schwach. Wir kennen keine entarteten Neutronen und schon gar nicht ihre Eigenschaften. Was sollte Neutronen bei derartig hohen Rotationsgeschwindigkeiten zusammenhalten? Kommt noch dazu, dass Neutronensterne eine Dichte von $10^{15}g/cm^3$ und ein Magnetfeld von 10^9 Tesla haben sollen.

Woher wissen wir überhaupt von der Rotation dieser Radioquellen? Das einzige, was wir wissen, ist die Art der Strahlung und die Taktfrequenz. Diese behaupteten Eigenschaften widersprechen elementaren Gesetzmäßigkeiten des Elektromagnetismus. Das stellte auch F. Curtis Michel fest und veröffentlichte eine Theorie der Pulsar-Magnetosphäre auf der Vorstellung von Entladungen in einer elektrischen Doppelschicht.[8.03], da die Pulsarblitze mehr Gemeinsamkeiten mit komplexen Funksignalen haben, die durch Blitze in der Erdatmosphäre hervorgerufen werden, weil Blitze auch Röntgen-strahlen hervorrufen können. So könnten auch auf diesen Pulsaren Blitze in der Magnetosphäre diese beobachteten Phänomene erzeugen. 1995 haben Peratt und Healy einen Aufsatz über die Strahlungseigenschaften von Pulsar-Magnetosphären verfasst, in dem sie Michels Annahmen bestätigten [8.04].

Zusammenfassung

Anhand dieser wenigen astrophysikalischen Beispiele habe ich versucht, den Ausblick auf eine zukünftige Physik als ein wieder homogenes Wissensgebiet zu skizzieren; ein Wissensgebiet, das auf nichtlinearer Thermodynamik, den elektromagnetischen Eigenschaften von Materie und dem Prinzip der Selbstähnlichkeit und Asymmetrie basiert. Natürlich sind auch hier Hypothesen eingeflossen. Wissenschaft funktioniert nicht ohne Vorstellungskraft. Aber diese Phantasien müssen durch Vernunft gezügelt werden und sie müssen auf einem Fundament von Fakten gegründet sein. Sie können Hypothesen nicht stapeln, indem Sie eine Hypothese als mathematisch bewiesen betrachten und dann auf diesem Treibsand eine neue Hypothese gründen. Das mag in der Mathematik funktionieren. Die Physik unterscheidet sich von der Mathematik durch praktische Beweise in der Realität.

Es gibt einen wesentlichen Unterschied zwischen Mathematik und Physik. Während die mathematische Vorstellungskraft unbegrenzt ist, hat die Natur klare Phasengrenzen. Diese Phasengrenzen machen es erforderlich, immer zu berücksichtigen, dass die installierten Modelle räumlich und zeitlich begrenzt sind. Nur kennen wir normalerweise die Grenzen zum Zeitpunkt ihrer Erstellung nicht. Wenn wir jedoch induktives Denken nicht zulassen würden, könnten wir kein Wissen generieren. Daher muss die Physik praktische Beweise dafür liefern, dass das gewählte Modell die einzige Erklärung für ein beobachtetes Phänomen ist. Dies war der Grund, warum die Physik im letzten Jahrhundert versagte, weil sie ihre soziale Mission aus den Augen verloren hat.

Die soziale Mission der Physik ist es, die wahre Natur zu beschreiben und nicht die Magd der Theologie zu sein. Nicht das Denken beeinflusst das Sein, sondern das Sein beeinflusst das Denken. Während des Zeitalters der Aufklärung emanzipierten sich die Menschen vom Homo philis zum Homo sapiens. Im letzten Jahrhundert ist die Entwicklung zumindest auf dem Gebiet der Physik rückwärts gegangen. Dieser Rückwärtsgang war von einer übermäßigen Arroganz gegenüber der Natur begleitet. Der Dialog mit der Natur wurde zum Monolog. Wir sind nicht Meister der Natur, die sie gnadenlos ausnutzen können, sondern nur der Bazillus ihrer Krankheit, eine Krankheit, die dazu führt, dass unser Planet aufgrund von Zahlen auf Bankkonten innerhalb eines Jahrhunderts in Müll versinkt. In Zeiten einer weltweiten Pandemie sieht es so aus, als würde sich die Natur endlich widersetzen, um ihre Schöpfung oder genauer gesagt, ihre Evolution zu bewahren.

Wenn die Physik ihren sozialen Auftrag wieder ernst nehmen will, sollte sie einen Beitrag zum Einstieg in die Nutzung von Solarenergie auf der Grundlage der Kernfusion leisten, wie in diesem Buch dargelegt, und sich um geschlossene, nachhaltige Wirtschaftskreisläufe kümmern, die den Verlust von Entropie minimieren. Ich sehe das als Aufgabe für zukünftige Generationen. Unsere und die Generation unserer Kinder haben sich auf Wachstum und Wettbewerb konzentriert. Nur ist ein konstantes Wachstum mit begrenzten Ressourcen nicht möglich, und das Schachspiel ist eine gute Parabel für den Wettbewerb. Der Gewinn wird mit dem Verlust von Ressourcen erkauft.

Epilog

Beim Schreiben des vorliegenden Buches bewegte mich immer wieder eine Frage: Wie kann es sein, dass hochqualifizierte Menschen so einen Unsinn über Physik verbreiten? Verloren diese Wissenschaftler durch eine immer stärkere Spezialisierung vielleicht den Überblick? Merkwürdigerweise konnte sich im vergangenen Jahrhundert alternativloses Denken in Spezialgebieten der Physik ausbreiten, was sich auch in der deutschen Politik unter Angela Merkel, einer Physikerin, widerspiegelt. Es fehlt die öffentliche wissenschaftliche Diskussion von Lösungsvarianten. Das System der Begutachtung wissenschaftlicher Arbeiten, *Peer-Review*, einmal als Qualitätssicherung wissenschaftlicher Arbeiten gedacht, ist zu einem Mittel der Aussonderung neuer Ideen geworden. Insbesondere durch die aus der Raumfahrt gewonnenen Daten seit Mitte des 20. Jahrhunderts ergibt sich eine völlig neue Sicht auf die gesamte Physik. Ohne das Internet wären diese Ideen verloren.

Je länger ich mich mit den Recherchen zu diesem Buch beschäftigte, beschlich mich immer mehr der Gedanke, dass hinter einem so gravierenden Versagen auf dem Gebiet der Kosmologie ein Plan und ein Netzwerk stecken müsse. Eine freie Wissenschaft würde mehr Streit produzieren. Wer hat ein weltweites Netzwerk zur Verfügung, um Menschen zu manipulieren? Mein Verdacht fiel auf die katholische Kirche. Schon Galileo Galilei sagte " *Die Bibel zeigt den Weg, wie man in den Himmel kommt, aber nicht wie der Himmel funktioniert"*. Doch die Kirche glaubt, die Wissenschaft kontrollieren zu müssen. Das war meine Arbeitshypothese, als ich am Manuskript dieses Buches arbeitete.

Als ich über der Korrektur des Manuskriptes saß, erhielt ich die Bestätigung meiner Arbeitshypothese durch K. Gebler, einen Mathematik- und Physiklehrer. Er verwies mich auf die Enzyklika Pascendi Dominici gregis von Papst Pius X. aus dem Jahre 1907 Dort steht unter Abschnitt 46 geschrieben:

"Jedermann weiß, dass unter der Menge der Disziplinen, die ein wahrheitsdurstiger Geist ergreifen kann, die heilige Theologie den

ersten Platz einnimmt, so dass ein alter Spruch der Weisen sagt: alle anderen Wissenschaften und Künste müssen ihr als Mägde dienen und Handreichung tun."

Man findet in dieser Enzyklika klare Anweisungen, wie man gegen die reformistischen Bestrebungen bezüglich des Glaubens vorzugehen habe, wie man die Medien kontrollieren muss. Wie man selbst in der Wissenschaft tätig werden muss und weiter, dass alle Bestrebungen, die diesem Ziel dienen, zu belobigen seien. Zwar konnte Pius X. seinen rückwärts gewandten Kurs nicht durchsetzen, denn die *Moderne* bezweckte die Versöhnung von Wissenschaft und Glaube, aber eine solche Versöhnung konnte nur zu Gunsten des Glaubens erfolgen.

Diese Anweisungen wurden offensichtlich sehr erfolgreich durch die Soldaten des Papstes dem Mainstream der Physiker vermittelt und mit Lob und Anerkennung bis hin zu Nobelpreisen bedacht. Kommandiert werden sie vom Statthalter des vatikanischen Weltbildes, von Martin John *Rees, Baron Rees* of *Ludlow,* der seit 1990 der päpstlichen Akademie der Wissenschaften angehört. Dass die Logik dabei Schaden nahm, scheint dort niemand zu kümmern. So konnte unter dem Deckmanter angeblicher Mathematik eine Pseudo-wissenschaft herangezüchtet werden, die die Hirne der Menschen vergiftet. Die mühsam erkämpfte Aufklärung wird heute von Physikern für das Wohlwollen der Kurie leichtsinnig aufs Spiel gesetzt und unser Bildungssystem mit kreationistischem Gedankengut unterlaufen, so wie es in dieser Enzyklika angewiesen ist. Selbst die Hirne der Materialisten sind über mehrere Generationen erfolgreich vernebelt worden. Beginnt nicht in allen autoritären Systemen der physische Missbrauch immer mit dem psychischen Missbrauch? Die alleinige Deutungshoheit beanspruchten kommunistische Machthaber ebenso wie der Papst. Nicht einmal in der Methode der Durchsetzung dieses Anspruchs konnte ich wesentliche Unterschiede zwischen beiden Lagern erkennen.

So wird verständlich, dass es beim Dialog mit der Natur zunehmend zu einem Monolog gekommen ist. Ich habe deshalb hier einen Schwerpunkt auf den Beobachter und seine Dialogführung gelegt. Dabei haben ich den Betrachtungsaspekt eingeführt, statt verschiedene Betrachtungsweisen und Perspektiven in einer Theorie von Allem vereinigen zu wollen. Ich verstehe die Mathematik als Werkzeug zur Beschreibung der Naturvorgänge und betrachte sie im Gegensatz zur allgemeinen Ansicht nicht als Quelle neuer Entdeckungen. Dabei haben ich auf Fehler im Umgang mit diesem Werkzeug hingewiesen.

Der grundlegende Ansatz für eine wirklich moderne Physik ist dabei das offene System, das unter Berücksichtigung diskreter Zustände zu einem offenen Prozess wird. Diese Idee ersetzt die Einsteinsche Raumzeit. Innerhalb offener Systeme laufen zyklische Prozesse an Phasengrenzen unter Energie- und Stoffaustausch ab, wobei sich dissipative Strukturen, wie sie von Prigigine genannt wurden, aufbauen können und Entropie abgeführt wird.

In unserer zivilisierten Umwelt kennen viele nur noch den Kreislauf des Geldes. Als Eingabeparameter haben wir Kapital und Rohstoffe und heraus kommt – Wachstum? Nein Müll! – Während ich das schreibe, kommt im Fernsehen die Meldung, dass Amazon zurückgegebene Ware nicht weiterverkauft sondern zerstört, weil es billiger ist, als sie neu zu verpacken. Damit ist die Lebensdauer einer Ware auf ein Minimum gesenkt, um das Kapital wachsen zu lassen. Das Kapital wird eingesetzt, um weiteren Müll zu produzieren, damit es weiter wächst, bis alle Rohstoffe in Müll (Entropie) umgewandelt sind und das mit maximaler Geschwindigkeit. Das Ziel ist der Maximalprofit. Auch hier gilt die Theorie der offenen Systeme. Denkt man das zu Ende, stellt man erschreckt fest, dass wenn alle Ressourcen der Erde verbraucht sind, hat auch das Kapital seinen Wert verloren. Den Menschen wird für diesen Fall der Auszug von der Erde und die Besiedlung des Weltraums versprochen. Wieder mal ein Auszug aus dem Paradies? Alles sei machbar. Dazu bräuchten wir eine Weltraumfähre, die genügend Energie liefert, um ein Duplikat von einem irdische Ökosystem am Laufen zu halten und außerdem bräuchten wir Bewohner dieses Systems, die mit den schmalen Ressourcen über Jahrhunderte auskommen. Angenommen wir könnten ein Raumschiff bauen, dass mit 300 km/s sich zwischen den Sternen bewegen könnte, dann wären die Raumfahrer etwa 4000 Jahre bis zum nächsten Sternensystem unterwegs, in dem es vielleicht eine biologisch aktive Zone gibt. Unsere Kultur der schriftlichen Aufzeichnung ist etwa so alt und unsere Erde ist schon heute am Rande des ökologischen Kollaps', hervorgerufen durch unsere kapitalistische Wirtschaftsweise.

Wir sollten uns stets vor Augen halten, dass wir Gäste für unsere Lebenszeit in diesem Paradies Erde sind und keine Besitzer. „*Macht euch die Erde Untertan*" [1.Mose 1.28] wird in der neoliberalen kapitalistischen Wirtschaft wörtlich genommen und wandelt das Paradies für die Massen der Untertanen in den Entwicklungsländern in eine Hölle. Für ein Unternehmen wie eine Weltraumbesiedelung würden wir eine andere Menschheit mit einem anderen sozialen Gesellschaftsmodell brauchen, denn die vorhandene Menschheit ist offensichtlich nicht in der Lage, die globalen Probleme von Überbevölkerung und immer stärkerer Umweltzerstörung in den Griff zu bekommen. Daran hindert sie die Gier und die Machtinteressen von global agierenden Eliten. Es ist der gleiche Wirkmechanismus, der verhindert, dass die physikalische Wahrheit aufgedeckt wird. Wer sollte da ernsthaft glauben, dass die Menschheit, die nicht einmal ihr irdisches Paradies vor sich selbst schützen kann, in der Lage sei, ein viel kleineres System vor dem Umkippen zu bewahren? Wir brauchen für ein solches Unternehmen, wie eine Weltraumbesiedelung andere Menschen mit einem anderen sozialen Gesellschaftsmodell. Aber wenn wir dieses haben, brauchen wir unsere Erde nicht mehr zu verlassen. Wenn ich diese Erkenntnis und mehr Misstrauen gegenüber Autoritäten, die alternativlose Theorien aufstellen und vernünftige Erklärungen vermeiden, bei meinen Lesern verankern konnte, ist der Zweck des Buches erfüllt.

Ich möchte zum Schluss nicht versäumen, auf die 2015 anlässlich der UN-Klimakonferenz in Paris von Papst Franziskus verfasste Enzyklika *Laudato si'* zu verweisen, die sich mit Umweltproblemen beschäftigt und das Universum als offenes System anerkennt:

„79. In diesem Universum, das aus offenen Systemen gebildet ist, die miteinander in Kommunikation treten, können wir unzählige Formen von Beziehung und Beteiligung entdecken.“

Das erweckt Hoffnung für die Zukunft. Allerdings ist damit der Kampf gegen die alten Dämonen in der Kurie gerade erst eröffnet. Dieser Papst scheint dort ziemlich isoliert zu sein und Klimakonferenzen orientieren sich nur am CO_2-Ausstoß, einer Folge des Energiehungers unserer Gesellschaft. Längst geht es aber um die Zerstörung unserer Umwelt durch den Raubbau an der Natur durch die neoliberale Wirtschaftsweise, die ein ständiges Wachstum (des Kapitals) verlangt. Hier ist ein Umdenken bei den Eliten der Gesellschaft dringend erforderlich. Wir können uns also nicht in die Hoffnung auf Besserung flüchten, indem wir beten.

Uns hilft kein Gott, keine Papst noch Tribun,
aus dieser Misere zu befreien, das können wir nur selber tun!

Ich fürchte aber, die Natur der Menschheit ist mit diesem Tun überfordert, weil ihre moralische Entwicklung in den letzten zweitausend Jahren insgesamt nicht mit der Entwicklung ihrer technischen Möglichkeiten Schritt gehalten hat.

Danksagung

Für die vielen Anregungen und Diskussionen, sowie die Durchsicht des Manuskriptes danke ich Dr. Hannes Täger und für die Nachsicht betreffs meiner oft geistigen Abwesenheit während der Entstehungsphase des Buches danke ich meiner Ehefrau. Außerdem danke ich meinem alten Lehrer Peter Urban † 2020, der mir die Liebe zur Physik eingepflanzt und meinen weiteren Lebensweg durch sein Vorbild in Geradlinigkeit entscheidend geprägt hat.

Zum Bildmaterial

Für die Erlaubnis eigene Abbildungen von Prof. Gerald H. Pollack in diesem Buch verwenden zu dürfen, danke ich den genannten Autoren. Alles weitere Bildmaterial ist entweder vom Autor des Buches selbst bearbeitet, wenn keine Quellenangabe vorhanden ist oder ist gemein-frei.entsprechend der Creative Commons Attribution license (CC-BY) oder „Mit freundlicher Genehmigung der NASA / SDO und der Wissenschaftsteams von AIA, EVE und HMI." oder unterliegt der Gemeinfreiheit oder freier Lizenz von Wikimedia und einiger anderer Lexika.

Literaturverzeichnis

Die Literaturangaben sind mit Sorgfalt zusammengestellt. Falls sich doch jemand nicht beachtet fühlen sollte, der bedenke, dass es heute eine unübersichtliche Anzahl von Ideen im Netz gibt und dass es unmöglich ist, alle zu kennen, geschweige alles gelesen zu haben.   Ich verweise hier auf Jean de Climonts Buch *The Worldwide List of Alternative Theories and Critics https://books.google.de/books?isbn= 2902425171* die 2018 auf 2419 Seiten angewachsen ist und darin sind mehr als 7200 Wissenschaftler erfasst, die nach 1905 geboren wurden.

Vieles habe ich im Leben auch gelernt, ohne mir notiert zu haben, von wem ich diese Weisheit habe. Anderes beruht auf Erfahrung in zwei Gesellschaftssystemen, ohne die ich nicht zu diesen Einsichten gekommen wäre. Das was ich hier verarbeitet habe, halte ich für einen repräsentativen Ausschnitt aus der Vielzahl der Quellen. Andere Autoren mögen sich auf andere Quellen beziehen und zu anderen Ergebnissen kommen. Wahrheit ist eine Bewertung. Sie ist weder absolut noch relativ, aber oft von Machtinteressen gesteuert. Man erkennt eine korrekte Bewertung nur im Kontext mit dem gesamten Wissensgebiet. Das erfordert Zeit, mehr Zeit, als man sich in der schnelllebigen sogenannten Informationsgesellschaft oft nehmen mag. Zeit hat man erst wieder, wenn man aus dem Berufsleben ausgeschieden und frei von materiellen Sorgen ist.

1. Einführung

1.   H. Ratcliffe - *Stephen Hawking Smoked My Socks;*
     https://www.amazon.com/Stephen-Hawking-Smoked-Socks-astrophysicists/dp/1612641652
2.   O. Gingerich - *Gottes Universum*
     http://www.visionjournal.de/node/2121
3.   R. Haumann - *Die Physik des Nichts* Eigenverlag Viavetum
4.   B. Gaede - *Why God Doesn't Exist,*
     http://www.youstupidrelativist.com/index3.html
5.   G.O. Müller - *Sammlung von kritischen Stimmen zur Relativität;*
     http://www.kritik-relativitaetstheorie.de/projekt-go-mueller/

2. Etwas Philosophie gefällig

1. W..Heisenberg - *Philosophie der Quantenmechanik;* Reclam Universalbibliothek Nr.9948, ISBN 978-3-15009948-3; https://www.amazon.de/Quantentheorie-Philosophie-Reclams-Universal-Bibliothek-Heisenberg/dp/315009948X

2. R. Andersen - *Interviev Lawrence Krauss* ; http://www.spektrum.de/news/auch-physiker-sind-philosophen/1353710

3. P. Marmet - *Der Realitätsverlust in der Modernen Physik Kapitel 4 - Was ist Realismus* ; http://mugglebibliothek.de/marmet1.htm

4. C.A. Ronan - *A shorter Science and Civilization in China;* Bd I Cambridge 1978 S.170 https://www.amazon.ca/Shorter-Science-Civilisation-China/dp/0521292867

5. I. Kant - *Die Kritik der reinen Vernunft;* http://mugglebibliothek.de/kant.htm

6. A. Schopenhauer - *Die Welt als Wille und Vorstellung;* https://www.amazon.de/Die-Welt-als-Wille-Vorstellung/dp/373720750X

7. T. Chopra - *Die Heiligen Kühe ;* Neu Dheli 2000 S. 54 https://www.amazon.de/Die-heiligen-K%C3%BCche-andere-Geschichten/dp/B01FQZPSS2

8. Michael Heidelberger - *Weltbildveränderungen in der modernen Physik vor dem Ersten Weltkrieg* erschienen in Wissenschaften und Wissenschaftpolitik. Bestandsaufnahmen zu Formationen, Brüchen und Kontinuitäten im Deutschland des 20. Jahrhunderts, hrsg. von Rüdiger vom Bruch und Brigitte Kaderas, Stuttgart: Steiner 2002, 84-96 https://unl-tuebingen.de/fileadmin/Uni_Tuebingen/Fakultaeten/PhiloGeschichte/Dokumente/Downloads/ver%c3%b6ffentlichungen/heidelberger/weltbildveraenderungen.pdf

9. A. Einstein - *Zur Elektrodynamik fester Körper ; http://users.physik.fu-berlin.de/~kleinert/files/1905_17_891-921.pdf*

10. O. Roy - Der falsche Krieg ; https://www.randomhouse.de/webarticle/aid21317.rhd

11. A. Jablonski - *Einführung in die fraktale Geometrie;*
http://quadsoft.org/fraktale/#x1-20001
12. J. Becker - *Fibonacci und der Goldene Schnitt;*
http://chorgiessen.altervista.org/jab/goldfibo/goldfibo.pdf
13. B. Mandelbrot - *Die fraktale Geometrie der Natur;*
https://www.amazon.de/Fraktale-Geometrie-Natur-Beno
%C3%AEt-Mandelbrot/dp/3764326468#reader_3764326468
14. J. Bromand:- *Gottesbeweise von Anselm bis Gödel* (
Suhrkamp Taschenbuch Wissenschaft). Verlag suhrkamp
taschenbuch wissenschaft 1946; ISBN 978-3-518-29546-
5.;https://www.suhrkamp.de/download/Blickinsbuch/978351829
5465.pdf
15. K. Popper - *Logik der Forschung*. 11. Aufl. 2005, 1934 ;
https://monoskop.org/images/e/ec/Popper_Karl_Logik_der_For
schung.pdf
16. G. Boole – *The Matimatical Analysis of Logic;* Cambridge1847;
http://www.archive.org/stream/mathematicalanal00booluoft#pa
ge/n7/mode/2up
17. Papst Pius X. *Enzyklika Pascendi Dominici gregis* Absatz 57
http://www.kathpedia.com/index.php/Pascendi_dominici_gregis
_(Wortlaut)
18. I.Langmuier - *Pathologische Wissenschaft ;*
https://en.wikipedia.org/wiki/Pathological_science
19. B. Mandelbrot – *Die fraktale Geometrie der Natur;* Springer
Basel AG 1987 https://www.amazon.de/Fraktale-Geometrie-
Natur-Beno%C3%AEt-Mandelbrot/dp/3764326468
20. W. Kämmerer - *Einführung in mathematische Methoden der
Kybernetik;* Akademieverlag Berlin, 1971
https://www.amazon.de/Einf%C3%BChrung-mathematische-
Methoden-Kybernetik-K%C3%A4mmerer/dp/B00DE1BBP0
21. B. Schmidt - *Welt der Physik Meldung der Deutschen
Physikalischen Gesellschaft*
https://www.weltderphysik.de/gebiet/universum/news/2011/nob
elpreis-fuer-physik-2011-geht-an-perlmutter-schmidt-und-riess/
22. A. Schopenhauer - *Die Welt als Wille und Vorstellung*; 1890
Brockhaus-Verlag Leipzig S.14; https://www.lernhelfer.de/sites/
default/files/lexicon/pdf/BWS-DEU2-0958-03.pdf
23. L.D. Landau u. E.M.Lifschitz - *Lehrbuch der Theoretischen
Physik BdII Klassische Feldtheorie;* S.4;   Akademieverlag
Berlin 1966; https://www.zvab.com/buch-suchen/titel/lehrbuch-
der-theoretischen-physik/autor/landau-lifschitz

24. B. Riemann - *Über die Hypothesen, welche der Geometrie zu Grunde liegen* ;
https://www.emis.de/classics/Riemann/Geom.pdf
25. H. Minkowski *Das Relativitätsprinzip.*; In: Annalen der Physik. 352, Nr. 15, 1907/1915, S. 927–938. https://de.wikisource.org/wiki/Das_Relativit%C3%A4tsprinzip_(Minkowski)

3. Der Beobachter

1. I. Prigogine u. I. Stenglers - *Dialog mit der Natur , Neue Wege des wissenschaftlichen Denkens;* R.Pieper Verlag München,Zürich 1982 S.47; https://www.amazon.de/Dialog-Natur-Neue-naturwissenschaftlichen-Denkens/dp/3492030866
2. I. Kant - *Die Kritik der reinen Vernunft;*
http://www.gutenberg.org/ebooks/6343
3. J. Glauberg - *Logica vetus et nova.* (1654), S. 320. https://www.abebooks.com/servlet/BookDetailsPL?bi=17658885566&searchurl=tn%3Dlogica%2Bvetus%2Bnova%26sortby%3D17&cm_sp=snippet-_-srp1-_-title2
4. P. Marmet - *Absurditäten in der modernen Physik - Eine Lösung;*
https://www.newtonphysics.on.ca/heisenberg/absurditaeten.pdf
5. W..Heisenberg - *Quantentheorie und Philosophie;* S 62 -75 Reclam Universalbibliothek Nr.9948, ISBN 978-3-15009948-3; https://www.amazon.de/Quantentheorie-Philosophie-Reclams-Universal-Bibliothek-Heisenberg/dp/315009948X
6. E. Schrödinger - *Schrödingers Katze* 1935 https://www.leifiphysik.de/atomphysik/quantenmech-atommodell/versuche/schroedingers-katze-ein-gedankenexperiment
7. WIKIPEDIA - *Conways Spiel des Lebens;*
https://de.wikipedia.org/wiki/Conways_Spiel_des_Lebens
8. K. Kratky und F. Wallner - *Grundprinzipien der Selbstorganisation*, Wissenschaftliche Buchgesellschaft Darmstadt ; https://lux.leuphana.de/vufind/Record/025864815
9. L. Smolin – *Three Roads to Quantum Gravity;* 2001 Basic Books ISBN-13:978-0-465-07836-3; http://alpha.sinp.msu.ru/~panov/LibBooks/SMOLIN/Lee_Smolin

-Three_Roads_to_Quantum_Gravity-Basic_Books(2002).pdf

10. W. Heisenberg - *Physics and Philosophy, the Revolution in Modern Science,* New York, Harper and Row, 1966, 213 p. https://www.amazon.com/Physics-Philosophy-Revolution-Modern-Science/dp/0061209198

11. P. Marmet - *Philosophische Verirrungen in der Quantenmechanik;* Übersetzung aus dem Englischen; http://mugglebibliothek.de/marmet1.htm

12. A. Uhlman - *Das Plancksche Wirkungsquantum hundert Jahre danach,* http://www.physik.uni-leipzig.de/~uhlmann/PDF/Uh00f_p.pd

13. P.-M. Robitaille und St. Crothers - *"The Theory of Heat Radiation" Revisited:* A *Commentary on the Validity of Kirchhoff's Law of Thermal Emission and Max Planck's Claim of Universality;* https://www.researchgate.net/publication/280042096_The_Theory_of_Heat_Radiation_Revisited_A_Commentary_on_the_Validity_of_Kirchhoff's_Law_of_Thermal_Emission_and_Max_Planck's_Claim_of_Universality

14. St. Crothers - *A Nobel Laureate Talking Nonsense: Brian Schmidt, a Case Study;* http://vixra.org/pdf/1507.0130v1.pdf

15. WIKIPEDIA - Talk about *Plasmakosmologie;* https://en.wikipedia.org/wiki/Talk:Plasma_cosmology

16. G. Wunsch – *Karl Küpfmüller Wegbereiter der modernen Systemtheorie;* https://doi.org/10.1515/FREQ.1997.51.9-10.218

17. G. Wunsch – *Geschichte der Systemtheorie;* WTB-Reihe - Akademieverlag Berlin 1985; https://www.amazon.de/Geschichte-Systemtheorie-Dynamische-Systeme-Prozesse/dp/3486295314

18. A.L. Peratt - Advances in Numerical Modeling of Astrophysical and Space Plasma, APSS 242, 1997 http://plasmauniverse.info/downloads/AdvancesI.pdf

19. M.Livio - *Ist Gott ein Mathematiker?: Warum das Buch der Natur in der Sprache der Mathematik geschrieben ist;* https://www.amazon.de/Ist-Gott-ein-Mathematiker-geschrieben/dp/3423348003

20. W. Schmidt - *Die natürliche Selektion der Theoretischen Physiker ;* DPG-Didaktik-Tagungsband 1988, S. 593 - 599. Hrsg.: Prof. Dr. W. KUHN, Gießen http://www.ekkehard-friebe.de/SCHMIDT.HTM

21. W. Ebeling u. R. Feistel – *Chaos und Kosmos, Prinzipien der Evolution,* Spektrum Akademischer Verlag 1994; ISBN 3-86025-310-7; https://www.amazon.de/Chaos-Kosmos-Prinzipien-Werner-Ebeling/dp/3860253107

4. Zur Begriffswelt der Physik

1. R. Lauhlin - *Der Urknall ist nur Marketing;* Interwiev im Spiegel 1/2008
http://magazin.spiegel.de/EpubDelivery/spiegel/pdf/55231886

2. P. S. Laplace: *Essai philosophique sur les probabilités.* Courcier, Paris 1814, englisch https://books.google.de/books?id=5vPxBwAAQBAJ&pg=PP8&lpg=PP8&dq=2.+P.+S.+Laplace:%C2%A0Essai+philosophique+sur+les+probabilit%C3%A9s.,eng+deutsch&source=bl&ots=2l2gNKAr94&sig=1WobzG5jatQo4oYcjIyn-bqGbil&hl=en&sa=X&ved=2ahUKEwiXqdqS9fDbAhUDC-wKHSf7BMoQ6AEwB3oECAEQUQ#v=onepage&q=2.%20P.%20S.%20Laplace%3A%C2%A0Essai%20philosophique%20sur%20les%20probabilit%C3%A9s.%2Ceng%20deutsch&f=false
deutsch O. Höfling: Physik. Band II Teil 1, Mechanik, Wärme. 15. Auflage. Ferd. Dümmlers Verlag, Bonn 1994, ISBN 3-427-41145-1; https://www.booklooker.de/B%C3%BCcher/Angebote/autor=H%C3%B6fling&titel=Physik+Band+II+Teil+1

3. B. Eckard – *Chaos;* S. Fischer Verlag 2004; ISBN-10: 359615569X https://www.amazon.de/Fischer-Kompakt-Chaos-Bruno-Eckhardt/dp/359615569X

4. I. Velikovsky - *Welten im Zusammenstoß;* Julia White Publishing www.julia-white.com

5. I. Velikovsky - *Sterngucker und Totengräber ;*Julia White Publishing www.julia-white.com

6. *Korrespondenz Velikovsky -Einstein*
http://www.supernaturalresearch.com/2010/07/albert-einsteins-final-letter-to-velikovsky/

7. L. Smolin - *Three Roads to Quantumgravity*
https://www.amazon.de/Three-Roads-Quantum-Gravity-Smolin/dp/0465094546

8. L. Smolin - *The Trouble with Physics;*
   https://www.amazon.com/Trouble-Physics-String-Theory-Science/dp/061891868X
9. G. Greiter - *Die 4 Grundkräfte der Physik* ;http://greiterweb.de/spw/Grundkraft-der-Physik.htm
10. M. Hüfner - *Forschungslogik und Gravitation;*
    http://mugglebibliothek.de/katalog.htm
11. St. Hawking - *A Brief History of Time; Chapter5: Elementary Particles and the Forces of Nature;*
    https://www.amazon.com/Brief-History-Time-Stephen-Hawking/dp/0553380168
12. A. Einstein – *Zur Elektrodynamik bewegter Körper;*
    http://users.physik.fu-berlin.de/~kleinert/files/1905_17_891-921.pdf
13. P. Marmet – *„Der grundlegende Charakter der relativistischen Masse und der Magnetfelder"* ;
    http://www.newtonphysics.on.ca/magnetic/marmet_masse_v2.pdf
14. J. de Climont - *Eine Folge des Rowlandeffekts - Das intrinsische Feld des Elektrons ist kein Dipol*
    http://editionsassailly.com/drehende_Leitern.pdf
15. P. Marmet - *Die natürlicher physikalische Längen- Kontraktion infolge kinetischer Energie*;
    https://www.newtonphysics.on.ca/kinetic/laengen_kontraktion_kinetischer.pdf
16. R. Kohlrausch und W.E. Weber, - *Ueber die Elektricitätsmenge, welche bei galvanischen Strömen durch den Querschnitt der Kette fließt*;
    Annalen der Physik, 99, pg 10 (1856);
    https://onlinelibrary.wiley.com/doi/abs/10.1002/andp.18561750903
17. R.Haumann - *Die Physik des Nichts* Eigenverlag Viaveto.de
18. P. Marmet - *Eine neue Nicht-Doppler-Rotverschiebung* Übersetzung aus dem Englischen;
    http://www.newtonphysics.on.ca/hubble/rotverschiebung_v2.pdf
19. J. Eisenstaedt u.M. Combes- *Arago and the Speed of Light (1806-❺1810): An Original Manuscript, a New Analysis;* https://www.cairn-int.info/article-E_RHS_641_0059--arago-and-the-speed-of-light-1806-1810-a.htm
20. *Fizeau, H. (1860). - On the Effect of the Motion of a Body upon*

the Velocity with which it is traversed by Light. Philosophical Magazine. **19**: 245–260.
https://en.wikisource.org/wiki/On_the_Effect_of_the_Motion_of_a_Body_upon_the_Velocity_with_which_it_is_traversed_by_Light

21. D. Miller - *The Ether-Drift Experiment and the Determination of the Absolute Motion of the Earth;* Reviews of Modern Physics, Vol.5(2), p.203-242, July 1933.

22. P. Marmet - *Die übersehenen Phänomene im Michelson-Morley-Experiment;*
http://www.newtonphysics.on.ca/michelson/michelson_morley_v2.pdf

23. G. W. Hammar - *The Velocity of Light Within a Massive Enclosure;* Phys. Rev. 48, 462–463 (1935);
https://journals.aps.org/pr/abstract/10.1103/PhysRev.48.462.2

24. B.P. Abbott u.a.- *Observation of Gravitational Waves from a Binary Black Hole Merger;* Phys. Rev. Lett. **116**, 061102 ;
https://journals.aps.org/prl/abstract/10.1103/PhysRevLett.116.061102

25. W. Orlov – *Zirp von LIGO;*
http://walter-orlov.wg.am/zilch_von_ligo/

26. H. Barkhausen – *Einführung in die Schwingungslehre;*
https://www.amazon.de/Schwingungslehre-Anwendungen-mechanische-elektrische-Schwingungen/dp/B00F8PY8UK

27. C.E. Shannon - *A Mathematical Theory of Communication.* In: Bell System Technical Journal. Band 27, Nr. 3, 1948, S. 379–423, *doi*:*10.1002/j.1538-7305.1948.tb01338.x*

28. L. Susskinnd - *The Black Hole War;* S.133 ISBN 978-0-316-01640-7(hc)/978 0 316 01641 1(pb); https://www.amazon.com/Black-Hole-War-Stephen-Mechanics/dp/0316016411

29. B. Gaede – *Why God Does'nt Exist;*
http://www.youstupidrelativist.com/

30. B. Mandelbrot - *Die fraktale Geometrie der Natur;*
https://www.amazon.de/Fraktale-Geometrie-Natur-Beno%C3%AEt-Mandelbrot/dp/3764326468#reader_3764326468

5. Der Mikrokosmos

1. B. Greene – *Der Stoff, aus dem der Kosmos ist;* https://www.amazon.de/Stoff-aus-dem-Kosmos-ist/dp/3442154871

2. H.Niedderer & J. Petri - *Mit der Schrödinger-Gleichung vom H-Atom zum Festkörper - 4.4.6 Die experimentelle Bestimmung von Atomradien;* http://www.idn.uni-bremen.de/pubs/Niedderer/2000-QAP-JP-b.pdf

3. *Kernphysik -Grundlagen ;* https://www.leifiphysik.de/kern-teilchenphysik/kernphysik-grundlagen/versuche/ermittlung-der-kernradien-durch-streuung

4. R. Pohl u.a. - *Protonen-Radius neu vermessen* ; 2010 *Nature*; 466, 213-216; https://internetchemie.info/news/2010/jul10/protonen-radius-neu-vermessen.php

5. F. Heiße u.a. - *Das Proton ist leichter als gedacht*, Phys. Rev. Lett. 119, 033001 – Published 18 July 2017 Science.de http://www.scinexx.de/wissen-aktuell-21680-2017-07-21.html

6. A. Unzicker - *The Higgs Fake: How Particle Physicists Fooled the Nobel Committee;* Kindle Edition 2013; https://www.amazon.com/Higgs-Fake-Particle-Physicists-Committee/dp/1492176249

7. J. Bleck-Neuhaus - *Elementare Teilchen --Von den Atomen über das Standard-Modell bis zum Higgs-Boson* Springerverlag 2013; https://www.springer.com/de/book/9783642325786

8. A. Schopenhauer - "Die Welt als Wille und Vorstellung" , 4 Bücher nebst einem Anhange, der die Kritik der Kantischen Philosophie enthält (Google eBook) S.51

9. G. Klaus u. M.Buhr – *Philosophisches Wörterbuch Positivismus* VEB Bibliographisches Institut Leipzig 1966 ; https://www.amazon.de/Philosophisches-W%C3%B6rterbuch-Klaus-Buhr/s?ie=UTF8&page=1&rh=i%3Aaps%2Ck%3APhilosophisches%20W%C3%B6rterbuch%20%28Klaus-Buhr%29

10. Sha Yin Yue - *On the Radius of the Neutron, Proton, Electron and the Atomic Nucleus* ; http://www.gsjournal.net/old/physics/yue.pdf.

11. H.J. Giels – *Experimentelle Untersuchungen der Radiusdifferenzen zwischen Protonen- und Neutronendichteverteilungen* ...; Kernforschungzentrum Dortmund 1975;

https://publikationen.bibliothek.kit.edu/200008880/3811426
12. W. Gerlach, O. Stern - *Der experimentelle Nachweis des magnetischen Moments des Silberatoms,* Zeitschrift für Physik, 8, 110-111 (1921), kostenpflichtig: https://link.springer.com/article/10.1007%2FBF01329580
13. A. Einstein, W. J. de Haas, *Experimenteller Nachweis der Ampereschen Molekularströme*, Deutsche Physikalische Gesellschaft, Verhandlungen **17**, pp. 152–170 (1915); https://archive.org/stream/verhandlungen00goog#page/n167/mode/2up
14. J. de Climont: - *Eine Folge des Rowland-Effekts: Das intrinsische Magnetfeld des Elektrons ist kein Dipol;* http://docplayer.org/27453862-Eine-folge-des-rowland-effekts-das-intrinsische-magnetfeld-des-elektrons-ist-kein-dipol.html
15. D. M. Dennison - *A Note on the Specific Heat of the Hydrogen Molecule;*. In: Proceedings of the Royal Society of London Series A. Band 115, Nr. 771, 1927, S. 483–486, http://hermes.ihep.su:8001/compas/kuyanov/myTran/Dennison27Eng.pdf
16. A. Sommerfeld - *Optik Reihe Vorlesungen über Theoretische Physik* Bd *IV* Akademische Verlagsgesellschaft Geest Porzig Leipzig 1964. https://www.amazon.de/Vorlesungen-%C3%BCber-Theoretische-Physik-Optik/dp/3871443778
17. St. Hawking - *A Brief History of Time; pp.70-71;* https://www.amazon.com/Brief-History-Time-Stephen-Hawking/dp/0553380168
18. W..Heisenberg - *Philosophie der Quantenmechanik;* Reclam Universalbibliothek Nr.9948, ISBN 978-3-15009948-3; https://www.amazon.de/Quantentheorie-Philosophie-Reclams-Universal-Bibliothek-Heisenberg/dp/315009948X
19. WIKIPEDIA – *Atomkern;*https://de.wikipedia.org/wiki/Atomkern#Kernmodelle
20. R.A. Alpher, H. Bethe u. G. Gamow - *The Origin of Chemical Elements;* Physical Review Vol73 No 7 1948 https://journals.aps.org/pr/pdf/10.1103/PhysRev.73.803
21. G. Lemaître - *Das urzeitliche Atom;* Übersetzung ins Deutsche mit Kommentaren; http://mugglebibliothek.de/index_htm_files/Lemaître%20de.pdf

22. N. Bohr - *Neutron capture and nuclear consitution;* Nature
Vol. 137, 344 (1936);
https://www.nature.com/articles/137344a0
23. WIKIPEDIA - *Tröpfchenmodell;* https://de.wikipedia.org/wiki/Tr
%C3%B6pfchenmodell
24. M. Hüfner - *Von Magiern,E=mc² und vom Kosmos Anlage 2
Zur Entwicklung von Galaxien aus ihrem Wasserstoffbrennen;*
http://mugglebibliothek.de/huefner.htm
25. C. Johnson - *Nuclear Physics May be Fairly Simple*
http://mb-soft.com/public4/nuclei7.html
26. A. Unsöld - *Über die Temperatur der Sonnenkorona* ;
Zeitschrift für Astrophysik, 1960 Vol. 50, p.48;
http://adsabs.harvard.edu/full/1960ZA.....50...48U
27. A. Einstein, & W.J.Haas, - *Experimental proof of the existence
of Ampère's molecular currents,* in: KNAW, Proceedings, 18 I,
1915, Amsterdam, 1915, pp. 696-711; http://www.dwc.knaw.nl/
DL/publications/PU00012546.pdf
28. E.W.Schpolski - *Atomphysik BdII §288 Das Neutrino;*
Deutscher Verlag der Wissenschaften Berlin 1962;
https://www.antikvarium.hu/konyv/e-w-schpolski-atomphysik-i-
ii-699821
29. C.Johnson - *Neutrinos Do Not Exist;*
http://mb-soft.com/public4/neutrino.html
30. W. Gerlach, O. Stern; *Der experimentelle Nachweis der
Richtungsquantelung im Magnetfeld*; Zeitschrift für Physik
December 1922, Volume 9, Issue 1, pp 349–352
https://link.springer.com/article/10.1007%2FBF01326983
31. T. A. Brun - *The Stern-Gerlach Experiment and Spin*;
http://www-bcf.usc.edu/~tbrun/Course/lecture02.pdf
32. T. E. Phipps, J. B. Taylor: - *The Magnetic Moment of the
Hydrogen Atom.* Physical Review Band 29 (1927) S. 309–320
33. WIKIPEDIA - *Das Elektron;*
https://de.wikipedia.org/wiki/Elektron
34. J. de Climont - *Eine Folge des Rowland-Effekts: Das
intrinsische Magnetfeld des Elektrons ist kein Dipol.;*
http://editionsassailly.com/drehende_Leitern.pdf
35. E. Kaal - *Das strukturierte Atommodell* ;
https://www.thunderbolts.info/wp/2017/01/22/eu2017-
speakers/ und http://www.everythingselectric.com/tag/edwin-
kaal/
36. L.M. Brown - *The Idea of the Neutrino;*

https://ddd.uab.cat/pub/ppascual/ppascualapu/ppascualapu_41
_001@benasque.pdf

37. H. Ebert - *Physikalisches Taschenbuch Friedrich* Vieweg
Braunschweig 1967 Neuauflage
http://www.springer.com/de/book/9783528084172

38. J. S. Coursey, u.a. ; *Atomic Weights and Isotopic
Compositions for All Elements* NIST Physical Measurement
Laboratory ;
https://physics.nist.gov/cgi-bin/Compositions/stand_alone.pl?
ele=&ascii=html

39. Thunderbolts Project [TM] - *EU2017 Future science;* Tagung in
Phoenix 2017;
https://www.thunderbolts.info/wp/2017/01/22/eu2017-
homepage-2/

40. F. Bosch, u.a. - *Observation of Bound-State β− Decay of Fully
Ionized ^{187}Re: ^{187}Re−^{187}Os Cosmochronometry;* Phys. Rev. Lett.
77, 5190 – 23 Dez 1996; https://2014.f.a0z.ru/04/06-3430949-
physrevlett.77.5190-1996.pdf

41. J. M. Joubert, und J. C. Crivello - *"Non-Stoichiometry and
Calphad Modeling of Frank-Kasper Phases".* Applied Sciences.
2 (4): 669. (2012). *https://www.mdpi.com/2076-
3417/2/3/669*

42. G. Pollack - *The Forth Phase of Water,* Ebner & Sons
Publishers Seatle WA USA 2013

6. Der Makrokosmos

1. T. Davis u. Ch. Lineweaver - *Expanding Confusion:common
misconceptions of cosmological horizons and the superluminal
expansion of the universe;* 2003
https://arxiv.org/pdf/astro-ph/0310808.pdf#page=3

2. A. Einstein - *Die Grundlage der Allgemeinen
Relativitätstheorie;* Analen der Physik No7 Vierte Folge Bd.49
1916;
https://onlinelibrary.wiley.com/doi/pdf/10.1002/andp.191635407
02

3. M. Hüfner - *Einsteins dunkle Seite;*
http://blog.mugglebibliothek.de/#post13

4. D. Miller - *The Ether-Drift Experiment and the Determination of the Absolute Motion of the Earth;* Reviews of Modern Physics, Vol.5(2), p.203-242, July 1933.

5. W. Thornhill – *The long path to Understanding the Graivity;* https://www.youtube.com/watch?v=YkWiBxWieQU

6. F. W. Dyson, u,a - *A determination of the deflection of light by the sun's gravitational field, from observations made at the total eclipse of May 29, 1919;* http://rsta.royalsocietypublishing.org/content/220/571-581/291

7. WIKIPEDIA – Jesuitenschule; https://de.wikipedia.org/wiki/Jesuiten#Der_Orden_als_Bildungsinstitution

8. W.Johnes - *The ordinances of menu ;* http://archive.org/stream/institutesofhind00manu#page/2/mode/2up

9. G. Lemaître - *Un univers homogène de Masse constante et de rayon croissant, rendant compte de la vitesse radiale des nébuleuses extra-galactiques.* Provided by the NASA Astrophysics; http://www-history.mcs.st-andrews.ac.uk/Biographies/Lemaitre.html   und G. Lemaître:*Expansion of the universe, A homogeneous universe of constant mass and increasing radius accounting for the radial velocity of extra-galactic nebulae;* .Monthly Notices of the Royal Astronomical Society, Band 91, März 1931, S. 483–490, http://adsabs.harvard.edu/full/1931MNRAS..91..483L

10. G. Lemaître: - *Un Univers homogene de masse constante et de rayon croissant rendant compte de la vitesse radiale des nebuleuses extra-galactiques.* In: Annales de la Societe Scientifique de Bruxelles, A47, 1927, S. 49–59.

11. G. Lemaître - *The Primeval Atom, An Essay on Cosmogony* ; D. Van Nostrand Co., New York, 1950,   Übersetzung aus dem Englischen von M.Hüfner http://mugglebibliothek.de/index_htm_files/Lemaitre%20de.pdf.

12. M. Bartusiak - *The Day We Found the Universe;* (2009) http://publicism.info/science/universe_1/16.html

13. A. Friedman. - *Über die Krümmung des Raumes;* Zeitschrift für Physik 10 (1): S. 377– 386. (1922). https://link.springer.com/article/10.1007%2FBF01332580

14. J. J. O'Connor und E. F. Robertson: University of St. Andrews. Georges Henri-Joseph-Edouard Lemaître. http://www-

history.mcs.st-andrews.ac.uk/Biographies/Lemaitre.html

15. *The Einstein Velikovsky Correspondence*
https://www.varchive.org/cor/einstein/

16. S. Singh *Big Bang;* HarperCollins UK.(2010). p. 362. ISBN 9780007375509.https://www.amazon.com/Big-Bang-Universe-Simon-Singh/dp/0007162219

17. E.T. Koch - *Von Christi Händen zu einem Urzustand Energiekonzentration: Eine Suche nach Annäherung von Schöpfungsglaube und Naturwissenschaft am Beginn des 21.Jahrhunderts* http://www.amazon.de/gp/search?index=books&linkCode=qs&keywords=9783839157756

18. Brief an Henry Cavendish, zitiert nach https://en.wikipedia.org/wiki/Dark_star_(Newtonian_mechanics)

19. P. Laplace - *The System of the World ;* Übersetzung aus dem Frazösischen London 1809 https://archive.org/stream/systemworld01laplgoog#page/n0/mode/2up

20. Max Planck Gesellschaft – *Black holes theorized in the 18th century;* 4,2017; https://phys.org/news/2017-04-black-holes-theorized-18th-century.html

21. St. Hawking, - *Particle creation by black holes,* Commun. Math. Phys. 43 (1975), 199–220; https://projecteuclid.org/download/pdf_1/euclid.cmp/1103899181

22. WIKIPEDIA -*Sloan Digital Sky Survey -Projekt*

23. Zooinverse - *Galaxy Zoo* https://www.zooniverse.org/projects/zookeeper/galaxy-zoo/

24. WIKIPEDIA - *Schwarzschild - Metrik* https://de.wikipedia.org/wiki/Schwarzschild-Metrik

25. P. Marmet - *Einsteins Relativitätstheorie kontra Klassische Mechanik* - Übersetzung aus dem Englischen; http://mugglebibliothek.de/katalog.htm

26. L. Susskind - *The Black Hole War, my battle with Stephen Hawking to make the World save for Quantum Mechanics,* Hachette Book Group; ISBN 978-0-316-01640-7(hc) / 978-0-316-01641-4(pb);https://www.amazon.com/Black-Hole-War-Stephen-Mechanics/dp/0316016411

27. L. Smolin - The *Trouble with Physics- The Rise of String*

Theory, The Fall of a Science, and What Comes Next; Mariner Book 2007, ISBN-13 978-0-618-55105-7
https://www.amazon.com/Trouble-Physics-String-Theory-Science/dp/061891868X

28. R. Vaas - *Warum Stephen Hawking seine Wette verlor,* Wissenschaft.de ,https://www.wissenschaft.de/astronomie-physik/warum-stephen-hawking-seine-wette-verlor/

29. H. Ratcliffe – aus *Die Welt nach Hawkings Willen, das verschwundene Loch in unseren Socken; Socks Chapter8* https://www.facebook.com/notes/hilton-ratcliffe/socks-chapter-8-the-world-according-to-hawking/10157087850989179/

30. Zitat St. Hawking: https://www.linkedin.com/feed/update/urn%3Ali%3Aactivity%3A6406745903012593665/?midToken=AQEUYv8zBvFiAg&trk=eml-email_notification_single_shared_by_your_network_01-notifications-1-hero%7Ecard%7Efeed&trkEmail=eml-email_notification_single_shared_by_your_network_01-notifications-1-hero%7Ecard%7Efeed-null-7y1n7b%7Ejhpuomd4%7Ehb-null-voyagerOffline&lipi=urn%3Ali%3Apage

31. St. Hawking - *"Information Preservation and Weather Forecasting for Black Holes"* https://arxiv.org/abs/1401.5761

32. N. Lossau - *Nachweis einer zweiten Gravitationswelle geglückt;* https://www.welt.de/wissenschaft/article152292984/Nachweis-einer-zweiten-Gravitationswelle-geglueckt.html

7. Ausblicke auf eine intergalaktische Welt

1. The StarChild Team *Does the Sun move around the Milky Way?* Febr.2000 https://starchild.gsfc.nasa.gov/docs/StarChild/questions/question18.html

2. J. DeMeo - *Dayton Millers Äther-Drift-Experimente:- ;Ein neuer Blick* http://mugglebibliothek.de/EU/index_htm_files/Miller-uebersetzung.pdf

3. I. Velikovsky – *Before the Day Breaks - The Einstein Velikovsky Correspondece* http://www.varchive.org/bdb/main.htm

4. I. Velikovsky – *Welten im Zusammenstoß;* https://www.amazon.de/Welten-im-Zusammenstoss-Immanuel-Velikovsky/dp/3934402917

5. A. Egeland,u. W. J. Burke (2005). *Kristian Birkeland – The First*

Space Scientist. Springer. ISBN 1-4020-3293-5.;
https://www.springer.com/de/book/9781402032936

6. H. Alfvèn - *Cosmic Plasma;* Astrophysics and Space Science Library, Vol. 82 (1981) Springer Verlag. ISBN 90-277-1151-8 ; https://www.springer.com/west/home/physics?SGWID=4-10100-22-33598597-0

7. H. Alfven - *Cosmology, Myth or Scince?* J. Astrophys (1984)5 S.78-95 http://adsabs.harvard.edu/abs/1984JApA....5...79A

8. H. Alfven - *Cosmogony as an Extrapolation of Magnetosphäric Research;* (1984) http://articles.adsabs.harvard.edu/cgi-bin/nph-iarticle_query?1984SSRv...39...65A&data_type=PDF_HIGH&type=PRINTER&filetype=.pdf

9. A. Peratt -. *Evolution of the Plasma Universe: II. The Formation of Systems of Galaxies* . IEEE Trans. on Plasma Science. (1986) PS-14: 763–778. ISSN 0093-3813.; http://public.lanl.gov/alp/plasma/downloadsCosmo/Peratt86TPS-II.pdf

10. E.Lerner - *The Big Bang never Happend* ; Vitage Books New York (1991), ISBN 0-679-740449-X (pb); https://www.amazon.de/Big-Bang-Never-Happened/dp/0812918533

11. D. Talbott – *Die Entdeckung der elektrischen Sonne Teil 1* ; http://mugglebibliothek.de/EU/sonne1.htm>

12. A. Kriegl - *Differentialgeometrie;* https://www.mat.univie.ac.at/~kriegl/Skripten/diffgeom.pdf

13. M. Torrilhon - *Zur Numerik der idealen Magnetohydrodynamik;* http://www.mathcces.rwth-aachen.de/torrilhon/Torrilhon_Dissertation2003.pdf

14. S. Lundquist – *On the Stabilty of Magneto-hydrostatic Fields* , Phys.Rev. 1951; v.83(2),307-311 https://journals.aps.org/pr/abstract/10.1103/PhysRev.83.307

15. D. Scott - *Consequences Of The Lundquist Model Of A Force-Free Field Aligned Current.* Prog. Phys., 2015, v. 10(1), 167–178. http://www.ptep-online.com/2015/PP-41-13.PDF

16. H. Gabriel - *Die Geschichte des Altertums in neuer Sicht Bd 3* https://www.amazon.de/-/en/Herbert-Gabriel/dp/1326100181

17. W. Crutenden - *Lost Star of Myth And Time*
https://www.amazon.de/Lost-Star-Myth-Walter-Cruttenden/dp/09767631
17

18. H.Arp – *Seeing Red Redshift, Cosmologie and Academic Science;* Apeiron 1998 ISBN 0-9683689-0-5;
http://opensciences.org/books/physics-and-cosmology/seeing-red-redshifts-cosmology-and-academic-science

19. F. Duru u.a. - *A plasma flow velocity boundary at Mars from the disappearance of electron plasma oscillations* Icarus 26(2010) S.74-82
http://www-pw.physics.uiowa.edu/~dag/publications/2010_APlasmaFlowVelocityBoundaryAtMarsFromTheDisappearanceOfElectronPlasmaOscillations_ICARUS.pdf

20. B. Fleck, u.a. NASA - *Four Years of SOHO Discoveries;*
http://sohowww.nascom.nasa.gov/publications/ESA_Bull102.pdf

21. D. A. Riechers u.a. - *Imaging the Molecular Gas in a z=3.9 Quasar Host Galaxy at 0.3" Resolution: A Central, Sub-Kiloparsec Scale Star Formation Reservoir in APM 08279+5255;* https://arxiv.org/abs/0809.0754

22. C. Cofield - *Farthest Galaxy Yet Smashes Cosmic Distance Record;* 2016; https://www.space.com/32150-farthest-galaxy-smashes-cosmic-distance-record.html

23. P. Marmet - *A New Non-Doppler Redshift* ; Physics Essays, Vol. 1, No: 1, p. 24-32, 1988 ; http://www.newtonphysics.on.ca/hubble/index.html

24. M. Hüfner - *Zur Entwicklung von Galaxien aus ihrem Wasserstoffbrennen* in *Von Magiern, E=mc² und dem Kosmos;*http://mugglebibliothek.de/huefner.htm

25. E. Bañados u.a. - *An 800-million-solar-mass black hole in a significantly neutral Universe at a redshift of 7.5;* https://www.nature.com/articles/nature25180

26. P.Marmet - *The Cosmological Constant and the Redshift of Quasars;* http://www.newtonphysics.on.ca/quasars/index.html

27. P. Silva u.a. -*A plasma focus driven by a capacitor bank of tens of joules;* REVIEW OF SCIENTIFIC INSTRUMENTS VOLUME 73, NUMBER 7;
https://www.researchgate.net/publication/233916221_A_plasma_focus_driven_by_a_capacitor_bank_of_tens_of_joules

28. H. Alfven - *On the Importance of Electric Fields in the Magnetosphere and Interplanetary Space;* Space Science

Reviews, Volume 7, Issue 2-3, pp. 140-148
http://articles.adsabs.harvard.edu/cgi-bin/nph-iarticle_query?
1967SSRv....7..140A&data_type=PDF_HIGH&whole
_paper=YES&type=PRINTER&filetype=.pdf

29. E.Lerner - *The Big Bang Never Hapend* ; S.249
https://www.amazon.de/Big-Bang-Never-Happened/dp/081291
8533

30. H. Arp - *Atlas of Peculiar Galaxies*;
https://ned.ipac.caltech.edu/level5/Arp/paper.pdf

31. SDSS-Katalog - http://www.sdss.org/dr12/

32. H. A. Bethe - *Energy Production in Stars;* Phys. Rev. 55, 434
– Published 1 March 1939; https://journals.aps.org/pr/abstract/
10.1103/PhysRev.55.43

33. R.Kaiser - *Gas in Milchstrasse lässt Quasar flackern;*
https://www.weltderphysik.de/gebiet/universum/news/2016/gas-
in-milchstrasse-laesst-quasar-flackern/

34. C. Lintott u.a.- *Galaxy-Zoo-1: Data Release of Morphological
Classifications for nearly 900,000 galaxies;*
https://arxiv.org/abs/1007.3265

35. Sloan Digital Sky Survey
https://dr14.sdss.org/optical/spectrum/view

36. H.H. Voigt: *Abriss der Astronomie* ; BI-Wiss.-Verlag; 5.
Auflage; 1991; https://www.amazon.de/Abriss-Astronomie-
Hans-H-Voigt/dp/3860256408

37. SDSS- Datenbank Release 7 -
http://cas.sdss.org/dr7/de/sdss/

38. P. Marmet - *Die Entdeckung von H_2 im Raum erklärt dunkle
Materie und Rotverschiebung ;* Science & Technology ,
Frühjahr 2000, S.5 7
http://www.newtonphysics.on.ca/hydrogen/entdeckung_von_h2
_v2.pdf

39. A. Peratt -, *Simulating spiral galaxies; Sky and Telescope*
(ISSN 0037-6604), vol. 68, Aug. 1984, S. 118-122
http://adsabs.harvard.edu/cgi-bin/nph-bib_query?
bibcode=1984S
%26T....68..118P&db_key=AST&data_type=HTML&format=&hi
gh=45fffb02f208845

40. M.Camenzind - *Spektren der Sterne - Harvard*

Spektralklassifikation ;2017; https://www.lsw.uni-heidelberg.de/users/mcamenzi/HD_Spektren.pdf

41. E. M. Corsini - *Counter-Rotation in Disk Galaxies ;* https://arxiv.org/pdf/1403.1263.pdf

42. D. Scott - *Birkeland Currents: A Force-Free Field-Aligned Model*; Progress in Physics, Vol. 11 (2015) S. 167- 179 http://www.ptep-online.com/2015/PP-41-13.PDF

43. SDSS Database https://skyserver.sdss.org/dr14/en/help/docs/intro.aspx

44. *A.* Peratt -, *The role of particle beams and electrical currents of the plasma universe;*- 1987, http://adsabs.harvard.edu/abs/1988LPB.....6..471P

45. H.Täger - *History of Electric Comet Theory: An Introduction;* https://www.thunderbolts.info/wp/2017/06/19/history-of-electric-comet-theory-an-introduction/

46. E.L. Lerner - *The Big Bang Never Happend ;*S. 188; Vintage Books New York 1991 ISBN 0-679-74049-X; https://www.amazon.de/Big-Bang-Never-Happened/dp/0812918533 und http://www.bigbangneverhappened.org/index.htm

47. Hermann von Helmholtz: *Ueber einige Gesetze der Vertheilung elektrischer Ströme in körperlichen Leitern, mit Anwendung auf die thierisch elektrischen Versuche.* In: J. C. Poggendorff (Hrsg.): *Annalen der Physik und Chemie.* Dritte Reihe. Band 89. Verlag von Johann Ambrosius Barth, Leipzig 1853, S. 211–233,

48. E. Marsch, B. Inhester – *Helioseismologie und das Innere der Sonne* MPS Forschungsinformation 6/ 2005 https://www.mps.mpg.de/442607/12Helioseismologie-und-das-Innere-der-Sonne.pdf

49. *Das Periodensystem der Elemente online* http://www.periodensystem-online.de/index.phpel=20&id=modify

50. R. E. Juergens *THE PHOTOSPHERE: IS IT THE TOP OR THE BOTTOM OF THE PHENOMENON WE CALL THE SUN?* Kronos Vol IV No4 1979 https://www.kronos-press.com/juergens/1979-photosphere-juergens.pdf

51. I. Langmuir,- *Proceedings, International Congress on…;* General Electric Review No. 27 (1924) Physics, Como (1927); Journal of the Franklin Institute, vol. 24, no. 3 (1932). See Langmuir's Collected Works, vol. 4, pp. 75, 140, and 179.

52. WIKIPEDIA- *Dissipative Struktur;* https://de.wikipedia.org/wiki/Dissipative_Struktur

53. NASA, Meldung vom13.12.1999: *The Day the Solar Wind Disappeared;* https://science.nasa.gov/science-news/science-at-nasa/1999/ast13dec99_1

54. H. Alfvén *Electric Current Model of Magnetosphere* 1979 http://www.iaea.org/inis/collection/NCLCollectionStore/_Public/10/489/10489393.pdf

55. Cf. J. Kirk und W. Livingston, *Solar Physics* 3, 510 (1968). Zitiert bei http://adsabs.harvard.edu/full/1993A%26A...279..599N

56. D. Scott *Electric Solar Wind | EU2016* https://www.youtube.com/watch?v=sFGb7NIUvgg

57. Don Scott, *The electric sky,* https://www.amazon.com/Electric-Sky-Donald-Scott/dp/0977285111

58. M. Childs u. M. Clarage – *The SAFIRE-Projekt*; https://www.safireproject.com

59. H. Borchert - *Die Globale Wärmeperiode wurde durch Sonnenaktivität verursacht und neigt sich dem Ende zu*; http://www.umad.de/infos/downloads/die%20w%C3%A4rmeperiode%20neigt%20sich%20dem%20ende%20zu%202009.pdf

60. *CERN's CLOUD experiment provides unprecedented insight into cloud formation.;* CERN 2011 Press Release n°15

61. F Bertola, u.a. - *Counterrotating Stellar Disks in Early-Type Spirals: NGC 3593* http://adsabs.harvard.edu/full/1996ApJ...458L..67B

62. Kratky u. Wallner - *Grundprinzipien der Selbstorganisation* ; https://www.amazon.dc/Grundprinzipien-Selbstorganisation-Karl-W-Kratky/dp/3534109716

63. G. Pollack - *The Fourth Phase of Water: Beyond Solid, Liquid, and Vapor;* https://www.amazon.com/Fourth-Phase-Water-Beyond-Liquid/dp/0962689548

64. G.Pollack - *Weather and EZ Water – An Intimate Role of Separated Charge;* Vortrag auf der EU2017 in Phoenix https://www.youtube.com/watch?time_continue=597&v=KnwAUVNhU0s

65. E.W.Schpolski *Atomphysik BdII* ; VEB Deutscher Verlag der

Wissenschaften Berlin 1962
https://www.antikvarium.hu/konyv/e-w-schpolski-atomphysik-i-ii-699821
66. S. Günther - *Einführung in die Plasmaphysik* ;
https://www.ipp.mpg.de/1166987/script_ws.pdf
67. G.Holman – *Solar Flare Theory - What is a Solar Flare?*
https://hesperia.gsfc.nasa.gov/sftheory/flare.htm

8. Weitere kosmische Rätsel

1. T.Gold - *Rotating Neutron Stars and the Nature of Pulsars;* Nature **volume 221**, pages 25–27 (04 January 1969)
https://www.nature.com/articles/221025a0
2. W. Hermsen, u.a. - *Simultaneous X-ray and radio observations of the radio-mode switching pulsar PSR B1822-09;* 13.Dez 2016, Cornell University Library;
https://arxiv.org/abs/1612.04392
3. K. R. Healy u. A. L. Peratt - *Radiation Properties of Pulsar Magnetospheres: Observation, Theory, and Experiment;* Plasma Astrophysics and Cosmology *pp 229-253*
https://link.springer.com/article/10.1007/BF0067802
4. F. C. Michel - *Theory of pulsar magnetospheres;* Rev. Mod. Phys. 54, 1 – Published 1 January 1982;
https://journals.aps.org/rmp/abstract/10.1103/RevModPhys.54.1
5. D.Talbott - *The Saturn Myth; https://www.amazon.de/Saturn-Myth-David-Talbott/dp/1979835489*

Stichwortverzeichnis

Über den Autor

Der Autor hat von 1964 bis 1970 in Leipzig Physik studiert. Er diplomierte am Institut für Radioaktive Isotope. Anschließend arbeitete er bis 1978 bei Carl Zeiss Jena in der Abteilung Analysemesstechnik an der Entwicklung von optischen Messgeräten und Software für die Auswertung der Spektraldaten.

Anschließen nahm er eine Tätigkeit als Assistent an der damaligen Sektion Technologie der Friedrich-Schiller-Universität in Jena im Bereich Kybernetik und Versuchsplanung auf, studierte Nichtnumerische Mathematik, Informatik und andere Ingenieurwissenschaften und promovierte 1983 auf diesem Gebiet.

Nach der gesellschaftlichen Wende in der damaligen DDR begann der Autor nach mehreren Umschulungen eine freiberufliche Lehrtätigkeit, die er bis zur Erreichung der Altersrente im Jahr 2008 ausübte.

Erst danach begann er sich wieder mit Physik zu beschäftigen und knüpfte weltweite Kontakte. Besonders Halton Arp und Paul Marmet beeinflussten das Denken des Autors nachhaltig. So fand er schließlich auch zu den Thunderbolts, einer kleinen avantgardistischen Gemeinschaft von Wissenschaftlern und Ingenieuren, die an einem neuen Verständnis des Kosmos arbeiten. Auch wenn nicht alle dort vertretenen Ideen, die teilweise einen mythologischen Hintergrund haben, fruchtbar sind, war es dem Autor mit seinem physikalischen Grundverständnis möglich, die fruchtbaren Ideen von den unfruchtbaren zu selektieren.